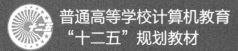

普通高等学校计算机教育
"十二五"规划教材

卓越工程师培养计划推荐教材
——软件开发类

PHP+MySQL+ Dreamweaver
网站开发与实践

■任华 洪学银 主编 ■孙芳芳 孙斌 张松娟 副主编

U0326037

人民邮电出版社
北 京

图书在版编目（CIP）数据

PHP+Mysql+Dreamweaver网站开发与实践 / 任华，洪
学银主编. -- 北京：人民邮电出版社，2014.8（2021.7重印）
普通高等学校计算机教育"十二五"规划教材
ISBN 978-7-115-35359-7

Ⅰ. ①P… Ⅱ. ①任… ②洪… Ⅲ. ①PHP语言－程序
设计－高等学校－教材②关系数据库－数据库管理系统－
高等学校－教材③网页制作工具－高等学校－教材 Ⅳ.
①TP312②TP311.138③TP393.092

中国版本图书馆CIP数据核字(2014)第102921号

内 容 提 要

本书作为 PHP 语言课程的教材，系统全面地介绍了有关 PHP 程序开发所涉及的各类知识。全书共分
10 章，内容包括搭建 PHP 网站建设平台、PHP 编程基础、MySQL 数据库基础、Dreamweaver+PHP 开发
基础、PHP 高级编程、综合案例——购物车、综合案例——留言本系统、综合案例——投票管理系统、综
合案例——论坛管理系统、课程设计——学校图书馆管理系统。全书每章内容都与实例紧密结合，有助于
学生理解知识、应用知识，达到学以致用的目的。

本书附有配套 DVD 光盘，光盘中提供本书所有实例、综合实例、实验、综合案例和课程设计的源代
码、制作精良的教学录像。其中，源代码全部经过精心测试，能够在 Windows XP、Windows 2003、Windows
7 系统下编译和运行。

本书可作为应用型本科计算机专业、软件学院、高职软件专业及相关专业的教材，同时也适合 PHP
爱好者和初、中级 PHP 程序开发人员参考使用。

◆ 主　　编　任　华　洪学银

副 主 编　孙芳芳　孙　斌　张松娟

责任编辑　邹文波

执行编辑　吴　婷

责任印制　彭志环　焦志炜

◆ 人民邮电出版社出版发行　　北京市丰台区成寿寺路 11 号

邮编　100164　电子邮件　315@ptpress.com.cn

网址　http://www.ptpress.com.cn

固安县铭成印刷有限公司印刷

◆ 开本：787×1092　1/16

印张：24　　　　　　　　　　　　2014 年 8 月第 1 版

字数：632 千字　　　　　　　　　 2021 年 7 月河北第 8 次印刷

定价：59.00 元（附光盘）

读者服务热线：**(010)81055256**　印装质量热线：**(010)81055316**

反盗版热线：**(010)81055315**

广告经营许可证：京东市监广登字20170147号

前言

PHP 是一种服务器端、跨平台、HTML 嵌入式的脚本语言。其独特的语法混合了 C 语言、Java 语言和 Perl 语言的特点，是一种被广泛应用的开源的多用途脚本语言，尤其适合 Web 开发。它也是当今最主流的面向对象编程语言之一。

在当前的教育体系下，实例教学是计算机语言教学最有效的方法之一，本书将 PHP 语言知识和实用的实例有机结合起来，一方面跟踪 PHP 语言的发展，适应市场需求，精心选择内容，突出重点、强调实用，使知识讲解全面、系统；另一方面设计典型的实例，将实例融入到知识讲解中，使知识与实例相辅相成，既有利于学生学习知识，又有利于指导学生实践。另外，本书在每一章的后面还提供了习题和实验，方便读者及时验证自己的学习效果（包括理论知识和动手实践能力）。

本书作为教材使用时，课堂教学建议 30 ~ 35 学时，实验教学建议 5 ~ 10 学时。各章主要内容和学时建议分配如下，老师可以根据实际教学情况进行调整。

章	主 要 内 容	课堂学时	实验学时
第 1 章	PHP 基础知识、Apache 服务器的安装和配置、PHP 的安装和配置、MySQL 数据库的安装和配置、环境安装常见问题、在 Dreamweaver 中建立 PHP 执行环境、综合实例——编写第一个 PHP 程序	2	1
第 2 章	PHP 开发基础、字符串操作、PHP 流程控制语句、PHP 函数、PHP 数组、PHP 日期和时间、综合实例——应用 for 循环语句开发一个乘法口诀表	3	1
第 3 章	MySQL 数据库设计、phpMyAdmin 图形管理工具、PHP 操作 MySQL 数据库、综合实例——对查询结果分页输出	2	1
第 4 章	定义 Dreamweaver 站点、连接到 MySQL 数据库、使用 Dreamweaver 站点、PHP 与 Web 页面交互、操作记录集、综合实例——发布和查看公告信息	3	1
第 5 章	Cookie 和 Session、PDO 数据库抽象层、面向对象、Smarty 模板、综合实例——应用 Smarty 模板创建网页框架	4	1
第 6 章	购物车模块概述、热点关键技术、数据库设计、首页设计、登录模块设计、商品展示模块设计、购物车模块设计	3	1
第 7 章	留言本概述、MySQL 数据库设计、前台首页设计、添加留言、分页输出留言、查询留言模块、版主登录模块设计、后台主页设计、文章管理、留言本管理模块	3	1
第 8 章	投票系统概述、数据库设计、投票、投票管理、技术提炼	3	1
第 9 章	论坛概述、热点关键技术、数据库设计、帖子的发布与浏览和回复、帖子搜索、帖子管理、个人信息管理、后台管理、数据备份和恢复	3	1
第 10 章	课程设计目的、需求分析、系统设计、数据库设计、首页设计、管理员模块设计、图书档案管理模块设计、图书借还模块设计、开发技巧与难点分析、联接语句技术专题、课程设计总结	4	1

如果你在学习或使用本书的过程中遇到问题或疑惑，可以通过以下方式与我们联系，我们会在 1 ~ 5 个工作日内给你提供解答。

服务网站：www.mingribook.com

服务电话：0431-84978981/84978982

企业 QQ：4006751066

学习社区：www.mrbccd.com

服务信箱：mingrisoft@mingrisoft.com

由于编者水平有限，书中难免存在疏漏和不足之处，敬请广大读者批评指正，使本书得以改进和完善。

编　者

2013 年 12 月

目　录

第1章
搭建 PHP 网站建设平台

本章要点：

- 如何在 Windows/Linux 下安装和配置 Apache 服务器
- 如何在 Windows/Linux 下安装和配置 PHP
- 如何在 Windows/Linux 下安装 MySQL 数据库
- 如何应用开发工具编写、发布和运行第一个 PHP 程序
- 如何独立解决常见的 PHP 环境安装问题

要使用 PHP，首先要建立 PHP 开发环境。PHP 是全球最普及、应用最广泛的互联网开发语言之一。学习任何一门编程语言，在开始学习之前都要首先学会搭建和熟悉开发环境，本章将介绍两种操作系统（Windows 和 Linux）下的 Apache 服务器、MySQL 服务器及 PHP 的安装和配置方法。最后，使用 Dreamweaver 开发 PHP 第一个实例。

1.1 PHP 基础知识

1.1.1 PHP 概述

1. 什么是 PHP

PHP 是 Hypertext Preprocessor（超文本预处理器）的缩写，是一种服务器端、跨平台、HTML 嵌入式的脚本语言。其独特的语法混合了 C 语言、Java 语言和 Perl 语言的特点，是一种被广泛应用的开源的多用途脚本语言，尤其适合 Web 开发。

2. PHP 语言的优势

PHP 起源于 1995 年，由加拿大人 Rasmus Lerdorf 开发。它是目前动态网页开发中使用最为广泛的语言之一。目前在国内外有数以千计的个人和组织的网站在以各种形式和各种语言学习、发展和完善它，并不断地公布最新的应用和研究成果。PHP 能在包括 Windows、Linux 等在内的绝大多数操作系统环境中运行，常与免费 Web 服务器软件 Apache 和免费数据库 MySQL 配合使用于 Linux 平台上，具有很高的性价比。使用 PHP 语言进行 Web 应用程序的开发具有以下优势。

（1）速度快

PHP 是一种强大的 CGI 脚本语言，执行网页速度比 CGI、Perl 和 ASP 更快，而且占用系统资源少。这是它的第一个突出特点。

（2）支持面向对象

面向对象编程（OOP）是当前软件开发的趋势，PHP 对 OOP 提供了良好的支持。可以使用 OOP 的思想来进行 PHP 的高级编程，对于提高 PHP 编程能力和规划好 Web 开发构架都非常有意义。

（3）实用性

由于 PHP 是一种面向对象的、完全跨平台的新型 Web 开发语言，所以无论从开发者角度考虑还是从经济角度考虑，都是非常实用的。PHP 语法结构简单，易于入门，很多功能只需一个函数就可以实现，并且很多机构都相继推出了用于开发 PHP 的 IDE 工具。

（4）支持广泛的数据库

可操纵多种主流与非主流的数据库，如 MySQL、Access、SQL Server、Oracle、DB2 等，其中 PHP 与 MySQL 是现在最佳的组合，它们的组合可以跨平台运行。

（5）可选择性

PHP 可以采用面向过程和面向对象两种开发模式，并向下兼容，开发人员可以从所开发网站的规模和日后维护等多角度考虑，以选择所开发网站应采取的模式。

PHP 进行 Web 开发过程中使用最多的是 MySQL 数据库。PHP 5.0 以上版本中不仅提供了早期 MySQL 数据库操纵函数，而且提供了 MySQLi 扩展技术对 MySQL 数据库的操纵，这样开发人员可以从稳定性和执行效率等方面考虑操纵 MySQL 数据库的方式。

（6）成本低

PHP 属于自由软件，其源代码完全公开，任何程序员为 PHP 扩展附加功能都非常容易。在很多网站上都可以下载到最新版本的 PHP。目前，PHP 主要是基于 Web 服务器运行的，它不受平台束缚，可以在 UNIX、Linux 等众多版本的操作系统中架设基于 PHP 的 Web 服务器。在流行的企业应用 LAMP 平台中，Linux、Apache、MySQL 和 PHP 都是免费软件，这种开源免费的框架结构可以为网站经营者节省很大一笔开支。

（7）版本更新速度快

与数年才更新一次的 ASP 相比，PHP 的更新速度要快得多，因为 PHP 几乎每年更新一次。

（8）模板化

使程序逻辑与用户界面相分离。

（9）应用范围广

PHP 技术在 Web 开发的各个方面应用得非常广泛。目前，互联网上很多网站的开发都是通过 PHP 语言来完成的，例如搜狐、网易和百度等，在这些知名网站的创作开发中都应用了 PHP 语言。

1.1.2　搭建 PHP 开发环境的准备工作

1.　在 Windows 下搭建 PHP 开发环境的准备工作

在 Windows 下搭建 PHP 与安装其他的一些软件工具不同。因为 PHP 是从 Linux 移植过来的一种语言，不仅在开发环境上尽量保留着 Linux 的特点（Apache 是 Linux 下的 Web 服务器，地位就像 Windows 下的 IIS；MySQL 也是 Linux 系统中捆绑的数据库），在安装上也被烙上了 Linux 印记。除了正常的安装操作外，还需要在各自的配置文件（.ini、.conf）中进行专门的设置。

安装之前要准备的安装包有：

（1）Apache_2.2.8-win32-x86-no_ssl.msi。下载地址为 http://httpd.Apache.org/download.cgi。

（2）php-5.2.5-Win32.zip。下载地址为 http://www.php.net/downloads.php。

（3）mysql-essential-5.0.51a-win32.msi。下载地址为 http://www.mysql.com/download/（下载

MySQL 需要注册一个账号）。

2. 在 Linux 下搭建 PHP 开发环境的准备工作

在 Linux 下搭建 PHP 环境比 Windows 下要复杂得多。除了 Apache、PHP 等软件外，还要安装一些相关工具，设置必要的参数。而且，要使用 PHP 扩展库，还要进行编译。如本书中使用到的 SOAP、MHASH 等扩展库。这里给出在 Linux 下安装的必要步骤。如果用户在安装过程中遇到特殊的问题，还需要翻阅 Linux 相关的书籍、手册。

安装之前要准备的安装包有：

（1）httpd-2.2.8.tar.gz。下载地址为 http://www.apache.org。

（2）php-5.2.5.tar.gz。下载地址为 http://www.php.net/downloads.php。

（3）mysql-5.0.51a-Linux-i686.tar.gz。下载地址为 http://www.mysql.com。

（4）libxml2-2.6.26.tar.gz。可在网络上直接搜索该版本进行下载。

1.2　Apache 服务器的安装和配置

1.2.1　Apache 简介

Apache HTTP Server（简称 Apache）是一个开放源码的网页服务器，可以在大多数计算机操作系统中运行，由于其多平台和安全性而被广泛使用，是最流行的 Web 服务器端软件之一。

Apache 服务器是全球范围内使用范围最广的 Web 服务软件，超过 50% 的网站都在使用 Apache 服务器。Apache 服务器以其高效、稳定、安全、免费（最重要的一点）的优势成为了最受欢迎的服务器软件。

1.2.2　下载 Apache 软件

本节主要介绍 Apache 服务器的安装和配置。安装 Apache 服务器前，应到官方网站 http://www.apache.org 下载 Apache 的安装程序。在 Windows 下安装 Apache 需要下载 Apache_2.2.11-win32-x86-no_ssl.msi 安装文件；在 Linux 下安装 Apache 需要下载 Linux 下的 httpd-2.2.8.tar.gz 的压缩包。

1.2.3　Apache 服务器的安装和配置

1. 在 Windows 下安装 Apache 服务器

在 Windows 下安装和配置 Apache 服务器的操作步骤如下。

（1）双击 Apache_2.2.11-win32-x86-no_ssl.msi 文件，弹出欢迎页面。单击"Next"按钮，进入到许可协议页面。

（2）在许可协议页面，用户需要同意页面中的条款才能继续安装。选中"I accept the terms in the license agreement"单选按钮，页面如图 1-1 所示。单击"Next"按钮进入到下一页面。

（3）本页面是对该程序的一个描述和说明。在了解了相关的信息后，单击"Next"按钮进入到 Server Information 页面。

（4）Server Information 页面需要用户填写域名、服务器名称和管理员 Email。Server Information 页面的填写效果如图 1-2 所示。该页面还有两个单选按钮，如果选中默认的第一个单选按钮，说明该服务器对所有人开放，并且服务器的端口号为 80，这个是推荐选项。第二个单选按钮是指该服务器仅对当前用户开放，并且服务器端口为 8080。这里选中第一个单选按钮。然后单击"Next"按钮进入下一个页面。

图 1-1　许可协议页面

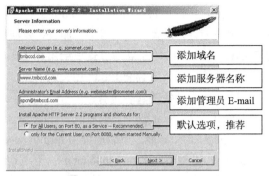

图 1-2　Server Information 页面

　　如果用户的机器安装有"Internet 信息服务（IIS）管理器"，那么必须将此项服务停止，因为 IIS 服务器的默认端口号为 80，同 Apache 服务器默认端口号相同。如果 IIS 服务不停止，就会和 Apache 服务器的端口号产生冲突，Apache 服务器将不能成功安装。

（5）图 1-3 所示的页面用于选择安装类型。安装类型分为典型安装和自定义安装，通常保持默认选项即可。单击"Next"按钮，进入到路径选取页面。

（6）在路径选取页面中，单击"Change"按钮可以选择安装路径。这里路径设为"D:\Apache2.2\"，如图 1-4 所示。

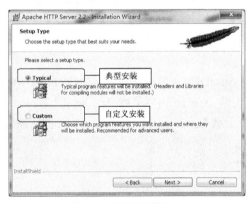

图 1-3　选择安装类型

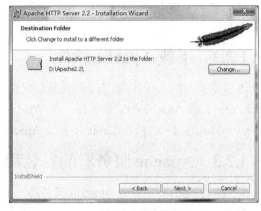

图 1-4　指定路径

（7）单击"Next"按钮进入文件安装页面。这是 Apache 安装的最后一步，程序开始安装文件。安装结束后，单击"Finish"按钮结束安装程序。

（8）安装完成后，Apache 服务器会自动开启。在系统托盘区域将出现一个图标，当前 Apache 服务启动时，图标样式为 ；服务器未启动时，图标样式为 。

单击 Apache 服务器的启动小图标，将会看到服务器的开启与关闭功能；也可以用鼠标右键单击小图标，在弹出的快捷菜单中选择"OpenApacheMonitor"命令，打开 Apache 监控程序，其操作效果如图 1-5 所示。

（9）服务器开启后，最后需要测试一下服务器。打开 IE 浏览器页面，在地址栏中输入

"http://127. 0.0.1/"或"http://localhost/"，按 Enter 键后系统会显示如图 1-6 所示的页面，此时说明 Apache 服务器正式安装成功。

图 1-5　Apache 控制菜单

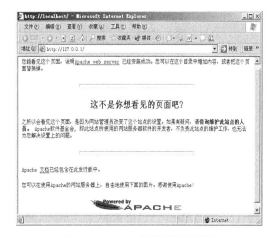

图 1-6　Apache 服务器运行页面

（10）Apache 服务器安装成功后，接下来需要对 Apache 服务器进行配置，以便 Apache 服务器能够识别 PHP 文件。配置 Apache 服务器主要是在 Apache 安装目录下的 conf 子目录中的 httpd.conf 文件中进行，找到该文件并用记事本等文本编辑器打开该文件。

（11）定位到 LoadModule 配置块，在 LoadModule 的最后添加如下信息：

```
LoadModule php5_module d:\php5\php5Apache2_2.dll
```

添加后的文件结果如图 1-7 所示。

（12）修改 DocumentRoot 参数可以修改 Apache 服务器主文档的根目录。原根目录的位置是 Apache2.2\htdocs，用户可以任意指定位置。如：

```
DocumentRoot "D:/www"
```

在 DocumentRoot 的下面间隔约 28 行的位置，有一行为<Directory "D:/Apache2.2/htdocs">，修改为<Directory "D:/www">。

DocumentRoot 和这里的参数值要保持一致。

（13）添加 Apache 服务器能够识别的 PHP 扩展名。PHP 的扩展名有.php3、php4、.php、.phtml 等。这里只推荐使用标准的扩展名.php，添加的代码如下：

```
AddType application/x-httpd-php .php
```

添加位置如图 1-8 所示。

图 1-7　为 LoadModule 添加信息

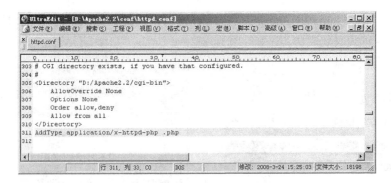

图 1-8　添加 PHP 扩展识别

（14）默认显示页。Apache 的默认显示页为 index.html。也就是说，在服务器未指名文件时，首先查找 index.html，如果找到 index.html，那么服务器就将加载该文件，否则显示目录内的文件列表。在这里添加一个 PHP 默认页：index.php。更改后的代码如下：

```
DirectoryIndex index.html index.php
```

（15）修改 Apache 端口号。Apache 的端口号为 80。修改 Listen 选项的值，即可修改端口号。如改为 82，则更改后的代码如下：

```
Listen 82
```

以上配置完成后，重启 Apache 服务器即可。

　　　　如果用户的计算机上还有 IIS 服务器，那么可能会因为端口冲突而导致 Apache 无法正常开启。解决的办法是改变其中一个服务器的端口号，或者停止 IIS 服务器。

2．在 Linux 下安装 Apache 服务器

首先需要打开 Linux 终端（Linux 下几乎所有的软件都需要在终端下安装）。在 RedHat9 的界面中选择"主菜单"/"系统工具"命令，在弹出的菜单中选择"终端"命令。

在 Linux 下安装和配置 Apache 服务器的操作步骤如下。

（1）进入到 Apache 安装文件的目录下，如/usr/local/work。

```
cd /usr/local/work/
```

（2）解压安装包 httpd-2.2.8.tar.gz。完成后进入到 httpd-2.2.8 目录中。

```
tar xfz httpd-2.2.8.tar.gz
cd htttd-2.2.8
```

（3）建立 makefile，将 Apache 服务器安装到 user/local/Apache2 下。

```
./configure -prefix=/usr/local/Apache2 -enable-module=so
```

（4）编译文件。

```
make
```

（5）开始安装。

```
make install
```

（6）安装完成后，将 Apache 服务添加到系统启动项中，重启服务器。

```
/usr/local/Apache2/bin/Apachectl start >> /etc/rc.d/rc.local
/usr/local/Apache2/bin/Apachectl restart
```

（7）打开 Mozilla 浏览器，在地址栏中输入"http://localhost/"，按 Enter 键后如果看到如图 1-9 所示的页面，说明 Apache 服务器已安装成功。

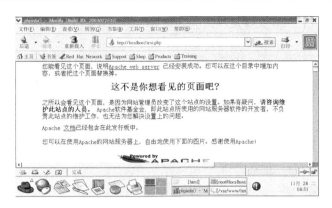

图 1-9 Linux 下的 Apache 服务器安装页面

1.3 PHP 的安装和配置

1.3.1 下载 PHP

架设基于 PHP 的 Web 服务器，必须安装 PHP。由于 PHP 的代码公开，所以其升级速度较快。安装 PHP 之前应从其官方网站 http://www.php.net/下载最新版本的 PHP 安装程序。本章使用的 Windows 下的 PHP 安装文件是 php-5.2.5-Win32.zip，Linux 下的 PHP 安装文件是 php-5.2.5.tar.gz。

1.3.2 PHP 的安装和配置

1. 在 Windows 下安装 PHP

Apache 服务器顺利启动后，接下来安装 PHP 5。在 Windows 下安装和配置 PHP 的操作步骤如下。

（1）将 PHP 5 的安装文件 php-5.2.5-Win32.zip 解压到相应目录，如 c:\php、e:\php5 等。这里将其放到 e:\php5 目录下。目录结构如图 1-10 所示。

图 1-10 PHP 5 的目录结构

（2）将该目录下的所有 dll 文件复制到系统盘 Windows\system32 目录下（Windows 2000 是在 winnt\system32 目录下）。

（3）将 php.ini-dist 文件复制到系统盘\Windows 目录下，并重新命名为 php.ini。

（4）打开 php.ini 文件并找到"extension_dir = "./""这一行，修改为"extension_dir = "e:/php5/ext""。

（5）找到";extension=php_mysql.dll"这一行，将前面的分号";"去掉。这样，PHP 即可支持 MySQL 数据库。

（6）PHP 配置完成以后，重新启动 Apache 服务器。

2. 在 Linux 下安装 PHP

安装 PHP 5 之前，需要首先查看 libxml 的版本号。如果 libxml 版本号小于 2.5.10，则需要先安装 libxml 高版本。安装 libxml 和 php5 的步骤如下（如果不需要安装 libxml，则直接跳到 php5 的安装步骤即可）。

（1）将 libxml 和 php5 复制到/usr/local/work/目录下，并进入到该目录。

```
cp php-5.2.5.tar.gz libxml2-2.6.26.tar.gz /usr/local/work
cd /usr/local/work
```

（2）分别将 libxml2 和 php 解压。

```
tar xfz libxml2-2.6.26.tar.gz
tar xfz PHP-5.2.5.tar.gz
```

（3）进入到 libxml2 目录，建立 makefile，将 libxml 安装到/usr/local/libxml2 下。

```
cd libxml2-2.6.26
./configure -prefix=/usr/local/libxml2
```

（4）编译文件。

```
makefile
```

（5）开始安装。

```
make install
```

（6）libxml2 安装完毕，开始安装 php5。进入到 php-5.2.5 目录下。

```
cd ../php-5.2.5
```

（7）建立 makefile。

```
./configure -with-apxs2=/usr/local/Apache2/bin/apxs
--with-mysql=/usr/local/mysql
--with-libxml-dir=/usr/local/libxml2
```

（8）开始编译。

```
makefile
```

（9）开始安装。

```
make install
```

（10）复制 php.ini-dist 或 php.ini-recommended 到/usr/local/lib 目录，并命名为 php.ini。

```
cp php.ini-dist /usr/local/lib/php.ini
```

（11）更改 httpd.conf 文件相关设置，该文件位于/usr/local/Apache2/conf 中。找到该文件中的如下指令行：

```
AddType application/x-gzip .gz .tgz
```

在该指令后加入如下指令：

```
AddType application/x-httpd-php .php
```

配置完成以后，重新启动 Apache 服务器。

1.3.3　测试 PHP 环境

编写一个 PHP 脚本文件，命名为 phpinfo.php，保存在 Apache 服务器主文档的根目录下。PHP
脚本文件的代码如下：

```
<?php
phpinfo();          //获取 PHP 的配置信息
?>
```

然后在浏览器的地址栏中输入 http://localhost/phpinfo.php 并运行，如果出现如图 1-11 所示的
页面，则说明 PHP 的环境搭建成功。

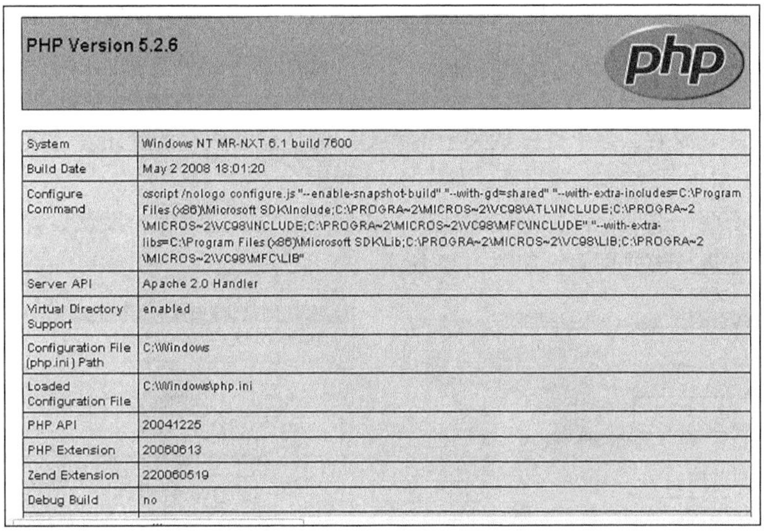

图 1-11　phpinfo 信息

1.4　MySQL 数据库的安装和配置

1.4.1　MySQL 简介

MySQL 是一款广受欢迎的数据库，由于开源所以市场占有率高，备受 PHP 开发者的青睐，
一直被认为是 PHP 的最佳搭档。MySQL 不仅是完全网络化的跨平台关系型数据库系统，也是具
有客户机/服务器体系结构的分布式数据库管理系统。它具有功能性强、使用简捷、管理方便、运
行速度快、版本升级快、安全性高等优点，而且 MySQL 数据库完全免费。

1.4.2　MySQL 数据库的安装

1. 在 Windows 下安装 MySQL 服务器

在 Windows 系统下安装 MySQL 服务器需要到官方网站 http://www.mysql.com 下载 Windows
下 MySQL 的安装文件 mysql-essential-5.0.51-win32.msi。

在 Windows 下安装和配置 MySQL 服务器的操作步骤如下：

（1）双击 MySQL 安装文件 mysql-essential-5.0.51-win32.msi，进入欢迎页面。单击"Next"按钮，进入 Setup Type 页面。

（2）Setup Type 页面中包含 3 个安装选项，第一项是典型安装，第二项是全部安装。这两个安装的路径不能改变，默认是 E:\Program Files\MySQL\MySQL Server 5.0\（E 盘为系统盘）。第三项是自定义安装，允许用户自定义选择安装组件和安装路径。这里选中"Custom"单选按钮。Setup Type 页面的设置如图 1-12 所示。

（3）单击"Next"按钮进入 Custom Setup 页面。选择需要安装的组件，并单击"Change"按钮来选择要安装的目录。Custom Setup 页面的设置如图 1-13 所示。选择完毕后单击"Next"按钮进入准备安装页面。

（4）在准备安装页面中显示了用户所选择的安装类型（type）、路径等信息。如果发现前面的选项设置有误，可以单击"Back"按钮返回到上一个页面重新选择；如果正确，则单击"Install"按钮开始安装文件。

（5）文件安装完成后，会出现一些关于 MySQL 的功能和版本的介绍。连续单击"Next"按钮，将会进入 MySQL 服务器配置页面，如图 1-14 所示。

（6）该页面有两个选项，详细配置（默认）和标准配置。这里保持默认设置。单击"Next"按钮，进入服务器运行模式页面，如图 1-15 所示。

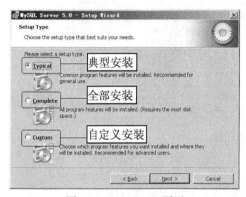

图 1-12　Setup Type 页面

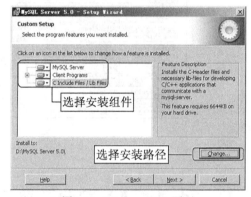

图 1-13　Custom Setup 页面

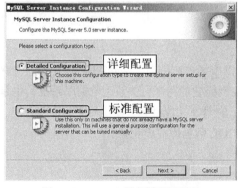

图 1-14　MySQL 服务器配置页面

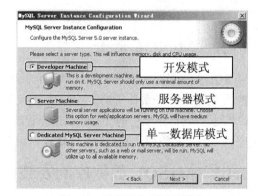

图 1-15　选择服务器运行模式

（7）该页面中有 3 个选项，这里选择第一个默认项即可（即开发模式，MySQL 服务器占用最小的内存空间，作为本地测试使用完全足够）。选择完毕后，单击"Next"按钮进入选择数据库类型页面，如图 1-16 所示。

（8）本页面有两种数据库类型的选项，第一项是支持 MyISAM、InnoDB 等多种类型库的数据系统；第二项是只支持其中一种类型库。这里选择默认的第一项 Multifunctional Database，支持多种类型库。单击"Next"按钮。

（9）进入为 InnoDB 数据文件选择路径页面，这里选择 D 盘下的 MySQL Datafiles 目录。选取分区时要注意所选择分区的剩余空间大小。选择后的页面如图 1-17 所示。单击"Next"按钮。

（10）进入选择同时连接服务器的最大值的页面，这里可以选择默认的第一项，或者选择第三项自定义连接。第二项的最大连接数为 500。选择后的页面如图 1-18 所示。单击"Next"按钮。

（11）进入 MySQL 服务器的端口设置页面，默认 3306 即可。选取完毕后单击"Next"按钮。

（12）进入选择 MySQL 的默认字符集页面。这里选择 GB2312 编码类型。单击"Next"按钮。

（13）进入选择 MySQL 服务器是否自动运行页面。如果要在 Windows 环境变量 path 中加入 MySQL 执行路径，那么需要选中"Include Bin Directory in Windows PATH"复选框。页面设置如图 1-19 所示。单击"Next"按钮，进入权限设置页面。

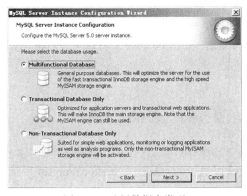

图 1-16　选择数据库类型

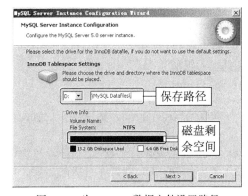

图 1-17　为 InnoDB 数据文件设置路径

图 1-18　选择同时连接服务器的最大值

图 1-19　选择 MySQL 服务器的启动方式

（14）在该页面中可以设置用户登录密码（本书中所有涉及数据库的实例的密码都为 111，所以这里建议也设置为 111，以方便所有 MySQL 数据库实例的运行），在设置密码的下面有一行文本，询问是否允许 root 用户远程登录数据库。如果选中最下面的复选框，则创建一个允许任何人访问数据库的账号，这里不建议选中。页面设置如图 1-20 所示。

（15）单击"Next"按钮，进入准备执行页面。如果配置没有问题，单击"Execute"按钮开始执行操作，如图 1-21 所示。

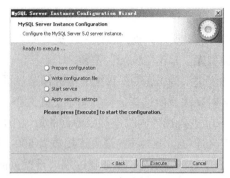

图 1-20　权限设置页面　　　　　　　　　　　图 1-21　准备执行页面

（16）安装完成后，单击"Finish"按钮完成 MySQL 服务器的安装。

2. 在 Linux 下安装 MySQL 服务器

在 Linux 系统下安装 MySQL 服务器需要到官方网站 http://www.mysql.com 下载 Linux 下 MySQL 的安装包 mysql-5.0.51a-Linux-i686.tar.gz。

在 Linux 下安装和配置 MySQL 服务器的操作步骤如下：

（1）将下载的 mysql-5.0.51a-Linux-i686.tar.gz 文件复制到/usr/local/work 目录下，创建 MySQL 账号，并加入组群。

```
groupadd mysql
useradd -g mysql mysql
```

（2）进入到 MySQL 的安装目录，将其解压（如目录为/usr/local/mysql）。

```
cd /usr/local/mysql
tar xfz /usr/local/work/mysql-5.0.51a-Linux-i686.tar.gz
```

（3）考虑到 MySQL 数据库升级的需要，所以通常以链接的方式建立/usr/local/mysql 目录。

```
ln -s mysql-5.0.51a-Linux-i686.tar.gz mysql
```

（4）进入到 MySQL 目录，在/usr/local/mysql/data 中建立 MySQL 数据库。

```
cd mysql
scripts/mysql_install_db -user=mysql
```

（5）修改文件权限。

```
chown -R root
chown -R mysql data
chgrp -R mysql
```

（6）到此 MySQL 安装成功。用户可以通过在终端中输入命令启动 MySQL 服务。

```
/usr/local/mysql/bin/mysqld_safe -user=mysql
```

启动后输入命令，进入 MySQL。

```
/user/local/mysql/bin/mysql -uroot
```

如果终端页面显示如图 1-22 所示的提示信息，则说明 MySQL 服务器安装成功。

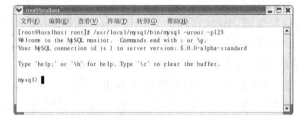

图 1-22　测试 MySQL 是否安装成功

1.5　环境安装常见问题

1.5.1　Apache 安装常见问题

1. 解决 Apache 服务器端口冲突

IIS 服务器、迅雷的默认端口号为 80，同 Apache 服务器默认端口号相同。两者由于采用了相同的端口号 80，因此，在运行网页时就会发生冲突。

如果用户安装了 IIS 服务器，就需要修改 IIS 的默认端口，否则将导致 Apache 服务器无法正常工作。更改 IIS 的默认侦听端口，可以在 IIS 的管理器中进行设置，也可以停止 IIS 的服务。

如果用户安装并开启了迅雷软件，就需要关闭该软件，否则端口冲突将会导致运行 PHP 网页程序时出错。

用户也可以在安装 Apache 服务器时更改默认的端口号，从而解决两个服务器或与其他软件共用一个端口号而产生冲突的问题。

2. 更改 Apache 服务器默认存储的文件路径

Apache 服务器的核心配置文件是 httpd.conf，存放路径为 "Apache 的安装路径\conf\"，用记事本程序打开该文件，定位到 DocumentRoot，语句如下：

```
DocumentRoot " D:/Webpage"
```

这个语句用于指定网站路径，也就是主页放置的目录。可以使用默认路径，也可以任意指定。需要注意的是，语句的末尾不要加 "/"。

同时还要定位到 "<Directory "">" 一行，在双引号中添加服务器的虚拟路径，这里要与 "DocumentRoot" 一行中设置相同。

```
<Directory " D:/Webpage ">
```

路径的分隔符在 Apache 服务器里写成 "/"。

1.5.2　PHP 安装常见问题

1. PHP 的安装路径

安装文件的路径也要遵循一定的客观原则，为了避免在 Windows 和 Linux 间移植程序时带来不便，选择 D:\usr\local\php 的目录时要和在 Linux 下的安装目录相匹配。建议最好不要选择中间有空格的目录，如 E:\program Files\PHP，这样做会导致发生一些未知错误甚至崩溃。

2. 控制上传文件的大小

在网站开发的过程中，为了确保能够充分利用服务器的空间，禁止上传一些垃圾文件，避免给网站的维护带来不必要的麻烦。最好对上传文件的大小进行限制，将它控制在有效上传文件大小的范围之内。如果要在 PHP 中实现小文件的上传（2MB 以下），那么无须对 php.ini 配置文件进行修改，使用默认参数即可。但如果想实现完美的上传功能，则一定要对 php.ini 进行一些修改。

Resource Limits，直译就是 "资源限制"，包含 3 个参数。该区块不仅是针对上传下载的，还是对全部的文件进行设置。各个参数含义及参数值说明如表 1-1 所示。

表 1-1　　　　　　　　　　　　　　Resource Limits 块的参数说明

参　　数	说　　明
max_execution_time	每个脚本页面完成执行操作的最大时间，单位是秒。如果设为–1，说明没有限制
max_input_time	每个脚本页面处理请求数据的最大时间，单位是秒，也可以设为–1
memory_limit	一个脚本页所能够消耗的最大内存

post_max_size 参数指 PHP 通过表单 POST 所能接收的最大值，包括表单中所有的项。

File Uploads 块是专为文件上传设置的，包含 3 个参数，参数含义及参数值说明如表 1-2 所示。

表 1-2　　　　　　　　　　　　　　File Uploads 块的参数说明

参　　数	说　　明
file_uploads	是否允许 HTTP 上传，默认为 On，即为开启，无须修改
upload_tmp_dir	文件上传时的临时存储目录。如果没指定就会用系统默认的临时文件夹
upload_max_filesize	允许上传的文件的最大值

如果想要上传更大的文件，就必须对上述 3 个区块的参数值进行更改，更改后重新启动 Apache 服务器即可。

如果上传文件超过 php.ini 文件中设置的值，文件将上传失败。

1.5.3　MySQL 安装常见问题

在网站运作的过程中，各类错误均不可避免，当数据库连接失败时，除开启 MySQL 服务检测是否正常运行外，读者还可以检查 php.ini 文件是否配置正确，以支持 MySQL 服务。

打开 C:\Windows\目录下的 php.ini 文件，定位到如图 1-23 所示的代码位置。

将代码前面的分号删除，然后保存 php.ini 文件，最后重新启动 Apache 服务器，即可让 PHP 支持 MySQL 数据库。

读者可以运行"http://127.0.0.1/phpinfo.php"或"http://localhost/phpinfo.php"网址，如果检索到 MySQL 服务，如图 1-24 所示，则说明 MySQL 服务正常运行。

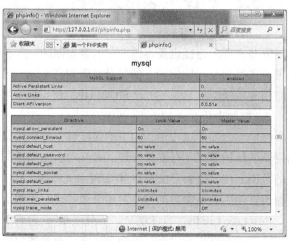

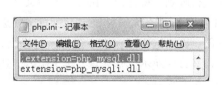

图 1-23　修改 php.ini 文件以支持 MySQL 数据库　　　　图 1-24　测试 MySQL 服务是否正常运行

1.6　在 Dreamweaver 中建立 PHP 执行环境

1.6.1　Dreamweaver 开发工具简介

　　Macromedia Dreamweaver 是一款专业的网站开发编辑器。它将可视布局工具、应用程序开发功能和代码编辑支持组合在一起，功能强大，使得各个层次的开发人员和设计人员都能够快速创建出吸引人的、标准的网站和应用程序。它采用了多种先进的技术，能够快速高效地创建极具表现力和动感效果的网页，使网页创作过程简单无比。同时，Macromedia Dreamweaver 提供了代码自动完成功能，不但可以提高编写速度，而且可以减少错误代码出现的几率。Macromedia Dreamweaver 既适用于初学者制作简单的网页，又适用于网站设计师、网站程序员开发各类大型应用程序，极大地方便了程序员对网站的开发与维护。

　　Macromedia Dreamweaver 从 MX 版本开始支持 PHP+MySQL 的可视化开发，对于初学者确实是比较好的选择，因为如果是一般性开发，几乎是可以不用一行代码也可以写出一个程序，而且都是所见即所得的。它所包含的特征包括语法加亮、函数补全，形参提示、全局查找替换、处理 Flash 和图像编辑等。同时，可以为 PHP、ASP 等脚本语言提供辅助支持。

　　另外，Macromedia Dreamweaver 从第 8 版开始，提供代码折叠功能，可以将一个代码块，如一个方法或者一个类的代码块折叠起来用两行代替，需要时可以再展开。

1.6.2　Dreamweaver 进行网站建设的步骤

　　使用 Dreamweaver 进行网站建设可以简单地归纳为创建站点、创建 PHP 页面和网站的测试与发布三个步骤。

1. 创建站点

　　在 Dreamweaver 中创建站点的操作步骤如下。

　　（1）打开 Dreamweaver 开发工具，选择菜单栏中的"站点"/"新建站点"命令，在如图 1-25 所示的对话框中，添加站点名称。

　　（2）单击图 1-25 所示页面中的"高级"按钮，将弹出如图 1-26 所示的对话框。设置本地根文件夹，链接相对于"站点根目录"，设置 HTTP 地址。

　　（3）在图 1-26 中，单击左侧的"测试服务器"，弹出如图 1-27 所示的测试服务器对话框，选择服务器模型：PHP MYSQL，访问：本地/网络，测试服务器文件夹：D: \www\MR\Instance\，URL 前缀：http://localhost/mr/Instance/，最后单击"确定"按钮。

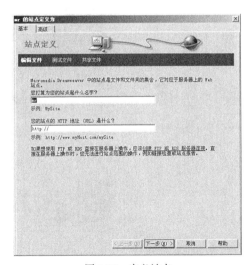

图 1-25　定义站点

　　（4）mr 站点和测试服务器设置完毕，然后就可以在 Dreamweaver 下直接使用快捷键 F12 来浏览程序。

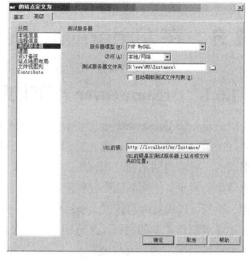

图 1-26　定义 mr 站点　　　　　　　　图 1-27　配置测试服务器

在 Dreamweaver 中创建站点和配置测试服务器时，一定要注意将本地的 HTTP 地址与测试服务器中的 URL 前缀统一，即都指定到站点的根目录下。如果本地的 HTTP 地址与测试服务器中的 URL 前缀不统一，那么就不能够通过 F12 键直接浏览程序。

2. 创建 PHP 页面

在 Dreamweaver 中创建 PHP 页面的操作方法如下。

打开 Dreamweaver，选择"文件"/"新建"命令，将弹出如图 1-28 所示的对话框。在该对话框的类别选项卡中选择"动态页"命令，然后在动态页列表中选择"PHP"命令，单击"创建"按钮，即可实现在 Dreamweaver 中创建 PHP 文件。在新建的空白 PHP 网页中可以插入文字或图像、添加超级链接等。有关网页的具体制作过程，在后面的章节中将会逐步介绍。

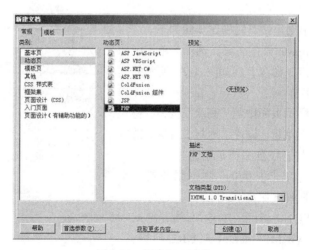

图 1-28　新建 PHP 文件

3. 网站的测试与发布

在网页制作完成后，就要进入最后一个环节——网站的测试与发布。Dreamweaver 具有网站测试与发布的功能，可以对网站的浏览器兼容性、链接进行检查，还可以清理 HTML 标签，并将本地文件夹上传到服务器上。

（1）网站测试

在将站点上传到服务器之前，必须先在本地对其进行测试，这样才能保证网站发布到服务器上时不会出现问题。网站测试的内容主要包括检查链接、检查浏览器兼容性、检查多余标签和语法错误等。

（2）网站发布

网站发布就是将已制作好的网页上传到服务器的过程。Dreamweaver 提供了网站发布的功能。通过设置远程站点，可以将本地的 Web 站点很容易地上传到 Internet 上。

1.6.3　定义本章 PHP 网页测试网站

下面定义一个 Dreamweaver 站点文件夹用来管理本章的 Web 文件，并通过创建一个 php 文件对站点进行测试，步骤如下。

（1）首先打开 Dreamweaver，在 Dreamweaver 中创建一个站点并命名为 mr，并设置测试服务器文件夹：D: \www\MR\Instance\，URL 前缀：http://localhost/mr/Instance/，具体设置方法请参考1.6.2 节内容，这里不再赘述。

（2）在站点根目录 Instance 下创建本章实例文件夹 01，用于存储本章的 Web 文件。

（3）创建一个动态 PHP 文件，在该文件中输入如下代码，然后将该文件保存在 01 文件夹下，并命名为 index.php。

```php
<?php
phpinfo();
?>
```

打开浏览器，在地址栏中输入 http://127.0.0.1/mr/instance/01/index.php 并运行，如果浏览器中显示出如图 1-11 所示的 PHP 测试页，则说明利用 Dreamweaver 定义站点以及开发 PHP 程序得以实现。

1.7　综合实例——编写第一个 PHP 程序

在本实例中，利用 PHP 语言中最简单的输出语句 echo 输出一段欢迎信息，实现步骤如下。

（1）在已经创建好的本章实例文件夹 01 下创建文件夹 zhsl，用来存储本实例的 PHP 文件。

（2）打开 Dreamweaver 开发工具，新建一个 PHP 项目，如图 1-29 所示。

（3）单击图 1-29 中的 PHP 项目图标，即可创建一个动态的 PHP 页面，如图 1-30 所示。

图 1-29　新建一个 PHP 项目

图 1-30　新的 PHP 项目文件

（4）在图 1-30 所示的文件中，首先定义文件的标题为"第一个 PHP 程序"，然后在\<body\>标签中编写 PHP 代码。代码如下：

```
<?php
echo "欢迎您和我们一起学习 PHP! ";
?>
```

PHP 代码分析如下：

- "\<?php"和"?>"是 PHP 的标记对。在这对标记中的所有代码都被当做 PHP 代码来处理。
- echo 是 PHP 中的输出语句，与 ASP 中的 response.write、JSP 中的 out.print 含义相同，输出字符串或者变量值，每行代码都以分号";"结尾。

（5）保存文件，单击图 1-30 中的"文件"按钮，选择"另存为"，在弹出的对话框中，将编写的文件保存在已创建的 zhsl 文件夹中，并命名为 index.php，最后单击"保存"按钮。

打开浏览器，在地址栏中输入 URL 地址"http://127.0.0.1/mr/instance/01/zhsl/index.php"，按\<Enter\>键打开该页面查看运行结果，如图 1-31 所示。

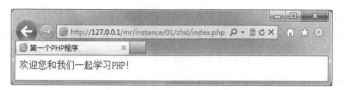

图 1-31　输出欢迎信息

知识点提炼

（1）Apache 服务器是全球范围内使用范围最广的 Web 服务软件，超过 50%的网站都在使用 Apache 服务器，它以高效、稳定、安全、免费（最重要的一点）的优势成为了最受欢迎的服务器软件。

（2）安装 PHP 之前应从其官方网站 http://www.php.net/下载最新版本的 PHP 安装程序。

习　　题

1-1　默认情况下，Apache 服务器的配置文件名、MySQL 服务器的配置文件名以及 PHP 预处理器配置文件名分别是什么？

1-2　你所熟知的 Apache 服务器的配置有哪些？MySQL 服务器以及 PHP 预处理的配置有哪些？

实验：安装 PHP 开发环境

实验目的

（1）熟悉 Windows 操作系统中 Apache 服务器的安装和配置。

（2）熟悉 Windows 操作系统中 PHP 的安装和配置。

（3）熟悉 Windows 操作系统中 MySQL 数据库的安装和配置。

实验内容

　　PHP 能否高效、稳定地运行依赖于服务器的编译和执行，这里主要实现如何在微软的 Windows 操作系统中架设安全、可靠的 PHP 运行环境。

实验步骤

　　（1）Windows 下 Apache 的安装和配置，具体步骤请参考 1.2.3 小节的内容。

　　（2）Windows 下 PHP 的安装和配置，具体步骤请参考 1.3.2 小节的内容。

　　（3）Windows 下 MySQL 的安装和配置，具体步骤请参考 1.4.2 小节的内容。

　　（4）全部安装配置完成以后，重新启动 Apache 服务器，然后编写 test.php 文件并输入如下代码：

```php
<?php
phpinfo();
?>
```

将文件保存到 Apache 服务器主文档的根目录下，然后在浏览器中输入"http://127.0.0.1/test.php"，测试 PHP 环境是否安装成功。

第2章
PHP 编程基础

本章要点：

- 了解 PHP 的开发基础
- 使用 PHP 操作字符串
- 熟悉 PHP 的流程控制语句
- 了解 PHP 函数
- 了解 PHP 数组
- 掌握 PHP 中日期和时间的设置

学习一门语言，首先要学习这门语言的语法，PHP 也不例外。本章开始学习 PHP 的基础知识，它是 PHP 的核心内容。无论是从事网站制作，还是对应用程序进行开发，没有扎实的基本功是不行的。开发一个功能模块，如果一边查函数手册一边写程序代码，大概要 15 天；但基础好的人只需要 3 ~ 5 天，甚至更少的时间。为了将来应用 PHP 程序开发 Web 程序节省时间，现在就要认真地从基础学起，牢牢掌握 PHP 的基础知识。只有做到这一点，才能在以后的开发过程中事半功倍。

2.1　PHP 开发基础

2.1.1　PHP 的标记符与注释

1．PHP 标记

PHP 和其他几种 Web 语言一样，PHP 标记符能够让 Web 服务器识别 PHP 代码的开始和结束，两个标记之间的所有文本都会被解释为 PHP，而标记之外的任何文本都会被认为是普通的 HTML，这就是 PHP 标记的作用。PHP 标记符风格迥异，按照风格的不同可划分为以下 4 种。

（1）标准风格

```
<?php
echo "标准风格的 PHP 标记";
?>
```

这是本书中使用的标记风格，也是推荐读者使用的标记风格。

（2）脚本风格

```
<script  language="php">
echo '这是脚本风格的标记';
```

```
</script>
```
在 XHTML 或者 XML 中推荐使用这种标记风格，它符合 XML 语言规范的写法。

（3）简短风格
```
<?
echo "简短风格的标记" ;
?>
```
这种标记风格最为简单，输入字符最少，但想要使用它，必须要更改配置文件 php.ini。不推荐使用这种标记风格。

（4）ASP 风格
```
<%
echo "ASP 风格的标记";
%>
```
这种标记风格和 ASP 相同，不推荐使用。

如果使用简短风格 "<? ?>" 和 ASP 风格 "<% %>"，需要分别在配置文件 php.ini 中做如下设置。打开系统盘 Windows（以 Windows 2003 Server 操作系统为例）文件夹下的 php.ini 文件，将如下代码段中的 "Off" 改为 "On"。
```
short_open_tag = Off
asp_tags = Off
```
更改后的代码如下。
```
short_open_tag = On
asp_tags = On
```
保存修改后的 php.ini 文件，然后重新启动 Apache 服务器，即可支持这两种标记风格。

2. PHP 注释

注释即代码的解释和说明，一般添加到代码的上方或代码的尾部（添加到代码的尾部时，代码和注释之间以<Tab>键进行分隔，以方便程序阅读），用来说明代码或函数的编写人、用途、时间等。注释不会影响到程序的执行，因为在执行时，注释部分会被解释器忽略。

PHP 支持 3 种风格的程序注释。

（1）//单行注释
```
<?php
echo 'PHP 开发实战宝典';                //输出字符串（但单行标记后的注释内容不被输出）
?>
```
（2）/*…*/ 多行注释
```
<?php
/*多行
注释内容
不被输出
*/
echo '只会看到这句话。';
?>
```

多行注释是不允许进行嵌套操作的。

（3）Shell 风格的注释 #
```
<?php
echo '这是 Shell 脚本风格的注释';        #这里的内容是看不到的
?>
```

在单行注释里的内容不要出现"?>"的标志，因为解释器会认为 PHP 脚本结束，而去执行"?>"后面的代码。例如：

```
<?php
echo '这样会出错的！！！ '              #不会看到?>会看到
?>
```

结果为：这样会出错的！！！ 会看到?>

2.1.2　PHP 数据类型

📹 视频讲解：光盘\TM\第 2 章\视频 2.2\PHP 的数据类型.exe

PHP 一共支持 8 种原始类型，包括 4 种标量类型，即 boolean(布尔型)、integer(整型)、float/double(浮点型)和 string(字符串型)；两种复合类型，即 array(数组)和 object(对象)；两种特殊类型，即 resource(资源)与 null（空值）。

1. 标量数据类型

标量数据类型是数据结构中最基本的单元，只能存储一个数据。PHP 中标量数据类型包括 4 种，如表 2-1 所示。

表 2-1　　　　　　　　　　　　　　　　标量数据类型

类　　型	说　　明
boolean（布尔型）	这是最简单的类型。只有两个值，真（true）和假（false）
string（字符串型）	字符串就是连续的字符序列，可以是计算机所能表示的一切字符的集合
integer（整型）	整型数据类型只能包含整数。这些数据类型可以是正数或负数
float（浮点型）	浮点数据类型用于存储数字，和整型不同的是它有小数位

（1）布尔型（boolean）

布尔型是 PHP 中较为常用的数据类型之一，它保存一个 true 值或者 false 值，其中 true 和 false 是 PHP 的内部关键字。设定一个布尔型的变量，只需将 true 或者 false 赋值给变量即可。

【例 2-1】　通常布尔型变量都是应用在条件或循环语句的表达式中。下面在 if 条件语句中判断变量$b 中的值是否为 true，如果为 true，则输出"变量$b 为真!"，否则输出"变量$b 为假!!"，实例代码如下。（实例位置：光盘\MR\源码\第 2 章\2-1）

```php
<?php
    $b = true;                    //声明一个 boolean 类型变量，赋初值为 true
    if($b == true)                //判断变量$b 是否为真
        echo '变量$b 为真!';      //为真，输出"变量$b 为真!"的字样
    else
        echo '变量$b 为假!!';     //如果为假，则输出"变量$b 为假!!"的字样
?>
```

结果为：变量$b 为真!

在 PHP 中不是只有 false 值才为假的，在一些特殊情况下 boolean 值也被认为是 false。这些特殊情况为：0、0.0、"0"、空白字符串（""）、只声明没有赋值的数组等。

美元符号$是变量的标识符，所有变量都是以$符号开头的，无论是声明变量还是调用变量，都应使用$符号。

（2）字符串型（string）

字符串是连续的字符序列，由数字、字母和符号组成。字符串中的每个字符只占用一个字节。在 PHP 中，有 3 种定义字符串的方式，分别是单引号（'）、双引号（"）和界定符（<<<）。

单引号和双引号是经常被使用的定义方式，定义格式如下：

```php
<?php
$a ='字符串';
?>
```

或

```php
<?php
$a ="字符串";
?>
```

两者的不同之处在于，双引号中包含的变量会自动被替换成实际数值，而单引号中包含的变量则按普通字符串输出。

【例 2-2】　下面的实例分别应用单引号和双引号来输出同一个变量，其输出结果完全不同，双引号输出的是变量的值，而单引号输出的是字符串"$i"。实例代码如下。（实例位置：光盘\MR\源码\第 2 章\2-2）

```php
<?php
$i = '只会看到一遍';          //声明一个字符串变量
echo "$i";                    //用双引号输出
echo "<p>";                   //输出段标记
echo '$i';                    //用单引号输出
?>
```

运行结果如图 2-1 所示。

图 2-1　单引号和双引号的区别

两者之间的另一处不同点是对转义字符的使用。使用单引号时，只要对单引号"'"进行转义即可，但使用双引号（"）时，还要注意""""、"$"等字符的使用。这些特殊字符都要通过转义符"\"来显示。常用的转义字符如表 2-2 所示。

表 2-2　　　　　　　　　　　　　　　　　转义字符

转 义 字 符	输　　出
\n	换行（LF 或 ASCII 字符 0x0A（10））
\r	回车（CR 或 ASCII 字符 0x0D（13））
\t	水平制表符（HT 或 ASCII 字符 0x09（9））
\\	反斜杠
\$	美元符号
\'	单引号
\"	双引号
\[0-7]{1,3}	此正则表达式序列匹配一个用八进制符号表示的字符，如\467
\x[0-9A-Fa-f]{1,2}	此正则表达式序列匹配一个用十六进制符号表示的字符，如\x9f

\n 和\r 在 Windows 系统中没有什么区别，都可以当作回车符。但在 Linux 系统中则是两种效果，在 Linux 中，\n 表示换到下一行，却不会回到行首；而\r 表示光标回到行首，但仍然在本行。如果读者使用 Linux 操作系统，可以尝试一下。

如果对非转义字符使用了"\"，那么在输出时，"\"也会跟着一起被输出。

在定义简单的字符串时，使用单引号是一个更加合适的处理方式。如果使用双引号，PHP 将花费一些时间来处理字符串的转义和变量的解析。因此，在定义字符串时，如果没有特别的要求，应尽量使用单引号。

界定符（<<<）是从 PHP 4.0 开始支持的。在使用时后接一个标识符，然后是字符串，最后是同样的标识符结束字符串。界定符的格式如下：

```
$string = <<< str
要输出的字符串。
str
```

其中 str 为指定的标识符。

【例 2-3】　下面使用界定符输出变量中的值，可以看到，它和双引号没什么区别，包含的变量也被替换成实际数值，实例代码如下。（实例位置：光盘\MR\源码\第 2 章\2-3）

```php
<?php
    $i = '显示该行内容';                    //声明变量$i
    echo <<<std                            //界定符开始
    这和双引号没有什么区别，\$i 同样可以被输出出来。<p>    //输出字符串
    \$i 的内容为：$i                        //输出变量$i
std;                                       //界定符结束
?>
```

运行结果如图 2-2 所示。

图 2-2　使用界定符定义字符串

结束标识符必须单独另起一行，并且不允许有空格。在标识符前后有其他符号或字符，也会发生错误。例 2-3 中的注释部分在练习时一定不要输入，否则将出现"Parse error: parse error, unexpected T_SL in E:\AppServ\www\TM\02\2-3\index.php on line…"的错误提示。

（3）整型（integer）

整型数据类型只能包含整数。在 32 位的操作系统中，有效的范围是$-2147483648 \sim +2147483647$。整型数可以用十进制、八进制和十六进制来表示。如果用八进制，数字前面必须加 0，如果用十六进制，则需要加 0x。

如果在八进制中出现了非法数字（8 和 9），则后面的数字会被忽略掉。

【例 2-4】 本例分别输出八进制、十进制和十六进制的结果，实例代码如下。（实例位置：光盘\MR\源码\第 2 章\2-4）

```php
<?php
    $str1 = 1234567890;                    //声明一个十进制的整数
    $str2 = 0x1234567890;                  //声明一个十六进制的整数
    $str3 = 01234567890;                   //声明一个八进制的整数
    $str4 = 01234567;                      //声明另一个八进制的整数
    echo '数字 1234567890 不同进制的输出结果：<p>';
    echo '10 进制的结果是：'.$str1.'<br>';  //输出十进制整数
    echo '16 进制的结果是：'.$str2.'<br>';  //输出十六进制整数
    echo '8 进制的结果是：';
if($str3 == $str4){                        //判断$str3 和$str4 的关系
        echo '$str3 = str4 = '.$str3;      //如果相等，输出变量值
    }else{
        echo '$str3 != str4';              //如果不相等，输出"$str3 != $str4"
    }
?>
```

运行结果如图 2-3 所示。

图 2-3 不同进制的输出结果

如果给定的数值超出了 int 型所能表示的最大范围，将会被当作 float 型处理，这种情况称为整数溢出。同样，如果表达式的最后运算结果超出了 int 型的范围，也会返回 float 型。

（4）浮点型（float）

浮点数据类型可以用来存储数字，也可以保存小数。它提供的精度比整数大得多。在 32 位的操作系统中，有效的范围是 1.7E-308 ～ 1.7E+308。在 PHP 4.0 以前的版本中，浮点型的标识为 double，也叫作双精度浮点数，两者没有区别。

浮点型数据默认有两种书写格式，一种是标准格式：

```
3.1415
-35.8
```

还有一种是科学记数法格式：

```
3.58E1
849.72E-3
```

【例 2-5】 本例中输出圆周率的近似值。用 3 种书写方法：圆周率函数、传统书写格式和科学记数法，最后显示在页面上的效果都一样，实例代码如下。(实例位置：光盘\MR\源码\第 2 章\2-5)

```php
<?php
echo '圆周率的 3 种书写方法：<p>';
echo '第一种：pi() = '. pi() .'<p>';                          //调用 pi 函数输出圆周率
echo '第二种：3.14159265359 = '. 3.14159265359 .'<p>';        //传统书写格式的浮点数
echo '第三种：314159265359E-11 = '. 314159265359E-11 .'<p>';  //科学记数法格式的浮点数
?>
```

运行结果如图 2-4 所示。

图 2-4　输出浮点类型

 浮点型的数值只是一个近似值，所以要尽量避免浮点型数值之间比较大小，因为最后的结果往往是不准确的。

2. 复合数据类型

复合数据类型包括两种，即数组和对象，如表 2-3 所示。

表 2-3　　　　　　　　　　　　　　　　复合数据类型

类　型	说　明
array（数组）	一组类型相同的变量的集合
object（对象）	对象是类的实例，使用 new 命令来创建

（1）数组（array）

数组是一组数据的集合，它把一系列数据组织起来，形成一个可操作的整体。数组中可以包括很多数据，如标量数据、数组、对象、资源以及 PHP 中支持的其他语法结构等。

数组中的每个数据称为一个元素，元素包括索引（键名）和值两个部分。元素的索引可以由数字或字符串组成，元素的值可以是多种数据类型。定义数组的语法格式如下：

```php
$array = ('value1',' value2 '……)
```

或

```php
$array[key] = 'value'
```

或

```php
$array = array(key1 => value1, key2 => value2……)
```

其中，参数 key 是数组元素的下标，value 是数组下标所对应的元素。以下几种都是正确的格式：

```php
$arr1 = array('This','is','a','example');
$arr2 = array(0 => 'php', 1=>'is', 'the' => 'the', 'str' => 'best ');
$arr3[0] = 'tmpname';
```

声明数组后，数组中的元素个数还可以自由更改。只要给数组赋值，数组就会自动增加长度。在 PHP 数组中，会详细介绍数组的使用、取值以及数组的相关函数。

（2）对象（object）

编程语言所应用到的方法有两种：面向过程和面向对象。在 PHP 中，用户可以自由使用这两种方法。在后面的内容中将对面向对象的技术进行详细的讲解。

3. 特殊数据类型

特殊数据类型包括资源和空值两种，如表 2-4 所示。

表 2-4　　　　　　　　　　　　　　　　特殊数据类型

类　　型	说　　明
resource（资源）	资源是一种特殊变量，又叫做句柄，保存到外部资源的一个引用。资源是通过专门的函数来建立和使用的
null（空值）	特殊的值，表示变量没有值，唯一的值就是 null

（1）资源（resource）

资源类型是 PHP 4.0 引进的。关于资源的类型，可以参考 PHP 手册后面的附录，里面有详细的介绍和说明。

在使用资源时，系统会自动启用垃圾回收机制，释放不再使用的资源，避免内存消耗殆尽。因此，资源很少需要手工释放。

（2）空值（null）

顾名思义，空值表示没有为该变量设置任何值。另外，空值（null）不区分大小写，null 和 NULL 效果是一样的。被赋予空值的情况有以下 3 种：还没有赋任何值、被赋值 null、被 unset() 函数处理过的变量。

【例 2-6】　　下面来看一个具体实例。字符串 string1 被赋值为 null，string2 根本没有被声明和赋值，所以也输出 null，最后的 string3 虽然被赋予了初值，但被 unset() 函数处理后，也变为 null 型。unset() 函数的作用就是从内存中删除变量。实例代码如下。（实例位置：光盘\MR\源码\第 2 章\2-6）

```php
<?php
echo "变量(\$string1)直接赋值为 null: ";
$string1 = null;                              //变量$string1 被赋空值
$string3 = "str";                             //变量$string3 被赋值 str
if(is_null($string1))                         //判断$string1 是否为空
    echo "string1 = null";
echo "<p>变量(\$string2)未被赋值: ";
if(is_null($string2))                         //判断$string2 是否为空
    echo "string2 = null";
echo "<p>被 unset()函数处理过的变量(\$string3): ";
unset($string3);                              //释放$string3
if(is_null($string3))                         //判断$string3 是否为空
    echo "string3 = null";
?>
```

运行结果如图 2-5 所示。

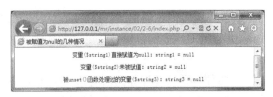

图 2-5 被赋值为 null 的几种情况

is_null()函数是判断变量是否为 null, 该函数返回一个 boolean 型, 如果变量为 null, 则返回 true, 否则返回 false。unset()函数用来销毁指定的变量。

从 PHP 4.0 开始, unset()函数就不再有返回值, 所以不要试图获取或输出 unset()。

4. 转换数据类型

虽然 PHP 是弱类型语言, 但有时仍然需要用到类型转换。PHP 中的类型转换和 C 语言一样, 非常简单, 只需在变量前加上用括号括起来的类型名称即可。允许转换的类型如表 2-5 所示。

表 2-5 类型强制转换

转换操作符	转 换 类 型	举 例
(boolean)	转换成布尔型	(boolean)$num、(boolean)$str
(string)	转换成字符型	(string)$boo、(string)$flo
(integer)	转换成整型	(integer)$boo、(integer)$str
(float)	转换成浮点型	(float)$str、(float)$str
(array)	转换成数组	(array)$str
(object)	转换成对象	(object)$str

在进行类型转换的过程中应该注意以下内容: 转换成 boolean 型时, null、0 和未赋值的变量或数组会被转换为 false, 其他的为真; 转换成整型时, 布尔型的 false 转换为 0, true 转换为 1, 浮点型的小数部分被舍去, 字符型如果以数字开头就截取到非数字位, 否则输出 0。

类型转换还可以通过 settype()函数来完成, 该函数可以将指定的变量转换成指定的数据类型。

```
bool settype (mixed var, string type)
```

(1) 参数 var 为指定的变量。

(2) 参数 type 为指定的类型, 参数 type 有 7 个可选值, 即 boolean、float、integer、array、null、object 和 string。如果转换成功则返回 true, 否则返回 false。

当字符串转换为整型或浮点型时, 如果字符串是以数字开头的, 就会先把数字部分转换为整型, 再舍去后面的字符串; 如果数字中含有小数点, 则会取到小数点前一位。

【例 2-7】 本实例将使用上面的两种方法将指定的字符串进行类型转换, 比较两种方法之间的不同, 实例代码如下。(实例位置: 光盘\MR\源码\第 2 章\2-7)

```
<?php
$num = '3.1415926r*r';                          //声明一个字符串变量
echo '使用(integer)操作符转换变量$num 类型: ';
```

```php
echo (integer)$num;                         //使用 integer 转换类型
echo '<p>';
echo '输出变量$num 的值：'.$num;              //输出原始变量$num
echo '<p>';
echo '使用 settype 函数转换变量$num 类型：';
echo settype($num,'integer');               //使用 settype 函数转换类型
echo '<p>';
echo '输出变量$num 的值：'.$num;              //输出原始变量$num
?>
```

运行结果如图 2-6 所示。

图 2-6　类型转换

可以看到，使用 integer 操作符能直接输出转换后的变量类型，并且原变量不发生任何变化。而使用 settype()函数返回的是 1，也就是 true，而原变量被改变了。在实际应用中，可根据情况自行选择转换方式。

5. 检测数据类型

PHP 还内置了检测数据类型的系列函数，可以对不同类型的数据进行检测，判断其是否属于某个类型，如果符合则返回 true，否则返回 false。检测数据类型的函数如表 2-6 所示。

表 2-6　　　　　　　　　　　　　　　检测数据类型

函　　数	检　测　类　型	举　　　例
is_bool	检查变量是否是布尔类型	is_bool(true)、is_bool(false)
is_string	检查变量是否是字符串类型	is_string('string')、is_string(1234)
is_float/is_double	检查变量是否为浮点类型	is_float(3.1415)、is_float('3.1415')
is_integer/is_int	检查变量是否为整数	is_integer(34)、is_integer('34')
is_null	检查变量是否为 null	is_null(null)
is_array	检查变量是否为数组类型	is_array($arr)
is_object	检查变量是否是一个对象类型	is_object($obj)
is_numeric	检查变量是否为数字或由数字组成的字符串	is_numeric('5')、is_numeric('bccd110')

【例 2-8】　由于检测数据类型的函数的功能和用法都是相同的，下面使用 is_numeric()函数来检测变量中的数据是否是数字，从而了解并掌握 is 系列函数的用法。实例代码如下。（实例位置：光盘\MR\源码\第 2 章\2-8）

```php
<?php
    $boo = "043112345678";                //声明一个全由数字组成的字符串变量
    if(is_numeric($boo))                  //判断该变量是否由数字组成
        echo "Yes,the \$boo a phone number: $boo!"; //如果是，输出该变量
    else
```

```
        echo "Sorry,This is an error!";                //否则，输出错误语句
    ?>
```

结果为：Yes,the $boo a phone number：043112345678

2.1.3　PHP 常量和变量

1. PHP 的常量应用

📹 **视频讲解：光盘\TM\第 2 章\视频 2.3\PHP 的常量应用.exe**

常量可以理解为用于存储不经常改变的数据信息的量。常量的值被定义以后，在程序的整个执行期间内，这个值都有效，并且不可再次对该常量进行赋值。本节介绍 PHP 的常量，包括常量的声明和使用，以及预定义常量。

（1）声明和使用常量

一个常量由英文字母、下划线和数字组成，但数字不能作为首字母出现。

在 PHP 中使用 define()函数来定义常量，该函数的语法格式为：

```
define(string constant_name,mixed value,case_sensitive=true)
```

参数说明如下。

● constant_name：必选参数，常量名称，即标识符。

● value：必选参数，常量的值。

● case_sensitive：可选参数，指定是否大小写敏感，设定为 true 表示不敏感。默认状态表示大小写敏感。

获取常量值有两种方法：一种是使用常量名直接获取值；另一种方法是使用 constant()函数，这和直接使用常量名输出的效果是一样的。但函数可以动态输出不同的常量，在使用上要灵活、方便得多。函数的语法格式为：

```
mixed constant(string const_name)
```

参数 const_name 为要获取常量的名称，也可为存储常量名的变量。如果成功则返回常量的值，失败则提示错误信息表示常量没有被定义。

要判断一个常量是否已经定义，可以使用 defined()函数，函数的语法格式为：

```
bool defined(string constant_name);
```

参数 constant_name 为要获取常量的名称，成功则返回 true，否则返回 false。

【**例 2-9**】　为了便于读者更好地理解如何定义常量，这里给出一个定义常量的实例。在这个实例中应用上述的 3 个函数：define()函数、constant()函数和 defined()函数，通过 define()函数来定义一个常量，使用 constant()函数来动态获取常量的值，应用 defined()函数来判断常量是否被定义，代码如下。（实例位置：光盘\MR\源码\第 2 章\2-9）

```
<?php
define ("MESSAGE","明日科技");                    //定义常量，并设置大小写敏感
echo MESSAGE."<BR>";                            //输出常量 MESSAGE
echo Message."<BR>";                            //输出"Message"，表示没有该常量
define ("COUNT","明日科技，让您尽在其中",true);
echo COUNT."<BR>";                              //输出常量 COUNT
echo Count."<BR>";                              //输出常量 COUNT，因为设定大小写不敏感
$name = "count";
echo constant ($name)."<BR>";                   //输出常量 COUNT
if (defined ("MESSAGE")){                        //如果定义返回 true，使用 echo 输出显示信息
    echo "明日科技是一家知名企业的软件公司！";
```

```
    }
?>
```
运行结果如图 2-7 所示。

图 2-7　通过函数对常量进行定义、获取和判断

（2）预定义常量

PHP 中可以使用预定义常量获取 PHP 中的信息。常用的预定义常量如表 2-7 所示。

表 2-7　　　　　　　　　　　　　　PHP 的预定义常量

常　量　名	功　　能
__FILE__	默认常量，PHP 程序文件名
__LINE__	默认常量，PHP 程序行数
PHP_VERSION	内建常量，PHP 程序的版本，如 3.0.8_dev
PHP_OS	内建常量，执行 PHP 解析器的操作系统名称，如 Windows
TRUE	这个常量是一个真值（true）
FALSE	这个常量是一个假值（false）
NULL	一个 null 值
E_ERROR	这个常量指到最近的错误处
E_WARNING	这个常量指到最近的警告处
E_PARSE	这个常量指解析语法有潜在问题处
E_NOTICR	这个常量为发生不寻常的提示但不一定是错误处

　　　　　"__FILE__" 和 "__LINE__" 中的 "__" 是两条下划线，而不是一条 "_"。

　　　　　表中以 "E_" 开头的预定义常量，是 PHP 的错误调试部分。如果想详细了解相关内容，可参考 error_reporting() 函数。

【例 2-10】　预定义常量与用户自定义常量在使用上没什么差别。下面应用预定义常量来输出 PHP 中的信息，实例代码如下。（实例位置：光盘\MR\源码\第 2 章\2-10）

```
<?php
echo "当前文件路径: ".__FILE__;                        //输出"__FILE__"常量
echo "<br>当前行数: ".__LINE__;                        //输出"__LINE__"常量
echo "<br>当前 PHP 版本信息: ".PHP_VERSION;             //输出 PHP 版本信息
echo "<br> 当前操作系统: ".PHP_OS ;                     //输出系统信息
?>
```
运行结果如图 2-8 所示。

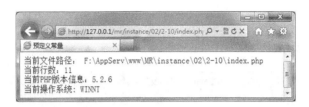

图 2-8　应用 PHP 预定义常量输出信息

　　根据每个用户操作系统和软件版本的不同，该程序的运行结果也不一定相同。

2. PHP 的变量应用

　　📹 视频讲解：光盘\TM\第 2 章\视频 2.4\PHP 的变量应用.exe

　　变量是指在程序执行过程中其值可以变化的量。变量通过一个名字(变量名)来标识。系统为程序中的每一个变量分配一个存储单元，变量名实质上就是计算机内存单元的命名。因此，借助变量名即可访问内存中的数据。

　　（1）变量声明及使用

　　和很多语言不同，在 PHP 中使用变量之前不需要声明变量（PHP4.0 之前需要声明变量），只需为变量赋值即可。PHP 中的变量名称用$和标识符表示，变量名是区分大小写的。

　　PHP 中的变量名称遵循以下约定：

- 在 PHP 中的变量名是区分大小写的。
- 变量名必须是以美元符号（$）开始。
- 变量名开头可以以下划线开始。
- 变量名不能以数字字符开头。
- 变量名可以包含一些扩展字符（如重音拉丁字母），但不能包含非法扩展字符（如汉字字符和汉字字母）。

　　声明的变量不可以与已有的变量重名，否则将引起冲突。变量的名称应采用能反映变量含义的名称，以利于提高程序的可读性。只要能明确反映变量的含义，可以使用英文单词、单词缩写、拼音（尽量使用英文单词），如$book_name，$user_age，$shop_price 等，必要时，也可以将变量的类型包含在变量名中，如$book_id_int，这样可以直接根据变量名称了解变量的类型。

　　在程序中使用变量前，需要为变量赋值。PHP 中变量的定义非常简单灵活。在定义变量时，不需要指定变量的类型，PHP 自动根据对变量的赋值决定其类型。变量的赋值是通过使用赋值运算符 "=" 实现的。在定义变量时也可以直接为变量赋值，此时称之为变量的初始化。

　　【例 2-11】　下面的代码定义了一个整型变量 n_sum，将其赋值为 100；定义一个布尔型变量；定义一个空字符串。（实例位置：光盘\MR\源码\第 2 章\2-11）

```php
<?php
    $n_sum = 100;          //定义一个整型变量，并进行初始化
    $str1=false;           //定义一个布尔型变量，并进行初始化
    $str2=" ";             //定义一个空字符串
?>
```

在定义变量时，要养成良好的编程习惯，在定义变量前要对其定义初始值。如果在定义变量时没有指定变量的初始值，那么在使用变量时，PHP 会根据变量在语句中所处的位置确定其类型，并采用该类型的默认值。字符串的默认初始值为空值；整型的默认初始值为 0；布尔型的默认初始值为 false。

对变量赋值时，要遵循变量命名规则，如下面的变量命名是合法的。

```php
<?php
$helpsoft="明日科技有限公司";
$_book="软件公司 ";
?>
```

下面的变量命名则是非法的。

```php
<?php
$5_str="明日科技";                      //变量名不能以数字字符开头
$@zts = "mrkj";                      //变量名不能以其他字符开头
?>
```

PHP 中的变量名称区分大小写，而函数名称不区分大小写。

除了直接赋值外，还有两种方式来给变量声明或赋值。一种是变量间的赋值。

【例 2-12】　变量间的赋值是指赋值后，两个变量使用各自的内存，互不干扰，实例代码如下。（实例位置：光盘\MR\源码\第 2 章\2-12）

```php
<?php
$str1 = "明日科技有限公司";            //声明变量$str1
$str2 = $str1;                        //使用$str1 来初始化$str2
$str1 = "我喜欢学 PHP";               //改变变量$str1 的值
echo $str2;                           //输出变量$str2 的值
?>
```

结果为：明日科技有限公司

另一种是引用赋值。从 PHP 4.0 开始，PHP 引入了"引用赋值"的概念。引用赋值是指用不同的名字访问同一个变量内容，当改变其中一个变量的值时，另一个也跟着发生变化。使用&符号来表示引用。

【例 2-13】　本例中，变量$str2 是变量$str 的引用，当给变量$str 赋值后，$str2 的值也会跟着发生变化。实例代码如下。（实例位置：光盘\MR\源码\第 2 章\2-13）

```php
<?php
$str = "是一家知名的软件公司";     //声明变量$str
$str2 = & $str;                     //使用引用赋值，这时$str2 已经赋值成为"是一家知名的软件公司"
$str = "明日科技: $str";            //重新给$str 赋值
echo $str2;                         //输出变量$str2
echo "<p>";                         //输出换行标记
echo $str;                          //输出变量 $str
?>
```

运行结果如图 2-9 所示。

引用变量并不是复制一个变量给另一个变

图 2-9　引用赋值

量，而是将两个变量指向同一个内容，可以理解为将同一个变量的地址传递给另一个变量。引用后，两个变量完全相同。当对其中任意一个变量的内容进行更改时，另一个变量的内容也会随之更改。

引用和复制的区别在于：复制是将原变量内容复制下来，开辟一个新的内存空间来保存；而引用则是给变量的内容再起一个名字。也可以这样理解，一些论坛的版主，博客的博主，登录网站时发表帖子或文章时一般不会留真名，而是用笔名，这个笔名就可以看作是一个引用，是其身份的代表。

（2）变量作用域

变量在使用时，要符合变量的定义规则。变量必须在有效范围内使用，如果变量超出有效范围，变量也就失去其意义了。按作用域可以将变量分为全局变量、局部变量和静态变量。变量作用域的说明如表 2-8 所示。

表 2-8　　　　　　　　　　　　　变量作用域

作　用　域	说　　明
全局变量	即被定义在所有函数以外的变量，其作用域是整个 PHP 文件，但是在用户自定义函数内部是不可用的。想在用户自定义函数内部使用全局变量，要使用 global 关键词声明，或者通过使用全局数组$globals 进行访问
局部变量	即在函数的内部定义的变量，这些变量只限于在函数内部使用，在函数外部不能被使用
静态变量	能够在函数调用结束后仍保留变量值，当再次回到其作用域时，又可以继续使用原来的值。而一般变量是在函数调用结束后，其存储的数据值将被清除，所占的内存空间被释放。使用静态变量时，先要用关键字 static 来声明变量，需要把关键字 static 放在要定义的变量之前

在函数的内部定义的变量，其作用域是所在函数。如果在函数外赋值，将被认为是完全不同的另一个变量。在退出声明变量的函数时，该变量及相应的值就会被撤消。

【例 2-14】　　下面在自定义函数中应用全局变量与局部变量进行对比。在本实例中定义两个全局变量$zy 和$zyy，在用户自定义函数 lxt()中，如果想要在第 6 行和第 8 行调用它们，而程序输出的结果是“明日科技有限公司”，因为在第 7 行用 global 关键字声明了全局变量$zyy。而第 5行由于定义了局部变量，因此输出的结果为“明日科技”，其中第 5 行的$zy 和第 2 行的$zy 没有任何关系。实例代码如下。（实例位置：光盘\MR\源码\第 2 章\2-14）

```php
<?php
$zy = "你好." ;
$zyy = "有限公司." ;
function lxt (){
$zy="明日科技";                    //定义局部变量
    echo $zy;                       //$zy 输出的是局部变量的内容，而并非全局
    global $zyy ;                   //应用关键字 global 在函数内部定义全局变量
    echo $zyy."<br>" ;             //此处调用$zyy
 }
 lxt () ;
?>
```

运行结果：明日科技有限公司

因为默认情况下全局变量和局部变量的作用域是不相交的，所以，在函数内部可以定义与全局变量同名的变量。全局变量可以在程序中的任何地方访问。但是在用户自定义函数内部是不可用的，想在用户自定义函数内部使用全局变量，要使用 global 关键字声明。

静态变量在函数内部定义，只局限于函数内部使用，但却具有和程序文件相同的生命周期。也就是说，静态变量一旦被定义，则在当前程序文件结束之前一直存在。

静态变量通过在变量前使用关键词 static 声明变量，格式如下。

```
static $str;
```

【例 2-15】　下面应用静态变量和普通变量同时输出一个数据，看两者的功能有什么不同。实例代码如下。（实例位置：光盘\MR\源码\第 2 章\2-15）

```php
<?php
function zdy (){
    static $message = 0 ;             //初始化静态变量
    $message+=1;                      //静态变量加 1
    echo $message." " ;               //输出静态变量
}
function zdy1(){
    $message = 0 ;                    //声明函数内部变量（局部变量）
    $message += 1 ;                   //局部变量加 1
    echo $message." " ;               //输出局部变量
}
for ( $i=0 ; $i<10 ; $i++ )     zdy() ; //输出 1~10
echo "<br>";
for ( $i=0 ; $i<10 ; $i++ )     zdy1() ; //输出 10 个 1
?>
```

运行结果如图 2-10 所示。

自定义函数 zdy() 是输出 1~10 的 10 个数字，而 zdy1() 函数则输出的是 10 个 1。因为自定义函数 zdy() 含有静态变量，而函数 zdy1() 是一个普通变量。初始化都为 0，再分别使用 for 循环调用两个函数，结果是静态变量的函数 zdy() 在被调用后保留了 $message 中的值，静态变量的初始化只是在第一次遇到时被执行，以后就不再对其进行初始化操作了，将会略过第三行代码不执行；而普通变量的函数 zdy1() 在被调用后，其变量 $message 失去了原来的值，重新被初始化为 0。

图 2-10　比较静态变量和普通变量的区别

（3）可变变量

可变变量是一种独特的变量，变量的名称并不是预先定义好的，而是动态地设置和使用。可变变量一般是指使用一个变量的值作为另一个变量的名称，所以可变变量又称为变量的变量。可变变量通过在一个变量名称前使用两个 "$" 符号实现。

【例 2-16】　下面应用可变变量实现动态改变变量的名称。首先定义两个变量 $change_name 和 $Look，并且输出变量 $change_name 的值，然后应用可变变量来改变变量 $change_name 的名称，最后输出改变名称后的变量值，程序代码如下。（实例位置：光盘\MR\源码\第 2 章\2-16）

```php
<?php
$change_name = "Look";                //声明变量 $change_name
$Look = "美好的一天开始了!";           //声明变量 $Look
echo $change_name ;                   //输出变量 $change_name
echo $$change_name ;                  //通过可变变量输出 $Look 的值
?>
```

结果为：Look 美好的一天开始了!

（4）预定义变量

PHP 还提供了很多非常实用的预定义变量，通过这些预定义变量可以获取到用户会话、用户操作系统的环境和本地操作系统的环境等信息。常用的预定义变量如表 2-9 所示。

表 2-9　　　　　　　　　　　　　　　　　　　预定义变量

变量的名称	说　　　明
$_SERVER['SERVER_ADDR']	当前运行脚本所在服务器的 IP 地址
$_SERVER['SERVER_NAME']	当前运行脚本所在服务器主机的名称。如果该脚本运行在一个虚拟主机上，则该名称是由那个虚拟主机所设置的值决定
$_SERVER['REQUEST_METHOD']	访问页面时的请求方法，如 GET、HEAD、POST、PUT。如果请求的方式是 HEAD，则 PHP 脚本将在送出头信息后终止（这意味着在产生任何输出后，不再有输出缓冲）
$_SERVER['REMOTE_ADDR']	正在浏览当前页面用户的 IP 地址
$_SERVER['REMOTE_HOST']	正在浏览当前页面用户的主机名。反向域名解析基于该用户的 REMOTE_ADDR
$_SERVER['REMOTE_PORT']	用户连接到服务器时所使用的端口
$_SERVER['SCRIPT_FILENAME']	当前执行脚本的绝对路径名。注意，如果脚本在 CLI 中被执行，作为相对路径，如 file.php 或者../file.php，$_SERVER['SCRIPT_FILENAME']将包含用户指定的相对路径
$_SERVER['SERVER_PORT']	服务器所使用的端口，默认为 80。如果使用 SSL 安全连接，则这个值为用户设置的 HTTP 端口
$_SERVER['DOCUMENT_ROOT']	当前运行脚本所在的文档根目录。在服务器配置文件中定义
$_COOKIE	通过 HTTPCookie 传递到脚本的信息。这些 cookie 多数是由执行 PHP 脚本时通过 setcookie()函数设置的
$_SESSION	包含与所有会话变量有关的信息。$_SESSION 变量主要应用于会话控制和页面之间值的传递
$_POST	包含通过 POST 方法传递的参数的相关信息。主要用于获取通过 POST 方法提交的数据
$_GET	包含通过 GET 方法传递的参数的相关信息。主要用于获取通过 GET 方法提交的数据
$GLOBALS	由所有已定义全局变量组成的数组。变量名就是该数组的索引。它可以被称为所有超级变量的超级集合

（5）变量的生存周期

变量存在的时间称为生存周期，即从变量被声明的那一刻起，直到脚本运行结束。对于过程级变量，其存活期仅是该过程运行的时间，该过程结束后，变量随之消失。在执行过程中，局部变量是理想的临时存储空间。在不同过程中可以使用同名的局部变量，这是因为每个局部变量只被声明它的过程识别。

2.1.4　PHP 运算符

📹 **视频讲解：光盘\TM\第 2 章\视频 2.5\PHP 运算符.exe**

运算符是用来对变量、常量或数据进行计算的符号；它对一个值或一组值执行一个指定的操作。PHP 的运算符包括算术运算符、字符串运算符、赋值运算符、递增或递减运算符、位运算符、逻辑运算符、比较运算符和条件运算符。下面进行详细讲解。

1. 算术运算符

算术运算符用来连接运算表达式。算术运算符包括加（+）、减（-）、乘（*）、除（/）、取模（%）等运算符。常用的算术运算符如表 2-10 所示。

表 2-10　　　　　　　　　　　　　　常用的算术运算符

算术操作符	说　　明	举例（定义 $a=5, $b=3）	结　　果
+	加法运算	$a + $b	值为 8
-	减法运算	$a-$b	值为 2
*	乘法运算	$a * $b	值为 15
/	除法运算	$a / $b	值为 1.66
%	取模运算	$a % $b	值为 2

在算术运算符中使用%求余，如果被除数（$a）是负数的话，那么取得的结果也是一个负值。

【例 2-17】　在本例中分别应用算术运算符对表达式进行计算，实例代码如下。（实例位置：光盘\MR\源码\第 2 章\2-17）

```php
<?php
    $a = 6;                                    //声明变量$a
    $b = -4;                                   //声明变量$b
    $c = 10;                                   //声明变量$c
    echo "\$a = ".$a."<br>";                   //输出变量$a
    echo "\$b = ".$b."<br>";                   //输出变量$b
    echo "\$c = ".$c."<br>";                   //输出变量$c
    echo "\$a + \$b = ".($a + $b)."<br>";      //计算变量$a 加$b 的值
    echo "\$a - \$b = ".($a - $b)."<br>";;     //计算变量$a 减$b 的值
    echo "\$a * \$b = ".($a * $b)."<br>";      //计算$a 乘以$b 的值
    echo "\$a / \$b = ".($a / $b)."<br>";      //计算$a 除以$b 的值
    echo "\$a % \$c = ".($a % $c);             //计算$a 除以$c 的余数，被除数为 6
?>
```

运行结果如图 2-11 所示。

2. 字符串运算符

字符串运算符只有一个，即英文的句号"."。它将两个字符串连接起来，结合到一起形成一个新的字符串。使用过 C 或 Java 的读者要注意了，这里的"+"号，只作算术运算符使用，而不能作字符串运算符。

图 2-11　算术运算符的应用

【例 2-18】　下面应用一个实例，来看一下"."和"+"两者之间的区别。当使用"."时，变量$m 和$n 两个字符串组成一个新的字符"3.5e11"，当使用"+"时，PHP 会认为这是一次运算。如果"+"号的两边有字符类型，则自动转换为整型；如果是字母，则输出为 0；如果是以数字开头的字符串，则会截取字符串头部的数字，再进行运算。实例代码如下。（实例位置：光盘\MR\

源码\第 2 章\2-18）

```php
<?php
$n = "3.5e";              //声明一个字符串变量，以数字开头
$m =11;                    //声明一个整型变量
$nm = $n.$m;               //使用"."运算符将两个变量连接
echo $nm."\t";
$mn = $n + $m ;            //使用"+"运算符将两个变量连接
echo $mn;
?>
```

结果为：3.5e11   14.5

3. 赋值运算符

最基本的赋值运算符是"="，用于对变量进行赋值，而其他运算符可以和赋值运算符"="联合使用，构成组合赋值运算符。赋值运算符是把基本赋值运算符"="右边的值赋给左边的变量或者常量。在 PHP 中的赋值运算符如表 2-11 所示。

表 2-11　　　　　　　　　　　　常用赋值运算符

操　作	符　号	举　例	展开形式	意　义
赋值	=	$a=b	$a=b	将右边表达式的值赋给左边的变量
加	+=	$a+= b	$a=$a + b	将运算符左边的变量加上右边表达式的值赋给左边的变量
减	-=	$a-= b	$a=$a-b	将运算符左边的变量减去右边表达式的值赋给左边的变量
乘	*=	$a*= b	$a=$a * b	将运算符左边的变量乘以右边表达式的值赋给左边的变量
除	/=	$a/= b	$a=$a / b	将运算符左边的变量除以右边表达式的值赋给左边的变量
连接字符	.=	$a.= b	$a=$a. b	将右边的字符加到左边
取余数	%=	$a%= b	$a=$a % b	将运算符左边的变量用右边表达式的值求模，并将结果赋给左边的变量

【例 2-19】　应用赋值运算符给指定的变量赋值，并计算各表达式的值，代码如下。（实例位置：光盘\MR\源码\第 2 章\2-19）

```php
<?php
$a = 8;                              //声明变量$a
$b =4;                               //声明变量$b
echo "\$a = ".$a."<br>";             //输出变量$a
echo "\$b = ".$b."<br>";             //输出变量$b
echo "\$a += \$b = ".($a += $b)."<br>";   //计算变量$a 加$b 的值
echo "\$a -= \$b = ".($a -= $b)."<br>";   //计算变量$a 减$b 的值
echo "\$a *= \$b = ".($a *= $b)."<br>";
//计算变量$a 乘以$b 的值
echo "\$a /= \$b = ".($a /= $b)."<br>";
//计算变量$a 除以$b 的值
echo "\$a %= \$b = ".($a %= $b);
//计算变量$a 除以$b 的余数
?>
```

运行结果如图 2-12 所示。

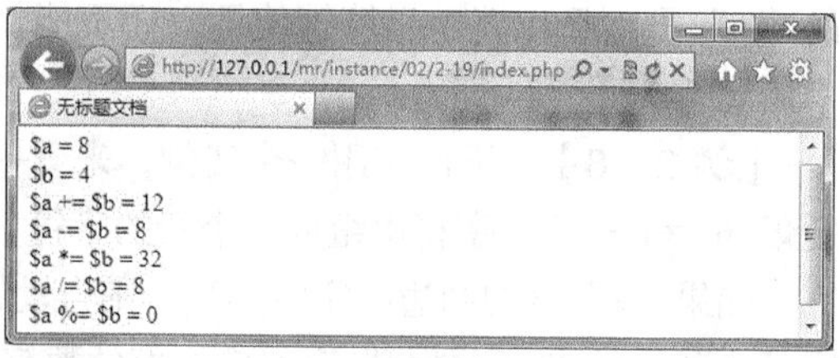

图 2-12　赋值运算符的应用

4. 递增递减运算符

算术运算符适合在有两个或者两个以上不同操作数的场合使用，但是，当只有一个操作数时，使用算术运算符是没有必要的。这时，就可以使用"++"或者"--"运算符了，即递增或递减运算符。

递增或递减运算符有两种使用方法，一种是先将变量增加或者减少 1 后再将值赋给原变量，称为前置递增或递减运算符（也称前置自增自减运算符）；另一种是将运算符放在变量后面，即先返回变量的当前值，然后变量的当前值增加或者减少 1，称为后置递增或递减运算符（后置自增自减运算符）。

（1）前置递增运算符

前置递增运算符是指使用前置"++"运算符将变量加 1 再将值赋给原变量。例如：

```php
<?php
    $a=5;
    echo ++$a;
?>
```

结果为：6

该程序的运行结果为 6，也就是首先把变量$a 加 1，再将结果赋给原变量，所以运行本程序后，原变量$a 的值已经变成 6。

（2）前置递减运算符

前置递减运算符是指使用前置"--"运算符将变量减 1 再将值赋给原变量。例如：

```php
<?php
    $a=5;
    echo --$a;
?>
```

结果为：4

该程序的运行结果为 4，也就是首先把变量$a 减 1，再将结果赋给原变量，所以运行本程序后，原变量$a 的值已经变成 4。

（3）后置递增运算符

后置递增运算符是指先返回变量的当前值，然后再使用后置"++"运算符将变量的当前值再加 1。例如：

```php
<?php
    $a=5;
    echo $a++;
?>
```

结果为：5

该程序的运行结果为 5，即先将变量的原值输出，然后再加 1，虽然显示输出的是 5，但实际上变量$a 的值已经是 6 了。

（4）后置递减运算符

后置递减运算符是指先返回变量的当前值，然后使用后置"--"运算符将变量的当前值再减 1。例如：

```php
<?php
    $a=5;
    echo $a--;
?>
```

结果为：5

该程序的运行结果为 5，即先将变量的原值输出，然后再减 1，虽然显示输出的是 5，但实际上变量$a 的值已经是 4 了。

5. 位运算符

位运算符是指对二进制位从低位到高位对齐后进行运算。在 PHP 中的位运算符如表 2-12 所示。

表 2-12　　　　　　　　　　　　　位运算符

运 算 符	说 明	举 例
&	按位与	$m & $n
|	按位或	$m | $n
^	按位异或	$m ^ $n
~	按位取反	$m ~ $n
<<	向左移位	$m << $n
>>	向右移位	$m >> $n

【例 2-20】 应用位运算符对变量中的值进行位运算操作，实例代码如下。（实例位置：光盘\MR\源码\第 2 章\2-20）

```php
<?php
$m =7 ;
$n =8 ;
$mn = $m & $n ;                //位与
echo $mn ." \t";
$mn = $m | $n ;                //位或
echo $mn ." \t";
$mn = $m ^ $n ;                //位异或
echo $mn ." \t";
$mn = ~$m ;                    //位取反
echo $mn ;
?>
```

结果为：0　　15　　15　　-8

6. 逻辑运算符

逻辑运算符用来组合逻辑运算的结果，是程序设计中一组非常重要的运算符。PHP 的逻辑运算符如表 2-13 所示。

表 2-13　　　　　　　　　　　　　PHP 的逻辑运算符

逻辑运算符	说 明	结 果 为 真
&&或 and	逻辑与，只有当两个操作数的值都为 true 时，$m && $n 的值才为 true	当$m 和$n 都为真时
||或 or	逻辑或，只要两个操作数中有一个值为 true，$m || $n 的值就为 true	当$m 为真或者$n 为真时
xor	逻辑异或，当两个操作数的值为一真一假时，$m xor $n 的值为 true	当$m、$n 为一真一假时
!	逻辑非，如果其单一操作数为 true，则返回 false；否则返回 true	当$m 为假时

在逻辑运算符中，逻辑与和逻辑或这两个运算符有 4 种运算符号（&&、and、‖和 or），其中

属于同一个逻辑结构的两个运算符号（如&&和 and）之间却有着不同的优先级。

【例 2-21】　下面分别应用逻辑或中的运算符号"||"和"or"进行相同的判断，但是因为同一逻辑结构的两个运算符（"||"和"or"）的优先级不同，输出的结果也不同。实例代码如下。（实例位置：光盘\MR\源码\第 2 章\2-21）

```php
<?php
    $i = true;                    //声明一个布尔型变量$i，赋值为真
    $j = true;                    //再声明一个布尔变量$j，赋值也为真
    $z = false;                   //最后再声明一个初值为假的布尔变量$z
    if($i or $j and $z)           //这是用 or 做判断
        echo "true";              //如果 if 表达为真，输出 true
    else
        echo "false";             //否则输出 false
        echo "<br>";
    if($i || $j and $z)           //这是用||做判断
        echo "true";              //如果表达为真，输出 true
    else
        echo "false";             //如果表达式为假，输出 false
?>
```

结果为：true

　　　　　false

可以看到，两个 if 语句，除了 or 和||不同之外，其他完全一样，但最后的结果却是南辕北辙，正好相反。在实际应用中要多注意这样的细节。

7．比较运算符

比较运算符就是对变量或表达式的结果进行大小、真假等比较，如果比较结果为真，则返回 true；如果为假，则返回 false。PHP 中的比较运算符如表 2-14 所示。

表 2-14　　　　　　　　　　　　　PHP 的比较运算符

运　算　符	说　　明	举例（定义$m=5，$n=2）	结　　果
<	小于	$m<$n	false
>	大于	$m>$n	true
<=	小于等于	$m<=$n	false
>=	大于等于	$m>=$n	true
= =	相等	$m= =$n	false
!=	不等	$m!=$n	true
= = =	恒等	$m= = =$n	false
!==	非恒等	$m!==$n	true

比较运算"= = ="和"!= ="不太常见。"$m = = = $n"，说明$m 和$n 不只是数值上相等，而且两者的类型也一样。"!= ="和"= = ="的含义差不多，"$m != = $n"是指$m 和$n 或者数值不相等，或者类型不相等。

【例 2-22】　下面应用比较运算符对变量中的值进行比较，设置变量"$value = "80""，变量的类型为字符串型，将变量$value 与数字 80 进行比较，会发现比较的结果非常有趣。其中使用的

var_dump 函数是系统函数，作用是输出变量的相关信息。实例代码如下。（实例位置：光盘\MR\源码\第 2 章\2-22）

```php
<?php
$value="80";                            //声明一个字符串变量$value
echo "\$value = \"$value\"";
echo "<p>\$value==80: ";
var_dump($value==80);                   //结果为: bool(true)
echo "<p>\$value==true: ";
var_dump($value==true);                 //结果为: bool(true)
echo "<p>\$value!=null: ";
var_dump($value!=null);                 //结果为: bool(true)
echo "<p>\$value==false: ";
var_dump($value==false);                //结果为: bool(false)
echo "<p>\$value ===80: ";
var_dump($value===80);                  //结果为: bool(false)
echo "<p>\$value===true: ";
var_dump($value===true);                //结果为: bool(false)
echo "<p>(10/2.0 !== 5): ";
var_dump(10/2.0 !==5);                  //结果为: bool(true)
?>
```

运行结果如图 2-13 所示。

8. 条件运算符

条件运算符用于根据一个表达式在另两个表达式中选择一个，而不是用来在两个语句或者程序中选择。条件运算符也称三元运算符，条件运算符的使用最好放在括号里。

【例 2-23】 下面应用条件运算符实现一个简单的判断功能，如果变量$age 的值大于等于 9，则输出"小红是好人"，否则输出"小红是坏人"，实例代码如下。（实例位置：光盘\MR\源码\第 2 章\2-23）

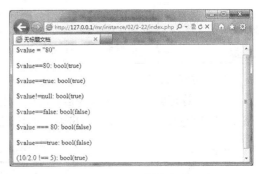

图 2-13　比较运算符的应用

```php
<?php
$age=12;
echo ($age>=9)?小红是好人:小红是坏人;
?>
```

运行结果：小红是好人

9. 运算符的优先顺序和结合规则

所谓运算符的优先级，是指在表达式中哪一个运算符先计算，哪一个后计算，与数学的四则运算遵循的"先乘除，后加减"是一个道理。

PHP 的运算符在运算中遵循的规则是：优先级高的操作先执行，优先级低的操作后执行，同一优先级的操作按照从左到右的顺序进行。也可以像四则运算那样使用小括号，括号内的运算最先进行。PHP 运算符优先级的顺序如表 2-15 所示。

表 2-15　　　　　　　　　　　　　　　　运算符的优先级

优先级别	运　算　符
1	or、and、xor
2	=、+=、-=、*=、/=、.=、%=
3	‖、&&
4	｜、^
5	&、.
6	++、--（递增或递减运算符）
7	/、*、%
8	<<、>>
9	++、--
10	+、-（正、负号运算符）、!、~
11	==、!=、<>
12	<、<=、>、>=
13	?:
14	->
15	=>

2.2　字符串操作

2.2.1　字符串简介

字符串是由零个或多个字符组成的有限序列。字符包含以下几种类型：

- 数字类型，如 1、2、3 等。
- 字母类型，如 a、b、c、d 等。
- 特殊字符，如$、%、#、^、&等。
- 不可见字符，如\t（Tab 字符）、\n（换行符）、\r（回车符）等。

其中，不可见字符是比较特殊的一组字符，是用来控制字符串格式化输出的，在浏览器上不可见，只能看到字符串输出的结果。

例如：

```php
<?php
echo "PHP \t SQL Server \n MySQL \r Java";    //输出字符串
?>
```

结果为：PHP   SQL Server
　　　　MySQL
　　　　Java

　　　　应用本实例在 IE 浏览器上看不到不可见字符的输出结果，需要通过选择 IE 浏览器菜单中的"查看源文件"命令来查看执行不可见字符串的实际输出结果。

2.2.2 转义、还原字符串

在 PHP 编程的过程中，经常会遇到这样的问题，将数据插入到数据库中时可能引起一些问题，如出现错误或者乱码等，因为数据库将传入的数据中的字符解释成控制符。针对这种问题，就需要使用一种标记或者是转义这些特殊的字符。

因此，在 PHP 语言中提供了专门处理这些问题的技术，转义和还原字符串。方法有两种：一种是手动转义、还原字符串数据，另一种是自动转义、还原字符串数据。下面分别对这两种方法进行详细讲解。

1. 手动转义、还原字符串

字符串可以用单引号“''”、双引号“""”和定界符“<<<”三种方式定义，而指定一个简单字符串的最简单的方法是用单引号“''”括起来。当使用字符串时，很可能在该串中存在这几种符号与 PHP 脚本混淆的字符，因此必须要做转义语句，即在它的前面使用转义符号“\”。

“\”是一个转义符，紧跟在“\”后面的第一个字符将变为没有意义或特殊意义。例如，“'”是字符串的定界符，写为“\'”时就使“'”失去了定界符的意义，变为普通的单引号“'”。读者可以通过“echo '\'';”输出一个单引号“'”，同时转义字符“\”也不会显示。

【例 2-24】 使用转义字符“\”对字符串进行转义，代码如下。（实例位置：光盘\MR\源码\第 2 章\2-24）

```php
<?php
echo ' select * from book where bookname = \'PHP 开发实战宝典\' ';
?>
```

结果为：select * from book where bookname = 'PHP 开发实战宝典'

对于简单的字符串，建议采用手动方法进行字符串转义，而对于数据量较大的字符串，建议采用自动转义函数实现字符串的转义。

2. 自动转义、还原字符串

自动转义、还原字符串数据可以应用 PHP 提供的 addslashes()函数和 stripslashes()函数实现。

（1）addslashes()函数

addslashes()函数用来给字符串 str 加入反斜线“\”，对指定字符串中的字符进行转义，该函数可以转义的字符包括单引号“'”、双引号“"”、反斜杠“\”、NULL 字符“0”。该函数比较常用的地方就是在生成 SQL 语句时，对 SQL 语句中的部分字符进行转义。

语法：

```
string addslashes ( string str)
```

参数 str 为将要被操作的字符串。

（2）stripslashes()函数

stripslashes()函数用来将应用 addslashes()函数转义后的字符串 str 返回原样。

语法：

```
string stripslashes(string str);
```

参数 str 为将要被操作的字符串。

【例 2-25】 使用自动转义字符 addslashes()函数对字符串进行转义，然后应用 stripslashes()函数进行还原，代码如下。（实例位置：光盘\MR\源码\第 2 章\2-25）

```php
<?php
```

```
$str = "select * from book where bookname = 'PHP 开发实战宝典'";
$a = addslashes($str);                          //对字符串中的特殊字符进行转义
echo $a."<br>";                                 //输出转义后的字符
$b = stripslashes($a);                          //对转义后的字符进行还原
echo $b."<br>";                                 //将字符原义输出
?>
```
运行结果如图 2-14 所示。

图 2-14　自动转义和还原字符串

 所有数据在插入数据库之前，有必要应用 addslashes() 函数进行字符串转义，以免特殊字符未经转义在插入数据库时出现错误。另外，对于应用 addslashes() 函数实现的自动转义字符串可以应用 stripslashes() 函数进行还原，但数据在插入数据库之前必须再次进行转义。

以上两个函数实现了对指定字符串进行自动转义和还原。除了上面介绍的方法外，还可以对要转义、还原的字符串进行一定范围的限制，PHP 通过应用 addcslashes() 函数和 stripcslashes() 函数实现对指定范围内的字符串进行自动转义、还原。

（3）addcslashes() 函数

实现对指定字符串中的字符进行转义，即在指定的字符前加上反斜线 "\"。通过该函数可以将要添加到数据库中的字符串进行转义，从而避免出现乱码等问题。

语法：

```
string addcslashes ( string str, string charlist)
```

● 参数 str 为将要被操作的字符串。
● 参数 charlist 指定在字符串中哪些字符前加上反斜线 "\"，如果参数 charlist 中包含 "\n"、
"\r" 等字符，将以 C 语言风格转换，而其他非字母数字且 ASCII 码低于 32 或高于 126 的字符均转换成以八进制表示。

 在定义参数 charlist 的范围时，需要明确在开始和结束的范围内的字符串。

（4）stripcslashes() 函数

stripcslashes() 函数用来将应用 addcslashes() 函数转义的字符串 str 还原。

语法：

```
string stripcslashes ( string str)
```

参数 str 为将要被操作的字符串。

【例 2-26】　应用 addcslashes() 函数对字符串 "明日科技" 进行转义，应用 stripcslashes() 函数对转义的字符串进行还原，代码如下。（实例位置：光盘\MR\源码\第 2 章\2-26）

```
<?php
$a="明日科技";                                  //对指定范围内的字符进行转义
$b=addcslashes($a,"明日科技");                   //转义指定的字符串
```

```
echo "转义字符串: ".$b;                           //输出转义后的字符串
echo "<br>";                                      //执行换行
$c=stripcslashes($b);                             //对转义的字符串进行还原
echo "还原字符串: ".$c;                           //输出还原后的转义字符串
?>
```

运行结果如图 2-15 所示。

图 2-15　对指定范围的字符串进行转义和还原

缓存文件中，一般对缓存数据的值采用 addcslashes()函数进行指定范围的转义。

2.2.3　获取字符串长度

获取字符串长度主要通过 strlen()函数实现，下面重点讲解 strlen()函数的语法及其应用。

strlen()函数主要用于获取指定字符串 str 的长度。

语法：

```
int strlen(string str)
```

【例 2-27】　应用 strlen()函数来获取指定字符串长度，代码如下。（实例位置：光盘\MR\源码\第 2 章\2-27）

```
<?php
echo strlen("明日科技图书网:www.mingribok.com");    //输出指定字符串长度
?>
```

结果为：32

汉字占两个字符，数字、英文、小数点、下划线和空格各占一个字符。

strlen()函数在获取字符串长度的同时，也可以用来检测字符串的长度。

【例 2-28】　应用 strlen()函数对提交的用户密码的长度进行检测，如果长度小于 4 位，则弹出提示信息。（实例位置：光盘\MR\源码\第 2 章\2-28）

（1）利用开发工具（如 Dreamweaver），新建一个 PHP 动态页，存储为 index.php。

（2）添加一个表单，将表单的 action 属性设置为"index_ok.php"。

```
<form name="form1" method="post" action="index_ok.php">
   <tr>
      <td height="33"></td>
      <td align="center"><span class="style1">用户名</span>:</td>
      <td>
      <input name="user" type="text" id="user" size="15">
      </td>
      <td align="center">
```

```
      <input name="imageField" type="image" src="images/btn_dl.jpg" width="50" height=
"20" border="0">
      </td>
      <td> </td>
    </tr>
    <tr>
      <td height="27"> </td>
      <td align="center"><span class="style1">密码</span>:</td>
      <td>
        <input name="pwd" type="password" id="pass" size="15">
      </td>
      <td colspan="2" align="left"><span class="STYLE3">* 密码长度不能少于 4 位
</span></td>
    </tr>
  </form>
```

（3）应用 HTML 标记设计页面，添加一个"用户名"文本框，命名为 user；添加一个"密码"文本框，命名为 pwd；添加一个图像域，指定源文件位置为 images/btn_dl.jpg。

（4）再新建一个 PHP 动态页，存储为 index_ok.php。通过 POST 方法（关于 POST 方法将在后面章节中进行详细的讲解）接收用户输入的用户密码的值。应用 strlen()函数获取用户提交密码的长度，应用 if 条件控制语句判断密码长度是否小于 4，并给出相应的提示信息，代码如下。

```
<?php
if(strlen($_POST["pwd"])<4){
    //检测用户密码的长度是否小于 4，弹出警告
信息
    echo "<script>alert('用户密码的长度不
得少于4位!请重新输入'); history.back();</script>";
    }else{ //用户密码大于等于4位，则弹出该提示信息
    echo "用户信息输入合法！";
}
?>
```

（5）在 IE 浏览器中输入地址，按 Enter 键，运行结果如图 2-16 所示。

图 2-16 应用 strlen()函数检测字符串的长度

2.2.4 截取字符串

在 PHP 中，有一项非常重要的技术，就是截取指定字符串中指定长度的字符。PHP 对字符串截取可以通过 PHP 的预定义函数 substr()实现。本节重点介绍字符串的截取技术。

substr()函数从字符串中按照指定位置截取一定长度的字符。通过该函数可以获取某个固定格式字符串中的一部分，如果使用一个正数作为子串起点来调用这个函数，将得到从起点到字符串结束的这个字符串；如果使用一个负数作为子串起点来调用，将得到一个原字符串尾部的一个子串，字符个数等于给定负数的绝对值。

语法：

```
string substr ( string str, int start [, int length])
```

参数说明如表 2-16 所示。

表 2-16 substr 函数的参数说明

参 数	说 明
str	指定字符串对象
start	指定开始截取字符串的位置，如果参数 start 为负数，则从字符串的末尾开始截取
length	指定截取字符的个数，如果 length 为负数，则表示截取到倒数第 length 个字符

 本函数中参数 start 的指定位置是从 0 开始计算的，即字符串中的第一个字符表示为 0。

【例 2-29】 应用 substr()函数截取字符串中指定长度的字符，代码如下。(实例位置：光盘\MR\源码\第 2 章\2-29)

```php
<?php
echo substr("www.mingribook.com",0);          //从第 0 个字符开始截取
echo "<br>";
echo substr("www.mingribook. ",3,8);           //从第 3 个字符开始连续截取 8 个字符
echo "<br>";
echo substr("www.mingribook.com ",-3,3);       //从倒数第 3 个字符开始截取 3 个字符
echo "<br>";
echo substr("www.mingribook.com ",0,-2);       //从第 0 个字符开始截取，截取到倒数第 2 个字符
?>
```

结果为：www.mingribook.com
　　　　.mingrib
　　　　om
　　　　www.mingribook.co

【例 2-30】 下面应用 substr()函数截取超长文本的部分字符串，剩余的部分用"…"代替，代码如下。(实例位置：光盘\MR\源码\第 2 章\2-30)

```php
<?php
$str="明日科技有限公司是一家知名企业的软件公司，公司主要经营图书开发词典，各种图书。";
if(strlen($str)>40){                           //如果文本的字符串长度大于 40
    echo substr($str,0,40)."…";                //输出文本的前 40 个字符串，然后输出省略号
}else{                                         //如果文本的字符串长度小于 40
    echo $str;                                 //直接输出文本
}
?>
```

结果为：明日科技有限公司是一家知名企业的软件公司…

2.2.5 检索字符串

在 PHP 中，提供了很多用于字符串查找的函数，PHP 也可以像 Word 那样实现对字符串的查找功能。下面讲解常用的字符串检索技术。

1. 使用 strstr()函数检索指定的关键字

获取一个指定字符串在另一个字符串中首次出现的位置到后者末尾的子字符串。如果执行成功，则返回获取的子字符串（存在相匹配的字符）；如果没有找到相匹配的字符，则返回 false。

语法：

```
string strstr (string haystack, string needle)
```

参数说明如表 2-17 所示。

表 2-17　　　　　　　　　　　　　　strstr()函数的参数说明

参　　数	说　　明
haystack	必选参数，用来指定从哪个字符串中进行搜索
needle	必选参数，用来指定搜索的对象，如果该参数是一个数值，那么将搜索与这个数值的 ASCII 值相匹配的字符

本函数区分字母的大小写。

【例 2-31】　应用 strstr()函数获取指定字符串在字符串中首次出现的位置后的所有字符，代码如下。（实例位置：光盘\MR\源码\第 2 章\2-31）

```php
<?php
echo strstr("明日科技图书网","图");                //输出查询的字符串
echo "<br>";                                   //执行换行
echo strstr("http://www.mingribook.com","m");   //输出查询的字符串
echo "<br>";                                   //执行换行
echo strstr("0431-84978981","8");               //输出查询的字符串
?>
```

结果为：图书网

```
mingribook.com
84978981
```

通过上面的代码可以看出，应用 strstr()函数自定义检索字符串非常方便。另外，strrchr()函数与其正好相反，该函数是从字符串后序的位置开始检索子串。

2. 应用 substr_count()函数检索子串出现的次数

在 PHP 中，有一种技术可以获取字符串中字符和单词的数量，通过该技术可以查看指定字符或者单词在字符串中出现的次数，而且还可以应用到论坛、博客或者聊天室的信息发布模块中，判断提交的信息中是否含有非法关键字。

substr_count()函数获取指定字符在字符串中出现的次数。

语法：

```
int substr_count(string haystack,string needle)
```

● 参数 haystack 是指定的字符串。

● 参数 needle 为指定的字符。

【例 2-32】　下面应用 substr_count()函数获取子串在字符串中出现的次数，代码如下（实例位置：光盘\MR\源码\第 2 章\2-32）：

```php
<?php
$str="明日科技图书网图书";
echo substr_count($str,"书");                //输出查询的字符串出现次数
?>
```

结果为：2

从表面上看，该函数的功能就是获取指定字符在字符串中出现的次数，输出数字，但在实际的运用中，只要对输出的数字加以判断后，就能够实现不同功能。

2.2.6 替换字符串

通过字符串的替换技术可以实现对指定字符串中的指定字符进行替换。字符串的替换技术可以通过以下两个函数实现：substr_replace()函数和 str_ireplace()函数。

1. str_ireplace()函数

使用新的子字符串替换原始字符串中被指定要替换的字符串。

语法：

```
mixed str_ireplace ( mixed search, mixed replace, mixed subject [, int &count] )
```

将所有在参数 subject 中出现的 search 用参数 replace 替换，参数&count 表示替换字符串执行的次数。str_replace()函数的参数说明如表 2-18 所示。

表 2-18　　　　　　　　　　　　　　str_ireplace()函数的参数说明

参　　数	说　　明
search	必要参数，指定需要查找的字符串
replace	必要参数，指定替换的值
subject	必要参数，指定查找的范围
count	可选参数，指定执行替换的次数

 该函数可以以数组的方式传递参数。函数返回的是一个字符串还是数组，取决于被操作的对象是字符串还是数组。如果原始字符串 subject 是一个数组，则该函数会依次用 replace 替换 subject 数组中每个元素中的 search 子字符串，同时该函数的返回值为一个数组。

【例 2-33】　将文本中的指定字符串"你好"替换为"明日科技"，并且输出替换后的结果，实例代码如下。（实例位置：光盘\MR\源码\第 2 章\2-33）

```php
<?php
$str1 = "你好";              //定义字符串变量
$str2 = "明日科技";          //定义字符串变量
$str = "你好公司是一家以编程词典技术为核心的高科技
企业，多年来始终致力于图书软件的开发、编程词典的销售、网站
的访问日益增多";            //定义字符串变量
echo str_ireplace($str1,$str2,$str);   // 输出替换后的字符串
?>
```

图 2-17　应用 str_ireplace()函数替换子字符串

运行结果如图 2-17 所示。

 该函数在执行替换的操作时不区分大小写，如果需要对大小写加以区分，可以使用 str_replace()函数。

字符串替换技术最常用的就是在搜索引擎的关键字处理中，可以使用字符串替换技术将搜索到的字符串中的关键字替换颜色，如查询关键字描红功能，使搜索到的结果更便于用户查看。

 查询关键字描红是指将查询关键字以特殊的颜色、字号或字体进行标识。这样可以使浏览者快速检索到所需的关键字，方便浏览者从搜索结果中查找所需内容。查询关键字描红适用于模糊查询。

【例 2-34】　使用 str_ireplace() 函数替换查询关键字，当显示所查询的相关信息时，将输出的关键字的字体替换为红色，实例代码如下。（实例位置：光盘\MR\源码\第 2 章\2-34）

```php
<?php
    $c = "吉林省明日科技有限公司，是一家知名的软件公司，明日主要推出编程词典及图书等";
    $str="明日科技";
    echo str_ireplace($str,"<font color='#ff0000'>".$str."</font>",$c);
?>
```

运行结果如图 2-18 所示。

图 2-18　应用 str_ireplace() 函数对查询关键字描红

2. substr_replace() 函数

对指定字符串中的部分字符串进行替换。

语法：

```
mixed substr_replace ( string str,string replace, int start,[int length])
```

参数说明如表 2-19 所示。

表 2-19　　　　　　　　　　　　substr_replace() 函数的参数说明

参　　数	说　　明
str	指定要操作的原始字符串
replace	指定替换后的新字符串
start	指定替换字符串开始的位置。正数表示起始位置从字符串开头开始；负数表示起始位置从字符串的结尾开始；0 表示起始位置字符串中的第一个字符
length	可选参数，指定替换的字符串长度。默认值是整个字符串。正数表示起始位置从字符串开头开始；负数表示起始位置从字符串的结尾开始；0 表示插入而非替代

如果参数 start 设置为负数，而参数 length 数值小于或等于 start 数值，那么 length 的值自动为 0。

【例 2-35】　下面将指定字符串中的"双倍"替换为"百倍"，并且输出替换后的结果，实例代码如下。（实例位置：光盘\MR\源码\第 2 章\2-35）

```php
<?php
$str="用今日的辛勤工作，换明日的双倍回报！";          //定义字符串变量
$replace="百倍";                                    //定义要替换的字符串
echo substr_replace($str,$replace,26.4);            //替换字符串
?>
```

结果为：用今日的辛勤工作，换明日的百倍回报！

2.2.7　格式化字符串

通过字符串格式化技术可以实现对指定字符进行个性化输出，以不同的类型进行显示。例如，在输出数字字符串时，可以应用格式化技术指定数字输出的格式，保留几位小数或者不保留小数。

number_format()函数用来将数字字符串格式化。

语法：

```
String number_format(float number,[int num_decimal_places],[string dec_seperator],
string thousands_seperator)
```

参数 number 为格式化的字符串，该函数可以有一个、两个或是 4 个参数，但不能是 3 个参数。如果只有一个参数 number，number 格式化后会舍去小数点后的值，且每 3 个数字位就会以逗号“,”来隔开；如果有两个参数，number 格式化后会到小数点第 num_decimal_places 位，且每 3 个数字位就会以逗号来隔开；如果有 4 个参数，number 格式化后会到小数点第 num_decimal_places 位，dec_seperator 用来替代小数点“.”，thousands_seperator 用来替代每 3 个数字位隔开的逗号“,”。

【例 2-36】　应用 number_format()函数对指定的数字字符串进行格式化处理，代码如下。（实例位置：光盘\MR\源码\第 2 章\2-36）

```php
<?php
$number = 3665.256;                         //定义数字字符串变量
echo number_format($number);                //输出一个参数格式化后的数字字符串
echo "<br>";                                //执行换行
echo number_format($number, 2);             //输出两个参数格式化后的数字字符串
echo "<br>";                                //执行换行
$number2 = 123456.7890;                      //定义数字字符串变量
echo number_format($number2, 2, '.', '.');  //输出 4 个参数格式化后的数字字符串
?>
```

结果为：

3,665

3,665.26

123.456.79

2.2.8　分割、合成字符串

1．explode()函数

字符串的分割是通过 explode()函数实现的。使用该函数可以将指定字符串中的内容按照某个规则进行分类存储，进而实现更多的功能。例如，在电子商务网站的购物车中，可以通过特殊标识符“@”将购买的多种商品组合成一个字符串存储在数据表中，在显示购物车中的商品时，通过以“@”作为分割的标识符进行拆分，将商品字符串分割成 N 个数组元素，最后通过 for 循环语句输出数组元素，即输出购买的商品。

explode()函数按照指定的规则对一个字符串进行分割，返回值为数组，语法如下：

```
array explode(string separator,string str,[int limit])
```

（1）separator 为必要参数，指定的分割符。如果 separator 为空字符串（""），explode()将返回 false。如果 separator 所包含的值在 str 中找不到，那么 explode()函数将返回包含 str 单个元素的数组。

（2）str 为必要参数，指定将要被分割的字符串。

（3）limit 为可选参数，如果设置了 limit 参数，则返回的数组包含最多 limit 个元素，而最后的元素将包含 string 的剩余部分；如果 limit 参数是负数，则返回除了最后的-limit 个元素外的所有元素。

【例 2-37】　应用 explode()函数对指定的字符串以@为分割符进行拆分，并输出返回的数组，代码如下。（实例位置：光盘\MR\源码\第 2 章\2-37）

```php
<?php
$str="PHP自学视频教程@ASP.NET自学视频教程@ASP自学视频教程@JSP自学视频教程";//定义字符串变量
$str_arr=explode("@",$str);                    //应用标识@分割字符串
print_r($str_arr);                             //输出字符串分割后的结果
?>
```

运行结果如图 2-19 所示。

图 2-19　应用 explode()函数分割字符串并输出数组

2. implode()函数

既然可以对字符串进行分割，返回数组，那么就一定可以对数组进行合成，返回一个字符串。这就是 implode()函数，将数组中的元素组合成一个新字符串，语法如下：

```php
string implode(string glue, array pieces)
```

（1）参数 glue 是字符串类型，指定分隔符。

（2）参数 pieces 是数组类型，指定要被合并的数组。

【例 2-38】　应用 implode()函数将数组中的内容以*为分隔符进行连接，从而组合成一个新的字符串，代码如下。（实例位置：光盘\MR\源码\第 2 章\2-38）

```php
<?php
$str="PHP自学视频教程@ASP.NET自学视频教程@ASP自学视频教程@JSP自学视频教程";//定义字符串变量
$str_arr=explode("@",$str);                    //应用标识@分割字符串
$array=implode("*",$str_arr);                  //将数组组合成字符串
echo $array;                                   //输出字符串
?>
```

运行结果如图 2-20 所示。

图 2-20　应用 implode()函数合成字符串

2.3　PHP 流程控制语句

2.3.1　程序的三种结构

在编程的过程中，所有的操作都是在按照某种结构有条不紊地进行，纠其根源程序的控制结

构大致可以分为 3 种：顺序结构、选择结构和循环结构。在对这 3 种结构的使用中，几乎很少有哪个程序是单独使用某一种结构来完成某个操作，基本上都是其中的两种或者 3 种结构结合使用。为了帮助读者更好地应用这 3 种程序控制结构，下面对其进行详细介绍。

1. 顺序结构

顺序结构是最简单最基本的结构方式，各流程框依次按顺序执行。其传统流程图的表示方式与 N-S 结构化流程图的表示方式分别如图 2-21 和图 2-22 所示。其执行顺序为：开始→语句 1→语句 2→…→结束。

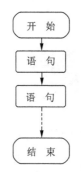

图 2-21　顺序结构传统流程图

图 2-22　N-S 结构化流程图

2. 选择（分支）结构

选择结构就是对给定条件进行判断，条件为真时执行一个分支，条件为假时执行另一个分支。其传统流程图表示方式与 N-S 结构化流程图表示方式分别如图 2-23 和图 2-24 所示。

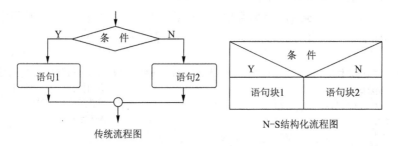

图 2-23　条件成立与否都执行语句或语句块

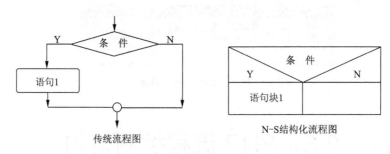

图 2-24　条件为否则不执行语句或语句块

3. 循环结构

循环结构可以根据需要，多次重复执行一行或者多行代码。循环结构分为两种：前测试型循环和后测试型循环。

前测试型循环，先判断后执行。当条件为真时反复执行语句或语句块；条件为假时，跳出循环，继续执行循环后面的语句，流程图如图 2-25 所示。

后测试型循环，先执行后判断。先执行语句或语句块，再进行条件判断，直到条件为假时，跳出循环，继续执行循环后面的语句，否则一直执行语句或语句块，流程图如图 2-26 所示。

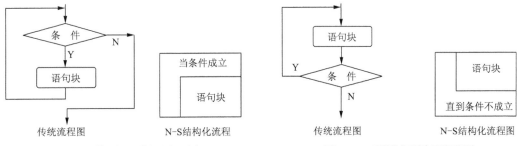

图 2-25　前测试型循环流程图　　　　图 2-26　后测试型循环流程图

在 PHP 中，大多数情况下程序不会是简单的顺序结构，而是以这 3 种结构的组合形式出现。其中的顺序结构很容易理解，就是直接输出程序运行结果，而选择和循环结构则需要以下 3 种控制语句来实现。

（1）条件控制语句：if、else、elseif 和 switch 语句。

（2）循环控制语句：while、do…while、for 和 foreach 语句。

（3）跳转控制语句：break 和 continue 语句。

在下面的章节中将对这 3 种控制语句进行详细的讲解。

2.3.2　条件控制语句

所谓条件控制语句就是对语句中不同条件的值进行判断，进而根据不同的条件执行不同的语句。在条件控制语句中主要有两个语句：if 条件控制语句和 switch 多分支语句。

1. if 条件控制语句

（1）if 语句

if 语句是最简单的条件判定语句，它对某段程序的执行附加一个条件，如果条件成立，就执行这段程序；否则就跳过这段程序去执行下面的程序。

if 语句的格式为：

```
if (expr)
    statement ;
```

如果表达式 expr 的值为 true，那么就顺序执行 statement 语句；否则就跳过该条语句再往下执行。如果需要执行的语句不只一条，那么可以使用"{ }"（在"{ }"中的语句，被称之为语句组），格式为：

```
if(expr){
    statement1;
    statement2;
    …
}
```

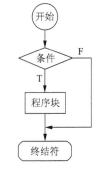

图 2-27　if 语句流程图

if 条件语句的流程图如图 2-27 所示。

【**例 2-39**】　在本例中，实现输出"如果元旦放假，我们一起去爬山"。首先为变量赋一个逻

辑值，然后判断这个值是否为真，如果为真，则输出结果，代码如下。（实例位置：光盘\MR\源码\第 2 章\2-39）

```php
<?php
    $day_51=true;                               //为变量赋予一个逻辑值
    if ($day_51==true){                         //判断变量的逻辑值是否为真
        echo "如果元旦放假，我们一起去爬山";          //输出字符串
    }
?>
```

运行结果如图 2-28 所示。

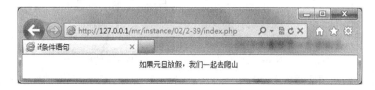

图 2-28　if 语句的应用

（2）If…else 语句

大多数时候，总是需要在满足某个条件时执行一条语句，而在不满足该条件时执行其他语句。为了在 if 语句中描述这种情况，if 语句中提供了 else 子句，else 子句表示的自然语句是"否则"的意思，其语法格式为：

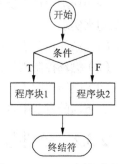

图 2-29　if…else 语句流程图

```
if(expr){
    statement1;
}else{
    statement2;
}
```

当表达式 expr 的值为 true 时，执行 statement1 语句；如果表达式 expr 的值为 false，则执行 statement2 语句。if…else 语句的流程图如图 2-29 所示。

【例 2-40】　在许多问题的逻辑关系中，经常会出现依据一个条件是否成立而导致两种不同结果的情况。例如，"如果元旦放假，我们一起去爬山，否则我们在家看电视"。首先为变量赋一个逻辑值，然后判断这个值是否为 true，如果为 true，则输出"如果元旦放假，我们一起去爬山"；否则输出"我们在家看电视"，根据不同的结果显示不同的字符串。实例代码如下。（实例位置：光盘\MR\源码\第 2 章\2-40）

```php
<?php
    $day_51=false;                              //为变量赋予一个逻辑值
    if ($day_51==true){                         //判断变量的逻辑值是否为真
        echo "如果元旦放假，我们一起去爬山";          //输出字符串
    }
    else{
        echo "我们在家看电视";                      //输出字符串
    }
?>
```

结果为：我们在家看电视

（3）嵌套的 elseif 结构语句

使用 if 语句和 else 子句能够描述一些复杂的逻辑问题，但是有时并不能够完整地表达人们的

语义。考虑这样一种情况，if…else 语句只能选择两种结果：要么执行真，要么执行假。但如果现在有两种以上的选择该怎么办呢？例如，小红的考试成绩，如果是 90 分以上，则为"优秀"；如果是 60～90 分之间，则为"良好"；如果低于 60 分，则为"不及格"。这时，可以使用 elseif（也可以写做 else if）语句来执行，该语法格式为：

```
if(expr1){
    statement 1;
}else if(expr2){
    statement 2;
}…
else{
    statement n;
}
```

elseif 语句的流程图如图 2-30 所示。

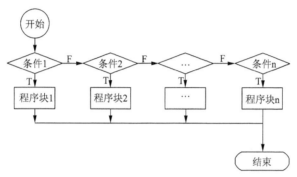

图 2-30　elseif 语句的流程图

【例 2-41】　通过 elseif 语句，判断小红的考试情况。如果成绩大于等于 90 分，为优秀；如果成绩大于等于 80 分，则为良好；如果成绩大于等于 60 分，则为及格，否则为不及格。实例代码如下。（实例位置：光盘\MR\源码\第 2 章\2-41）

```php
<?php
    $score=95;                          //设置小红期末考试的默认值
    if ($score >=90){                   //判断小红的期末考试成绩是否在 90 分以上
        echo "小红期末考试成绩优秀";      //如果是，说明小红期末考试成绩优秀
    }elseif($score<90 && $score>=80){   //否则判断小红期末考试成绩是否在 80～90 分之间
        echo "小红期末考试成绩良好";      //如果是，说明小红期末考试成绩良好
    }elseif($score<80 && $score>=60){   //否则判断小红期末考试成绩是否在 60～80 分之间
        echo "小红期末考试成绩及格";      //如果是，说明小红期末考试成绩及格
    }else{                              //如果两个判断都是 false，则输出默认值
        echo "小红期末考试成绩不及格";    //说明小红期末考试成绩不及格
    }
?>
```

结果为：小红期末考试成绩优秀

　　if 语句和 elseif 语句的执行条件是表达式的值为真，而 else 语句的执行条件是表达式的值为假。这里的表达式的值不等于变量的值。

2. switch…case 分支控制语句

在程序设计中，所有依据条件作出判定的问题，都可以用前面介绍的不同类型的 if 语句来解

决。不过，在用 if…else 语句处理多个条件的判定问题时，组成条件的表达式在每一个 elseif 语句中都要计算一次，显得繁琐臃肿。为了避免 if 语句的冗长，提高程序的可读性，可以使用 switch 分支控制语句。PHP 提供 switch…case 多分支控制语句，对于某些多项选择场合，使用这个语句会使程序代码更加简洁、易读。

switch 语句的语法格式如下：

```
switch(variable){
    case value1:
        statement1;
        break;
    case value2:
        …
    default:
        default statement n;
}
```

switch 语句根据 variable 的值，依次与 case 中的 value 值比较，如果不相等，继续查找下一个 case；如果相等，就执行对应的语句，直到 switch 语句结束或遇到 break 为止。一般 switch 语句的结尾都有一个默认值 default，如果在前面的 case 中没有找到相符合的条件，则输出默认语句，这和 else 语句类似。

switch 语句的流程图如图 2-31 所示。

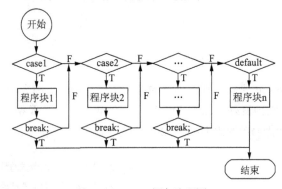

图 2-31　switch 语句流程图

【例 2-42】　应用 switch 语句设计网站主页的布局，根据超链接中传递的不同值，显示不同的内容，代码如下。（实例位置：光盘\MR\源码\第 2 章\2-42）

```
<table width="180" height="523" border="1" cellpadding="1" cellspacing="1" bordercolor=
"#FFFFFF" bgcolor= "#F1F1F1">
    <tr>
      <td height="25" align="center" bgcolor="#FFFFFF"><span class="STYLE4">  
<a href="index. php?lmbs=最新商品"> 最新商品</a></span></td>
    </tr>
    <tr>
      <td height="25" align="center" bgcolor="#FFFFFF"><span class="STYLE4">  
<a href="index. php?lmbs=热门商品"> 热门商品</a></span></td>
    </tr>
    <tr>
      <td height="25" align="center" bgcolor="#FFFFFF"><span class="STYLE4">  
 <a href= "index.php?lmbs=<?php echo urlencode("推荐商品");?>">推荐商品</a></span></td>
    </tr>
    <tr>
```

```
        <td height="25" align="center" bgcolor="#FFFFFF"><span class="STYLE4">  
 <a href= "index.php?lmbs=<?php echo urlencode("特殊商品");?>">特殊商品</a></span></td>
    </tr>
</table>
<?php
switch($_GET[lmbs]){          //获取超链接传递的变量
case "最新商品":                //如果变量的值等于"最新商品"
        include "index1.php";  //则执行该语句
    break;                    //然后跳出循环
case "热门商品":
        include "index2.php";
    break;
case "推荐商品":
        include "index3.php";
    break;
case "特殊商品":
        include "index4.php";
    break;
case "":                      //当该
值为空时，执行下面的语句
        include "index4.php";
    break;
}
?>
```

运行本实例，单击栏目导航条中的超链接，将在主显示区中输出对应的项目内容，如图 2-32 所示。

图 2-32　应用 switch 语句创建主页框架

 switch 语句在执行时，即使遇到符合要求的 case 语句段，也会继续往下执行，直到 switch 结束。为了避免这种浪费时间和资源的情况发生，一定要在每个 case 语句段后添加 break 跳转语句跳出当前循环。break 跳转语句将在本书 2.3.4 节中进行详细介绍。

2.3.3　循环控制语句

循环语句是在满足条件的情况下反复执行某一个操作。在 PHP 中，提供 4 个循环控制语句，分别是 while 循环语句、do while 循环语句、for 循环语句和 foreach 循环语句。

1．while 循环语句

while 循环语句的作用是反复地执行某一项操作，它是循环控制语句中最简单的一个，也是最常用的一个。while 循环语句对表达式的值进行判断，当表达式为非 0 值时，执行 while 语句中的内嵌语句；当表达式的值为 0 时，则不执行 while 语句中的内嵌语句。该语句的特点是：先判断表达式，后执行语句。while 循环控制语句的操作流程如图 2-33 所示。

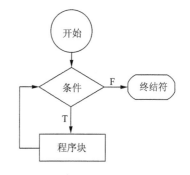

图 2-33　while 循环控制语句的操作流程

语法如下：
```
while (expr){
    statement;              /*先判断条件，当条件满足时执行语句块，否则不向下执行*/
}
```

只要 while 表达式 expr 的值为 TRUE，就重复执行嵌套中的 statement 语句，如果 while 表达式的值一开始就是 FALSE，则循环语句一次也不执行。

【例 2-43】 输出 10 以内的偶数。从 1~10 依次判断是否为偶数，如果是，则输出；如果不是，则继续下一次循环。实例代码如下。（实例位置：光盘\MR\源码\第 2 章\2-43）

```php
<?php
    $num = 1;
    $str = "10 以内的偶数为：";
    while($num <= 10){
        if($num % 2 == 0){
            $str .= $num." ";
        }
        $num++;
    }
    echo $str;
?>
```

运行结果如图 2-34 所示。

图 2-34　while 循环语句的应用

2. do…while 循环语句

while 语句还有另一种表示形式，即 do…while。do…while 循环语句和 while 循环语句非常相似，只是 do…while 循环语句在循环底部检测循环表达式，而不是在循环的顶部进行检测。

do…while 循环语句的语法格式如下：

```
do{
    statement
}while(expr);
```

do…while 语句先执行 statement 语句，然后再对表达式进行判断。如果表达式的值为 false，则跳出循环。因此应用 do…while 循环语句时该语句的循环体至少被执行一次。

do…while 语句的流程控制图如图 2-35 所示。

【例 2-44】 下面通过两个语句的运行对比来了解两者的不同，实例代码如下。（实例位置：光盘\MR\源码\第 2 章\2-44）

```php
<?php
$num = 1;
while($num!=1){
    echo "不会看到";
}
do{
    echo "会看到";
}while($num!=1);
?>
```

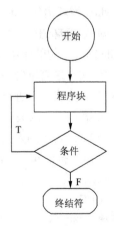

图 2-35　do…while 语句的控制流程图

结果为：会看到

从上面的代码中可以看出两者的区别：do…while 要比 while 语句多循环一次。当 while 表达式的值为假时，while 循环直接跳出当前循环，而 do…while 语句则是先执行一遍程序块，然后再对表达式进行判断。

　do…while 语句结尾处的 while 语句括号后面有一个分号 "；"，为了养成良好的编程习惯，建议读者在书写的过程中不要将其遗漏。

3. for 循环语句

for 循环是 PHP 中最复杂的循环结构。for 循环语句能够按照已知的循环次数进行循环操作，主要应用于多条件情况下的循环操作。如果在单一条件下使用 for 循环语句就有些不合适。这一点从该语句的语法中就可以看出，其条件的表达式有 3 个。它的语法格式为：

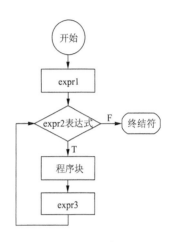

图 2-36　for 循环语句的流程图

```
for (expr1; expr2; expr3){
statement;
}
```

其中，expr1 为变量的初始赋值。expr2 为循环条件，即在每次循环开始前求值。如果值为真，则执行 statement；否则，跳出循环，继续往下执行。expr3 为变量递增或递减，即每次循环后被执行。for 循环语句的流程图如图 2-36 所示。

【例 2-45】　应用 for 循环计算 50 的阶乘，代码如下。（实例位置：光盘\MR\源码\第 2 章\2-45）

```php
<?php
    $sum = 1;                          //声明整型变量$sum
    for ($i = 1;$i <=50;$i++){
        $sum *= $i;                    //当$i≤50 时，执行该表达式
    }
    echo "50! = ".$sum;                //输出该表达式
?>
```

结果为：50! = 3.04140932017E+64

　在 for 语句中无论采用循环变量递增还是递减的方式，有一个前提，就是一定要保证循环能够结束，无期限的循环（死循环）将导致程序的崩溃。在循环变量自增的例子中，循环的条件是$i≤50，由于在每次循环后$i 的值会加 1，当$i 的值大于 50 时，循环就结束了。

上面的代码采用了循环变量递增的方式。当然，也可以采用倒序的方式，以循环变量递减的方式编写程序。例如：

```php
<?php
    $sum = 1;                          //声明整型变量$sum
    for ($i = 50;$i >0;$i--){
        $sum *= $i;                    //当$I>0 时，执行该表达式
    }
    echo "50! = ".$sum;                //输出该表达式
?>
```

结果为：50! = 3.04140932017E+64

在循环变量自减的例子中，循环条件是$i>0，在每次循环后$i 的值会减 1，当$i 不大于 0 时，循环就结束了。

4. foreach 循环

foreach 循环是在 PHP4.0 引进来的，只能用于数组。在 PHP5 中，又增加了对对象的支持。该语句的语法格式为：

```
foreach (array_expression as $value)
statement
```

或

```
foreach (array_expression as $key => $value)
    statement
```

foreach 语句将遍历数组 array_expression，每次循环时，将当前数组中的值赋给$value（或是$key 和$value），同时，数组指针向后移动，直到遍历结束。当使用 foreach 语句时，数组指针将自动被重置，所以不需要手动设置指针位置。

foreach 语句不支持用"@"来禁止错误信息。

【例 2-46】 foreach 语句的应用很广泛，其主要功能就是处理数组，下面就应用 foreach 语句来处理一个数组，实现输出购物车中商品的功能。这里假设将购物车中的商品存储于指定的数组中，然后通过 foreach 语句来输出购物车中的商品信息。程序代码如下。（实例位置：光盘\MR\源码\第 2 章\2-46）

```php
<?php
$name = array("1"=>"iPhone5","2"=>"数码相机","3"=>"联想电脑","4"=>"天王表");
$price = array("1"=>"79999元","2"=>"3000元","3"=>"5600元","4"=>"3600元");
$counts = array("1"=>1,"2"=>1,"3"=>2,"4"=>1);
echo '<table width="580" border="1" cellpadding="1" cellspacing="1" bordercolor=
"#FFFFFF" bgcolor="#c17e50">
        <tr>
          <td width="145" align="center" bgcolor="#FFFFFF"  class="STYLE1">商品名称</td>
          <td width="145" align="center" bgcolor="#FFFFFF"  class="STYLE1">价 格</td>
          <td width="145" align="center" bgcolor="#FFFFFF"  class="STYLE1">数量</td>
          <td width="145" align="center" bgcolor="#FFFFFF"  class="STYLE1">金额</td>
        </tr>';
foreach($name as $key=>$value){            //以$name 数组做循环，输出键和值
    echo '<tr>
            <td height="25" align="center" bgcolor="#FFFFFF" class="STYLE2">'.$value.'</td>
            <td align="center" bgcolor="#FFFFFF" class="STYLE2">'.$price[$key].'</td>
            <td align="center" bgcolor="#FFFFFF" class="STYLE2">'.$counts[$key].'</td>
            <td align="center" bgcolor="#FFFFFF" class="STYLE2">'.$counts[$key]*$price
[$key].'</td>
    </tr>';
    }
    echo '</table>';
    ?>
```

运行结果如图 2-37 所示。

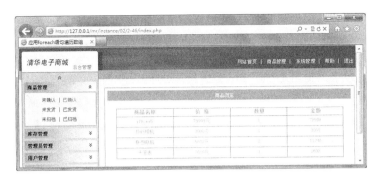

图 2-37　应用 foreach 语句输出商品

当试图将 foreach 语句用于其他数据类型或者未初始化的变量时会产生错误。为了避免这个问题，最好使用 is_array() 函数先来判断变量是否为数组类型，如果是，再进行其他操作。

2.3.4　跳转语句

跳转语句主要分为三个部分：break 语句、continue 语句和 return 语句。其中前两个跳转语句使用起来非常简单而且非常容易掌握，主要原因是它们都被应用在指定的环境中，例如 for 循环语句中。return 语句在应用环境上较前两者相对单一，一般被用在自定义函数和面向对象的类中。

1. 使用 break 语句跳出循环

break 关键字可以终止当前的循环，包括 while、do…while、for、foreach 和 switch 在内的所有控制语句。

【例 2-47】　将使用一个 while 循环，while 后面的条件表达式的值为 true，即为一个无限循环。在 while 程序块中将声明一个随机数变量$tmp，只有当生成的随机数等于 10 时，才使用 break 语句跳出循环。代码如下。（实例位置：光盘\MR\源码\第 2 章\2-47）

```php
<?php
while(true){                        //使用 while 循环
    $tmp = rand(1,20);              //声明一个随机数变量$tmp
    echo $tmp." ";                  //输出随机数
    if($tmp == 10){                 //判断随机数是否等于 10
        echo "<p>变量等于10，终止循环";
        break;                      //如果等于 10，使用 break 语句跳出循环。
    }
}
?>
```

运行结果如图 2-38 所示。

图 2-38　应用 break 跳转控制语句跳出循环

break 语句不仅可以跳出当前的循环,还可以指定跳出几重循环。格式为:

```
break n;
```

参数 n 指定要跳出的循环数量。break 关键字的流程图如图 2-39 所示。

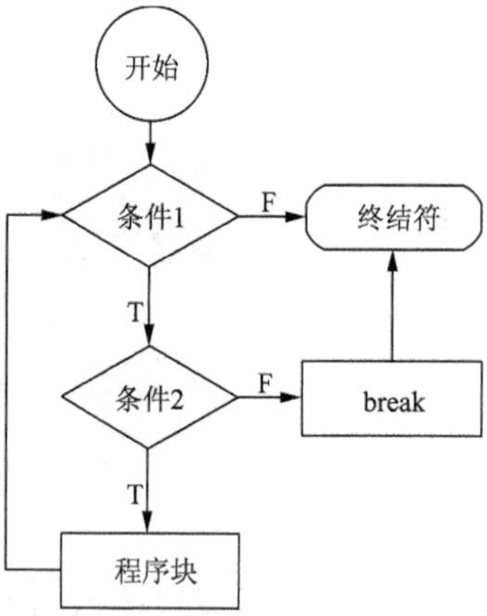

【例 2-48】 本例共有 3 层循环,最外层的 while 循环和中间层的 for 循环是无限循环,最里面并列两个 for 循环:程序首先执行第一个 for 循环,当变量$i 等于 6 时,跳出当前循环(一重循环),继续执行第二个 for 循环,当第二个 for 循环中的变量$j 等于 10 时,将直接跳出最外层循环。实例代码如下。(实例位置:光盘\MR\源码\第 2 章\2-48)

图 2-39 break 关键字的流程图

```php
<?php
while(true){
    for(;;){
        for($i=0;$i<=10;$i++){
            echo $i." ";
            if($i == 6){
                echo "<p>变量\$i 等于 6,跳出一重循环。<p>";
                break 1;
            }
        }
        for($j = 0; $j < 20; $j++){
            echo $j." ";
            if($j == 10){
                echo "<p>变量\$j 等于 10,跳出最外重循环。";
                break 3;
            }
        }
    }
    echo "这句话不会被执行。";
}
?>
```

运行结果如图 2-40 所示。

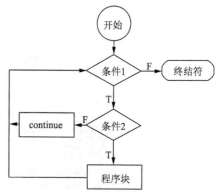

图 2-40 使用 break 关键字跳出多重循环

2. 使用 continue 语句跳出循环

continue 跳转语句的作用没有 break 那么强大,只能终止本次循环,而进入到下一次循环中。在执行 continue 语句后,程序将结束本次循环的执行,并开始执行下一轮循环。continue 也可以指定跳出几重循环。continue 跳转语句的流程图如图 2-41 所示。

【例 2-49】 本例将使用 for 循环输出数组变量。如果变量的数组下标为偶数,则只输出一个空行;如果是奇数,才继续输出。在最里面的循环中,判断当前数组下标是否等于$i,如果不相等,输出数组变量,否则跳到最外重循环。代码如下。(实例位置:光盘\MR\源码\第 2 章\2-49)

```php
<?php
    $arr = array("PHP 程序开发实战宝典","PHP 求职宝典","PHP 典型模块","PHP 项目开发全程实录","PHP 开发实战 1200 例
```

图 2-41 continue 跳转语句的流程图

```
","PHP网络编程自学手册");                                    //声明一个数组变量$arr
        for($i = 0; $i < 6; $i++){                          //使用 for 循环
            echo "<br>";
            if($i % 2 == 0){                                //如果$i 的值为偶数，则跳出本次循环
                continue;
            }
            for(;;){                                        //无限循环
                for($j = 0; $j < count($arr); $j++){        //再次使用 for 循环输出数组变量
                    if($j == $i){                           //如果当前输出的数组下标等于$i
                        continue 3;                         //跳出最外重循环
                    }else{
                        echo $arr[$j]."\t | ";              //输出表达式
                    }
                }
            }
            echo "不会看到!";
        }
?>
```

运行结果如图 2-42 所示。

图 2-42　使用 continue 关键字控制流程

2.4　PHP 函数

2.4.1　自定义函数

在开发过程中，经常要多次重复某种操作或处理，如数据查询、字符操作等。如果每个模块的操作都要重新输入一次代码，不仅加大了程序员的工作量和开发时间，而且对于代码的后期维护及运行效果也有着较大的影响。使用自定义函数是解决该问题最有效的方法。可以把一段可以实现指定功能的代码封装在函数内。函数将 PHP 程序中繁琐的代码模块化，使程序员不需再频繁地编写相同的代码，只要直接调用函数即可实现指定的功能。函数的应用不但可以提高代码的可靠性，而且也提高了代码的可读性，更提高了程序员的工作效率并节省了开发时间。

1. 函数的命名规则

PHP 函数的命名规则如下：

（1）函数的命名是程序规划的核心。变量及函数的命名是以能表达变量或函数的动作意义为原则的，一般是由动词开头，采用大小写混合的方式，第一个单词的首字母小写，其后单词的首字母大写。

```
function run();
function runFast();
function getBackground();
```

（2）函数名称不区分大小写。例如，name()和 NAME()指向的是同一个函数，这一点一定要注意。如果读者误定义了两个不同大小写的重名函数，程序将中止运行。

（3）函数的参数没有限制，可以定义任意需要的参数数量，也可以无参数值。

（4）名称的开头不能使用数字及特殊符号。

（5）"."及类型声明等专用语不能作为名称。

（6）和保留字相同的名称不能使用。

（7）变量或程序名的长度必须在 255 个字符以内。

（8）另外，还有一些函数命名的通用规则。例如，取数用 Get 开头，然后跟上要取的对象的名字；设置数则用 Set 开头，然后跟上要设的对象的名字，如 GetXxx 或 SetXxx。

2. 自定义函数格式

在程序开发的过程中，最高效的方法就是将某些特定的功能定义成一个函数写在一个独立的代码块中，在需要的时候单独调用。创建函数的基本语法格式为：

```
function function_name ([$arg_1],[$arg_2], ... ,[$arg_n]){
    fun_body;
    [return arg_n;]
}
```

参数说明如表 2-20 所示。

表 2-20　　　　　　　　　　　　　　自定义函数的参数说明

参　　数	说　　明
function	声明自定义函数时必须使用到的关键字
function_name	创建函数的名称，是有效的 PHP 标识符。函数名称是唯一的，其命名遵守与变量命名相同的规则，只是不能以 "$" 开头
arg_1…arg_n	外界传递给函数的值，可有可无。可以有多个参数，数量根据需要而定，各参数用逗号 "," 分隔，参数的类型不必指定，在调用函数时只要是 PHP 支持的类型都可以使用
fun_body	自定义函数的主体，是功能实现部分
return	将调用的代码需要的值返回，并结束函数的运行

　　　　　　　　函数名称是不区分大小写的，而常量和变量的名称区分大小写。

3. 自定义函数的调用

当函数定义完成后，接下来要做的就是调用这个函数。调用函数的操作十分简单，只需要引用函数名并赋予正确的参数即可完成函数的调用。

【例 2-50】　定义一个函数 example()，计算传入的参数的平方，把表达式和结果都输出到浏览器中，代码如下。（实例位置：光盘\MR\源码\第 2 章\2-50）

```
<?php
    function example($num){                      //定义函数
        return "$num * $num = "$num * $num;       //返回计算后的结果
    }
```

```
echo example(6);                                        //调用函数
?>
```
结果为：6 * 6 = 36

4. 函数的参数

在调用函数时，需要向函数传递参数，被传入的参数称为实参，而函数定义的参数为形参。参数传递的方式有按值传递、按引用传递和默认参数 3 种。

（1）按值传递方式

将实参的值复制到对应的形参中，在函数内部的操作针对形参进行，操作的结果不会影响到实参，即函数返回后实参的值不会改变。

【例 2-51】　定义一个函数 example()，功能是将传入的参数值做一些运算后再输出。接着在函数外部定义一个变量$m，也就是要传入的参数。最后调用函数 example($m)，输出函数的返回值$m 和变量$m 的值。实例代码如下。（实例位置：光盘\MR\源码\第 2 章\2-51）

```php
<?php
function example( $m ){                    //定义一个函数
    $m = $m * 15 + 50;
echo "在函数内：\$m = ".$m;                 //输出运算后的值
}
$m = 1;
example( $m ) ;                            //传值：将$m的值传递给形参$m
echo "<p>在函数外：\$m = $m <p>" ;          //实参的值没有发生变化，输出$m=1
?>
```
结果为：在函数内：$m = 65

　　　　　在函数外：$m = 1

（2）按引用传递方式

按引用传递就是将实参的内存地址传递到形参中。这时，在函数内部的所有操作都会影响到实参的值，返回后，实参的值会发生变化。引用传递方式就是在传值时在原基础上加&符号。

【例 2-52】　仍然使用上例中代码，唯一不同的就是多了一个&符号。实例代码如下。（实例位置：光盘\MR\源码\第 2 章\2-52）

```php
<?php
function example( &$m ){                    //定义一个函数，按引用传递参数$m
    $m = $m * 15 + 50;
    echo "在函数内：\$m = ".$m;              //输出运算后的值
}
$m = 1;
example( $m ) ;                            //将$m的值传递给形参$m
echo "<p>在函数外：\$m = $m <p>" ;          //实参的值发生变化，输出$m=65
?>
```
结果为：在函数内：$m = 65

　　　　　在函数外：$m = 65

（3）默认参数（可选参数）

还有一种设置参数的方式，即可选参数。可以指定某个参数为可选参数，将可选参数放在参数列表末尾，并且指定其默认值为空。

【例 2-53】　应用可选参数实现一个简单的价格计算功能，设置自定义函数 values 的参数

$tax 为可选参数，其默认值为空。第一次调用该函数，并且给参数$tax 赋值 0.1，输出价格；第二次调用该函数，不给参数$tax 赋值，输出价格。实例代码如下。（实例位置：光盘\MR\源码\第 2 章\2-53）

```php
<?php
    function values($price,$tax=""){        //定义一个函数，其中的一个参数初始值为空
        $price=$price+($price*$tax);        //声明一个变量$price，等于两个参数的运算结果
        echo "价格:$price<br>";            //输出运算后的价格
    }
    values(200,0.1);                        //为可选参数赋值 0.1
    values(200);                            //没有给可选参数赋值
?>
```

结果为：价格：220
　　　　价格：200

当使用默认参数时，默认参数必须放在非默认参数的右侧；否则，函数将可能出错。

从 PHP 5.0 开始，默认值也可以通过引用传递。

5. 函数的返回值

通常函数将返回值传递给调用者的方式是使用关键字 return 语句，return 语句是可选的。return 语句将函数的值返回给函数的调用者，即将程序控制权返回到调用者的作用域。注意，如果在全局作用域内使用 return 语句，那么将终止脚本的执行。return 后紧跟要返回的值，可以是变量、常量、数组或表达式等。

【例 2-54】　应用 return()函数返回一个操作数。先定义函数 values，函数的作用是输入物品的单价、重量，然后计算总金额，最后输出商品的价格。实例代码如下。（实例位置：光盘\MR\源码\第 2 章\2-54）

```php
<?php
    function values($price,$tax=0.25){      //定义一个函数,函数中的第二个参数有默认值
        $price=$price+($price*$tax);        //计算物品金额
        return $price;                      //返回金额
    }
    echo values(100);                       //调用函数并输出
?>
```

结果为：125

return 语句只能返回一个参数，就是说只能返回一个值，不能一次返回多个。当要返回多个值时，可以在函数中定义一个数组，将多个值存储在数组中，然后用 return 语句将数组返回。

6. 函数的嵌套调用

所谓嵌套函数就是在函数中定义并调用其他函数。嵌套调用可以将一个复杂的功能分解成多个子函数，再通过调用的方式结合起来，有利于提高函数的可读性。

【例 2-55】　应用嵌套函数，将获取的价格数由美元转换为人民币，实例代码如下。（实例位置：光盘\MR\源码\第 2 章\2-55）

```php
<?php
function example($price,$tax){
    function examples($yuan,$taxs=6.5){
        return $yuan*$taxs;
    }
$total=$price+($price*$tax);
echo "价格是:$total 美元<br>";
echo "价格是:".examples($total)."元<br>";
}
example(10,0.75);
?>
```

结果为：价格是:17.5 美元

　　　　价格是:113.75 元

2.4.2　内建函数

PHP 提供了很多内建函数，这些函数可以在程序中直接使用，按照其实现的功能划分为很多个函数库。另外，还可以通过扩展模块的方式引入更多的其他函数。内建函数库非常庞大，函数非常多，足有上千种，在后面的章节中会陆续介绍常用的函数。熟练掌握自定义函数和内建函数，可以极大地提高编程人员的开发效率，迅速提高编程者的水平。

2.4.3　输出语句

程序设计中经常需要将字符串或者字符串变量输出到浏览器。本节将介绍几种输出语句的方法。由于 PHP 中数据类型是可以自动转换的，所以这些方法也可用于输出其他类型的数据。

1. 应用 print 语句输出字符

print 输出语句的作用是将字符串输出到浏览器或打印机等输出设备，通常输出到浏览器。print 语句只可以同时输出一个字符串，需要圆括号。echo 语句可以同时输出多个字符串，并不需要圆括号。print 语句和 echo 语句的功能是相同的，但 print 语句有返回值，而 echo 语句没有返回值，所以 echo 语句相对可能快些，但这种速度差异并不明显。

语法：

```
int print (string arg)
```

该语句执行成功则返回 1，失败则返回 0。

使用 print 语句时，括号可以省略。

【例 2-56】　应用 print 语句输出字符串“PHP 编程词典，让您编程无忧”，代码如下。（实例位置：光盘\MR\源码\第 2 章\2-56）

```php
<?php
print ("PHP 编程词典，让您编程无忧");
?>
```

运行结果如图 2-43 所示。

图 2-43　应用 print 语句输出字符串

【例 2-57】　上面讲解了应用 print 语句输出字符串的方法，接下来应用 print 语句输出变量中的字符串，代码如下。（实例位置：光盘\MR\源码\第 2 章\2-57）

```php
<?php
$str="明日图书辉煌打造";
print $str;
?>
```

运行结果如图 2-44 所示。

【例 2-58】　应用 print 语句输出新型字符串中的值，代码如下。（实例位置：光盘\MR\源码\第 2 章\2-58）

```php
<?php
print <<<END
吉林省明日科技有限公司
END;
?>
```

运行结果如图 2-45 所示。

图 2-44　应用 print 语句输出变量中的字符串

图 2-45　应用 print 语句输出新型字符串中的值

由于这是一个语言结构，而非函数，因此它无法被变量函数调用。

2. 应用 echo 语句输出字符

echo 语句用于在脚本当前位置输出字符串，该语句在前面章节所举的实例中多次使用过，是程序设计中最常使用的一种输出方法。echo 使用方式非常简单，直接将要输出的字符串或者变量跟在 echo 后面，字符串或变量和 echo 之间以一个空格分隔。

语法：

```
echo "string arg1, string [argn]..."
```

echo 语句会将传入的字符串参数（arg1）进行输出。由于它本身并不是一个真正的函数，因此没有返回值。

使用 echo 语句执行的结果是，将传递给其自身的字符串输出到浏览器。下面应用 echo 语句输出字符串"明日科技图书网：www.mingribook.com"到浏览器，代码如下。

```php
<?php
echo "明日科技图书网：www.mingribook.com" ;
?>
```

结果为，

明日科技图书网：www.mingribook.com

接下来应用 echo 语句输出变量，代码如下。

```php
<?php
$string = "明日编程词典网：www.mrbccd.com";
echo $string;
?>
```

结果为，

明日编程词典网：www.mrbccd.com

echo 语句后面可以连续输出多个字符串，它们之间以逗号分隔。例如：

```php
<?php
$mr="明日科技";
$str="是一家以计算机软件技术为核心的高科技型企业";
echo $mr,$str;
?>
```

结果为：明日科技是一家以计算机软件技术为核心的高科技型企业

连续输出多个字符串，可以使用字符串运算符 "." 将多个字符串连接成一个新型字符串输出。例如：

```php
<?php
$str1="一个人的快乐";
$str2="不是因为他拥有的多";
$str3="而是因为他计较的少。";
echo $str1.",".$str2.",".$str3."。";
?>
```

结果为：一个人的快乐，不是因为他拥有的多，而是因为他计较的少。

echo 语句后紧跟的参数应该是字符串类型，如果不是，PHP 将自动将其进行转换，所以 echo 语句同样可以输出其他类型的数据。例如：

```php
<?php
$name="木讷";
$age="25";
$payfor="2400.00";
echo $name." 年龄：".$age." 工资：".$payfor;
?>
```

结果为：木讷 年龄：25 工资：2400.00

【例 2-59】 应用 echo 语句直接输出 phpinfo()函数调用的内容，代码如下。（实例位置：光盘\MR\源码\第 2 章\2-59）

```php
<?php
echo phpinfo();
?>
```

运行结果如图 2-46 所示。

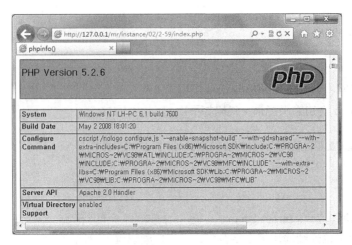

图 2-46　应用 echo 语句直接输出函数中的内容

3. 应用 printf 语句格式化输出字符

printf 语句将字符串按照某种格式进行输出。

语法：

```
int printf (string format [, mixed args [, mixed ...]])
```

printf 语句按照参数 format 指定的内容格式对字符串进行格式化，具体参数 format 的转换格式是以百分比符号"%"开始到转换字符为止。参数 format 的格式转换类型如表 2-21 所示。

表 2-21　　　　　　　　　　　参数 format 的格式转换类型

参　　数	说　　明
b	整数转换成二进制
c	整数转换成对应的 ASCII 字符
d	整数转换成十进制
e	将整数转换成以科学计数法显示
f	整数转换成浮点数
o	整数转换成八进制
s	整数转换成字符串
u	整数转换成无符号整数
x	整数转换成小写十六进制
X	整数转换成大写十六进制

【例 2-60】　应用 printf 语句将整数转换成不同的类型，并以格式化的方式输出字符串，代码如下。（实例位置：光盘\MR\源码\第 2 章\2-60）

```php
<?php
$string = 15;
printf("%c",$string);            //将整数转换成 ASCII 字符
$string = "明日科技";
printf($string);                 //直接输出字符
$string = 1234.00;
printf("%0.2f",$string);         //将整数转换成小数点后有两位小数的浮点数
```

```
printf("%s",$string);               //将整数转换成字符串
printf("%X",$string);               //将整数转换成大写十六进制
?>
```

运行结果为：明日科技 1234.0012344D2

4. 应用 sprintf 语句格式化输出字符

格式化字符串用于按一定的格式输出含有许多变量的文本，是最常用的一种操作，可以使用 PHP 的 sprintf 语句来完成格式化字符串的功能。

语法：

```
string sprintf(string format, mixed args...)
```

参数 format 为转换后的格式，各个变量都以 "%" 后的字符规定其格式，格式转换类型如表 2-21 所示。

【例 2-61】　应用 sprintf 语句格式化字符串，代码如下。（实例位置：光盘\MR\源码\第 2 章\2-61）

```
<?php
$name= "木讷";
$pay= 2400;
$expend= 154.5;
$balance= $pay-$expend;
echo sprintf("%s:您的本月工资为￥%0.1f 元",$name,$balance)
?>
```

运行结果为：木讷:您的本月工资为￥2245.5 元

2.4.4　引用文件

引用文件是指将另一个源文件的全部内容包含到当前源文件中进行使用。引用外部文件可以减少代码的重用性，是 PHP 编程的重要技巧。PHP 提供了 include 语句、require 语句、include_once 语句和 require_once 语句用于实现引用文件。这 4 种语句在使用上有一定的区别，下面分别进行详细讲解。

1. 应用 include 语句引用文件

使用 include 语句引用外部文件时，只有代码执行到 include 语句时才将外部文件引用进来并读取文件的内容，当所引用的外部文件发生错误时，系统只给出一个警告，而整个 php 文件则继续向下执行。下面介绍 include 语句的使用方法。

语法：

```
void include(string filename);
```

参数 filename 是指定的完整路径文件名。

注意 include 语句必须放到 PHP 标记中，否则代码会被视为文本而不会被执行。

【例 2-62】　如果 Web 页面具有一致的外观，可以在 PHP 中使用 include 语句将模板和标准元素载入到页面中。下面讲解应用 include 语句引用外部文件的方法。（实例位置：光盘\MR\源码\第 2 章\2-62）

（1）首先创建一个简单的 php 动态页，命名为 index.php。

（2）然后应用 include 语句嵌入 3 个外部文件，分别是 top.php 页、main.php 页和 bottom.php 页，代码如下。

```
<table width="975" border="0" cellpadding="0" cellspacing="0">
  <tr>
```

```
  <td><?php include("top.php");?></td>
 </tr>
 <tr>
  <td><?php include("main.php");?></td>
 </tr>
 <tr>
  <td><?php include("bottom.php");?></td>
 </tr>
</table>
```

（3）最后在以上 3 个外部文件中分别调用图片
资源及数据信息，运行结果如图 2-47 所示。

图 2-47　应用 include 语句引用文件

2. 应用 require 语句引用文件

require 语句的使用方法与 include 语句类似，都是实现对外部文件的引用。在 PHP 文件被执行之前，PHP 解析器会用被引用文件的全部内容替换 require 语句，然后与 require 语句之外的其他语句组成新的 PHP 文件，最后再按新 PHP 文件执行程序代码。

　　　　　因为 require 语句相当于将另一个源文件的内容完全复制到当前文件中，所以一般将其放在源文件的起始位置，用于引用需要使用的公共函数文件和公共类文件等。

PHP 可以使用任何扩展名来命名引用文件，如.inc 文件、.html 文件或其他非标准的扩展名文件等，但 PHP 通常用来解析扩展名被定义为.php 的文件。因此建议读者使用标准的文件扩展名。

语法：

```
void require(string filename);
```

参数 filename 是指定的完整路径文件名。

【例 2-63】　应用 require 语句引用并运行指定的外部文件 top.php，代码如下。（实例位置：光盘\MR\源码\第 2 章\2-63）

```
<?php
require("top.php");                              //嵌入外部文件 top.php 页
?>
```

top.php 文件的代码如下。

```
<table width="750" height="131" border="0" cellpadding="0" cellspacing="0">
  <tr>
    <td bgcolor="#FFCCCC" align="center">明日科技有限公司是一家知名的软件公司, 公司的网址是
www.mingribook.com</td>
  </tr>
</table>
```

运行 index.php 页，输出显示了 require 语句引用的 Web 页，运行结果如图 2-48 所示。

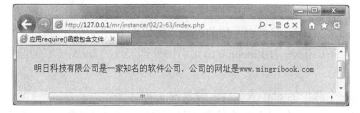

图 2-48　应用 require 语句引用外部文件

3. 应用 include_once 语句引用文件

在使用 include_once 语句时，应该明确它与 include 语句的区别，应用 include_once 语句会在导入文件前先检测该文件是否在该页面的其他部分被引用过，如果有，则不会重复引用该文件，即程序只能被引用一次。例如，要导入的文件中存在一些自定义函数，那么如果在同一个程序中重复导入这个文件，在第二次导入时便会发生错误，因为 PHP 不允许相同名称的函数被重复声明。

语法：

```
void include_once (string filename);
```

参数 filename 是指定的完整路径文件名。

【例 2-64】　应用 include_once 语句引用并运行指定的外部文件 top.php，代码如下。（实例位置：光盘\MR\源码\第 2 章\2-64）

```
<?php
include_once("top.php");                      //嵌入外部文件 top.php 页
?>
```

top.php 文件的代码如下。

```
<table width="779" height="80" border="0" cellpadding="0" cellspacing="0">
  <tr>
    <td  bgcolor="#33CCFF">使用 include_once 语句引用的文件</td>
  </tr>
</table>
```

运行结果如图 2-49 所示。

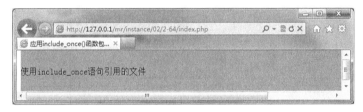

图 2-49　应用 include_once 语句引用文件

4. 应用 require_once 语句引用文件

require_once 语句是 require 语句的延伸，它的功能与 require 语句基本类似，不同的是，在应用 require_once 语句时会先检查要引用的文件是不是已经在该程序中的其他地方被引用过，如果有，则不会再次重复调用该文件。例如，在同一页面中同时应用 require_once 语句引用了两个相同的文件，那么在输出时只有第一个文件被执行，第二次引用的文件不会被执行。

语法：

```
void require_once (string filename);
```

参数 filename 是指定的完整路径文件名。

【例 2-65】　下面讲解应用 require_once 语句调用外部文件的实现方法。（实例位置：光盘\MR\源码\第 2 章\2-65）

（1）首先，创建一个简单 php 页，命名为 index.php，然后应用 require_once 语句嵌入 3 个外部文件，代码如下。

```
<table width="1004" border="0" cellpadding="0" cellspacing="0">
  <tr>
    <td><?php require_once("top.php");?></td>        //嵌入头文件
```

```
   </tr>
   <tr>
     <td><?php require_once("main.php");?></td>        //嵌入主文件
   </tr>
   <tr>
     <td><?php require_once("bottom.php");?></td>      //嵌入尾文件
   </tr>
</table>
```

（2）然后在外部文件 main.php 页中动态显示相关的数据信息，运行结果如图 2-50 所示。

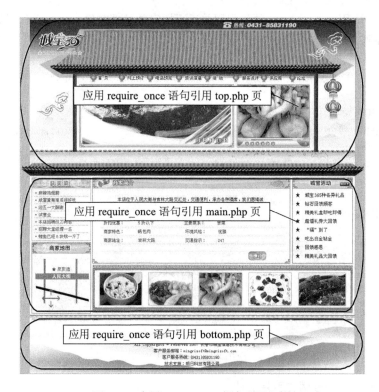

图 2-50　应用 require_once 语句引用文件

5. include 语句和 require 语句的使用区别

应用 require 语句来调用文件，其应用方法和 include 语句是类似的，但存在如下区别。

（1）在使用 require 语句调用文件时，如果调用的文件没找到，require 语句会输出错误信息，并且立即终止脚本的处理；而 include 语句在没有找到文件时则会输出警告，不会终止脚本的处理。

（2）使用 require 语句调用文件时，只要程序一执行，就会立刻调用外部文件；而通过 include 语句调用外部文件时，只有程序执行到该语句时，才会调用外部文件。

6. include_once 语句和 require_once 语句的使用区别

include_once 语句和 require_once 语句的用途是确保一个被包含文件只能被包含一次。使用这两个语句可以防止意外地多次包含相同的函数库，从而避免函数的重复定义并产生错误。

但两者之间是有区别的：include_once 语句在脚本执行期间调用外部文件发生错误时，产生一个警告，而 require_once 语句则导致一个致命错误。

2.5　PHP 数组

2.5.1　数组类型

PHP 支持两种数组：数字索引数组（indexed array）和关联数组（associative array）。数字索引数组使用数字作为键（如图 2-51 所示），关联数组使用字符串作为键（如图 2-52 所示）。

1. 数字索引数组

PHP 数字索引由数字组成，下标从 0 开始，数值索引一般表示数组元素在数组中的位置。数字索引数组默认索引值从数字 0 开始，不需要特别指定，PHP 会自动为索引数组的键名赋一个整数值，然后从这个值开始自动增量，当然也可以指定从某个位置开始保存数据。

数组可以构造成一系列键-值（key-value）对，其中每一对都是那个数组的一个项目或元素（element）。对于列表中的每个项目，都有一个与之关联的键（key）或索引（index），如图 2-51 所示。

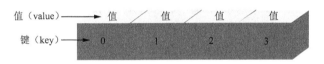

图 2-51　数字索引数组

2. 关联数组

关联数组的键名可以是数值和字符串混合的形式，而不像数字索引数组的键名只能为数字。在一个数组中，只要键名中有一个不是数字，那么这个数组就叫做关联数组。

关联数组（associative array）使用字符串索引（或键）来访问存储在数组中的值，如图 2-52 所示。关联索引的数组对于数据库层的交互非常有用。

图 2-52　关联数组

【例 2-66】　创建一个关联数组，代码如下。（实例位置：光盘\MR\源码\第 2 章\2-66）

```php
<?php
$array = array("first"=>"PHP","second"=>"ASP","third"=>"WEB");
echo $array["second"];              //输出索引为 second 的元素的值
$array["third"]=" JAVA";            //为索引为 third 的元素重新赋值
echo $array["third"];              //输出索引为 third 的元素的值
?>
```

结果为：ASP JAVA

　　　　关联数组的键名可以是任何一个整数或字符串。如果键名是一个字符串，不要忘记给这个键名或索引加上个定界修饰符：单引号（'）或双引号（"）。对于数字索引数组，为了避免不必要的麻烦，最好也加上定界符。

2.5.2　声明数组

PHP 中声明数组的方式主要有两种：一种是应用数组函数声明数组；另一种是通过为数组元素赋值的方式声明数组。

1.　数组命名规则

PHP 中声明数组的规则：数组的名称由一个"$"（美元符号）开始，第一个字符是字母或下划线，其后是任意数量的字母、数字或下划线。例如：

```
$array_name=array('PHP'=>'php','ASP'=>'asp','JAVA'=>'java'); //以字符串作为数组索引，指
定关键字
$_aa=array('PHP','Java','C#','Vb');                    //以数字作为数组索引，从 0 开始，没有指定关键字
$array[]=value1;
```

上述都是符合命名规则的数组，而下面的这两个数组则不符合命名规则。

```
$1=array(1=>'a',2=>'b',3=>'c',4=>'d');        //不可以以数字开头
$@=array('PHP'=>'php','JAVA'=>'java','JSP'=>'jsp'); //不可以使用特殊字符
```

在同一个程序中，标量变量和数组变量都不能重名。例如，如果已经存在一个名称为$string 的变量，而又创建一个名称为$string 的数组，那么前一个变量就会被覆盖。

数组的名称是区分大小写的，如$String 与$string 是不同的。

2.　通过 PHP 函数创建数组

在 PHP 中，可以创建数组的函数如表 2-22 所示。这里主要讲解通过 array()函数创建数组。

表 2-22　　　　　　　　　　　　　　　创建数组的函数

函　　　数	功　　　能
array()	创建一个数组（创建数组最常用的函数）
array_combine()	以一个数组为关键字、另一个数组为值建立新数组
array_fill()	用值填充一个数组
array_pad()	用一个值把数组填充到指定长度
compact()	创建包含变量及其值的数组
range()	创建一个数组包含一定范围内的元素

应用 array()函数声明数组的方式如下：

```
array array ([mixed ...])
```

参数 mixed 的语法为"key => value"，多个 mixed 参数用逗号分开，分别定义了索引和值。索引可以是字符串或数字。如果省略了索引，会自动产生从 0 开始的整数索引。如果索引是整数，则下一个产生的索引将是目前最大的整数索引+1。如果定义了两个完全一样的索引，则后面一个会覆盖前一个。数组中的各数据元素的数据类型可以不同，也可以是数组类型。当 mixed 是数组类型时，就是二维数组。

应用 array()函数声明数组时，数组下标既可以是数值索引也可以是关联索引。下标与数组元素值之间用"=>"进行连接，不同数组元素之间用逗号进行分隔。

应用 array()函数定义数组比较灵活，可以在函数体中只给出数组元素值，而不必给出键值。

【例 2-67】　通过 array()函数声明数组，并输出数组中的值，代码如下。（实例位置：光盘\MR\源码\第 2 章\2-67）

```
<?php
```

```
$array_name=array('PHP'=>'php','ASP'=>'jasp','C#'=>'c#');    //以字符串作为数组索引,指定
关键字
    print_r($array_name);                              //输出数组
    echo "<br>";                                       //换行
    echo $array_name[PHP];                             //输出数组中的索引为 PHP 的元素
    echo "<br>";
    $_aa=array('PHP','Asp','C#','Vb');                 //以数字作为数组索引,从 0 开始,没有指定关键字
    print_r($_aa);                                     //输出整个数组
    echo "<br>";
    echo $_aa[1];                                      //输出数组中的第一个元素
    ?>
```

运行结果如图 2-53 所示。

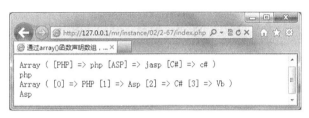

图 2-53   通过 array()函数声明数组并输出数组的值

 可以通过给变量赋予一个没有参数的 array()来创建空数组,然后通过使用方括号“[]”语法来添加值。

PHP 提供创建数组的 array()语言结构。在使用其中的数据时,可以直接应用它们在数组中的排列顺序取值,这个顺序称为数组的下标。例如:

```
<?php
echo $_aa[0];                                          //输出数组第 0 个下标元素中的值
?>
```

结果为:PHP

 应用这种方式定义数组时,下标默认是从 0 开始的,而不是 1,然后依次增 1。所以为 0 的元素是指数组的第一个元素。

3. 通过数组标识符“[]”创建数组

PHP 中另一种比较灵活的数组声明方式是通过数组标识符“[]”直接为数组元素赋值。如果在创建数组时不知所创建数组的大小,或在实际编写程序时数组的大小可能发生改变,采用这种数组创建的方法较好。

【例 2-68】   为了加深对这种数组声明方式的理解,下面通过具体实例对这种数组声明方式进行讲解,代码如下。(实例位置:光盘\MR\源码\第 2 章\2-68)

```
<?php
$array[0]="PHP";
$array[1]="编";
$array[2]="程";
$array[3]="词";
$array[4]="典";
```

```
    print_r($array);                                  //输出所创建数组的结构
    ?>
```

结果为：Array（[0] => PHP [1] => 编 [2] => 程 [3] => 词 [4] => 典）

通过直接为数组元素赋值的方式声明数组时，要求同一数组元素中的数组名相同。

2.5.3　遍历与输出数组

遍历数组中的所有元素是一种常用的操作，在遍历的过程中可以完成查询或其他功能。假设去商场购物，如果想要买一台电脑，就需要在商场中逛一遍，看是否有满意的机型，而逛商场的过程就相当于遍历数组的操作。在 PHP 中遍历数组的方法有多种，下面介绍最常用的 4 种方法。

1. foreach 结构遍历数组

遍历数组元素最常用的方法是使用 foreach 结构。foreach 结构并非操作数组本身，而是操作数组的一个备份。

【例 2-69】　通过 foreach 结构遍历数组中的数据，代码如下。（实例位置：光盘\MR\源码\第 2 章\2-69）

```
<?php
    $name=array('编程词典网','编程体验网','编程资源网');        //声明数组
    $url = array('0'=>'www.mrbccd.com','1'=>
'www.mingribook.com','2'=>'www.mingrisoft.com',);
                        //声明数组
    foreach ($name as $key=>$value) {
            //遍历数组
            echo $value." —— ".$url[$key].
'<br><br>';              //输出数组中的数据}
    ?>
```

运行结果如图 2-54 所示。

图 2-54　通过 foreach 结构遍历数组中的数据

2. list()函数遍历数组

把数组中的值赋给一些变量。与 array()函数类似，list()函数不是真正的函数，而是一种语言结构。list()函数仅能用于数字索引且索引值从 0 开始的数组。

语法：

```
void list ( mixed ...)
```

参数 mixed 为被赋值的变量名称。

【例 2-70】　通过实例讲解应用 each()函数和 list()函数的结合，输出存储在数组中的用户登录信息。（实例位置：光盘\MR\源码\第 2 章\2-70）

具体开发步骤如下：

（1）应用开发工具（如 Dreamweaver），新建一个 PHP 动态页，命名为 index.php。

（2）应用 HTML 标记设计页面，首先建立用户登录表单，用于提交用户登录信息，然后应用 each()函数提取全局数组$_POST 中的内容，并最终应用 while 循环输出用户所提交的注册信息，代码如下。

```
    <!-- ----------------------------------------------------定义用户登录表单-------
--------------------------------------------- -->
```

```
<form name="form1" method="post">
    <table width="233" border="0" cellpadding="0" cellspacing="0">
      <tr>
        <td width="62" height="24" align="right" bgcolor="#FFFFFF"><span class="STYLE3">
用户名: </span></td>
          <td width="189" height="24" bgcolor="#FFFFFF"><input name="username" type=
"text" id="user" size= "18"></td>
        </tr>
        <tr>
          <td height="24" align="right" bgcolor="#FFFFFF"><span class="STYLE3">密 
 码: </span></td>
          <td height="24" bgcolor="#FFFFFF"><input name="pwd" type="password" id="pwd"
size="18"></td>
        </tr>
        <tr align="center" bgcolor="#CCFF33">
        <td height="24" colspan="2" bgcolor="#FFFFFF">
            <input type="image" name="imageField" src="images/bg1.JPG">  
            <input type="image" name="imageField2" src="images/bg2.JPG" onClick="form.
reset();return false;"></td>
        </tr>
      </table>
  </form>
  <?php
      while(list($name,$value)=each($_POST)){        //输出用户登录信息
          if($name!="imageField_x" and $name!="imageField_y" ){
              echo "$name=$value<br>";
          }
      }
  ?>
```

（3）在 IE 浏览器中输入地址，按<Enter>键，输入用户名及密码，单击"提交"按钮，运行
结果如图 2-55 所示。

图 2-55　应用 list()函数获取用户登录信息

　　　　each()函数用于返回当前指针位置的数组值，并将指针推进一个位置。返回的数组包
含 4 个键，键 0 和 key 包含键名，而键 1 和 value 包含相应的数据。如果程序在执行 each()
函数时，指针已经位于数组末尾，则返回 false。

3. for 语句遍历数组

想要通过 for 循环遍历数组，首先必须应用 count()函数，获取数组中的单元数目，然后将数组中单元数目作为 for 循环的条件，执行循环输出。

count()函数语法：

```
int count (mixed array [, int mode])
```

（1）参数 array 为指定输入的数组。

（2）参数 mode 为可选参数，若将 mode 设置为 COUNT_RECURSIVE（或 1），则本函数将递归地对数组计数。这对计算多维数组的所有单元尤其有用。此参数的默认值为 0。

【例 2-71】 本实例应用 count()函数和 for 语句循环输出数组中的数据，代码如下。（实例位置：光盘\MR\源码\第 2 章\2-71）

```php
<?php
    $name=array('编程词典网','编程体验网','编程资源网'); //声明数组
    $url=array('0'=>'www.mrbccd.com','1'=>'www.mingribook.com','2'=>'www.mingrisoft.com',);                                    //声明数组
    for($i=0; $i<count($name);$i++) {          //根据数组中的元素个数，循环遍历数组
        echo $name[0]."——".$url[0].'<br><br>';   //输出数组中的数据
    }
?>
```

运行结果如图 2-56 所示。

图 2-56　应用 count()函数和 for 语句循环输出数组中的数据

4. 输出数组

PHP 中对数组元素进行输出可以通过输出语句来实现，如 echo 语句、print 语句等，但应用这种输出方式只能对某数组中的某一个元素进行输出。而通过 print_r()和 var_dump()函数可以将数组结构进行输出。

print_r()函数的语法如下：

```
bool print_r (mixed expression )
```

如果该函数的参数 expression 为普通的整型、字符型或实型变量，则输出该变量本身；如果该参数为数组，则按键值和元素的顺序显示出该数组中的所有元素。

【例 2-72】 使用 print_r()函数输出数组的结构，代码如下。（实例位置：光盘\MR\源码\第 2 章\2-72）

```php
<?php
    $array=array(1=>"PHP 编程词典",2=>"C#编程词典",3=>"JAVA 编程词典");
```

```
    print_r($array);
?>
```

结果为：Array ([1] => PHP 编程词典　[2] => C#编程词典　[3] => JAVA 编程词典)

var_dump()函数可以输出数组（或对象）、元素数量以及每个字符串的长度，还能够以缩进方式输出数组或对象的结构。

语法：

```
void var_dump(mixed expression [,mixed expression [,…]])
```

【例 2-73】　通过 var_dump ()函数输出数组的结构，代码如下。（实例位置：光盘\MR\源码\第 2 章\2-73）

```php
<?php
$array=array("PHP 开发实战宝典","PHP 从入门到精通","学通 PHP 的 24 堂课 ");
var_dump($array);
$arrays=array('first'=>"PHP开发实战宝典",'second'=>"PHP从入门到精通",'third'=>"学通 PHP
的 24 堂课");
var_dump($arrays);
?>
```

运行结果如图 2-57 所示。

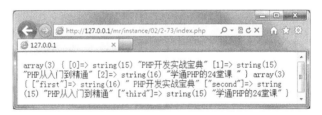

图 2-57　通过 var_dump ()函数输出数组的结构

2.5.4　PHP 的数组函数

下面介绍一些在实际程序开发中比较常用的数组函数，如果读者需要使用数组函数实现某些特殊的功能，建议您参考 PHP 中文手册，那里有所有数组函数的详细介绍，您可以根据所要实现的功能进行选择、学习或者研究。

1. 统计数组元素个数

在 PHP 中，应用 count()函数可以对数组中的元素个数进行统计并返回结果，在讲解使用 for 循环遍历数组时已经应用到，下面详细介绍一下该函数，语法格式如下：

```
int count (mixed var [, int mode])
```

（1）参数 var 指定操作的数组对象。

（2）参数 mode 为可选参数，如果 mode 的值设置为 COUNT_RECURSIVE（或 1），则 count()函数检测多维数组。参数 mode 的默认值是 0。

如果 count()函数的操作对象是"NULL"，那么返回结果是 0。count()函数对没有初始化的变量返回 0，但对于空的数组也会返回 0。如果要判断变量是否初始化，则可以应用 isset()函数。count()函数不能识别无限递归。

【例 2-74】　下面使用 count()函数统计数组中的元素个数，并输出统计结果，代码如下。（实例位置：光盘\MR\源码\第 2 章\2-74）

```php
<?php
$array=array(0 =>'PHP 开发实战宝典', 1 =>'JAVA 学习手册', 2 =>'HTML 从入门到精通');
echo count($array);                //统计数组中的元素个数，并使用 echo 语句输出统计结果
?>
```

运行结果为：3

2. 向数组中添加元素

在 PHP 中，使用 array_push()函数可以向数组中添加元素，将传入的元素添加到某个数组的末尾，并返回数组新的单元总数。语法如下：

```
int array_push (array array, mixed var [, mixed ...])
```

（1）参数 array 为指定的数组。

（2）参数 var 是压入数组中的值。

【例 2-75】 下面使用 array_push()函数向数组中添加元素，并输出添加元素后的数组，代码如下。（实例位置：光盘\MR\源码\第 2 章\2-75）

```php
<?php
$array=array(0 =>'PHP 求职宝典', 1 =>'JAVA 范例宝典');          //声明数组
echo "添加前的数组元素：";
print_r($array);
echo "<br>";
array_push($array,'VB 标准教程','VC 从入门到精通');          //向数组中添加元素
echo "添加后的数组元素：";
print_r($array);                           //输出添加后的数组结构
?>
```

运行结果如图 2-58 所示。

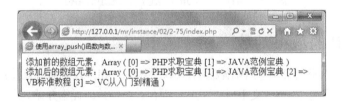

图 2-58　使用 array_push()函数向数组中添加元素

3. 获取数组中的最后一个元素

在 PHP 中，通过 array_pop()函数可以获取并返回数组中的最后一个元素，并将数组的长度减1，如果数组为空（或者不是数组）将返回 null。语法格式如下：

```
mixed array_pop (array array)
```

参数 array 为输入的数组。

【例 2-76】 首先应用 array_push()函数向数组中添加元素，然后应用 array_pop()函数获取数组中最后一个元素，最后输出最后一个元素值，代码如下。（实例位置：光盘\MR\源码\第 2 章\2-76）

```php
<?php
$array=array(0 =>'PHP 从入门到精通', 1 =>'JAVA 从入门到精通');          //声明数组
array_push($array,'VB 开发实战宝典','VC 开发实战宝典');          //向数组中添加元素
$last_array=array_pop($array);                       //获取数组中最后一个元素
echo $last_array;                                //返回结果
```

```
?>
```
运行结果为：VC 开发实战宝典

4. 删除数组中重复的元素

array_unique()函数，将数组元素的值作为字符串排序，然后对每个值只保留第一个键名，忽略所有后面的键名，即删除数组中重复的元素。

语法如下：
```
array array_unique (array array)
```
参数 array 为输入的数组。

 　　　　虽然 array_unique()函数只保留重复值的第一个键名。但是，这第一个键名并不是在未排序的数组中同一个值的第一个出现的键名，只有当两个字符串的表达式完全相同时（(string) $elem1 === (string) $elem2），第一个单元才被保留。

【例 2-77】　首先定义一个数组，然后应用 array_push()函数向数组中添加元素，并输出数组，最后应用 array_unique()函数，删除数组中重复的元素，并输出数组，代码如下。（实例位置：光盘\MR\源码\第 2 章\2-77）

```php
<?php
$arr_int = array ("PHP", ".NET","ASP");        //定义数组
array_push ($arr_int, "PHP","ASP");            //向数组中添加元素
print_r($arr_int);                             //输出添加后的数组
$result=array_unique($arr_int);                //删除添加后数组中重复的元素
print_r($result);                              //输出删除重复元素后的数组
?>
```
运行结果如图 2-59 所示。

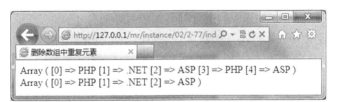

图 2-59　删除数组中重复元素

 　　　　使用 unset()函数可删除数组中的某个元素，例如将上例中$arr_int 数组的第 2 个元素删除，关键代码如下：
```
        unset($arr_int[1]);
```

5. 获取数组中指定元素的键名

获取数组中指定元素的键名主要是通过数组函数来实现，本节分别介绍使用 array_search()函数获取数组中指定元素的键名和使用 array_keys()函数获取数组中重复元素的所有键名。

（1）使用 array_search()函数可获取数组中指定元素的键名

使用 array_search()函数可获取数组中指定元素的键名，在数组中搜索给定的值，找到后返回键名，否则返回 FALSE。语法如下：
```
mixed array_search (mixed needle, array haystack [, bool strict])
```
array_search()函数的参数说明如表 2-23 所示。

表 2-23　　　　　　　　　　　　　　　array_search()函数的参数说明

参　　数	说　　明
needle	指定在数组中搜索的值，如果 needle 是字符串，则比较以区分大小写的方式进行
haystack	指定被搜索的数组
strict	可选参数，如果值为 TRUE，还将在 haystack 中检查 needle 的类型

　　array_search()函数是区分字母大小写的。

【例 2-78】　下面使用 array_search()函数获取数组中元素的键名，具体代码如下。（实例位置：光盘\MR\源码\第 2 章\2-78）

```php
<?php
$arr=array("葡萄","山竹","橙子","西瓜");    //创建数组，数组中有 4 个元素
$name=array_search("西瓜",$arr);           //使用 array_search 获取$arr 数组中"西瓜"的键名，
然后将获取的结果赋给$name 变量
echo $name;                                //输出结果
?>
```

运行结果为：3

（2）使用 array_keys()函数获取数组中重复元素的所有键名

如果查询的元素在数组中出现两次以上，那么 array_search()函数则返回第一个匹配的键名。如果想要返回所有匹配的键名，则需要使用 array_keys()函数。语法如下：

```php
array array_keys (array input [, mixed search_value [, bool strict]] )
```

array_keys()返回 input 数组中的数字或者字符串的键名。如果指定可选参数 search_value，则只返回该值的键名。否则 input 数组中的所有键名都会被返回。

【例 2-79】　下面使用 array_keys 函数来获取数组中重复元素的所有键名，具体代码如下。（实例位置：光盘\MR\源码\第 2 章\2-79）

```php
<?php
$arr=array("葡萄","山竹","橙子","西瓜","山竹");
$name=array_keys($arr,"山竹"); //使用 array_keys 获取$arr 数组中"山竹"的所有键值
print_r($name);               //因为 array_keys 函数返回的是数组类型的值，所以使用 print_r 输出
?>
```

运行结果为：Array ([0] => 1 [1] => 4)

2.5.5　PHP 全局数组

应用 PHP 提供的全局数组，可以获取大量与环境有关的信息，例如，可以应用这些数组获取当前用户会话、用户操作环境和本地操作环境等信息。下面将对 PHP 中常用的全局数组进行介绍。

1. $_SERVER[ ]全局数组

$_SERVER[ ]全局数组包含由 Web 服务器创建的信息，应用该数组可以获取服务器和客户配置及当前请求的有关信息。下面对$_SERVER[ ]数组进行介绍，如表 2-24 所示。

表 2-24 $_SERVER[ ]全局数组

数 组 元 素	说　　明
$_SERVER['SERVER_ADDR']	当前运行脚本所在服务器的 IP 地址
$_SERVER['SERVER_NAME']	当前运行脚本所在服务器主机的名称。如果该脚本运行在一个虚拟主机上，该名称是由那个虚拟主机所设置的值决定
$_SERVER['REQUEST_METHOD']	访问页面时的请求方法。例如："GET"、"HEAD"，"POST"，"PUT"。如果请求的方式是 HEAD，PHP 脚本将在送出头信息后中止（这意味着在产生任何输出后，不再有输出缓冲）
$_SERVER['REMOTE_ADDR']	正在浏览当前页面用户的 IP 地址
$_SERVER['REMOTE_HOST']	正在浏览当前页面用户的主机名。反向域名解析基于该用户的 REMOTE_ADDR
$_SERVER['REMOTE_PORT']	用户连接到服务器时所使用的端口
$_SERVER['SCRIPT_FILENAME']	当前执行脚本的绝对路径名。注意：如果脚本在 CLI 中被执行，作为相对路径，例如 file.php 或者../file.php，$_SERVER['SCRIPT_FILENAME'] 将包含用户指定的相对路径
$_SERVER['SERVER_PORT']	服务器所使用的端口，默认为 80。如果使用 SSL 安全连接，则这个值为用户设置的 HTTP 端口
$_SERVER['SERVER_SIGNATURE']	包含服务器版本和虚拟主机名的字符串
$_SERVER['DOCUMENT_ROOT']	当前运行脚本所在的文档根目录。在服务器配置文件中定义

【例 2-80】　通过$_SERVER[ ]全局数组获取服务器和客户端的 IP 地址，客户端连接主机的端口号，以及服务器的根目录，其代码如下。（实例位置：光盘\MR\源码\第 2 章\2-80）

```php
<?php
    echo "当前服务器 IP 地址是：<b>".$_SERVER['SERVER_ADDR']."</b><br>";
    echo "当前服务器的主机名称是：<b>".$_SERVER ['SERVER_NAME']."</b><br>";
    echo "客户端 IP 地址是：<b>".$_SERVER['REMOTE_ ADDR']."</b><br>";
    echo "客户端连接到主机所使用的端口：<b>". $_SERVER['REMOTE_PORT']."</b><br>";
    echo "当前运行的脚本所在文档的根目录：<b>". $_SERVER['DOCUMENT_ROOT']."</b><br>";
?>
```

运行结果如图 2-60 所示。

2. $_GET[ ]和$_POST[ ]全局数组

页面之间传递信息。PHP 中提供$_GET[ ]和$_POST[ ]全局数组分别用来接收 GET 方法和 POST 方法传递到当前页面的数据。

【例 2-81】　下面开发一个实例，获取用户的登录信息。分别通过 GET 和 POST 方法完成数据的提交，并且应用$_GET[ ]和$_POST[ ]全局数组获取用户提交的数据，从返回的结果中体会二者之间的区别。（实例位置：光盘\MR\源码\第 2 章\2-81）

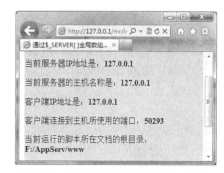

图 2-60　获取服务器和客户端的 IP 地址

（1）创建 index.php 文件，同时定义两个 form 表单，分别使用 GET 方法和 POST 方法提交数据，将通过 GET 方法提交的数据传递到 get.php 文件，将通过 POST 方法提交的数据传递到 post.php 文件。

（2）创建 get.php 文件，通过$_GET[ ]全局数组获取 GET 方法提交的数据，运行结果如图 2-61 所示。

图 2-61　利用$_GET 变量的输出页面

代码如下：

```php
<?php
if(isset($_GET['Submit']) and $_GET['Submit']=="提交"){
    echo "用户名为: ".$_GET['textfield']."<br>";
    echo "密码为: ".$_GET['textfield2'];
}
?>
```

（3）创建 post.php 文件，通过$_POST[ ]全局数组获取 POST 方法提交的数据，运行结果如图 2-62 所示。

图 2-62　利用$_POST 变量的输出页面

具体代码如下：

```php
<?php
if(isset($_POST['Submit2']) and $_POST['Submit2']=="提交"){
    echo "用户名为: ".$_POST['textfield3']."<br>";
    echo "密码为: ".$_POST['textfield22'];
}
?>
```

3. $_COOKIE 全局数组

$_COOKIE[ ]全局数组存储通过 http Cookie 传递到脚本的信息。PHP 中可以通过 setcookie()函数设置 Cookie 的值，用$_COOKIE[ ]数组接收 Cookie 的值，$_COOKIE[ ]数组的下标为 Cookie 的名称。

例如：通过 setCookie()函数创建一个 Cookie，并通过$_COOKIE[ ]全局数组获取 COOKIE 的值。代码如下：

```php
<?php
setCookie("mingri",'明日科技');
setCookie("mingri",'明日科技', time()+60);          //设置 Cookie 有效时间为 60 秒
echo "读取 Cookie: ".$_COOKIE['mingri'];            //通过$_COOKIE[]读取 Cookie 的值
?>
```

4. $_ENV[ ]全局数组

$_ENV[ ]全局数组用于提供与服务器有关的信息。

（1）$_ENV["HOSTNAME"]：获取服务器名称。

（2）$_ENV["SHELL"]：用于获取系统 shell。

5. $_REQUEST[ ]全局数组

可以用$_REQUEST[ ]全局数组获取 GET 方法、POST 方法和 http Cookie 传递到脚本的信息。如果在编写程序时，不能确定是通过什么方法提交的数据，就可以通过$_REQUEST[ ]全局数组获取提交到当前页面的数据。

6. $_SESSION[ ]全局数组

$_SESSION[ ]全局数组用于获取会话变量的相关信息。

例如：初始化 SESSION 变量，通过$_SESSION[ ]全局数组为 SESSION 变量赋值，最后通过$_SESSION[ ]全局数组输出 SESSION 的值，代码如下：

```php
<?php
session_start();                    //初始化 SESSION 变量
$_SESSION['mr']="mingri";           //为 SESSION 变量赋值
echo  $_SESSION['mr']               //输出 SESSION 变量的值
?>
```

7. $_FILES[ ]全局数组

与其他全局数组不同，$_FILES[ ]全局数组为一个多维数组，该数组用于获取通过 POST 方法上传文件时的相关信息。如果为单文件上传，则该数组为二维数组；如果为多文件上传，则该数组为三维数组。下面对该数组的具体参数取值进行描述。

- $_FILES["file"]["name"]：从客户端上传的文件名称。
- $_FILES["file"]["type"]：从客户端上传的文件类型。
- $_FILES["userfile"]["size"]：已上传文件的大小。
- $_FILES["file"]["tmp_name"]：文件上传到服务器后，在服务器中的临时文件名。
- $_FILES["file"]["error"]：返回在上传过程中发生错误的错误代号。

2.6　PHP 日期和时间

2.6.1　PHP 的时区设置

1. 在 PHP.INI 文件中设置时区

在 php.ini 文件中设置时区，需要定位到[date]下的";date.timezone ="选项，去掉前面的分号，并设置它的值为当地所在时区使用的时间。

例如，如果当地所在时区为东八区，就可以设置"date.timezone ="的值为：PRC（中华人民共和国）、Asia/Hong_Kong（香港）、Asia/Shanghai（上海）或者 Asia/Urumqi（乌鲁木齐）等，这些都是东八区的时间，如图 2-63 所示。

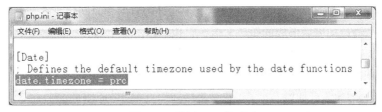

图 2-63　设置 PHP 的时区

设置完成后，保存文件，重新启动 Apache 服务器。

2. 通过 date_default_timezone_set 函数设置时区

由于 PHP 5.0 对 data() 函数进行了重写，因此，目前的日期时间函数比系统时间少 8 个小时。PHP 语言默认设置的是标准的格林威治时间（即采用的是零时区），所以要获取本地当前的时间必须更改 PHP 语言中的时区设置。

在应用程序中，日期、时间函数之前使用 date_default_timezone_set() 函数同样可以完成对时区的设置。date_default_timezone_set() 函数的语法如下：

```
date_default_timezone_set(timezone);
```

参数 timezone 为 PHP 可识别的时区名称，如果时区名称 PHP 无法识别，则系统采用 UTC 时区。在 PHP 手册中提供了各时区名称列表，其中，设置我国北京时间可以使用的时区包括 PRC（中华人民共和国）、Asia/Chongqing（重庆）、Asia/Shanghai（上海）或者 Asia/Urumqi（乌鲁木齐），这几个时区名称是等效的。

设置完成后，date() 函数便可正常使用，不会再出现时差问题。

【例 2-82】 通过 date() 函数格式化输出当前时刻的 UTC 时间和北京时间，代码如下。（实例位置：光盘\MR\源码\第 2 章\2-82）

```php
<?php
echo "UTC 时间: ".date("Y-m-d H:i:s");          //显示默认的 UTC 时间
date_default_timezone_set("PRC");               //使用中华人民共和国的时区
echo "北京时间: ".date("Y-m-d H:i:s");          //输出北京时间
echo "当前时区: ".date_default_timezone_get();  //获取当前时区
?>
```

运行结果如图 2-64 所示。

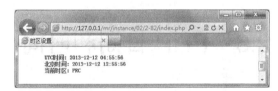

图 2-64　以不同的时区输出当前时间

　　　如果服务器使用的是零时区，则不能对 php.ini 文件直接进行修改，只能通过 date_default_timezone_set() 函数对时区进行设置。

2.6.2　UNIX 时间戳

1. 什么是时间戳

时间戳是文件属性中的创建、修改和访问时间。数字时间戳服务（Digital Time Stamp Service，DTS）是 Web 网站安全服务项目之一，能提供电子文件的日期和时间信息的安全保护。

时间戳是一个经过加密后形成的凭证文档，它包括以下 3 个部分：

（1）需要添加时间戳的文件用 Hash 编码加密形成摘要。

（2）DTS 接收文件的日期和时间信息。

（3）对接收的 DTS 文件加密。

数字时间是由认证单位 DTS 来添加的，以 DTS 接收到文件的时间为依据。

时间戳的作用原理是通过其他加密法将时间的数值转换为加密的数值，时间变化后加密的数值也随之变化。

时间戳的优点是，变化的加密数值可以防止数值被窃取后非法重复利用，也就起到了加密的作用。时间戳主要依赖于时间，在约定的一段时间内产生唯一的一个数值。

2．UNIX 时间戳

在 UNIX 系统中，日期与时间表示为自 1970 年 1 月 1 日零点起到当前时刻的秒数，这种时间称为 UNIX 时间戳，以 32 位二进制数表示。其中，1970 年 1 月 1 日零点称为 UNIX 世纪元。UNIX 时间戳提供了一种统一、简洁的时间表示方式，在不同的操作系统中均支持这种时间表示方式，同一时间在 UNIX 和 Windows 中均以相同的 UNIX 时间戳表示，所以不需要在不同的系统中进行转换。同时，UNIX 时间戳是一个时间差，与时区没有关系，无论当前 PHP 中使用的是何种时区，其 UNIX 时间戳是唯一的。

PHP 为 UNIX 时间戳的处理提供了各种函数。到目前的 PHP 版本为止，由于任何已知的 Windows 版本以及其他一些系统均不支持负的时间戳，因此在 Windows 中无法表示 1970 年 1 月 1 日之前的时间。目前 UNIX 时间戳是以 32 位二进制数表示的，32 位二进制数值范围为（−2147483648 ~ +2147483647），因此，目前 UNIX 时间戳可表示的最大时间为 2038 年 1 月 19 日 3 点 14 分 7 秒，该时刻时间戳为 2147483647，对于该时刻之后的时间，需要扩展表示 UNIX 时间戳的二进制位数。

3．获取指定日期的时间戳

PHP 中应用 mktime() 函数将一个时间转换成 UNIX 的时间戳值。

mktime() 函数根据给出的参数返回 UNIX 时间戳。时间戳是一个长整数，包含了从 UNIX 纪元（1970 年 1 月 1 日）到给定时间的秒数。其参数可以从右向左省略，任何省略的参数都会被设置成本地日期和时间的当前值。即如果不设置任何参数，那么 mktime() 函数获取的将是本地的当前日期和时间。

语法：

```
int mktime(int hour, int minute, int second, int month, int day, int year, int [is_dst] )
```

mktime() 函数的参数说明如表 2-25 所示。

表 2-25 mktime() 函数的参数说明

参　　数	说　　明
hour	小时数
minute	分钟数
second	秒数（一分钟之内）
month	月份数
day	天数
year	年份数，可以是两位或四位数字，0 ~ 69 对应于 2000 ~ 2069，70 ~ 100 对应于 1970 ~ 2000
is_dst	参数 is_dst 在夏令时可以被设为 1，如果不是则设为 0；如果不确定是否为夏令时则设为 -1（默认值）

注意

有效的时间戳典型范围是格林威治时间 1901 年 12 月 13 日 20:45:54 到 2038 年 1 月 19 日 03:14:07（此范围符合 32 位有符号整数的最小值和最大值）。在 Windows 系统中此范围限制为从 1970 年 1 月 1 日到 2038 年 1 月 19 日。

【例 2-83】 应用 mktime()函数获取系统的当前日期时间，由于返回的是时间戳，所以还要通过 date()函数对其进行格式化后才能够输出日期和时间，代码如下。（实例位置：光盘\MR\源码\第 2 章\2-83）

```php
<?php
    echo "时间戳: ".mktime()."<br>";              //返回当前的时间戳
    echo "日期: ".date("Y-m-d",mktime())."<br>";  //使用date()函数输出格式化后的日期
    echo "时间: ".date("H:i:s",mktime());         //使用date()函数输出格式化后的时间
?>
```

运行结果如图 2-65 所示。

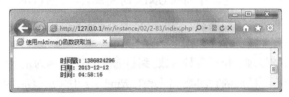

图 2-65　使用 mktime()函数获取当前日期时间

4. 获取当前时间戳

PHP 通过 time()函数获取当前的 UNIX 时间戳，返回值为从 UNIX 纪元（格林威治时间 1970 年 1 月 1 日 00:00:00）到当前时间的秒数。语法如下：

```
int time (void)
```

该函数没有参数，返回值为 UNIX 时间戳的整数值。

【例 2-84】 应用 time()函数获取当前时间戳，并将时间戳格式化输出，代码如下。（实例位置：光盘\MR\源码\第 2 章\2-84）

```php
<?php
$nextWeek = time() + (7 * 24 * 60 * 60);      //7 days; 24 hours; 60 mins; 60secs
echo time()."<br>";                           //当前时间戳
echo "Now: ".date("Y-m-d")."<br>";            //输出当前日期
echo "Next Week: ".date("Y-m-d",$nextWeek);   //输出变量 nextweek 的日期
?>
```

运行结果如图 2-66 所示。

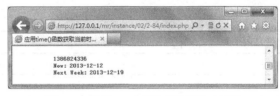

图 2-66　使用 time()函数获取当前时间戳

5. 将英文文本的日期时间描述解析为 UNIX 时间戳

PHP 中应用 strtotime()函数将任何英文文本的日期时间解析为 UNIX 时间戳，其值为相对于 now 参数给出的时间，如果没有提供此参数则用系统当前时间。

语法：

```
int strtotime (string time [, int now])
```

该函数有两个参数。如果参数 time 的格式是绝对时间，则 now 参数不起作用；如果参数 time

的格式是相对时间，其对应的时间就是参数 now 来提供的；当没有提供参数 now 时，对应的时间就为当前时间。如果解析失败，则返回 false。在 PHP 5.1.0 之前的版本中，本函数在失败时返回-1。

【例 2-85】　应用 strtotime()函数获取英文格式日期时间字符串的 UNIX 时间戳，并将部分时间输出，代码如下。（实例位置：光盘\MR\源码\第 2 章\2-85）

```php
<?php
echo strtotime ("now"), "\n";                              //当前时间的时间戳
echo "输出时间:".date("Y-m-d H:i:s",strtotime ("now")),"<br>";//输出当前时间
echo strtotime ("10 November 2012"), "\n";                 //输出指定日期的时间戳
echo "输出时间:".date("Y-m-d H:i:s",strtotime ("10 November 2012")),"<br>";// 输出指定日期的时间
echo strtotime ("+3 day"), "\n";
echo "输出时间:".date("Y-m-d",strtotime ("+3 day")),"<br>";
echo "加一周: ".strtotime ("+1 week")."<br>";
echo "加一周两天三小时四分钟: ".strtotime ("+1 week 2 days 3 hours 4 seconds")."<br>";
echo "下周四: ".strtotime ("next Thursday")."<br>";
echo "上周一: ".strtotime ("last Monday"), "\n";
?>
```

运行结果如图 2-67 所示。

图 2-67　使用 strtotime()函数获取当前时间戳

2.6.3　日期和时间的处理

日期和时间的处理可以分为格式化日期和时间、获取日期和时间信息、获取本地化的日期和时间及检验日期和时间的有效性等。

1. 格式化日期和时间

PHP 中通过 date()函数对本地日期和时间进行格式化。语法如下：

```
date(string format,int timestamp)
```

参数 format 指定日期和时间输出的格式。有关参数 format 指定的格式如表 2-26 所示。

表 2-26　　　　　　　　　　　　　　参数 format 的格式化选项

参　　数	说　　明
a	小写的上午和下午值，返回值 am 或 pm
A	大写的上午和下午值，返回值 AM 或 PM
B	Swatch Internet 标准时间，返回值 000 ~ 999
d	月份中的第几天，有前导零的两位数字，返回值 01 ~ 31

参　数	说　明
D	星期中的第几天，文本格式，3 个字母，返回值 Mon 到 Sun
F	月份，完整的文本格式，返回值 January 到 December
G	小时，12 小时格式，没有前导零，返回值 1 ~ 12
H	小时，24 小时格式，没有前导零，返回值 0 ~ 23
i	有前导零的分钟数，返回值 00 ~ 59
I	判断是否为夏令时，返回值如果是夏令时为 1，否则为 0
J	月份中的第几天，没有前导零，返回值 1 ~ 31
l	星期数，完整的文本格式，返回值 Sunday 到 Saturday
L	判断是否为闰年，返回值如果是闰年为 1，否则为 0
m	数字表示的月份，有前导零，返回值 01 ~ 12
M	3 个字母缩写表示的月份，返回值 Jan 到 Dec
n	数字表示的月份，没有前导零，返回值 1 ~ 12
o	与格林威治时间相差的小时数，如 0200
r	RFC 822 格式的日期，如 Thu, 21 Dec 2000 16:01:07 +0200
s	秒数，有前导零，返回值 00 ~ 59
S	每月天数后面的英文后缀，两个字符，如 st、nd、rd 或者 th。可以和 j 一起使用
t	指定月份所应有的天数
T	本机所在的时区
U	从 UNIX 纪元（January 1 1970 00:00:00 GMT）开始至今的秒数
w	星期中的第几天，数字表示，返回值为 0 ~ 6
W	ISO-8601 格式年份中的第几周，每周从星期一开始
y	两位数字表示的年份，返回值如 88 或 08
Y	4 位数字完整表示的年份，返回值如 1998、2008
z	年份中的第几天，返回值 0 ~ 366
Z	时差偏移量的秒数。UTC 西边的时区偏移量总是负的，UTC 东边的时区偏移量总是正的，返回值为 -43200 ~ 43200

　　参数 timestamp 是可选的，用于指定时间戳，如果没有给出时间戳则使用本地当前时间 time()。有关通过 date()函数获取系统当前时间的方法在前面的实例中已经应用过，这里不再赘述。

　　【例 2-86】　应用 date()函数对日期进行格式化，设置不同的参数，进而输出不同格式的日期，代码如下。（实例位置：光盘\MR\源码\第 2 章\2-86）

```php
<?php
echo date("Y-m-d")."<br>";
echo date("m.d.y")."<br>";
echo date("j, n, Y")."<br>";
echo date("F j, Y, g:i a")."<br>";
echo date("D M j G:i:s T Y")."<br>";
echo date('\I\t \i\s \t\h\e jS \d\a\y')."<br>";
echo date("H:i:s 这是当前时间")."<br>";
echo date('h-i-s, j-m-y,这是我的一天')."<br>";
```

```
?>
```

运行结果如图 2-68 所示。

图 2-68　应用 date() 函数对日期进行格式化

　　　　在运行本章的实例时，也许有的读者得到的时间和系统时间并不相等，这不是程序的问题。因为在 PHP 语言中默认设置的是标准的格林威治时间，而不是北京时间。如果出现了时间不相符的情况，读者可参考 2.6.1 节中的内容。

2. 获取日期和时间信息

PHP 中通过 getdate() 函数获取日期和时间指定部分的相关信息。语法如下：

```
array getdate(int timestamp)
```

该函数返回数组形式的日期、时间信息，如果没有时间戳，则以当前时间为准。该函数返回的关联数组元素的说明如表 2-27 所示。

表 2-27　　　　　　　　　　　getdate() 函数返回的关联数组元素说明

函　　数	说　　明
seconds	秒，返回值为 0 ~ 59
minutes	分钟，返回值为 0 ~ 59
hours	小时，返回值为 0 ~ 23
mday	月份中第几天，返回值为 1 ~ 31
wday	星期中第几天，返回值为 0（表示星期日）~ 6（表示星期六）
mon	月份数字，返回值为 1 ~ 12
year	4 位数字表示的完整年份，返回的值如 2000 或 2008
yday	一年中第几天，返回值为 0 ~ 365
weekday	星期几的完整文本表示，返回值为 Sunday 到 Saturday
month	月份的完整文本表示，返回值为 January 到 December
0	返回从 UNIX 纪元开始的秒数

【例 2-87】　应用 getdate() 函数获取系统当前的日期信息，并输出返回值，代码如下。（实例位置：光盘\MR\源码\第 2 章\2-87）

```php
<?php
    $arr = getdate();                          //使用 getdate() 函数将当前信息保存
    echo $arr[year]."-".$arr[mon]."-".$arr[mday]." ";//返回当前的日期信息
    echo $arr[hours].":".$arr[minutes].":".$arr[seconds]." ".$arr[weekday];   // 返
回当前的时间信息
    echo "Today is the $arr[yday]th of year";         //输出今天是一年中的第几天
?>
```

运行结果如图 2-69 所示。

3. 获取本地化的日期和时间

不同的国家和地区，使用不同的时间、日期、货币的表示法，以及不同的字符集。例如，在大多数西方国家，都使用 Friday，但在以汉语为主的国家中，都使用星期五，虽然都是同一个含义，但表示的方式却不尽相同。这时，就需要设置本地化环境。

图 2-69　用 getdate()函数获取时间信息

在 PHP 中应用 setlocale()函数设置本地化环境，应用 strftime()函数根据区域设置格式化本地日期和时间。

（1）setlocale()函数

setlocale()函数可以改变 PHP 默认的本地化环境。语法如下：

```
string setlocale(string category, string locale)
```

- 参数 category 的选项如表 2-28 所示。
- 参数 locale 如果为空，就会应用系统环境变量的 locate 或 LANG 的值；否则，就会应用 locale 参数所指定的本地化环境。如"en_US"为美国本地化环境，"chs"则指简体中文，"cht"为繁体中文。

说明　　　对于 Windows 平台的用户，可以登录 http://msdn.microsoft.com 来获取语言和国家（地区）的编码列表。如果是 UNIX/Linux 系统，则可以使用 locale-a 命令来确定所支持的本地化环境。

表 2-28　　　　　　　　　　　　　category 参数选项及说明

参　　数	说　　明
LC_ALL	包含了下面所有的设置本地化规则
LC_COLLATE	字符串比较
LC_CTYPE	字符串分类和转换，如转换大小写
LC_MONETARY	本地化环境的货币形式
LC_NUMERIC	本地化环境的数值形式
LC_TIME	本地化环境的时间形式

（2）strftime()函数

strftime()函数根据区域设置来格式化输出日期和时间。语法如下：

```
string strftime(string format, int timestamp)
```

- 参数 format 指定日期和时间输出的格式。有关参数 format 识别的转换标记如表 2-29 所示。
- 参数 timestamp 指定时间戳，如果没有指定时间戳则应用本地时间。

表 2-29　　　　　　　　　　　　　参数 format 识别的转换标记

参　　数	说　　明
%a	星期的简写
%A	星期的全称
%b	月份的简写

参 数	说 明
%B	月份的全称
%c	当前区域首选的日期时间表达
%C	世纪值（年份除以 100 后取整，范围从 00～99）
%d	月份中的第几天，十进制数字（范围从 01～31）
%D	和%m/%d/%y 相同
%e	月份中的第几天，十进制数字，一位的数字前会加上一个空格（范围从' 1'～'31'）
%g	和%G 相同，但是没有世纪值
%G	4 位数的年份，符合 ISO 星期数（参见%V）。与%V 的格式和值相同，但如果 ISO 星期数属于前一年或者后一年，则使用那一年
%h	和%b 相同
%H	24 小时制的十进制小时数（范围从 00～23）
%I	12 小时制的十进制小时数（范围从 00～12）
%j	年份中的第几天，十进制数（范围从 001～366）
%m	十进制月份（范围从 01～12）
%M	十进制分钟数
%n	换行符
%p	根据给定的时间值为 am 或 pm，或者当前区域设置中的相应字符串
%r	用 a.m 和 p.m 符号表示的时间
%R	24 小时符号的时间
$S	十进制秒数
%t	制表符
%T	当前时间，和%H:%M:%S 相同
%u	星期几的十进制数表达[1,7]，1 表示星期一
%U	本年的第几周，从第一周的第一个星期天作为第一天开始
%V	本年第几周的 ISO 8601:1988 格式，范围从 01～53，第一周是本年第一个至少还有 4 天的星期，星期一作为每周的第一天（用%G 或者%g 作为指定时间戳相应周数的年份组成）
%W	本年的第几周数，从第一周的第一个星期一作为第一天的开始
%w	星期中的第几天，星期天为 0
%x	当前区域首选的时间表示法，不包括时间
%X	当前区域首选的时间表示法，不包括日期
%y	没有世纪数的十进制年份（范围从 00～99）
%Y	包括世纪数的十进制年份
%Z	时区名或缩写
%%	文字上的%字符

【例 2-88】 应用 setlocale()函数进行区域化设置，然后通过 strftime()函数对本地时间进行格式化输出，代码如下。（实例位置：光盘\MR\源码\第 2 章\2-88）

```php
<?php
```

```
setlocale(LC_ALL,"en_US");
echo "美国格式: ".strftime("Today is %A");
echo "<p>";
setlocale(LC_ALL,"chs");
echo "中文简体格式: ".strftime("今天
是%A");
echo "<p>";
setlocale(LC_ALL,"cht");
echo "<p>";
echo "繁体中文格式: ".strftime("今天
是%A");
?>
```

运行结果如图 2-70 所示。

图 2-70　本地化日期

 因为本页面中的编码格式为 GB2312，所以最后繁体中文显示的日期为乱码，如果将编码格式改为 big5，繁体中文星期将会正确显示出来，但其他文字则变为乱码。读者可以选择"查看"/"编码"命令，在弹出的菜单中选择"繁体中文(big5)"命令来查看效果。

4. 检验日期和时间的有效性

一年有 12 个月，一个月有 31 天（或 30 天、28 天、29 天），一星期有 7 天……这些常识都是人尽皆知的事。但计算机并不能自己分辨数据的对与错，只能依靠开发者提供的功能去执行或检查。PHP 中通过 checkdate()函数检验日期和时间的有效性。语法如下：

```
bool checkdate(int month,int day,int year)
```

其中，month 的有效值为 1 ~ 12。day 的有效值为当月的最大天数，如 1 月为 31 天，2 月为 29 天（闰年）。year 的有效值为 1 ~ 32767。

【例 2-89】　应用 checkdate()函数验证数据录入系统中输入的日期是否合理，如果合理则返回"数据录入成功"，否则返回"您输入的日期不合法!!"，操作步骤如下。（实例位置：光盘\MR\源码\第 2 章\2-89）

（1）创建 index.php 页面，添加 form 表单，设置表单元素，用于提交商品的录入信息，将表单中的数据提交到 index_ok.php 文件中。

（2）创建 index_ok.php 文件，通过$_POST 全局变量获取表单中提交的数据，应用 checkdate()函数对表单中提交的日期进行判断，代码如下。

```
<?php
if($_POST[Submit]==true and $_POST[number]==true and $_POST[name]==true and $_POST
[day] ==true ){                              //判断表单中提交的数据是否为空
    if(checkdate($month,$day,$year)==true){      //验证表单中提交的日期是否合理
        echo "数据录入成功!!";
    }else{
        echo "<script> alert('您输入的日期不合法!!'); history.back();</script>";
    }
}else{
    echo "<script> alert('请详细填写录入数据!!'); history.back();</script>";
}
?>
```

运行结果如图 2-71 所示。

图 2-71　使用 checkdate()函数验证日期

2.7　综合实例——应用 for 循环语句开发一个乘法口诀表

在本实例中，利用 for 循环语句开发一个乘法口诀表，并将算式以及计算结果打印在特定的表格中。运行本实例，将输出一个阶梯式的乘法口诀表，运行结果如图 2-72 所示。

1*1=1								
1*2=2	2*2=4							
1*3=3	2*3=6	3*3=9						
1*4=4	2*4=8	3*4=12	4*4=16					
1*5=5	2*5=10	3*5=15	4*5=20	5*5=25				
1*6=6	2*6=12	3*6=18	4*6=24	5*6=30	6*6=36			
1*7=7	2*7=14	3*7=21	4*7=28	5*7=35	6*7=42	7*7=49		
1*8=8	2*8=16	3*8=24	4*8=32	5*8=40	6*8=48	7*8=56	8*8=64	
1*9=9	2*9=18	3*9=27	4*9=36	5*9=45	6*9=54	7*9=63	8*9=72	9*9=81

图 2-72　用 for 语句制作一个乘法口诀表

开发步骤如下：

编写两个嵌套的 for 循环，外层 for 循环将循环变量$i 初始值定义为 1，最大值定义为 9，每循环一次做后置自增运算，循环输出表格的<table>标签和<table>标签内部的<tr>行标签。在内层循环中将循环变量$j 的最大值定义为小于等于$i，这样做的目的是为了达到输出的表格呈现楼梯式的台阶效果。其他参数与外层循环变量相同，循环输出<td>标签和算式以及计算结果，代码如下：

```php
<?php
/*
输出表格的对应标签，这里不要弄错 HTML 的表格标签的位置，否则显示效果会存在差异
*/
for ($i=1;$i<=9;$i++){                    //外层 for 循环语句
  echo "<table border=1 cellspacing=0 cellpadding=0 bordercolor=#cccccc>";
  echo "<tr>";
  for ($j=1;$j<=$i;$j++){                 //输出台阶式表格的关键
    echo "<td width=60 align=center>";
    echo "$j*$i=".$i*$j ;                 //输出乘法算式以及计算结果
    echo "</td>";
```

```
    }
    echo "</tr>";
    echo "</table>";
    }
    ?>
```

知识点提炼

（1）PHP 和其他几种 Web 语言一样，PHP 标记符能够让 Web 服务器识别 PHP 代码的开始和结束，两个标记之间的所有文本都会被解释为 PHP，而标记之外的任何文本都会被认为是普通的 HTML，这就是 PHP 标记的作用。

（2）字符串是由零个或多个字符组成的有限序列。

（3）程序的控制结构大致可以分为 3 种：顺序结构、选择结构和循环结构。

（4）程序设计中经常需要将字符串或者字符串变量输出到浏览器。

（5）PHP 支持两种数组：数字索引数组（indexed array）和关联数组（associative array）。

（6）在 php.ini 文件中设置时区，需要定位到[date]下的";date.timezone ="选项，去掉前面的分号，并设置它的值为当地所在时区使用的时间。

（7）时间戳是文件属性中的创建、修改和访问时间。

（8）日期和时间的处理可以分为格式化日期和时间、获取日期和时间信息、获取本地化的日期和时间及检验日期和时间的有效性等。

习　　题

2-1　PHP 的数据类型有哪些？每种数据类型适用于哪种应用场合？

2-2　描述出 include()语句和 require()语句的区别，并且指出它们的替代语句。

2-3　简要说明数组的类型和遍历数组的几种方法。

2-4　php 里面如何将正常时间（2012-05-16）格式化为 1337126400 这种格式？

实验：通过 switch 语句判断当前日期给出相应的提示信息

实验目的

（1）掌握 switch…case 分支控制语句的具体应用。

（2）熟悉应用 setlocale()函数设置本地化环境，应用 strftime()函数根据区域设置格式化本地日期和时间。

实验内容

通过 switch 语句判断当前日期并且根据当前日期给出相应的提示信息，运行结果如图 2-73 所示。

实验步骤

首先应用 setlocale() 函数设置本地化环境，然后应用 strftime() 函数获取当前日期是星期几，最后使用 switch 语句来输出当天为星期几，并根据不同的日期输出不同的贴心提醒警句，代码如下：

图 2-73 输出相应的提示信息

```php
<?php
    setlocale(LC_TIME,"chs");                    //设置本地环境
    $weekday = strftime("%A");                    //获取当前日期是星期几
    $weekday = iconv('gbk','utf-8',$weekday);     //对$weekday做编码转换，防止出现乱码
    switch ($weekday){                            //switch语句，判断$weekday的值
        case "星期一":                            //如果变量的值为"星期一"
        echo "今天是$weekday，新的一周开始了。";
        break;
        case "星期二":                            //如果变量的值为"星期二"
        echo "今天是$weekday，保持昨天的好状态，继续努力!";
        break;
        case "星期三":                            //如果变量的值为"星期三"
        echo "今天是$weekday，真快啊，过去1/2周了。";
        break;
        case "星期四":                            //如果变量的值为"星期四"
        echo "今天是$weekday，再上一天又放假了。)";
        break;
        case "星期五":                            //如果变量的值为"星期五"
        echo "今天是$weekday，好好想想明天去那里玩。";
        break;
        default:                                  //默认值
        echo "今天是$weekday，HOHO~~,可以放松了。";
        break;
    }
?>
```

第 3 章
MySQL 数据库基础

本章要点：
- 掌握如何打开与关闭 MySQL 数据库
- 掌握如何创建、删除数据库
- 掌握如何创建、修改和删除数据表
- 掌握 phpMyAdmin 的安装配置
- 掌握 MySQL 数据库操作
- 掌握 MySQL 数据表操作
- 掌握 MySQL 语句操作
- 了解 PHP 访问 MySQL 数据库的步骤
- 掌握常用 MySQL 数据库函数的使用方法
- 掌握 PHP 操作 MySQL 数据库进行增、删、改、查的操作

PHP 所支持的数据库类型较多，在这些数据库中，MySQL 数据库与 PHP 的兼容最好，与 Linux 系统、Apache 服务器和 PHP 语言构成了当今主流的 LAMP 网站架构模式，并且 PHP 提供了多种操作 MySQL 数据库的方式，可以适合不同需求和不同类型项目的需要。本章将对 MySQL 数据库的基础知识以及如何通过 MySQL 函数操作数据库进行系统的讲解，这也是中小型项目常用的方式之一。

3.1 MySQL 数据库设计

3.1.1 启动和关闭 MySQL 服务器

1. 启动 MySQL 服务器

在 Windows 操作系统中启动 MySQL 服务器的方法主要有两种：通过系统服务方式和在命令提示符下通过命令行方式。

（1）通过系统服务启动 MySQL 服务器

如果 MySQL 设置为 Windows 服务，则可以通过选择"开始"/"管理工具"/"服务"命令，打开 Windows 服务管理器，在服务器的列表中找到 mysql 服务，单击鼠标右键，在弹出的快捷菜单中选择"启动"命令，启动 MySQL 服务，如图 3-1 所示。

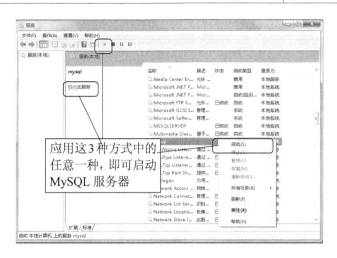

图 3-1　通过系统服务启动 MySQL 服务器

（2）在命令提示符下启动 MySQL 服务器

选择"开始"/"运行"命令，在弹出的"运行"窗口中输入"cmd"命令，按 Enter 键进入命令提示符窗口。在命令提示符下输入：

```
\> net start mysql
```

按 Enter 键后，启用 MySQL 服务器，如图 3-2 所示。

图 3-2　在命令提示符下启动 MySQL 服务器

2. 关闭 MySQL 服务器

为有效节省系统资源，在使用完 MySQL 服务后需要将其及时关闭。与启动 MySQL 服务类似，在 Windows 操作系统中，停止 MySQL 服务器主要有两种方法：通过系统服务关闭 MySQL 服务和命令提示符下通过命令行的方式关闭 MySQL 服务。下面具体介绍这两种实现方式。

（1）通过系统服务停止 MySQL 服务器

如果使用的是安装版的 MySQL 数据库，则可以通过选择"开始"/"管理工具"/"服务"命令，打开 Windows 服务管理器，在服务器的列表中找到 mysql 服务并右击，在弹出的快捷菜单中选择"停止"命令，停止 MySQL 服务器，如图 3-3 所示。

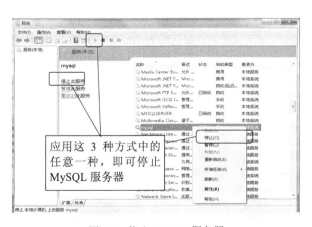

图 3-3　停止 MySQL 服务器

（2）在命令提示符下停止 MySQL 服务器

选择"开始"/"运行"命令，输入"cmd"命令，进入命令提示符窗口，在命令提示符下输入：

```
\> net stop mysql
```

按 Enter 键即可停止 MySQL 服务器，如图 3-4 所示。

（3）使用 mysqladmin 命令停止 MySQL 服务器

选择"开始"/"运行"命令，输入"cmd"命令，进入命令提示符窗口，在命令提示符下输入：

```
\ > mysqladmin -uroot shutdown -p111
```

按 Enter 键即可停止 MySQL 服务，如图 3-5 所示。

图 3-4　在命令提示符中停止 MySQL 服务器　　　　图 3-5　使用 mysqladmin 命令停止 MySQL 服务器

3.1.2　操作 MySQL 数据库

启动并连接 MySQL 服务器后，即可对 MySQL 数据库进行操作，操作 MySQL 数据库的方法非常简单，下面进行详细介绍。

1. 创建数据库 CREATE DATABASE

使用 CREATE DATABASE 语句可以轻松创建 MySQL 数据库。语法如下：

```
CREATE  DATABASE  数据库名;
```

在创建数据库时，数据库命名有以下几项规则：

（1）不能与其他数据库重名，否则将发生错误。

（2）名称可以由任意字母、阿拉伯数字、下划线（_）和"$"组成，可以使用上述的任意字符开头，但不能使用单独的数字，否则会造成它与数值相混淆。

（3）名称最长可为 64 个字符，而别名最多可长达 256 个字符。

（4）不能使用 MySQL 关键字作为数据库名、表名。

在默认情况下，Windows 下数据库名、表名的大小写是不敏感的，而在 Linux 下数据库名、表名的大小写是敏感的。为了便于数据库在平台间进行移植，建议读者采用小写来定义数据库名和表名。

【例 3-1】　通过 CREATE DATABASE 语句创建一个名称为 db_admin 的数据库，如图 3-6 所示。（实例位置：光盘\MR\源码\第 3 章\3-1）

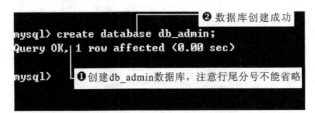

图 3-6　创建 MySQL 数据库

2. 查看数据库 SHOW DATABASES

成功创建数据库后,可以使用 SHOW 命令查看 MySQL 服务器中的所有数据库信息。语法如下:

```
SHOW DATABASES;
```

【例 3-2】　创建数据库 db_admin,下面使用 SHOW DATABASES 语句查看 MySQL 服务器中的所有数据库名称,如图 3-7 所示。(实例位置:光盘\MR\源码\第 3 章\3-2)

从图 3-7 运行的结果可以看出,通过 SHOW 命令查看 MySQL 服务器中的所有数据库,结果显示 MySQL 服务器中有 4 个数据库。

3. 选择数据库 USE DATABASE

在上面的讲解中,虽然成功创建了数据库,但并不表示当前就在操作数据库 db_admin。可以使用 USE 语句选择一个数据库,使其成为当前默认数据库。语法如下:

```
USE 数据库名;
```

【例 3-3】　选择名称为 db_admin 的数据库,设置其为当前默认的数据库,如图 3-8 所示。(实例位置:光盘\MR\源码\第 3 章\3-3)

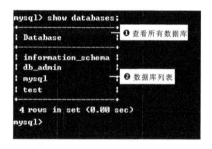

图 3-7　查看数据库

图 3-8　选择数据库

4. 删除数据库 DROP DATABASE

删除数据库的操作可以使用 DROP DATABASE 语句。语法如下:

```
DROP DATABASE 数据库名;
```

 　删除数据库的操作应该谨慎使用,一旦执行该操作,数据库的所有结构和数据都会被删除,没有恢复的可能,除非数据库有备份。

【例 3-4】　通过 DROP DATABASE 语句删除名称为 db_admin 的数据库,如图 3-9 所示。(实例位置:光盘\MR\源码\第 3 章\3-4)

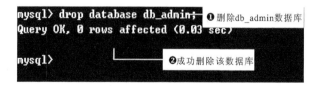

图 3-9　删除数据库

3.1.3　MySQL 数据类型

在 MySQL 数据库中,每一条数据都有其数据类型。MySQL 支持的数据类型,主要分成 3 类:数字类型、字符串(字符)类型、日期和时间类型。

1. 数字类型

MySQL 支持所有的 ANSI/ISO SQL 92 数字类型。这些类型包括准确数字的数据类型（NUMERIC、DECIMAL、INTEGER 和 SMALLINT），还包括近似数字的数据类型（FLOAT、REAL 和 DOUBLE PRECISION）。其中的关键词 INT 是 INTEGER 的同义词，关键词 DEC 是 DECIMAL 的同义词。

数字类型总体可以分成整型和浮点型两类，详细内容如表 3-1 和表 3-2 所示。

表 3-1　　　　　　　　　　　　　　整数数据类型

数 据 类 型	取 值 范 围	说　　明	单　　位
TINYINT	符号值：–127 ~ 127，无符号值：0~255	最小的整数	1 字节
BIT	符号值：–127 ~ 127，无符号值：0~255	最小的整数	1 字节
BOOL	符号值：–127 ~ 127，无符号值：0~255	最小的整数	1 字节
SMALLINT	符号值：– 32768 ~ 32767 无符号值：0 ~ 65535	小型整数	2 字节
MEDIUMINT	符号值：– 8388608 ~ 8388607 无符号值：0 ~ 16777215	中型整数	3 字节
INT	符号值：– 2147683648 ~ 2147683647 无符号值：0 ~ 4294967295	标准整数	4 字节
BIGINT	符号值： –9223372036854775808 ~ 9223372036854775807 无符号值：0 ~ 18446744073709551615	大整数	8 字节

表 3-2　　　　　　　　　　　　　　浮点数据类型

数 据 类 型	取 值 范 围	说　　明	单　　位
FLOAT	+(–)3.402823466E+38	单精度浮点数	8 或 4 字节
DOUBLE	+(–)1.7976931348623157E+308 +(–)2.2250738585072014E–308	双精度浮点数	8 字节
DECIMAL	可变	一般整数	自定义长度

注意

在创建表时，使用哪种数字类型，应遵循以下原则：

（1）选择最小的可用类型，如果值永远不超过 127，则使用 TINYINT 比 INT 强。

（2）对于完全都是数字的，可以选择整数类型。

（3）浮点类型用于可能具有小数部分的数。例如货物单价、网上购物交付金额等。

2. 字符串类型

字符串类型可以分为 3 类：普通的文本字符串类型（CHAR 和 VARCHAR）、可变类型（TEXT 和 BLOB）和特殊类型（SET 和 ENUM）。它们之间都有一定的区别，取值的范围不同，应用的地方也不同。

（1）普通的文本字符串类型，即 CHAR 和 VARCHAR 类型，CHAR 列的长度被固定为创建表所声明的长度，取值在 1~255 之间；VARCHAR 列的值是变长的字符串，取值和 CHAR 一样。下面介绍普通的文本字符串类型，如表 3-3 所示。

表 3-3   常规字符串类型

类　　型	取值范围	说　　明
[national] char(M) [binary|ASCII|unicode]	0~255 个字符	固定长度为 M 的字符串，其中 M 的取值范围为 0~255。National 关键字指定了应该使用的默认字符集。Binary 关键字指定了数据是否区分大小写（默认是区分大小写的）。ASCII 关键字指定了在该列中使用 latin1 字符集。Unicode 关键字指定了使用 UCS 字符集
char	0~255 个字符	与 char(M) 类似
[national] varchar(M) [binary]	0~255 个字符	长度可变，其他和 char(M) 类似

（2）TEXT 和 BLOB 类型。它们的大小可以改变，TEXT 类型适合存储长文本，而 BLOB 类型适合存储二进制数据，支持任何数据，例如文本、声音和图像等。下面介绍 TEXT 和 BLOB 类型，如表 3-4 所示。

表 3-4   TEXT 和 BLOB 类型

类　　型	最大长度（字节数）	说　　明
TINYBLOB	2^8~1(225)	小 BLOB 字段
TINYTEXT	2^8~1(225)	小 TEXT 字段
BLOB	2^16~1(65 535)	常规 BLOB 字段
TEXT	2^16~1(65 535)	常规 TEXT 字段
MEDIUMBLOB	2^24~1(16 777 215)	中型 BLOB 字段
MEDIUMTEXT	2^24~1(16 777 215)	中型 TEXT 字段
LONGBLOB	2^32~1(4 294 967 295)	长 BLOB 字段
LONGTEXT	2^32~1(4 294 967 295)	长 TEXT 字段

（3）特殊类型 SET 和 ENUM

特殊类型 SET 和 ENUM 的介绍如表 3-5 所示。

表 3-5   ENUM 和 SET 类型

类　　型	最　大　值	说　　明
Enum ("value1", "value2", …)	65 535	该类型的列只可以容纳所列值之一或为 NULL
Set ("value1", "value2", …)	64	该类型的列可以容纳一组值或为 NULL

在创建表时，使用字符串类型时应遵循以下原则：

（1）从速度方面考虑，要选择固定的列，可以使用 CHAR 类型。

（2）要节省空间，使用动态的列，可以使用 VARCHAR 类型。

（3）要将列中的内容限制在一种选择，可以使用 ENUM 类型。

（4）允许在一个列中有多于一个的条目，可以使用 SET 类型。

（5）如果要搜索的内容不区分大小写，可以使用 TEXT 类型。

（6）如果要搜索的内容区分大小写，可以使用 BLOB 类型。

3. 日期和时间数据类型

日期和时间类型包括 DATETIME、DATE、TIMESTAMP、TIME 和 YEAR。其中的每种类型都有其取值的范围，如赋予它一个不合法的值，将会被 "0" 代替。下面介绍日期和时间数据类型，如表 3-6 所示。

表 3-6　　　　　　　　　　　　　　日期和时间数据类型

类　　型	取　值　范　围	说　　　明
DATE	1000–01–01　9999–12–31	日期，格式 YYYY–MM–DD
TIME	–838:58:59　835:59:59	时间，格式 HH：MM：SS
DATETIME	1000–01–01 00:00:00 9999–12–31 23:59:59	日期和时间，格式 YYYY–MM–DD HH：MM：SS
TIMESTAMP	1970–01–01 00:00:00 2037 年的某个时间	时间标签，在处理报告时使用的显示格式取决于 M 的值
YEAR	1901–2155	年份可指定两位数字和四位数字的格式

在 MySQL 中，日期的顺序是按照标准的 ANSISQL 格式进行输出的。

3.1.4　操作 MySQL 数据表

在对 MySQL 数据表进行操作之前，必须首先使用 USE 语句选择数据库，才可在指定的数据库中对数据表进行操作，如创建数据表、修改表结构、数据表更名或删除数据表等，否则是无法对数据表进行操作的。下面分别详细介绍对数据表的操作方法。

1. 创建数据表 CREATE TABLE

创建数据表使用 CREATE TABLE 语句。语法如下：

```
CREATE [TEMPORARY] TABLE [IF NOT EXISTS] 数据表名
[(create_definition,…)][table_options] [select_statement]
```

CREATE TABLE 语句的参数说明如表 3-7 所示。

表 3-7　　　　　　　　　　　　　CREATE TABLE 语句的参数说明

关　键　字	说　　　明
TEMPORARY	如果使用该关键字，表示创建一个临时表
IF NOT EXISTS	该关键字用于避免表存在时 MySQL 报告的错误
create_definition	这是表的列属性部分。MySQL 要求在创建表时，表要至少包含一列
table_options	表的一些特性参数
select_statement	SELECT 语句描述部分，用它可以快速地创建表

下面介绍列属性 create_definition 部分，每一列定义的具体格式如下：

```
col_name  type [NOT NULL | NULL] [DEFAULT default_value] [AUTO_INCREMENT]
          [PRIMARY KEY ] [reference_definition]
```

属性 create_definition 的参数说明如表 3-8 所示。

表 3-8　　　　　　　　　　　　属性 create_definition 的参数说明

参　　数	说　　　明
col_name	字段名

参　　数	说　　明
type	字段类型
NOT NULL | NULL	指出该列是否允许是空值，系统一般默认允许为空值，所以当不允许为空值时，必须使用 NOT NULL
DEFAULT default_value	表示默认值
AUTO_INCREMENT	表示是否是自动编号，每个表只能有一个 AUTO_INCREMENT 列，并且必须被索引
PRIMARY KEY	表示是否为主键。一个表只能有一个 PRIMARY KEY。如表中没有一个 PRIMARY KEY，而某些应用程序需要 PRIMARY KEY，MySQL 将返回第一个没有任何 NULL 列的 UNIQUE 键，作为 PRIMARY KEY
reference_definition	为字段添加注释

以上是创建一个数据表的一些基础知识，它看起来十分复杂，但在实际的应用中使用最基本的格式创建数据表即可，具体格式如下：

```
create table table_name (列名 1 属性,列名 2 属性…);
```

【例 3-5】　使用 CREATE TABLE 语句在 MySQL 数据库 db_admin 中创建一个名为 tb_admin 的数据表，该表包括 id、user、password 和 createtime 等字段，如图 3-10 所示。（实例位置：光盘\MR\源码\第 3 章\3-5）

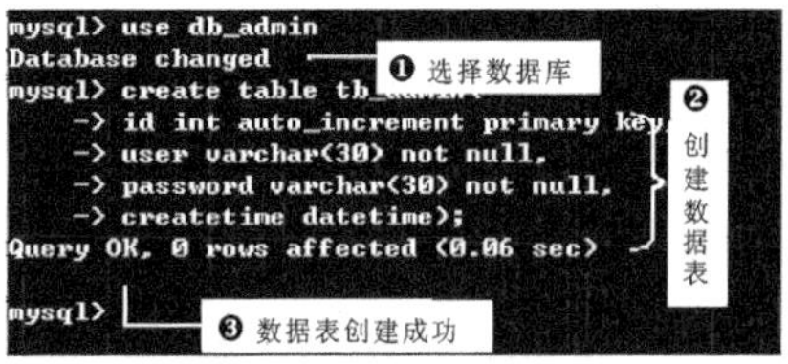

图 3-10　创建 MySQL 数据库

2. 查看表结构 SHOW COLUMNS 或 DESCRIBE

对于一个创建成功的数据表，可以使用 SHOW COLUMNS 语句或 DESCRIBE 语句查看指定数据表的表结构。下面分别对这两个语句进行介绍。

（1）SHOW COLUMNS 语句

SHOW COLUMNS 语句的语法：

```
SHOW [FULL] COLUMNS FROM 数据表名 [FROM 数据库名];
```

或写成

```
SHOW [FULL] COLUMNS FROM 数据库名.数据表名;
```

【例 3-6】　使用 SHOW COLUMNS 语句查看数据表 tb_admin 表结构，如图 3-11 所示。（实例位置：光盘\MR\源码\第 3 章\3-6）

（2）DESCRIBE 语句

DESCRIBE 语句的语法：

```
DESCRIBE 数据表名;
```

其中，DESCRIBE 可以简写成 DESC。在查看表结构时，也可以只列出某一列的信息。语法格式如下：

```
DESCRIBE 数据表名 列名;
```

【例 3-7】　使用 DESCRIBE 语句的简写形式查看数据表 tb_admin 中的某一列信息，如图 3-12 所示。（实例位置：光盘\MR\源码\第 3 章\3-7）

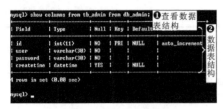

图 3-11　查看表结构

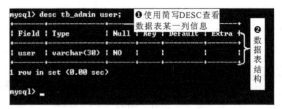

图 3-12　查看表的某一列信息

3. 修改表结构 ALTER TABLE

修改表结构使用 ALTER TABLE 语句。修改表结构指增加或者删除字段、修改字段名称或者字段类型、设置或取消主键外键、设置或取消索引以及修改表的注释等。语法如下：

```
Alter[IGNORE] TABLE 数据表名 alter_spec[,alter_spec]…
```

当指定 IGNORE 时，如果出现重复关键的行，则只执行一行，其他重复的行被删除。

其中，alter_spec 子句定义要修改的内容，其语法如下：

```
alter_specification:
    ADD [COLUMN] create_definition [FIRST | AFTER column_name ]    //添加新字段
  | ADD INDEX [index_name] (index_col_name,...)                    //添加索引名称
  | ADD PRIMARY KEY (index_col_name,...)                           //添加主键名称
  | ADD UNIQUE [index_name] (index_col_name,...)                   //添加唯一索引
  | ALTER [COLUMN] col_name {SET DEFAULT literal | DROP DEFAULT}  //修改字段名称
  | CHANGE [COLUMN] old_col_name create_definition                //修改字段类型
  | MODIFY [COLUMN] create_definition                             //修改子句定义字段
  | DROP [COLUMN] col_name                                        //删除字段名称
  | DROP PRIMARY KEY                                              //删除主键名称
  | DROP INDEX index_name                                        //删除索引名称
  | RENAME [AS] new_tbl_name                                     //更改表名
  | table_options
```

ALTER TABLE 语句允许指定多个动作，其动作间使用逗号分隔，每个动作表示对表的一个修改。

【例 3-8】　添加一个新的字段 email，类型为 varchar(50)，not null，将字段 user 的类型由 varchar(30)改为 varchar(40)，代码如下。（实例位置：光盘\MR\源码\第 3 章\3-8）

```
alter table tb_admin add email varchar(50)
not null ,modify user varchar(40);
```

在命令模式下的运行情况如图 3-13 所示。

图 3-13 中只给出了修改 user 字段类型的结果，读者可以通过语句 mysql> desc tb_admin;查看整个表的结构，以确认 email 字段是否添加成功。

图 3-13　修改表结构

通过 alter 修改表列，前提是必须将表中数据全部删除，然后才可以修改表列。

4. 重命名表 RENAME TABLE

重命名数据表使用 RENAME TABLE 语句，语法如下：

```
RENAME TABLE 数据表名 1 To 数据表名 2
```

　　该语句可以同时对多个数据表进行重命名，多个表之间以逗号 "," 分隔。

【例 3-9】　对数据表 tb_admin 进行重命名，更名后的数据表为 tb_user，如图 3-14 所示。（实例位置：光盘\MR\源码\第 3 章\3-9）

5. 删除表 DROP TABLE

删除数据表的操作很简单，同删除数据库的操作类似，使用 DROP TABLE 语句即可实现。语法如下：

```
DROP TABLE 数据表名;
```

【例 3-10】　删除数据表 tb_user，如图 3-15 所示。（实例位置：光盘\MR\源码\第 3 章\3-10）

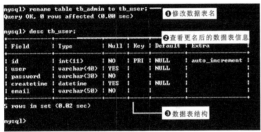

图 3-14　对数据表进行更名

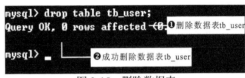

图 3-15　删除数据表

　　删除数据表的操作应该谨慎使用。一旦删除了数据表，那么表中的数据将会全部清除，没有备份则无法恢复。

在删除数据表的过程中，删除一个不存在的表将会产生错误，如果在删除语句中加入 IF EXISTS 关键字就不会出错了。格式如下：

```
drop table if exists 数据表名;
```

3.1.5　操作 MySQL 数据

在数据表中插入、浏览、修改和删除记录可以在 MySQL 命令行中使用 SQL 语句完成，下面介绍如何在 MySQL 命令行中执行基本的 SQL 语句。

1. 插入记录 INSERT

在建立一个空的数据库和数据表时，首先需要考虑的是如何向数据表中添加数据，该操作可以使用 INSERT 语句来完成。语法如下：

```
insert into 数据表名(column_name,column_name2, … ) values (value1, value2, … )
```

　　在 MySQL 中，一次可以同时插入多行记录，各行记录的值清单在 VALUES 关键字后以逗号 "," 分隔，而标准的 SQL 语句一次只能插入一行。

【例 3-11】　向管理员信息表 tb_admin 中插入一条数据信息，如图 3-16 所示。（实例位置：光盘\MR\源码\第 3 章\3-11）

图 3-16　插入记录

2　查询数据库记录 SELECT

要从数据库中把数据查询出来，就要用到数据查询语句 SELECT。SELECT 语句是最常用的查询语句，它的使用方式有些复杂，但功能也是很强大的。语法如下：

```
select [distinct] [concat(col1,":",col2) as col] selection_list  //要查询的内容, 选择哪些列
from 数据表名                                                      //指定数据表
where primary_constraint                                         //查询时需要满足的条件, 行必须满足的条件
group by grouping_columns                                        //如何对结果进行分组
order by sorting_clowmns                                         //如何对结果进行排序
having secondary_constraint                                      //查询时满足的第二条件
limit count                                                      //限定输出的查询结果
```

这就是 select 查询语句的语法，下面对它的参数进行详细的讲解。

（1）selection_list

设置查询内容。如果要查询表中所有列，可以将其设置为"*"；如果要查询表中某一列或多列，则直接输入列名，并以","为分隔符。

【例 3-12】　查询 tb_mrbook 数据表中所有列和查询 user 和 pass 列，代码如下。（实例位置：光盘\MR\源码\第 3 章\3-12）

```
select * from tb_mrbook;                  //查询数据表中的所有数据
select user,pass from tb_mrbook;          //查询数据表中 user 和 pass 列的数据
```

（2）table_list（数据表名）

指定查询的数据表。既可以从一个数据表中查询，也可以从多个数据表中进行查询，多个数据表之间用","进行分隔，并且通过 WHERE 子句使用连接运算来确定表之间的联系。

【例 3-13】　从 tb_mrbook 和 tb_bookinfo 数据表中查询 bookname=' PHP 开发实战宝典'的作者和价格，其代码如下。（实例位置：光盘\MR\源码\第 3 章\3-13）

```
select tb_mrbook.id,tb_mrbook.bookname, author,price from tb_mrbook,tb_bookinfo
where tb_mrbook.bookname = tb_bookinfo.bookname and tb_bookinfo.bookname = 'PHP 开发
实战宝典 ';
```

在上面的 SQL 语句中，因为 2 个表都有 id 字段和 bookname 字段，为了告诉服务器要显示的是哪个表中的字段信息，要加上前缀。语法如下：

```
表名.字段名
```

tb_mrbook.bookname = tb_bookinfo.bookname 将表 tb_mrbook 和 tb_bookinfo 连接起来，叫作等同连接；如果不使用 tb_mrbook.bookname = tb_bookinfo.bookname，那么产生的结果将是两个表的笛卡尔积，叫作全连接。

（3）where 条件语句

在使用查询语句时，如果要从很多的记录中查询出想要的记录，就需要一个查询的条件。只

有设定了查询的条件，查询才有实际的意义。设定查询条件应用的是 WHERE 子句。

where 子句的功能非常强大，通过它可以实现很多复杂的条件查询。在使用 WHERE 子句时，需要使用一些比较运算符，常用的比较运算符如表 3-9 所示。

表 3-9　　　　　　　　　　　　常用的 WHERE 子句比较运算符

运 算 符	名　称	示　例	运 算 符	名　称	示　例
=	等于	id=5	Is not null	n/a	Id is not null
>	大于	id>5	Between	n/a	Id between1 and 15
<	小于	id<5	In	n/a	Id in (3,4,5)
>=	大于等于	id>=5	Not in	n/a	Name not in (shi,li)
<=	小于等于	id<=5	Like	模式匹配	Name like ('shi%')
!=或<>	不等于	id!=5	Not like	模式匹配	Name not like ('shi%')
Is null	n/a	id is null	Regexp	常规表达式	Name 正则表达式

表 3-9 中列举的是 WHERE 子句常用的比较运算符，示例中的 id 是记录的编号，name 是表中的用户名。

【例 3-14】　应用 where 子句，查询 tb_mrbook 表，条件是 type（类别）为 PHP 的所有图书，代码如下。（实例位置：光盘\MR\源码\第 3 章\3-14）

```
select * from tb_mrbook where type = 'php';
```

（4）GROUP BY 对结果分组

通过 GROUP BY 子句可以将数据划分到不同的组中，实现对记录进行分组查询。在查询时，所查询的列必须包含在分组的列中，目的是使查询到的数据没有矛盾。在与 AVG() 或 SUM() 函数一起使用时，GROUP BY 子句能发挥最大作用。

【例 3-15】　查询 tb_mrbook 表，按照 type 进行分组，求每类图书的平均价格，代码如下。（实例位置：光盘\MR\源码\第 3 章\3-15）

```
select bookname,avg(price),type from tb_mrbook group by type;
```

（5）DISTINCT 在结果中去除重复行

使用 DISTINCT 关键字，可以去除结果中重复的行。

【例 3-16】　查询 tb_mrbook 表，并在结果中去掉类型字段 type 中的重复数据，代码如下。（实例位置：光盘\MR\源码\第 3 章\3-16）

```
select distinct type from tb_mrbook;
```

（6）ORDER BY 对结果排序

使用 ORDER BY 可以对查询的结果进行升序和降序（DESC）排列，在默认情况下，ORDER BY 按升序输出结果。如果要按降序排列可以使用 DESC 来实现。

对含有 NULL 值的列进行排序时，如果是按升序排列，NULL 值将出现在最前面；如果是按降序排列，NULL 值将出现在最后。

【例 3-17】　查询 tb_mrbook 表中的所有信息，按照 "id" 进行降序排列，并且只显示 3 条记录，代码如下。（实例位置：光盘\MR\源码\第 3 章\3-17）

```
select * from tb_mrbook order by id desc limit 3;
```

（7）LIKE 模糊查询

LIKE 属于较常用的比较运算符，通过它可以实现模糊查询。它有两种通配符："%"和下划线"_"。"%"可以匹配一个或多个字符，而"_"只匹配一个字符。

【例 3-18】　查找所有第二个字母是"h"的图书，代码如下。（实例位置：光盘\MR\源码\第 3 章\3-18）

```
select * from tb_mrbook where bookname like('_h%');
```

（8）CONCAT 联合多列

使用 CONCAT 函数可以联合多个字段，构成一个总的字符串。

【例 3-19】　把 tb_mrbook 表中的书名（bookname）和价格（price）合并到一起，构成一个新的字符串，代码如下。（实例位置：光盘\MR\源码\第 3 章\3-19）

```
select id,concat(bookname,":",price) as info,type from tb_mrbook;
```

其中合并后的字段名为 CONCAT 函数形成的表达式"concat(bookname,":",price)"，看上去十分复杂，通过 AS 关键字给合并字段取一个别名，这样看上去就很清晰。

（9）LIMIT 限定结果行数

LIMIT 子句可以对查询结果的记录条数进行限定，控制它输出的行数。

【例 3-20】　查询 tb_mrbook 表，按照图书价格降序排列，显示 3 条记录，代码如下。（实例位置：光盘\MR\源码\第 3 章\3-20）

```
select * from tb_mrbook order by price desc limit 3;
```

使用 LIMIT 还可以从查询结果的中间部分取值。首先要定义两个参数，参数 1 是开始读取的第一条记录的编号（在查询结果中，第一个结果的记录编号是 0，而不是 1）；参数 2 是要查询记录的个数。

【例 3-21】　查询 tb_mrbook 表，从编号 1 开始（即从第 2 条记录），查询 4 个记录，代码如下。（实例位置：光盘\MR\源码\第 3 章\3-21）

```
select * from tb_mrbook where id limit 1,4;
```

（10）使用函数和表达式

在 MySQL 中，还可以使用表达式来计算各列的值，作为输出结果。表达式还可以包含一些函数。

【例 3-22】　计算 tb_mrbook 表中各类图书的总价格，代码如下。（实例位置：光盘\MR\源码\第 3 章\3-22）

```
select sum(price) as total,type from tb_mrbook group by type;
```

在对 MySQL 数据库进行操作时，有时需要对数据库中的记录进行统计，例如求平均值、最小值、最大值等，这时可以使用 MySQL 中的统计函数，常用统计函数如表 3-10 所示。

表 3-10　　　　　　　　　　　　　　　　常用统计函数

名　　称	说　　明
Avg（字段名）	获取指定列的平均值
Count（字段名）	如指定了一个字段，则会统计出该字段中的非空记录。如在前面增加 DISTINCT，则会统计不同值的记录，相同的值当作一条记录。如使用 COUNT（*）则统计包含空值的所有记录数
Min（字段名）	获取指定字段的最小值
Max（字段名）	获取指定字段的最大值
Std（字段名）	指定字段的标准背离值
Stdtev（字段名）	与 STD 相同
Sum（字段名）	指定字段所有记录的总和

除了使用函数之外，还可以使用算术运算符、字符串运算符，以及逻辑运算符来构成表达式。

【例 3-23】　可以计算图书打八折之后的价格，代码如下。（实例位置：光盘\MR\源码\第 3 章\3-23）

```
select *, (price * 0.8) as '80%' from tb_mrbook;
```

3. 修改记录 UPDATE

要执行修改的操作可以使用 UPDATE 语句，语法如下：

```
update 数据表名 set column_name = new_value1,column_name2 = new_value2, …where condition
```

其中，set 子句指出要修改的列和它们给定的值；where 子句是可选的，如果给出它将指定记录中哪行应该被更新，否则所有的记录行都将被更新。

【例 3-24】　下面将管理员信息表 tb_admin 中用户名为 tsoft 的管理员密码 111 修改为 896552，如图 3-17 所示。（实例位置：光盘\MR\源码\第 3 章\3-24）

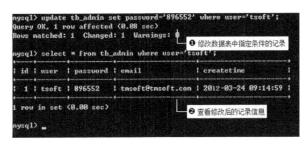

图 3-17　修改指定条件的记录

　更新时一定要保证 where 子句的正确性，一旦 where 子句出错，将会破坏所有改变的数据。

4. 删除记录 DELETE

在数据库中，有些数据已经失去意义或者错误时就需要将它们删除，此时可以使用 DELETE 语句，语法如下：

```
delete from 数据表名 where condition
```

　该语句在执行过程中，如果没有指定 where 条件，将删除所有的记录；如果指定了 where 条件，将按照指定的条件进行删除。

【例 3-25】　删除管理员数据表 tb_admin 中用户名为"小欣"的记录信息，如图 3-18 所示。（实例位置：光盘\MR\源码\第 3 章\3-25）

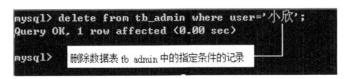

图 3-18　删除数据表中指定的记录

　在实际的应用中，执行删除操作时，执行删除的条件一般应该为数据的 id，而不是具体某个字段值，这样可以避免一些不必要的错误发生。

3.2 phpMyAdmin 图形管理工具

3.2.1 管理数据库

1. 创建数据库

在 phpMyAdmin 的主界面，首先在文本框中输入数据库的名称"db_study"，然后在下拉列表框中选择所要使用的编码，一般选择"gb2312_Chinese_ci"简体中文编码格式，单击"创建"按钮，创建数据库，如图 3-19 所示。成功创建数据库后，将显示如图 3-20 所示的界面。

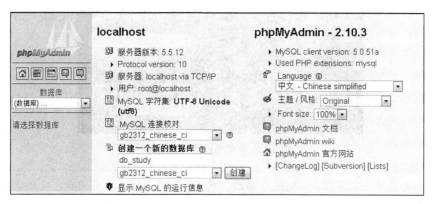

图 3-19 phpMyAdmin 管理主界面

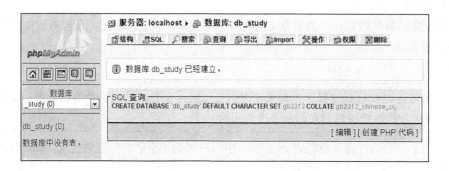

图 3-20 成功创建数据库

2. 修改数据库

在如图 3-21 所示的界面中，在右侧界面还可以对当前数据库进行修改。单击界面中的 ✕操作超级链接，进入修改操作页面。

（1）可以对当前数据库执行创建数据表的操作，只要在创建数据表的提示信息下面的两个文本框中分别输入要创建的数据表的名称和字段总数，然后单击"执行"按钮即可进入创建数据表结构页面。

（2）也可以对当前的数据库重命名，在"重新命名数据库为"下的文本框中输入新的数据库名称，单击"执行"按钮，即可成功修改数据库名称，如图 3-21 所示。

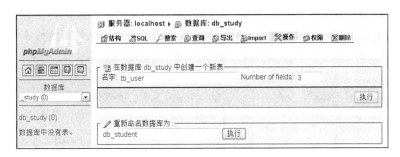

图 3-21　修改数据库

3. 删除数据库

要删除某个数据库，首先在左侧的下拉菜单中选择该数据库，然后单击右侧界面中的 █删除 超级链接（如图 3-21 所示）即可成功删除指定的数据库。

3.2.2　管理数据表

管理数据表是以选择指定的数据库为前提，然后在该数据库中创建并管理数据表。下面就来介绍如何创建、修改和删除数据表。

1. 创建数据表

创建数据库 db_study 后，在右侧的操作页面中输入数据表的名称和字段数，然后单击"执行"按钮，即可创建数据表，如图 3-22 所示。

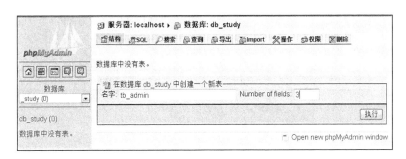

图 3-22　创建数据表

成功创建数据表 tb_admin 后，将显示数据表结构界面。在表单中对各个字段的详细信息进行录入，包括字段名、数据类型、长度/值、编码格式、是否为空、主键等，以完成对表结构的详细设置。当所有的信息都输入以后，单击"保存"按钮，创建数据表结构，如图 3-23 所示。成功创建数据表结构后，将显示如图 3-24 所示的界面。

图 3-23　创建数据表结构

单击"保存"按钮，可以对数据表结构以横版显示并进行表结构编辑。

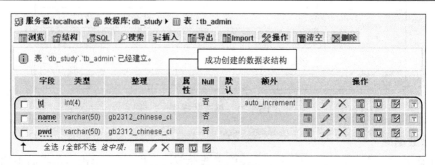

图 3-24　成功创建数据表

2. 修改数据表

一个新的数据表被创建后，进入到数据表页面中，在这里可以通过改变表的结构来修改表，可以执行添加新的列、删除列、索引列、修改列的数据类型或者字段的长度/值等操作，如图 3-25 所示。

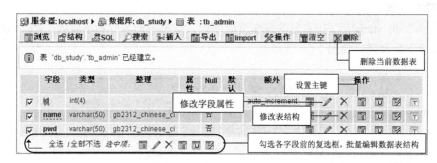

图 3-25　修改数据表结构

3. 删除数据表

要删除某个数据表，首先在左侧的下拉菜单中选择该数据库，在指定的数据库中选择要删除的数据表，然后单击右侧界面中的 ⊠ 删除 超级链接（见图 3-26）即可成功删除指定的数据表。

3.2.3　管理数据记录

单击 phpMyAdmin 主界面中的 ⊿SQL 超级链接，打开 SQL 语句编辑区。在编辑区输入完整的 SQL 语句，来实现数据的查询、添加、修改和删除操作。

1. 使用 SQL 语句插入数据

在 SQL 语句编辑区应用 insert 语句向数据表 tb_admin 中插入数据后，单击"执行"按钮，向数据表中插入一条数据，如图 3-26 所示。如果提交的 SQL 语句有错误，系统会给出一个警告，提示用户修改它；如果提交的 SQL 语句正确，则弹出如图 3-27 所示的提示信息。

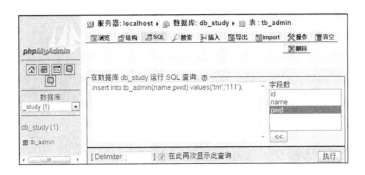

图 3-26　使用 SQL 语句向数据表中插入数据

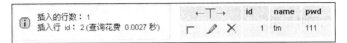

图 3-27　成功添加数据信息

　　　　为了编写方便，可以利用右侧的属性列表来选择要操作的列，只要选中要添加的列，双击其选项或者单击 "<<" 按钮添加列名称。

2. 使用 SQL 语句修改数据

在 SQL 语句编辑区应用 update 语句修改数据信息，将 ID 为 1 的管理员的名称改为"纯净水"，密码改为 "111"，添加的 SQL 语句如图 3-28 所示。

图 3-28　添加修改数据信息的 SQL 语句

单击 "执行" 按钮，数据修改成功。比较修改前后的数据，如图 3-29 所示。

图 3-29　修改单条数据的实现过程

3. 使用 SQL 语句查询数据

在 SQL 语句编辑区应用 select 语句检索指定条件的数据信息，将 ID 小于 4 的管理员全部显示出来，添加的 SQL 语句如图 3-30 所示。

图 3-30　添加查询数据信息的 SQL 语句

单击"执行"按钮，该语句的实现过程如图 3-31 所示。

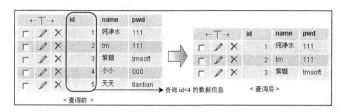

图 3-31　查询指定条件的数据信息的实现过程

除了对整个表的简单查询外，还可以执行复杂的条件查询（使用 where 子句提交 LIKE、ORDER BY、GROUP BY 等条件查询语句）及多表查询，读者可通过上机进行实践，灵活运用 SQL 语句功能。

4．使用 SQL 语句删除数据

在 SQL 语句编辑区应用 delete 语句检索指定条件的数据或全部数据信息，删除名称为"tm"的管理员信息，添加的 SQL 语句如图 3-32 所示。

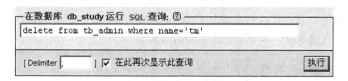

图 3-32　添加删除指定数据信息的 SQL 语句

如果 Delete 语句后面没有 Where 条件值，那么将删除指定数据表中的全部数据。

单击"执行"按钮，弹出确认删除操作对话框，单击"确定"按钮，执行数据表中指定条件的删除操作。该语句的实现过程如图 3-33 所示。

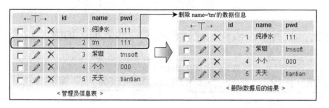

图 3-33　删除指定条件的数据信息的实现过程

5．通过 form 表单插入数据

选择某个数据表后，单击 插入超级链接，进入插入数据界面，如图 3-34 所示。在界面中输入各字段值，单击"执行"按钮即可插入记录。默认情况下，一次可以插入两条记录。

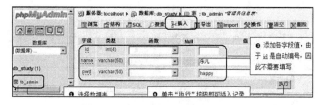

图 3-34　插入数据

6. 浏览数据

选择某个数据表后，单击 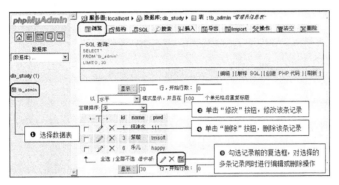 浏览超级链接，进入浏览界面，如图 3-35 所示。单击每行记录中的 按钮，可以对该记录进行编辑；单击每行记录中的 按钮，可以删除该条记录。

图 3-35　浏览数据

7. 搜索数据

选择某个数据表后，单击 搜索超级链接，进入搜索页面，如图 3-36 所示。在这个页面中，可以在选择字段的列表框中选择一个或多个列，如果要选择多个列，先按下 Ctrl 键并单击要选择的字段名，查询结果将按照选择的字段名进行输出。

在该界面中可以对记录按条件进行查询，查询方式有两种。第一种方式选择构建 where 语句查询。直接在 "where 语句的主体" 文本框中输入查询语句，然后单击其后的 "执行" 按钮。第二种方式使用按例查询。选择查询的条件，并在文本框中输入要查询的值，单击 "执行" 按钮。

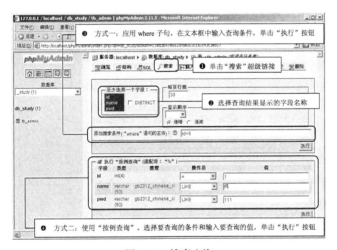

图 3-36　搜索查询

3.2.4　导入/导出数据

导入和导出 MySQL 数据库脚本是互逆的两个操作。导入是执行扩展名为 ".sql" 的文件，将数据导入到数据库中；导出是将数据表结构、表记录存储为 ".sql" 的脚本文件。通过导入和导出的操作实现数据库的备份和还原。

1. 导出 MySQL 数据库脚本

单击 phpMyAdmin 主界面中的 ![导出] 超级链接，打开导出编辑区，如图 3-37 所示。选择导出文件的格式，这里默认使用选项"SQL"，勾选"另存为文件"复选框，单击"执行"按钮，弹出如图 3-38 所示的文件下载对话框，单击"保存"按钮，将脚本文件以".sql"格式存储在指定位置。

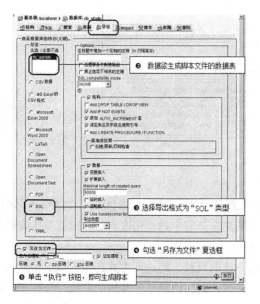

图 3-37　生成 MySQL 脚本文件设置界面

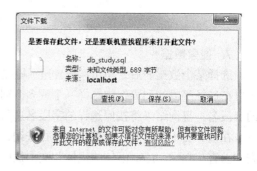

图 3-38　MySQL 脚本文件下载对话框

2. 导入 MySQL 数据库脚本

单击 ![Import] 超级链接，进入执行 MySQL 数据库脚本界面，单击"浏览"按钮查找脚本文件（如：db_study.sql）所在位置，如图 3-39 所示，单击"执行"按钮，即可执行 MySQL 数据库脚本文件。

图 3-39　执行 MySQL 数据库脚本文件

在执行 MySQL 脚本文件前，首先检测是否有与所导入数据库同名的数据库，如果没有同名的数据库，则首先要在数据库中创建一个名称与数据文件中的数据库名相同的数据库，然后再执行 MySQL 数据库脚本文件。另外，在当前数据库中，不能有与将要导入数据库中的数据表重名的数据表存在，如果有重名的表存在导入文件就会失败，提示错误信息。

读者也可通过单击 phpMyAdmin 图形化工具左侧区的▥按钮，在打开的对话框中，单击"导入文件"超级链接，然后选择脚本文件所在的位置，从而执行脚本文件。

3.3　PHP 操作 MySQL 数据库

3.3.1　PHP 操作 MySQL 数据库的步骤

和其他语言类似，PHP 操作 MySQL 数据库的过程一般分为 5 步，分别为连接 MySQL 数据库服务器、选择数据库、执行 SQL 语句、关闭结果集以及断开与 MySQL 服务器的连接，如图 3-40 所示。下面将具体介绍其实现过程。

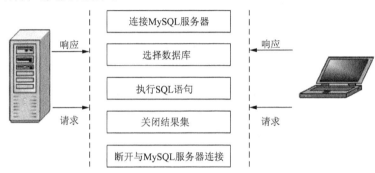

图 3-40　PHP 访问 MySQL 数据库的一般步骤

1.　连接 MySQL 服务器

应用 mysql_connect()函数建立与 MySQL 服务器的连接，并返回一个连接标识，在以后对 MySQL 服务器进行操作时，可以根据这个连接标识定位不同的连接。

2.　选择数据库

应用 mysql_select_db()函数选择 MySQL 数据库服务器上的数据库，并与该数据库建立连接。

3.　执行 SQL 语句

在选择的数据库中应用 mysql_query()函数执行 SQL 语句。对数据的操作主要包括以下 5 种方式。

（1）查询数据：应用 select 语句实现数据的查询功能。

（2）显示数据：应用 select 语句显示数据的查询结果。

（3）插入数据：应用 insert 语句向数据库中插入数据。

（4）更新数据：应用 update 语句修改数据库中的记录。

（5）删除数据：应用 delete 语句删除数据库中的记录。

4.　关闭结果集

数据库操作完成后，需要关闭结果集，以释放系统资源。

```
mysql_free_result($result);
```

如果在多个网页中都要频繁进行数据库访问，则可以建立与数据库服务器的持续连接来提高效率。因为每次与数据库服务器的连接需要较长的时间和较大的资源开销，持续的连接相对来说会更有效。建立持续连接的方法就是在数据库连接时，调用函数 mysql_pconnect()代替 mysql_connect()函数。建立的持续连接在本程序结束时，不需要调用 mysql_close()来关闭。下次程序再次执行 mysql_pconnect()函数时，系统自动直接返回已经建立的持续连接的 ID 号，而不再去真的连接数据库。

5. 断开与 MySQL 服务器的连接

每使用一次 mysql_connect()或 mysql_query()函数，都会消耗系统资源。这在少量用户访问 Web 网站时影响不明显，但如果用户连接超过一定数量，就会造成系统性能的下降，甚至死机。为了避免这种现象的发生，在完成数据库的操作后，可以应用 mysql_close()函数关闭与 MySQL 服务器的连接，以节省系统资源。

```
mysql_close($link);
```

3.3.2 PHP 操作 MySQL 数据库的方法

3.3.1 小节简要介绍了 PHP 访问和操作 MySQL 数据库的一般步骤。PHP 提供了大量操作 MySQL 数据库的方式，其中函数方式相对简便并且应用较广泛。本节将详细介绍 PHP 中 MySQL 相关函数的使用方法。

1. 使用 mysql_connect()函数连接 MySQL 服务器

PHP 操作 MySQL 数据库，首先要建立与 MySQL 数据库的连接，PHP 实现与数据库连接相对简便，只需使用 mysql_connect()函数即可，函数语法如下：

```
resource mysql_connect ([string server [, string username [, string password [, bool
new_link [, int client_flags]]]]] )
```

mysql_connect()函数用于打开一个到 MySQL 服务器的连接，如果成功则返回一个 MySQL 连接标识，失败则返回 false。该函数的参数如表 3-11 所示。

表 3-11 mysql_connect()函数的参数说明

参　数	说　明
server	MySQL 服务器。可以包括端口号，如"hostname:port"；或者到本地套接字的路径，如对于 localhost 的":/path/to/socket"。如果 PHP 指令 mysql.default_host 未定义（默认情况），则默认值是'localhost:3306'
username	用户名。默认值是服务器进程所有者的用户名
password	密码。默认值是空密码
new_link	如果用同样的参数再次调用 mysql_connect()函数，将不会建立新连接，而将返回已经打开的连接标识。参数 new_link 改变此行为并使 mysql_connect()函数总是打开新的连接，即使 mysql_connect() 函数曾在前面被用同样的参数调用过
client_flags	client_flags参数可以是以下常量的组合：MYSQL_CLIENT_SSL，MYSQL_CLIENT_COMPRESS, MYSQL_CLIENT_IGNORE_SPACE 或 MYSQL_CLIENT_INTERACTIVE

【例 3-26】　应用 mysql_connect()函数创建与 MySQL 服务器的连接，MySQL 数据库服务器地址为 127.0.0.1，用户名为 root，密码为 111，代码如下。（实例位置：光盘\MR\源码\第 3 章\3-26）

```
<?php
$host = "127.0.0.1";                    //MySQL 服务器地址
```

```
$userName = "root";                        //用户名
$password = "111";                         //密码
if ($connID = mysql_connect($host, $userName, $password)){
                            //建立与 MySQL 数据库的连接，并弹出提示对话框
    echo "<script language='javascript'>alert('数据库连接成
功! ');</script>";
    }else{
    echo "<script language='javascript'>alert('数据库连接失
败! ');</script>";
    }
?>
```

运行上述代码，如果在本地计算机中安装了 MySQL 数据库，并且 root 用户名为 root，密码为 111，则会弹出如图 3-41 所示的对话框。

图 3-41　数据库连接成功

2. 使用 mysql_select_db()函数选择数据库文件

成功与 MySQL 数据库建立连接后，需要选择 MySQL 数据库服务器中指定的数据库。PHP 中使用 mysql_select_db()函数实现数据库的选择功能，该函数的语法格式如下：

```
bool mysql_select_db (string database_name [, resource link_identifier] )
```

mysql_select_db()函数用于设定与指定的连接标识符所关联的服务器上的当前激活数据库。如果没有指定连接标识符，则使用上一个打开的连接。如果没有打开的连接，本函数将无参数调用 mysql_connect()函数来尝试打开一个使用。其后的每个 mysql_query()函数调用都会作用于当前激活数据库。该函数的参数说明如表 3-12 所示。

表 3-12　　　　　　　　　　　　mysql_select_db()函数的参数说明

参　　数	说　　明
database_name	必要参数，用户指定要选择的数据库名称
link_identifier	可选参数，数据库连接 ID，如果省略该参数，则默认为最近一次与数据库建立的连接

【例 3-27】　首先使用 mysql_connect()函数建立与 MySQL 数据库的连接并返回数据库连接 ID，然后使用 mysql_select_db()函数选择 MySQL 数据库服务器中名为 db_database03 的数据库，实现代码如下。（实例位置：光盘\MR\源码\第 3 章\3-27）

```
<?php
$host = "127.0.0.1";                       //MySQL 服务器地址
$userName = "root";                        //用户名
$password = "111";                         //密码
$dbName = "db_database03";                 //数据库
$connID = mysql_connect($host, $userName, $password);//建立与 MySQL 数据库服务器的连接
if(mysql_select_db($dbName, $connID)){     //选择数据库
    echo "数据库选择成功! ";
}else{
    echo "数据库选择失败! ";
}
?>
```

运行上述代码，如果本地 MySQL 数据库服务器中存在名为 db_database03 的数据库，将在页面中显示如图 3-42 所示的提示信息。

图 3-42　数据库选择成功

3. 使用 mysql_query()函数执行 SQL 语句

成功选择 MySQL 数据库服务器中的数据库后，即可对所选数据库中的数据表进行查询、更改以及删除等操作，PHP 使用 mysql_query()函数就可以实现上述所有操作，操作极其简便。这说明在 PHP 底层进行了复杂的封装，而提供给上层开发人员一种简便的编程模式，这也是 PHP 操作简便的体现和应用广泛的原因。mysql_query()函数的语法格式如下：

```
resource mysql_query (string query [, resource link_identifier] )
```

mysql_query()函数用于执行一条查询语句，该函数的参数说明如表 3-13 所示。

表 3-13　　　　　　　　　　　　　　　mysql_query()函数的参数说明

参　　数	说　　明
query	字符串类型，传入的是 SQL 的指令
link_identfier	资源类型，传入的是由 mysql_connect()函数或 mysql_pconnect()函数返回的连接号。如果省略该参数，则会使用最后一个打开的 MySQL 数据库连接

【例 3-28】　查询学生信息表中学生的成绩信息，代码如下。（实例位置：光盘\MR\源码\第 3 章\3-28）

```php
<?php
$host = "127.0.0.1";                                   //MySQL 数据库服务器
$userName = "root";                                    //用户名
$password = "111";                                     //密码
$dbName = "db_database03";                             //数据库名
$connID = mysql_connect($host, $userName, $password);  //连接 MySQL 数据库
mysql_select_db($dbName, $connID);                     //选择 MySQL 数据库
mysql_query("set names utf8");                         //设置字符集
echo "<table border=\"1px\" align=\"center\">
        <tr>
                <td>学号</td>
                <td>姓名</td>
                <td>班级</td>
                <td>语文</td>
                <td>数学</td>
                <td>英语</td>
        </tr>";
$query = mysql_query("select sno, sname, class, chinese, math ,english from tb_student",
$connID);
                                                       //执行查询
while($result = mysql_fetch_array($query))             //获取结果集并输出查询结果
{
    echo  "<tr>
                <td>".$result["sno"]."</td>
```

```
            <td>".$result["sname"]."</td>
            <td>".$result["class"]."</td>
            <td>".$result["chinese"]."</td>
            <td>".$result["math"]."</td>
            <td>".$result["english"]."</td>
         </tr>";
   }
   echo "</table>";
   ?>
```

运行上述实例，结果如图 3-43 所示。

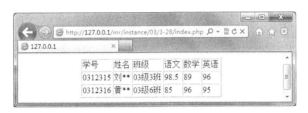

图 3-43　查询学生成绩

4. 应用 mysql_fetch_array()函数从数组结果集中获取信息

使用 mysql_query()函数执行查询后，并不能返回查询结果，那么如何才能获取查询结果呢？PHP 提供了 mysql_fetch_array()函数实现获取查询结果集的功能，该函数的语法格式如下：

```
array mysql_fetch_array (resource result [, int result_type])
```

mysql_fetch_array()函数的参数说明如表 3-14 所示。

表 3-14　　　　　　　　　　mysql_fetch_array()函数的参数说明

参　　数	说　　明
result	资源类型的参数，要传入的是由 mysql_query()函数返回的"数据指针"
result_type	可选项，整数型参数，要传入的是 MYSQL_ASSOC、MYSQL_NUM、MYSQL_BOTH 三种由 PHP 定义好的常数之一，默认值是 MYSQL_BOTH 用 MYSQL_ASSOC 只得到关联索引（相当于 mysql_fetch_assoc()函数） 用 MYSQL_NUM 只得到数字索引（相当于 mysql_fetch_row()函数） 用 MYSQL_BOTH 将得到一个同时包含关联和数字索引的数组

【例 3-29】　按员工编号以模糊查询的方式查询员工信息，并显示全部查询结果。（实例位置：光盘\MR\源码\第 3 章\3-29）

具体实现步骤如下：

（1）建立与 MySQL 数据库的连接，并返回数据库连接 ID，代码如下。

```
<?php
$connID=mysql_connect("localhost","root","111");        //建立与数据库的连接
mysql_select_db("db_database03", $connID);              //选择数据库
mysql_query("set names utf8");                          //设置字符集
?>
```

（2）建立查询信息录入表单，表单及表单元素如表 3-15 所示。

表 3-15　　　　　　　　　　　　　　　员工信息录入表单

元素类型	元素名称	属性设置	说　明
▢ 表单	form1	name="form1"　method="post"　action="<?php echo $_SERVER['PHP_SELF']?>"	表单
Ⅰ 文本域	number	name="number" type="text" id="number"	录入员工编号
Ⅰ🗂 隐藏域	flag	type="hidden" name="flag" value="1"	判断表单是否提交
▢ 提交按钮	submit	name="submit" type="submit" value="提交"	提交按钮

（3）使用$_POST 全局数组接收表单提交的 flag 元素的值，并使用 isset()函数判断是否已经设置了该元素的值，如果已设置则说明已经提交了表单，然后采用模糊查询的方式查询所有与查询关键字相匹配的员工信息，并使用 while 循环将查询结果显示出来，代码如下。

```php
<?php
    if(isset($_POST["flag"])){
        $query=mysql_query("select * from tb_employee where number like '%".$_POST
["number"]."%'");
        if($query){
            while($myrow=mysql_fetch_array($query)){
?>
  <tr>
    <td align="center" bgcolor="#FFFFFF" class="STYLE4"><span class="STYLE2"><?php
echo $myrow[number];? > </span></td>
    <td align="center" bgcolor="#FFFFFF" class="STYLE4"><span class="STYLE2"><?php
echo $myrow[name];?>  </span></td>
    <td height="23" align="center" bgcolor="#FFFFFF" class="STYLE4"><span class="STYLE2">
<?php echo $myrow [tel];?></span></td>
    <td height="23" align="center" bgcolor="#FFFFFF" class="STYLE4"><span class="STYLE2">
<?php echo $myrow [address];?></span></td>
  </tr>
  <?php
        }
      }
    }
?>
```

运行该实例，在员工查询信息录入表单中输入员工编号，然后单击"提交"按钮，即可以模糊查询的方式查询出所有与查询关键字相匹配的员工信息，如图 3-44 所示。

图 3-44　查询员工信息

5　应用 mysql_fetch_object()函数从结果集中获取一行作为对象

上面讲解了应用 mysql_fetch_array()函数来获取结果集中的数据。除了这个方法以外，应用 mysql_fetch_object()函数也可以轻松实现这一功能，下面通过同一个实例的不同方法来体验一下这两个函数在使用上的区别。首先介绍 mysql_fetch_object()函数。

语法：

```
object mysql_fetch_object ( resource result )
```

mysql_fetch_object()函数和 mysql_fetch_array()函数类似，只有一点区别，即前者返回一个对象而不是数组，也就是该函数只能通过字段名来访问数组。访问结果集中行的元素的语法结构如下：

```
$row->col_name                //col_name 为列名，$row 代表结果集
```

例如，如果从某数据表中检索 id 和 name 值，可以用$row->id 和$row-> name 访问行中的元素值。

注意

本函数返回的字段名是区分大小写的，这是初学者学习时最容易忽视的问题。

【例 3-30】　使用 mysql_fetch_object()函数获取查询到的图书的信息。（实例位置：光盘\MR\源码\第 3 章\3-30）

具体开发步骤如下：

（1）建立图书查询表单，表单及表单元素说明如表 3-16 所示。

表 3-16　　　　　　　　　　　　　图书信息查询表单及表单说明

元素类型	元素名称	属性设置	说明
表单	myform	name="myform" method="post" action=""	表单
文本域	txt_book	name="txt_book" type="text" id="txt_book" size="25"	查询关键字
提交按钮	submit	type="submit" name="Submit" value="查询"	查询按钮

（2）建立与 MySQL 数据库的连接、设置字符集，并返回数据库连接 ID，代码如下。

```
$link=mysql_connect("localhost","root","111") or die("数据库连接失败".mysql_error());
//建立与数据库的连接
mysql_select_db("db_database03",$link);        //选择数据库
mysql_query("set names gb2312");                //设置字符集
```

（3）应用 mysql_query()函数执行 SQL 查询语句，并使用 mysql_fetch_object()函数获取查询语句的结果集，代码如下。

```
if ($_POST[Submit]=="查询"){
$txt_book=$_POST[txt_book];                //接收查询关键字
$sql=mysql_query("select * from tb_book where bookname like '%".trim($txt_book)."%'");
//如果选择的条件为"like"，则进行模糊查询
    $info=mysql_fetch_object($sql);
}
```

（4）应用 do…while 循环语句以对象的方式输出结果集中的图书信息到浏览器中，代码如下。

```
do{
?>
<tr align="left" bgcolor="#FFFFFF">
  <td height="20" align="center"><?php echo $info->id; ?></td>
  <td > <?php echo $info->bookname; ?></td>
  <td align="center"><?php echo $info->issuDate; ?></td>
  <td align="center"><?php echo $info->price; ?></td>
  <td align="center"> <?php echo
$info->maker; ?></td>
  <td> <?php echo $info->publisher; ?>
</td>
  </tr>
  <?php
}while($info=mysql_fetch_object($sql));
```

保存 index.php 动态页，在 IE 浏览器中输入地址，按 Enter 键，运行结果如图 3-45 所示。

图 3-45　查询图书信息

6. 应用 mysql_fetch_row()函数逐行获取结果集中的每条记录

前面介绍了应用 mysql_fetch_array()函数和 mysql_fetch_object()函数来获取结果集中的数据。

本节向读者介绍第 3 种方法，应用 mysql_fetch_row() 函数逐行获取结果集中的每条记录。首先来了解 mysql_fetch_row() 函数。

语法：

```
array mysql_fetch_row (resource result)
```

mysql_query() 函数将查询语句发送到服务器中执行。查询语句不使用分号终止。如果查询非法或由于某些原因不能执行，则 mysql_query() 函数返回 false，否则返回一个结果集标识符。mysql_fetch_row() 函数从和指定的结果标识关联的结果集中获取一行数据并作为数组返回，将此行赋给变量 $row，每个结果的列储存在一个数组的单元中，偏移量从 0 开始，即以 $row[0] 的形式访问第一个元素（只有一个元素时也是如此）。依次调用 mysql_fetch_row() 函数将返回结果集中的下一行，直到没有更多行则返回 false。

【例 3-31】 查询图书信息，并使用 mysql_fetch_row() 函数获取结果集显示图书信息。（实例位置：光盘\MR\源码\第 3 章\3-31）

具体开发步骤如下：

（1）创建项目、添加表单、连接 MySQL 服务器以及设置默认数据库的实现过程与例 3-30 开发步骤中的（1）~（2）相同，这里不再赘述。

（2）在应用 mysql_query() 函数执行 SQL 查询语句后，与实例 3-30 不同的是，本实例使用 mysql_fetch_row() 函数获取查询语句的结果集，代码如下。

```php
<?php
$sql=mysql_query("select * from tb_book");
$row=mysql_fetch_row ($sql);
if ($_POST[Submit]=="查询"){
    $txt_book=$_POST[txt_book];
//如果选择的条件为 "like"，则进行模糊查询
    $sql=mysql_query("select * from tb_book where bookname like '%".trim($txt_book).
"%'");
    $row=mysql_fetch_row($sql);
}
?>
```

（3）应用 if 条件语句对结果集变量 $info 进行判断，如果该值为假，则检索的图书信息不存在，应用 echo 语句输出提示信息，代码如下。

```php
<?php
if($row==false){            //如果检索的信息不存在，则输出相应的提示信息
    echo "<div align='center' style='color:#FF0000; font-size:12px'>对不起，您检索的
图书信息不存在!</div>";
}
?>
```

（4）应用 do…while 循环语句以对象的方式输出结果集中的图书信息到浏览器中，代码如下。

```php
<?php
do{
?>
<tr align="left" bgcolor="#FFFFFF">
  <td height="20" align="center"><?php echo $row[0]; ?></td>
  <td > <?php echo $row[1]; ?></td>
  <td align="center"><?php echo $row[2]; ?></td>
  <td align="center"><?php echo $row[3]; ?></td>
  <td align="center"> <?php echo $row[4]; ?></td>
```

```
<td> <?php echo $row[5]; ?></td>
</tr>
<?php
}while($row=mysql_fetch_row($sql));
?>
```

保存 index.php 动态页，在 IE 浏览器中输入地址，按 Enter 键，运行结果如图 3-46 所示。

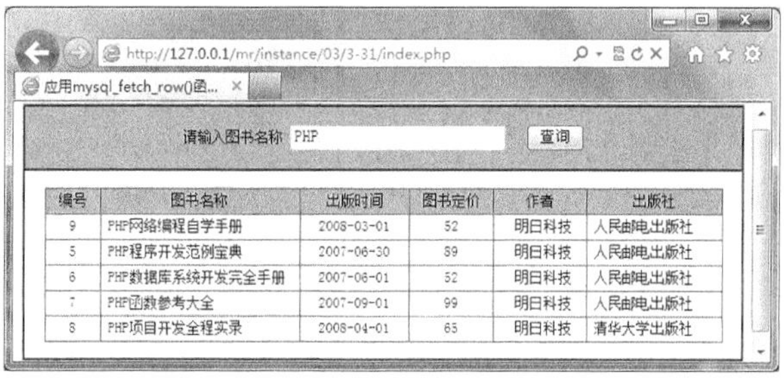

图 3-46 使用 mysql_fetch_row()函数获取结果集查询图书信息

7. 应用 mysql_num_rows()函数获取查询结果集中的记录数

要获取由 select 语句查询到的结果集中行的数目，则必须使用 mysql_num_rows()函数实现。首先来看一下该函数的语法结构。

语法：

```
int mysql_num_rows ( resource result )
```

使用 mysql_unbuffered_query()函数查询到的数据结果，无法使用 mysql_num_rows() 函数来获取查询结果的记录数。

【例 3-32】 使用 mysql_num_rows()函数获取查询结果的记录数。（实例位置：光盘\MR\源码 \第 3 章\3-32）

具体开发步骤如下：

（1）建立与 MySQL 数据库的连接，设置字符集为 GB2312，并返回数据库连接 ID，代码如下。

```
$link=mysql_connect("localhost","root","111") or die("数据库连接失败".mysql_error());
//建立连接
mysql_select_db("db_database03",$link);              //选择数据库
mysql_query("set names gb2312");                     //设置字符集
```

（2）默认情况下显示所有图书信息，代码如下。

```
$sql=mysql_query("select * from tb_book");           //查询所有图书信息
$info=mysql_fetch_object($sql);                      //获取结果集
```

（3）如果用户输入了查询关键字，并单击"查询"按钮，则采用模糊查询的方式显示出所有符合条件的记录，代码如下。

```
if ($_POST[Submit]=="查询"){
    $txt_book=$_POST[txt_book];
    $sql=mysql_query("select * from tb_book where bookname like '%".trim($txt_book)."%'");
    //如果选择的条件为"like"，则进行模糊查询
    $info=mysql_fetch_object($sql);
}
```

```
if($info==false){                                 //如果检索的信息不存在，则输出相应的提示信息
    echo "<div align='center' style='color:#FF0000; font-size:12px'>对不起，您检索的
图书信息不存在!</div>";
}
do{
?>
<tr align="left" bgcolor="#FFFFFF">
<td height="20" align="center"><?php echo $info->id; ?></td>
    <td> <?php echo $info->bookname; ?></td>
    <td align="center"><?php echo $info->issuDate; ?></td>
    <td align="center"><?php echo $info->price; ?></td>
    <td align="center"> <?php echo $info->maker; ?></td>
    <td> <?php echo $info->publisher; ?></td>
</tr>
<?php
}while($info=mysql_fetch_object($sql));
?>
```

在 IE 浏览器中输入地址，按 Enter 键，程序默认输出图书信息表中的全部图书信息，并自动汇总记录条数，如图 3-47 所示。在文本框中输入要检索的图书名称，如"开发"（支持模糊查询，程序自动去除查询关键字左右空格），单击"查询"按钮，即可按条件检索指定的图书信息到浏览器，并自动汇总检索到的记录条数，运行结果如图 3-48 所示。

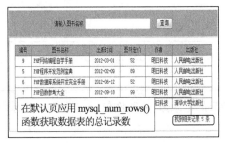

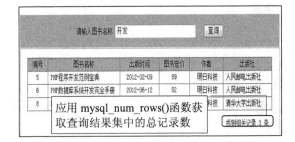

图 3-47 默认统计数据表中所有记录   图 3-48 应用 mysql_num_rows()函数获取查询结果集中的记录数

如果要获取由 insert、update、delete 语句所影响到的数据行数，则必须应用 mysql_affected_rows()函数来实现。

8. 关闭连接

完成对数据库的操作后，需要及时断开与数据库的连接并释放内存，否则会浪费大量的内存空间，在访问量较大的 Web 项目中，很可能导致服务器崩溃。在 MySQL 函数库中，使用 mysql_close()函数断开与 MySQL 服务器的连接，该函数的语法格式如下：

```
bool mysql_close ([resource link_identifier] )
```

mysql_close()函数用于关闭指定的连接标识所关联的 MySQL 服务器的非持久连接。如果没有指定 link_identifier 参数，则关闭最后一个打开的连接。

【例 3-33】 使用 mysql_connect()函数建立与数据库的连接，然后使用 mysql_select_db()函数选择数据库并使用 mysql_close()函数断开与 MySQL 数据库的连接，在断开与 MySQL 数据库连接后，再次使用 mysql_select_db()函数选择数据库，从两次选择数据库的情况来判断 mysql_close()函数是否能起到断开数据库连接的作用。实例代码如下。（实例位置：光盘\MR\源码\第 3 章\3-33）

```php
<?php
$host = "127.0.0.1";                                    //MySQL 数据库服务器
$userName = "root";                                     //用户名
$password = "111";                                      //密码
$dbName = "db_database03";                              //数据库名
$connID = mysql_connect($host, $userName, $password);   //连接 MySQL 数据库
mysql_select_db($dbName, $connID);                      //选择数据库
mysql_close($connID);                                   //断开与数据库连接
mysql_select_db($dbName, $connID);                      //再次选择数据库
?>
```

运行本实例，将在页面中输出如图 3-49 所示的错误信息，从错误信息中可以判断，第一次对数据库选择操作是成功的，而第二次操作是失败的，即可证明 mysql_close()函数成功关闭了与数据库的连接。

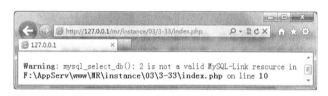

图 3-49　错误提示

3.3.3　管理 MySQL 数据库中的数据

PHP 操作 MySQL 数据库是 PHP 中基础且较重要的技术，开发人员只有熟练地掌握这部分知识才能够独立开发出基于 PHP 的数据库应用。

本节通过一个公告栏进一步讲解 PHP 通过使用 MySQL 操作函数实现对 MySQL 数据库进行增、删、改、查操作的具体实现过程。

1. 应用 insert 命令动态添加公告信息

在实现动态添加公告信息前，首先要建立数据库及数据表结构。创建数据表的方法有两种，一种是在命令提示符下创建，另一种是使用 phpMyAdmin 图形化管理工具创建。下面介绍这两种创建数据库的具体步骤和实现过程。

（1）在命令提示符下创建数据表结构。

选择"开始"/"运行"命令，打开"运行"窗口。在"运行"窗口中输入"cmd"命令将弹出命令提示符窗口。在命令提示符下使用如下命令登录 MySQL 数据库服务器：

```
mysql -uroot -p111
```

成功登录 MySQL 数据库服务器后，使用 use 命令选择数据库 db_database03，如下所示：

```
use db_database03
```

选择数据库 db_database03 后，输入如下命令创建数据表 tb_affiche：

```
CREATE TABLE 'tb_affiche' (
'id' INT( 4 ) NOT NULL AUTO_INCREMENT PRIMARY KEY ,
'title' VARCHAR(200) CHARACTER SET gb2312 COLLATE gb2312_chinese_ci NOT NULL ,
'content' TEXT CHARACTER SET gb2312 COLLATE gb2312_chinese_ci NOT NULL ,
'createtime' DATETIME NOT NULL
) ENGINE = MYISAM ;
```

（2）利用 phpMyAdmin 图形化管理工具创建数据表结构。

在 phpMyAdmin 图形化管理工具中，选择数据库 db_database03，然后按图 3-50 所示的表结构创建 tb_affiche 表。

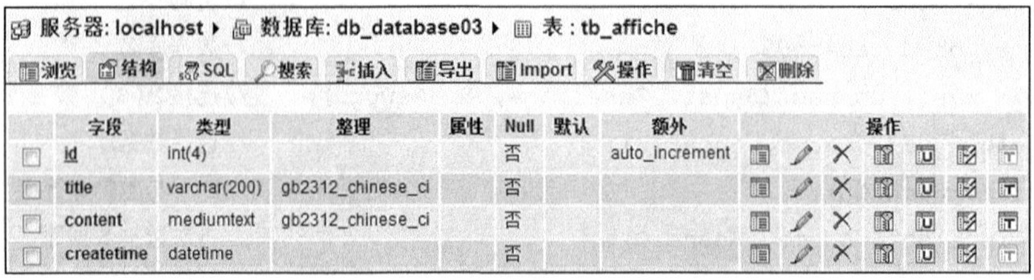

图 3-50 公告信息数据表 tb_affiche 的字段说明

下面按照 PHP 访问 MySQL 数据库的一般步骤讲解使用 PHP 中的 MySQL 操作函数向数据库表添加数据的方法。

【例 3-34】 应用 insert 命令动态地向数据库中添加公告信息，然后应用 mysql_query()函数将 SQL 语句发送到 MySQL 服务器，从而完成将数据动态添加到数据库的操作。（实例位置：光盘\MR\源码\第 3 章\3-34）

程序开发步骤如下：

（1）在左侧导航区的添加公告信息的图片上添加热区，代码如下。

```
<img src="images/image_09.gif" width="202" height="310" border="0" usemap="#Map">
<map name="Map">
  <area shape="rect" coords="30,45,112,63" href=" add_affiche.php">
</map>
```

（2）创建 add_affiche.php 页面，在该页面中建立公告信息录入表单，并指定表单的提交地址为 check_add_affiche.php 页面，代码如下。

```
<form name="form1" method="post" action="check_add_affiche.php">
    <table width="520" height="212" border="0" cellpadding="0" cellspacing= "0"bgcolor=
"#FFFFFF">
      <tr>
        <td width="87" align="center">公告主题：</td>
        <td width="433" height="31">
<input name="txt_titile" type="text" id="txt_titile" size="40">
    </td>
      </tr>
      <tr>
        <td height="124" align="center">公告内容：</td>
        <td><textarea name="txt_content" cols="50" rows="8" id="txt_content"></textarea></td>
      </tr>
      <tr>
        <td height="40" colspan="2" align="center">
<input name="Submit" type="submit" class="btn_grey" value=" 保存 " onClick="return
check(form1)">
    <input type="reset" name="Submit2" value="重置">
    </td>
      </tr>
    </table>
</form>
```

　　提交表单前，要对用户录入数据的合法性进行验证，以便提高系统的安全性。公告录入表单中所要录入的数据只需验证是否为空即可。该部分是采用 JavaScript 脚本在客户端进行验证的，这可以有效降低服务器的负载，实现代码如下。

```
<script language="javascript">
function check(form){                          //验证表单信息是否为空
    if(form.txt_title.value==""){              //公告标题信息不能为空，否则弹出提示信息
        alert("请输入公告标题!");form.txt_title.focus();return false;
    }
    if(form.txt_content.value==""){            //公告内容不能为空，否则弹出提示信息
        alert("请输入公告内容!");form.txt_content.focus();return false;
    }
form.submit();                                 //提交表单信息到数据处理页
}
</script>
```

　　（3）提交表单信息到数据处理页 check_add_affiche.php 页面，连接 MySQL 数据库服务器，并指定数据库的编码格式为 GB2312 编码。通过 POST 方法获取表单传递过来的值，然后应用 insert 命令将表单信息添加到数据表，并由 mysql_query() 函数发送到服务器，从而完成公告信息的添加。添加成功则弹出提示信息，并重新定位到首页 index.php，代码如下。

```
<?php
    $conn=mysql_connect("localhost","root","111") or die("数据库服务器连接错误".mysql_error());
    mysql_select_db("db_database03",$conn) or die("数据库访问错误".mysql_error());
    /*************这里必须指定数据库的编码方式为 GB2312，否则存储到数据表中的公告信息为乱码**************/
    mysql_query("set names gb2312");          //选择编码格式为 GB2312
    $title=$_POST[txt_title];                 //获取公告标题信息
    $content=$_POST[txt_content];             //获取公告内容
    $createtime=date("Y-m-d H:i:s");          //获取系统的当前时间，"H"表示24小时制必须大写
    /***********************应用 mysql_query() 函数执行 insert…into 语句发送到服务器***********************/
    $sql=mysql_query("insert                                          into
tb_affiche(title,content,createtime)values('$title','$content','$createtime')");
    echo "<script>alert('公告信息添加成功!');window.location.href= add_affiche.php';
</script>";
    mysql_free_result($sql);                  //关闭记录集
    mysql_close($conn);                       //关闭 MySQL 数据库服务器
    ?>
```

　　在上面的代码中，date()函数用来获取系统的当前时间，在公告信息添加成功后，应用 JavaScript 弹出提示对话框，并在 JavaScript 脚本中应用 "window.location.href='index.php,"重定位网页，这里将网页重新定位到首页。

　　（4）在 IE 浏览器中输入地址，按 Enter 键，单击"添加公告信息"超链接，在页面中添加公告主题和公告内容，单击"保存"按钮，弹出"公告信息添加成功"提示信息，运行结果如图 3-51 所示。单击"确定"按钮，重新定位到首页。

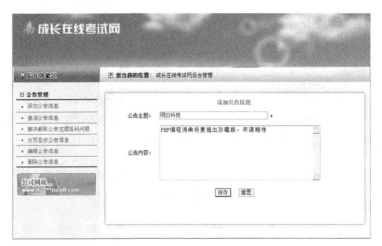

图 3-51　添加公告页面的运行结果

2. 应用 select 命令查询公告信息

实现添加公告信息后，即可对公告信息执行查询操作。

【例 3-35】　应用 select 命令动态检索数据库中的公告信息，使用 mysql_query() 函数将 SQL 语句发送到 MySQL 服务器，从而完成数据的检索操作。（实例位置：光盘\MR\源码\第 3 章\3-35）

程序开发步骤如下：

（1）建立导航页面 menu.php，然后应用 include 语句将菜单导航页面 menu.php 嵌入 index.php 页面中。

（2）建立 search_affiche.php 页面，在 search_affiche.php 页的右侧信息显示区域添加一个表单、一个文本框、一个提交按钮，代码如下。

```
<form name="form1" method="post" action="">
    查询关键字 
    <input name="txt_keyword" type="text" id="txt_keyword" size="40">
<input type="submit" name="Submit" value="搜索" onClick="return check(form)">
</form>
```

为防止用户搜索空信息，本程序在保存按钮的 onclick 事件中，调用一个由 JavaScript 脚本定义的 check() 函数，用来限制文本框信息不能为空。当用户单击"保存"按钮时，自动调用 check() 函数，该函数的代码如下。

```
<script language="javascript">
function check(form){                          //验证表单信息是否为空
    if(form.txt_keyword.value==""){            //查询关键字不能为空，否则弹出提示信息
        alert("请输入查询关键字!");form.txt_keyword.focus();return false;
    }
form.submit();                                 //提交表单信息
}
</script>
```

（3）在 Search affich.php 页面中连接 MySQL 数据库服务器，并指定数据库的编码格式为 GB2312 编码。通过 POST 方法获取表单传递过来的值，然后应用 Select 语句以查询关键字为条件对数据库进行模糊查询，并把查询结果显示在页面中，代码如下。

```
<?php
    $conn=mysql_connect("localhost","root","111") or die("数据库服务器连接错误".mysql_
```

```
error());
    mysql_select_db("db_database03",$conn) or die("数据库访问错误".mysql_error());
    mysql_query("set names gb2312");                    //选择编码格式为 GB2312
    $keyword=$_POST[txt_keyword];                        //获取查询关键字内容
    $sql=mysql_query("select * from tb_affiche where title like '%$keyword%' or content
like '%$keyword%'");
    $row=mysql_fetch_object($sql);                       //获取查询结果集
    if(!$row){                                           //如果未检索到信息资源，则弹出提示信息
        echo "<font color='red'>您搜索的信息不存在，请使用类似的关键字进行检索!</font>";
    }
    do{                                                  //应用 do…while 循环语句输出查询结果
    ?>
    <tr bgcolor="#FFFFFF">
      <td><?php echo $row->title;?></td>
      <td><?php echo $row->content;?></td>
    </tr>
    <?php
    }while($row=mysql_fetch_object($sql));               //do…while 循环语句结束
    mysql_free_result($sql);                             //关闭记录集
    mysql_close($conn);                                  //关闭 MySQL 数据库服务器
    ?>
```

（4）在 IE 浏览器中输入地址，按 Enter 键，单击"查询公告信息"超链接，将弹出如图 3-52 所示的查询公告信息页面，在页面的文本框中输入查询关键字，然后单击"搜索"按钮即可查询到所有与查询关键字匹配的公告信息。

图 3-52　查询公告页面的运行结果

3. 解决截取公告主题乱码问题

在开发 Web 程序时，为了保持整个页面的合理布局，经常需要对一些较长的主题进行截取输出，但由于汉字占有两个字符，如果截取位置选取不当，将会导致截取的字符串末尾出现乱码。例如，应用 substr()函数对普通字符进行截取操作会非常方便，但对全角字符进行截取可能会出现乱码。可以通过自定义函数 chinesesubstr()解决上述问题。解决截取字符串乱码前后的对比如图 3-53 和图 3-54 所示。

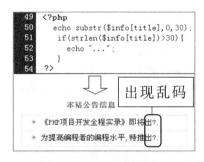

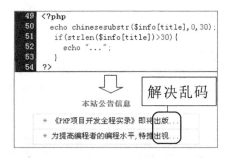

图 3-53　应用 substr() 函数截取字符串出现乱码　　图 3-54　应用自定义函数 chinesesubstr() 解决截取字符串乱码

【例 3-36】　应用自定义函数 chinesesubstr() 解决截取公告主题出现乱码的问题。（实例位置：光盘\MR\源码\第 3 章\3-36）

程序开发步骤如下：

（1）在菜单导航页 menu.php 中插入一张图片 image_09.gif，在图片上添加热区，链接文件为 intercept.php。然后应用 include 语句将菜单导航页 menu.php 嵌入 index.php 页面中。

（2）建立 intercept.php 页，在 intercept.php 页的右侧信息显示区域动态输出公告主题信息，并截取公告主题的前 30 个字符，代码如下。

```php
<?php
    $conn=mysql_connect("localhost","root","111") or die("数据库服务器连接错误".mysql_
error());
    mysql_select_db("db_database03",$conn) or die("数据库访问错误".mysql_error());
    mysql_query("set names gb2312");            //选择编码格式为 GB2312
    $sql=mysql_query("select * from tb_affiche order by createtime desc limit 0,6");
    $info=mysql_fetch_array($sql);              //获取查询结果集
    if($info==false){                          //如果未检索到信息资源，则弹出提示信息
        echo "本站暂无公告信息!";
    }else{
        do{
?>
<tr bgcolor="#E3E3E3">
    <td  height="24"  align="left"  bgcolor="#FFFFFF"><img  src="images/xing.gif"
width="9" height="9">
    <?php
    //调用自定义函数 chinesesubstr()，屏蔽乱码
    echo chinesesubstr($info[title],0,30);
    if(strlen($info[title])>30){               //如果公告主题的长度大于 30 个字符，则输出 "…"
      echo "...";
    }
    ?>
    </td>
    </tr>
    <?php
        }while($info=mysql_fetch_array($sql));  //do…while 循环语句结束
    }
    mysql_free_result($sql);                    //关闭记录集
    mysql_close($conn);                         //关闭 MySQL 数据库服务器
?>
```

在上面的代码中，应用了自定义函数 chinesesubstr()，为了管理和维护方便，这里将该函数封装在一个独立的 function.php 页中。因此，调用时需要应用 include 语句进行引用，代码如下。

```php
<?php include("function.php"); ?>
```

其中，function.php 页中定义一个用于截取一段字符串的函数 chinesesubstr()，代码如下。

```php
<?php
 function chinesesubstr($str,$start,$len) {  //$str 指字符串，$start 指字符串的起始位置，
$len 指字符串长度
    $strlen=$start+$len;    //用$strlen 存储字符串的总长度，即从字符串的起始位置到末尾的总长度
    for($i=0;$i<$strlen;$i++) {
       if(ord(substr($str,$i,1))>0xa0) {//如果字符串中首个字节的 ASCII 序数值大于 0xa0，则
表示汉字
          $tmpstr.=substr($str,$i,2);    //每次取出两位字符赋给变量$tmpstr，即等于一个汉字
          $i++;                  //变量自加 1
       }
       else
          $tmpstr.=substr($str,$i,1);    //如果不是汉字，则每次取出一位字符赋给变量$tmpstr
    }
    return $tmpstr;               //返回字符串
 }
?>
```

（3）在 IE 浏览器中输入地址，按 Enter 键，系统自动按添加公告的时间降序排列，应用 limit 语句取出最新的 6 条公告主题信息，每条公告主题仅截取前 30 个字符进行输出，公告主题大于 30 个字符的字符串部分用省略号"…"代替，运行结果如图 3-55 所示。如果未检索到相匹配的公告信息，则输出提示信息。

图 3-55　解决截取公告主题乱码问题

4. 分页显示公告信息

在实现了添加公告信息后，便可以对公告信息执行查询操作。下面在实例 3-34 的基础上实现查询公告信息。

【例 3-37】　应用 select 命令动态检索数据库中的公告信息，并应用 mysql_query()函数将 SQL

语句发送到 MySQL 服务器，从而完成数据的检索操作。（实例位置：光盘\MR\源码\第 3 章\3-37）

程序开发步骤如下：

（1）将菜单导航部分封装成一个独立的页 menu.php，在该页中插入一张图片 image_09.gif，在图片上添加热区，链接 page_affiche.php 文件。

（2）在 page_affiche.php 页的右侧信息显示区域，连接 MySQL 数据库服务器，连接数据源，并指定数据库的编码格式为 GB2312 编码。应用 select 命令将检索公告信息表中的数据，并由 mysql_query()函数发送到服务器，从而完成公告信息的分页显示，代码如下。

```php
<table width="550" border="1" cellpadding="1" cellspacing="1" bordercolor="#FFFFFF"
bgcolor="#999999">
  <tr align="center" bgcolor="#f0f0f0">
    <td width="221">公告标题</td>
    <td width="329">公告内容</td>
  </tr>
  <?php
  $conn=mysql_connect("localhost","root","111") or die("数据库服务器连接错误".mysql_
error());
    mysql_select_db("db_database03",$conn) or die("数据库访问错误".mysql_error());
    /**************这里必须指定数据库的编码方式为 GB2312，否则输出到浏览器中的公告信息为乱码*****
********/
    mysql_query("set names gb2312");
    /********************$page 为当前页，如果$page 为空，则初始化为 1*************** **********/
    if ($page==""){
      $page=1;}
      if (is_numeric($page)){              //判断变量$page 是否为数字，如果是则返回 true
        $page_size=4;                      //每页显示 4 条记录
        $query="select count(*) as total from tb_affiche  order by id desc";
        $result=mysql_query($query);                    //查询符合条件的记录总条数
        $message_count=mysql_result($result,0,"total"); //要显示的总记录数
    /********************由记录总数除以每页显示的记录数求出所分的页数********************/
        $page_count=ceil($message_count/$page_size);
        $offset=($page-1)*$page_size;                    //计算下一页从第几条数据开始循环
        $sql=mysql_query("select * from tb_affiche order by id desc limit $offset,
$page_size");
        $row=mysql_fetch_object($sql);                   //获取查询结果集
        if(!$row){                                       //如果未检索到信息资源，则输出提示信息
          echo "<font color='red'>暂无公告信息!</font>";
        }
        do{
        ?>
        <tr bgcolor="#FFFFFF">
          <td><?php echo $row->title;?></td>
          <td><?php echo $row->content;?></td>
        </tr>
        <?php
        }while($row=mysql_fetch_object($sql));
    }
    ?>
</table>
```

注意

do…while() 循环和 while() 循环的区别。do…while() 循环是先执行 {} 中的代码段，然后判断 while 中的条件表达式是否成立，如果返回 true，则重复输出 {} 中的内容，否则结束循环，执行 while 下面的语句；while 循环是先判断 while 中的表达式，当返回 true 时，再执行 {} 中的代码。两者的主要区别在于，do…while() 循环比 while() 循环多输出一次结果。

（3）添加一个一行一列的表格，添加如下代码，实现分页功能。

```
<table width="550" border="0" cellspacing="0" cellpadding="0">
 <tr>
 <!-- 分页条 -->
  <td width="37%">  页次: <?php echo $page;?>/<?php echo $page_count;?>
页 记录: <?php echo $message_count;?> 条  </td>
  <td width="63%" align="right">
  <?php
  /*  如果当前页不是首页  */
  if($page!=1){
  /*  显示"首页"超链接  */
  echo  "<a href=page_affiche.php?page=1>首页</a> ";
  /*  显示"上一页"超链接  */
  echo "<a href=page_affiche.php?page=".($page-1).">上一页</a> ";
  }
  /*  如果当前页不是尾页  */
  if($page<$page_count){
  /*  显示"下一页"超链接  */
  echo "<a href=page_affiche.php?page=".($page+1).">下一页</a> ";
  /*  显示"尾页"超链接  */
  echo  "<a href=page_affiche.php?page=".$page_count.">尾页</a>";
  }
  mysql_free_result($sql);                    //关闭记录集
  mysql_close($conn);                         //关闭 MySQL 数据库服务器
  ?>
 </tr>
</table>
```

（4）在 IE 浏览器中输入地址，按 Enter 键，分页显示公告信息，运行结果如图 3-56 所示。

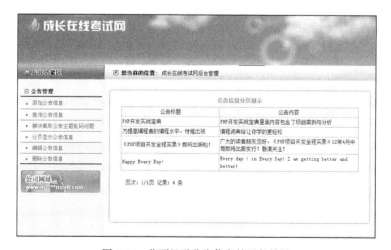

图 3-56　分页显示公告信息的运行结果

5. 应用 update 命令动态编辑公告信息

公告信息也不是一成不变的，可以对公告主题及公告内容的动态信息进行编辑。

【例 3-38】 应用 update 命令动态编辑数据库中的公告信息，然后通过 mysql_query() 函数将 SQL 语句发送到 MySQL 服务器，从而完成数据的编辑操作。（实例位置：光盘\MR\ 源码\第 3 章\3-38）

程序开发步骤如下：

（1）在菜单导航页 menu.php 的 image_09.gif 图片上添加热区，链接 update_affiche.php 文件。

为了提高效率，将首页 index.php 另存为 update_affiche.php。

（2）在 update_affiche.php 页的右侧信息显示区域应用 select 命令检索出全部的公告信息，添加链接文件 modify.php，并向 modify.php 页传递公告 ID 的参数值，代码如下。

```
<a href="modify.php?id=<?php echo $row->id;?>">
<img src="images/update.gif" width="20" height="18" border="0">
</a>
```

（3）按照首页的风格创建一个编辑公告信息的 modify.php 页，在该页面中添加一个表单、一个文本框、一个编辑框、一个隐藏域、一个提交按钮和一个重置按钮，设置表单的 action 属性值为 check_modify_ok.php，代码如下。

```
<?php
$conn=mysql_connect("localhost","root","111") or die("数据库服务器连接错误".mysql_error());
mysql_select_db("db_database03",$conn) or die("数据库访问错误".mysql_error());
mysql_query("set names gb2312");
$id=$_GET[id];                                      //应用 GET 方法接收欲编辑的公告 ID
$sql=mysql_query("select * from tb_affiche where id=$id");//检索公告 ID 所对应的公告信息
$row=mysql_fetch_object($sql);                      //获取结果集
?>
<form name="form1" method="post" action="check_modify_ok.php">
<table width="520" height="212" border="0" cellpadding="0" cellspacing="0" bgcolor="#FFFFFF">
    <tr>
        <td width="87" align="center">公告主题: </td>
        <td width="433" height="31">
    <input name="txt_title" type="text" id="txt_title" size="40" value="<?php echo $row->title;?>">
        <!-- ------------------------------------------------将公告 ID 的值赋给隐藏域------
--------------------------------------- -->
        <input name="id" type="hidden" value="<?php echo $row->id;?>"></td>
    </tr>
    <tr>
        <td height="124" align="center">公告内容: </td>
        <td><textarea name="txt_content"> <?php echo $row->content;?></textarea></td>
    </tr>
    <tr>
        <td height="40" colspan="2" align="center">
        <input name="Submit" type="submit" class="btn_grey" value="修改" onClick="return check(form1);">
        <input type="reset" name="Submit2" value="重置"></td>
```

```
</tr>
  </table>
  </form>
```

（4）提交表单信息到数据处理页 check_modify_ok.php。首先，连接 MySQL 数据库服务器，然后选择数据库，设置 GB2312 的编码格式。应用 POST 方法获取表单信息，接下来应用 mysql_query() 函数向 MySQL 数据库服务器发送修改公告信息的 SQL 语句，最后应用 if…else 条件语句对修改后的信息进行判断，并弹出相应的提示信息，重新定位到公告信息编辑页，代码如下。

```php
<?php
/***************连接数据源，读者可将此处封装成独立的页，然后应用 include 语句调用，效率会很高****
************/
    $conn=mysql_connect("localhost","root","111") or die("数据库服务器连接错误".mysql_
error());
    mysql_select_db("db_database03",$conn) or die("数据库访问错误".mysql_error());
    mysql_query("set names gb2312");
    /*******************************************************************************
**********************/
    $title=$_POST[txt_title];                              //获取更改的公告主题
    $content=$_POST[txt_content];                          //获取更改的公告内容
    $id=$_POST[id];                                        //获取更改的公告 ID
    //应用 mysql_query() 函数向 MySQL 数据库服务器发送修改公告信息的 SQL 语句
    $sql=mysql_query("update tb_affiche set title='$title',content='$content' where
id=$id");
    if($sql){
    echo "<script>alert('公告信息编辑成功! ');history.back();window.location.href='modify.
php?id=$id';</script>";
    }else{
    echo "<script>alert('公告信息编辑失败! ');history.back();window.location.href='modify.
php?id=$id';</script>";
    }
    ?>
```

（5）在 IE 浏览器中输入地址，按 Enter 键，在页面中输入查询关键字，单击"搜索"按钮，即可输出检索到的公告信息资源，单击 超链接，弹出编辑公告详细信息页，对指定的公告信息进行编辑，单击"修改"按钮，即可完成指定公告信息的编辑操作，运行结果如图 3-57 所示。

图 3-57　编辑公告页面的运行结果

6. 应用 delete 命令动态删除公告信息

公告信息是对一些重要的、新鲜的事务进行管理，因此，为了节省系统资源，可以定期对公告主题及公告内容的信息进行删除。

【例 3-39】 应用 delete 命令动态编辑数据库中的公告信息，然后通过 mysql_query()函数将 SQL 语句发送到 MySQL 服务器，从而完成数据的删除操作。（实例位置：光盘\MR\源码\第 3 章\3-39）

程序开发步骤如下：

（1）在菜单导航页 menu.php 的 image_09.gif 图片上添加热区，链接 delete_affiche.php 文件。

（2）在 delete_affiche.php 页的右侧信息显示区域应用 select 命令检索出全部的公告信息。添加链接文件 check_del_ok.php，并向 check_del_ok.php 页传递公告 ID 的参数值，代码如下。

```
<a href="check_del_ok.php?id=<?php echo $row->id;?>">
<img src="images/delete.gif" width="22" height="22" border="0">
</a>
```

（3）提交公告信息的 ID 到数据处理页 check_del_ok.php。首先，连接 MySQL 数据库服务器，然后选择数据库，设置 GB2312 的编码格式。应用 GET 方法获取欲删除的公告 ID，接下来应用 mysql_query()函数向 MySQL 数据库服务器发送删除公告信息的 SQL 语句，最后应用 if…else 条件语句对修改后的信息进行判断，并弹出相应的提示信息，重新定位到公告信息编辑页，代码如下。

```
<?php
$conn=mysql_connect("localhost","root","root") or die("数据库服务器连接错误".mysql_
error());
    mysql_select_db("db_database03",$conn) or die("数据库访问错误".mysql_error());
    mysql_query("set names gb2312");
    $id=$_GET[id];
    $sql=mysql_query("delete from tb_affiche where id=$id");
    if($sql){
        echo "<script>alert('公告信息删除成功！');history.back();window.location.href=
'delete_affiche.php?id=$id';</script>";
    }else{
        echo "<script>alert('公告信息删除失败！');history.back();window.location.href=
'delete_affiche.php?id=$id';</script>";
    }
    ?>
```

 说明　由于数据处理页 check_del_ok.php 中都是动态代码，没有指定编码格式为 GB2312 编码类型，以致读者在用 Dreamweaver 开发工具打开该文件时，中文部分将会显示乱码。为了解决这一问题，读者可以在该页指定其编码格式，代码如下：

```
<meta http-equiv="Content-Type" content="text/html; charset=gb2312">
```

（4）在 IE 浏览器中输入地址，按 Enter 键，在页面中输入查询关键字，单击"搜索"按钮，即可输出检索到的公告信息资源。单击指定公告信息后面的 🖥 按钮，弹出删除公告信息提示，然后单击"确定"按钮，即可完成对指定公告信息的删除操作，运行结果如图 3-58 所示。

图 3-58　删除公告页面信息的运行结果

3.4　综合实例——对查询结果分页输出

查询结果出来后，有时会有几十条、甚至上百条的相关信息。要把这些信息放在一页中显示出来肯定是不现实的，这时就需要分页技术，完成查询结果的分页输出。

本实例中采用 LIMIT 子句实现分页功能，通过 LIMIT 子句的第一个参数控制从第几条数据开始输出，通过第二个参数控制每页输出的记录数，具体步骤如下。

（1）在本实例中，为了实现数据的分页输出，需要定义一些与分页相关的变量，这里先对这些变量做一个解释说明，如表 3-17 所示。

表 3-17　　　　　　　　　　　　　分页技术使用的变量

变　量	说　　明	赋　　值
$pagesize	每页要显示的记录数	数字（用户自定义，如 5）
$totalNum	查询结果的记录总数	mysql_num_rows($result)
$pagecount	总页数	ceil($totalNum/$pagesize)
$page	当前页的页数	(!isset($_GET['page']))?($page = 1):$page = $_GET['page'] ($page<=$pagecount)?$page:($page=$pagecount)
f_pageNum	当前页的第一条记录	$pagesize * ($page −1)

其中函数 mysql_num_rows($result)返回结果集中的记录总数。

变量$page 由一个三元运算表达式来定义，当$_GET['page']全局变量不存在时将$page 赋值为 1，否则直接将$_GET['page']全局变量的值赋给变量$page。而第二个三元运算表达式用于判断当前页的页数不能超过总页数。

（2）连接 MySQL 数据库，通过 mysql_query()函数执行 SQL 语句，统计数据库中总的记录数，完成分页变量的定义。然后再次执行 SQL 查询语句，通过 limit 关键字定义查询的范围和数量。接着通过 while 语句和 mysql_fetch_array()函数完成数据的循环输出。最后，创建分页超级链接。其关键代码如下：

```php
<?php
include_once("conn/conn.php");  //包含数据库连接文件
```

```
    ?>
    <table width="90%" border="1" cellpadding="1" cellspacing="1" bordercolor="#FFFFFF"
bgcolor="#CCCCCC">
      <tr>
        <td width="5%" height="25" align="center" >id</td>
        <td width="30%" align="center" >书名</td>
        <td width="10%" align="center" >价格</td>
        <td width="20%" align="center" >出版时间</td>
        <td width="10%" align="center" >类别</td>
        <td width="10%" align="center" >操作</td>
      </tr>
    <?php
        $pagesize = 3 ;                                            //每页显示记录数
        $sqlstr = "select * from tb_demo02 order by id";           //定义查询语句
        $total = mysql_query($sqlstr,$conn);                       //执行查询语句
        $totalNum = mysql_num_rows($total);                        //总记录数
        $pagecount = ceil($totalNum/$pagesize);                    //总页数
        (!isset($_GET['page']))?($page = 1):$page = $_GET['page']; //当前显示页数
        ($page <= $pagecount)?$page:($page = $pagecount);//当前页大于总页数时把当前页定义为
总页数
        $f_pageNum = $pagesize * ($page - 1);                      //当前页的第一条记录
        $sqlstr1 = $sqlstr." limit ".$f_pageNum.",".$pagesize;     //定义 SQL 语句,通过
limit 关键字控制查询范围和数量
        $result = mysql_query($sqlstr1,$conn);                     //执行查询语句
        while ($rows = mysql_fetch_array($result)){               //循环输出查询结果
    ?>
      <tr>
        <td width="5%" height="25" align="center" bgcolor="#FFFFFF"><?php echo $rows[0];?></td>
        <td width="30%" align="center" bgcolor="#FFFFFF" ><?php echo $rows[1];?></td>
        <td width="10%" align="center" bgcolor="#FFFFFF" ><?php echo $rows[2];?></td>
        <td width="20%" align="center" bgcolor="#FFFFFF" ><?php echo $rows[3];?></td>
        <td width="10%" align="center" bgcolor="#FFFFFF" ><?php echo $rows[4];?></td>
        <td width="10%" align="center" bgcolor="#FFFFFF" >操作</td>
      </tr>
    <?php
        }
    ?>
      <tr>
        <td height="25" colspan="6" align="left" bgcolor="#FFFFFF">  
    <?php
        echo "共".$totalNum."本图书  ";
        echo "第".$page."页/共".$pagecount."页  ";
        if($page!=1){                    //如果当前页不是 1 则输出有链接的首页和上一页
            echo "<a href='?page=1'>首页</a> ";
            echo "<a href='?page=".($page-1)."'>上一页</a>  ";
        }else{                           //否则输出没有链接的首页和上一页
            echo "首页 上一页  ";
        }
        if($page!=$pagecount){          //如果当前页不是最后一页则输出有链接的下一页和尾页
```

```
        echo "<a href='?page=".($page+1)."'>下一页</a> ";
        echo "<a href='?page=".$pagecount."'>尾页</a>  ";
    }else{                            //否则输出没有链接的下一页和尾页
        echo "下一页 尾页  ";
    }
?>
    </td>
  </tr>
</table>
```

运行结果如图 3-59 所示。

图 3-59　应用 LIMIT 子句实现对查询结果的分页输出

知识点提炼

（1）使用 CREATE DATABASE 语句可以轻松创建 MySQL 数据库。

（2）MySQL 支持的数据类型，主要分成 3 类：数字类型、字符串（字符）类型、日期和时间类型。

（3）在对 MySQL 数据表进行操作之前，必须首先使用 USE 语句选择数据库，才可以在指定的数据库中对数据表进行操作。

（4）管理数据表是以选择指定的数据库为前提，然后在该数据库中创建并管理数据表。

（5）导入是执行扩展名为 ".sql" 文件，将数据导入到数据库中；导出是将数据表结构、表记录存储为 ".sql" 的脚本文件。

（6）PHP 操作 MySQL 数据库的过程一般分为 5 步，分别为连接 MySQL 数据库服务器、选择数据库、执行 SQL 语句、关闭结果集以及断开与 MySQL 服务器的连接。

（7）PHP 提供了大量操作 MySQL 数据库的方式，其中函数方式相对简便并且应用较广泛。

（8）在开发 Web 程序时，为了保持整个页面的合理布局，经常需要对一些较长的主题进行截取输出，但由于汉字占有两个字符，如果截取位置选取不当，将会导致截取的字符串末尾出现乱码。

习　　题

3-1　写出 3 种以上 MySQL 数据库存储引擎的名称。

3-2　MySQL 数据库中的字段类型 varchar 和 char 的主要区别是什么？哪种字段的查找效率要高，为什么。

3-3　在 PHP 的 MySQL 函数库中，哪个函数可以取得查询结果集总数？

3-4　mysql_fetch_row()函数和 mysql_fetch_array()函数之间存在哪些区别？

3-5　如何查询出从指定位置开始的 N 条记录？

实验：对图书管理系统进行高级查询

实验目的

（1）掌握应用 LIKE 关键字进行模糊查询。

（2）熟悉 SQL 查询语句的编写。

实验内容

所谓高级查询的实质就是对数据库中的多个字段进行组合查找，这样可以更有效地过滤不需要的信息。在本实验中，以 "PHP" 作为查询关键字，同时添加一些其他的字段限制，如图书的类别、出版时间等，将这些信息整合到一起用于限制查询的精度。其运行结果如图 3-60 所示，在表单元素中输入要查询的条件，然后单击 "查询" 按钮即可查询到需要的数据。

图 3-60　高级查询

实验步骤

（1）创建 index.php 文件，在文件中创建表单以及表单元素，作为实现高级查询的筛选条件。

（2）通过 include_once 语句载入数据库连接文件，然后编写 SQL 查询语句，实现对图书管理系统的高级查询。关键代码如下：

```
<form name="form1" id="form1" method="post">
<table width="90%" border="0" cellpadding="0" cellspacing="0">
<tr>
```

```
        <td height="25" width="5%" class="top"> </td>
        <td width="5%" class="top">id</td>
        <td width="30%" class="top">书名</td>
        <td width="10%" class="top">价格</td>
        <td width="20%" class="top">出版时间</td>
        <td width="10%" class="top">类别</td>
        <td width="10%" class="top">操作</td>
    </tr>
    <?php
        include_once("conn/conn.php");                    //载入数据库连接文件
        $sqlstr = "select * from tb_demo02 where "; //查询 tb_demo02 表中的记录
        if($_POST['bookname'] != null)                    //判断文本框 bookname 值是否为空
         $sqlstr = $sqlstr."bookname like '%".$_POST['bookname']."%' and ";//链接模糊查询
书名
        if($_POST['s_price'] == null)                     //判断输入的最低价格值是否为空
         $s_price = 0;                                    //如果为空把值设为 0
        if($_POST['e_price'] == null)                     //判断输入的最高价格值是否为空
         $e_price = 0;                                    //如果为空把值设为 0
        if($_POST['s_price'] <= $_POST['e_price'])     //如果最低价格小于等于最高价格
    $sqlstr = $sqlstr." (price>=".$_POST['s_price'].") and (price<=".$_POST['e_price'].")";
        else
    $sqlstr = $sqlstr." (price>=".$_POST['e_price'].") and (price<=".$_POST['s_price'].")";
        if($_POST['s_time'] <= $_POST['e_time'])       //如果输入的最小时间值小于等于最大时间值
         $sqlstr = $sqlstr." and (f_time between '".$_POST['s_time']."-01-01' and
'".$_POST['e_time']."-12-31')";
        else
         $sqlstr = $sqlstr." and (f_time between '".$_POST['e_time']."' and '".$_POST
['s_time']."')";
        if(count($_POST['type'])){                             //判断输入的所属类别是否有值
           $temp = " and (type='".$_POST['type'][0]."'";
           for($i = 1; $i < count($_POST['type']); $i++){//循环输出查询类别的值
             $temp = $temp." or type = '".$_POST['type'][$i]."'";
           }
           $temp = $temp.")";
           $sqlstr = $sqlstr.$temp;
        }
        $result = mysql_query($sqlstr,$conn);             //执行 sql 语句
        while ($rows = mysql_fetch_array($result)){       //循环输出查询结果
    ?>
    <tr>
        <td width="5%" height='25' align='center' bgcolor="#FFFFFF"><input type=checkbox
name='chk[]' id='chk' value="<?php echo $rows[0];?>"></td>
        <td width="5%" bgcolor="#FFFFFF"><?php echo $rows[0];?></td>
        <td width="30%" bgcolor="#FFFFFF" ><?php echo $rows[1];?></td>
        <td width="10%" bgcolor="#FFFFFF" ><?php echo $rows[2];?></td>
        <td width="20%" bgcolor="#FFFFFF" ><?php echo $rows[3];?></td>
        <td width="10%" bgcolor="#FFFFFF" ><?php echo $rows[4];?></td>
        <td width="10%" bgcolor="#FFFFFF" >操作</td>
    </tr>
    <?php
        }
    ?>
    </table>
    </form>
```

第4章
Dreamweaver+PHP 开发基础

本章要点：

- 如何定义 Dreamweaver 站点
- 在 Dreamweaver 中怎样创建数据库的连接
- PHP 与 Web 的交互及表单提交
- 掌握对 URL 传递的参数进行编/解码的方法
- 在 Dreamweaver 中操作记录集实现对数据的插、查、改、删操作

Dreamweaver 是一款专业的 Web 编辑器，它将可视布局工具、应用程序开发功能和代码编辑支持组合在一起，可以快速地创建页面而无需编写任何 HTML 代码。本章将重点介绍 Dreamweaver 在网页制作方面的强大功能，以及动态 PHP 网站开发所涉及的一些配置及开发环境的设置。

4.1 定义 Dreamweaver 站点

在系统中安装了 Apache、PHP 和 MySQL 之后，接下来就可以使用 Dreamweaver 来配置开发环境了。首先需要定义一个 Dreamweaver 站点来管理开发中使用的 Web 文件。

4.1.1 定义本地文件夹

在 Dreamweaver 中定义本地文件夹的步骤如下：

（1）首先在 D: \www\MR\Instance\下创建一个文件夹 04，作为站点的根目录。

（2）打开 Dreamweaver，首先选择菜单栏中的"站点"/"新建站点"命令，如图 4-1 所示。

（3）打开"新建站点"窗口，如图 4-2 所示。然后选择该窗口中的"基本"选项卡，在"您打算为您的站点起什么名字"的文本框中输入要创建的站点名称；在"您的站点的 HTTP 地址（URL）是什么？"的文本框中输入运行时的 URL 地址，定位到创建的根目录下。

图 4-1　选择新建站点

（4）选择"站点定义"窗口的"高级"选项卡，打开如图 4-3 所示的窗口，其中的"站点名称"文本框中的内容自动更改为在"基本"选项卡中为站点所取的名称"04"。在"本地根文件夹"

中输入或选择在步骤（1）中建立的网站根文件夹"D：\www\MR\Instance\04\"。单击"确定"按钮返回到"站点定义"窗口，完成 Dreamweaver 中本地文件夹的设置。

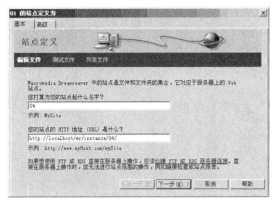

图 4-2　"站点定义"窗口的"基本"选项卡

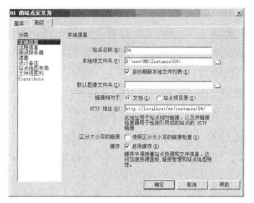

图 4-3　"站点定义"窗口中的"高级"选项卡

4.1.2　定义远程文件夹

在定义了本地文件夹之后，下面介绍 Dreamweaver 中远程文件夹的设置。

（1）在"站点定义"窗口的"高级"选项卡中，单击"分类"列表中的"远程信息"选项，出现"远程信息"界面。

（2）在"访问"菜单中，选择文件传输的方式：通过本地网络或使用 FTP 方式，这里选择"本地/网络"，如图 4-4 所示。

（3）在"远端文件夹"文本框中输入或选择已经建立的网站根文件夹"D：\www\MR\Instance\04\"。该文件夹可能位于本地或远程计算机上。即使是在本地创建该文件夹，该文件夹仍被视作远程文件夹，如图 4-5 所示。

图 4-4　"站点定义"窗口中的"高级"选项卡

图 4-5　"站点定义"窗口中的"高级"选项卡

4.1.3　指定动态页的位置

定义了 Dreamweaver 远程文件夹之后，接下来指定处理动态页的文件夹。在开发 Web 程序时，Dreamweaver 使用此文件夹显示动态页并连接到数据库。

在"站点定义"窗口的"高级"选项卡中，单击"分类"列表中的"测试服务器"选项，弹出如图 4-6 所示的测试服务器对话框，在"服务器模型"下拉菜单中选择"PHP MySQL"选项，在"访问"下拉菜单中选择与前面定义的远程文件夹相同的方法，这里选择"本地/网络"选项，在"测试服务器文件"文本框中输入或选择已经建立的网站根文件夹 "D:\www\MR\Instance\04\"，URL 前缀设置为 http://localhost/mr/Instance/，最后单击"确定"按钮。

图 4-6　配置测试服务器

4.1.4　上传 Web 文件

在指定了处理动态页的文件夹之后，就可以将 PHP 文件上传到 Web 服务器了。即使 Web 服务器运行在本地计算机上，也必须上传这些文件。

在 Dreamweaver 中新建一个 PHP 文件用于测试。在该文件中输入如下代码：

```php
<?php
phpinfo();
?>
```

将此文件保存为 index.php。在 Dreamweaver 中对该文件进行上传操作的步骤如下：

（1）在"文件"面板（选择"窗口"/"文件"命令）的"本地视图"窗格中，单击站点的根文件夹。根文件夹是列表中的第一个文件夹。

（2）单击"文件"面板工具栏中的蓝色"上传文件"箭头图标，然后确认要上传整个站点。Dreamweaver 将所有文件复制到在定义远程文件夹中定义的 Web 服务器文件夹，如图 4-7 所示。

图 4-7　上传文件

这样就完成了 Dreamweaver 站点的定义。接下来是通过 Dreamweaver 连接到 MySQL 数据库。

4.2　连接到 MySQL 数据库

在前面的章节里已经介绍了如何安装和创建 MySQL 数据库，本节介绍如何创建到 MySQL 数据库的连接。

4.2.1　创建 MySQL 数据库

根据前面章节的方法来创建数据库，代码如下：

```
//创建数据库db_user
create database db_user;
use db_user;
//创建数据表tb_user
set names gb2312;
create table tb_user(id int auto_increment primary key,name varchar(30) not null,pass
varchar(100) not null);
//向数据表中插入数据
insert into tb_user (name, pass) values('mr','mrsoft');
insert into tb_user (name, pass) values('小白','123456');
```

4.2.2　创建数据库的连接

（1）在 Dreamweaver 中打开任何一个 PHP 页，然后打开"数据库"面板（选择"窗口"/"数据库"命令）。

（2）单击面板上的"+"按钮并从弹出式菜单中选择"MySQL 连接"命令，即会出现"MySQL 连接"对话框，如图 4-8 所示。

图 4-8　"MySQL 连接"对话框

（3）在"连接名称"文本框中输入 user 作为连接名称。

（4）在"MySQL 服务器"文本框中，指定安装 MySQL 数据库的计算机。输入 IP 地址或服务器名称都可以。如果 MySQL 和 Dreamweaver 运行在同一台计算机上，则输入 localhost。

（5）输入连接 MySQL 数据库的用户名和密码。如果在安装 MySQL 时未定义用户名，则在"用户名"文本框中输入 root。如果未设置密码，则将"密码"文本框留空。

（6）在"数据库"文本框中，输入 db_user。db_user 是刚才创建的 MySQL 数据库的名称。

（7）单击"测试"按钮，Dreamweaver 会尝试着连接到数据库。如果连接失败，请检查服务器名称、用户名和密码是否正确，检查 Dreamweaver 用来处理动态页的文件夹的设置。

（8）单击"确定"按钮，新数据库连接出现在"数据库"面板上，如图 4-9 所示。

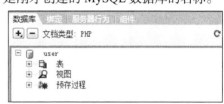

图 4-9　新数据库连接

4.3　使用 Dreamweaver 站点

Dreamweaver 提供了用于管理文件以及与远端服务器进行文件传输的功能。当在本地和远端站点之间传输文件时，Dreamweaver 会在这两种站点之间维持平行的文件和文件夹结构。在这两种站点之间传输文件时，如果站点中不存在必需的文件夹，则 Dreamweaver 将自动创建这些文件夹。也可以在本地和远端站点之间同步文件，Dreamweaver 会根据需要在两个方向上复制文件，并且在适当的情况下删除不需要的文件。

4.3.1 查看文件和文件夹

在折叠的"文件"面板（选择"窗口"/"文件"命令）中，从"站点视图"下拉菜单中选择"本地视图"、"远程视图"、"测试服务器"或"地图视图"，就可以分别查看本地、远程及测试服务器和地图视图。

4.3.2 存回和取出文件

如果在多人协作环境中工作，则可以使用存回/取出系统存回或取出本地和远端服务器中的文件。如果只有一个人在远端服务器上工作，则可以使用"上传"和"获取"命令，而不用存回或取出文件。

在使用存回/取出系统之前，必须先将本地站点与远端服务器相关联。

（1）选择菜单栏中的"站点"/"管理站点"命令，弹出"管理站点"对话框。

（2）选择已经创建好的 04 站点，然后单击"编辑"按钮，弹出"04 的站点定义为"对话框。

（3）在左侧的"分类"列表中选择"远程信息"选项，在远程信息的底部有一个"启用存回和取出"复选框。

图 4-10　选中"启用存回和取出"复选框

（4）选中"启用存回和取出"复选框，将出现一些其他选项，如图 4-10 所示。

注意：如果没有看到"启用存回和取出"复选框，则说明没有设置远程服务器。

（5）完成"存回/取出"部分，单击"确定"按钮。

4.4　PHP 与 Web 页面交互

4.4.1 表单概述

1. 表单的作用

Web 表单的功能是让浏览者和网站有一个互动的平台。Web 表单主要用来在网页中发送数据到服务器，如提交注册信息时需要使用表单。当用户填写完信息后执行提交（submit）操作，于是将表单中的数据从客户端的浏览器传送到服务器端，经过服务器端 PHP 程序进行处理后，再将用户所需要的信息传递回客户端的浏览器上，从而获得用户信息，使 PHP 与 Web 表单实现交互。

2. 在 Dreamweaver 中创建表单

在 Dreamweaver 中创建表单，首先要在工具栏中选择"表单"，然后就可以通过不同的按钮创建不同的表单元素。其中每个按钮对应的功能如表 4-1 所示。

表 4-1 　　　　　　　　　　　　　　　　Dreamweaver 中的表单元素

图　　像	名　　称	说　　明
	表单	`<form name="form2" method="post" action=""></form>` name：表单的名称 method：表单提交的方法，包括"POST"和"GET"方法 action：表单提交的路径
	文本字段	`<input type="text" name="textfield">` type：应用表单的类型 name：文本框的名称
	隐藏域	`<input type="hidden" name="ID" value="">` type：表单的类型。其中的"hidden"表示隐藏域 name：隐藏域的名称，可以自己定义名称 value：隐藏域的值，可以填写隐藏域的默认值
	文本区域	`<textarea name="" cols="" rows="" id=""></textarea>` `<textarea>...</textarea>`：表示是文本域的标记 name：文本域的名称。例如其中的"test" cols：表示文本域字符的宽度 rows：表示有多少行字符 初始值在`<textarea></textarea>`标记之间进行输入，例如其中的"欢迎大家访问我们的论坛"
	复选框	`<input type="checkbox" name="checkbox" value="体育">` type：表单的类型。其中的"checkbox"表示复选框 name：是复选框的名称。例如：其中的"checkbox" value：是复选框提交的值。例如：其中的"体育" checked：如果希望预先为用户勾选某些选项，可以为这些选项加上 checked 参数 disable：如果希望某一个选项失效，可以加上 disabled 参数
	单选按钮	`<input type="radio" name="radiobutton" value="radiobutton" checked="checked" />`男 `<input type="radio" name="radiobutton" value="radiobutton" />`女
	单选按钮组	`<input type="radio" name="RadioGroup1" value="单选按钮 1" />`单选按钮 1 `<input type="radio" name="RadioGroup1" value="单选按钮 2" />`单选按钮 2

	列表\菜单	`<select name="select2">`
		`<option selected="selected">`默认值`</option>`
		`<option value="对应值 1">`列表值 1`</option>`
		`<option value="对应值 2">`列表值 2`</option>`
		......
		`</select>`
		name：指该`<select>`组件的名称
		option 是提供给用户选择的项目。其中的 value 是该选项所代表的选择值，可以省略

	跳转菜单	`<select name="menu1" onchange="MM_jumpMenu('parent',this,0)">`
		`<option>`unnamed1`</option>`
		`</select>`
		跳转菜单，通过表单实现指定网址之间的跳转

	图像域	`<input type="image" name="imageField" src="images/QQ.gif" />`在表单中插入图片
	文件域	`<input type="file" name="file" />`完成文件的提交

图　　像	名　　称	说　　明
▢	按钮	\<input type="submit" name="Submit" value="提交" />创建的提交按钮，如果 stype 的值为 button，则表示它是一个普通的按钮，不具备提交的功能 \<input type="reset" name="Submit2" value="重置" />创建的重置按钮
abc	标签	\<label>标签\</label>
▢	字段集	\<fieldset>\<legend>字段集\</legend>\</fieldset>

【例 4-1】　以 "用户注册" 模块为例，详细讲解在 Web 页中创建用户注册表单的方法。（实例位置：光盘\MR\源码\第 4 章\4-1）

具体操作步骤如下。

（1）创建 index.php 文件，设计用户注册的页面。

（2）在表格中添加一个名称为 form1 的表单。在表单中添加表单元素，代码如下：

```
<form action="index.php" method="post" name="form1" enctype="multipart/form-data">
<table width="405" height="24" bordercolor="#FFFFFF" bgcolor="#990066">
    <tr>
    <td width="93" height="25" align="right" bgcolor="#FF99FF">用户名：</td>
        <td width="299" height="25" align="left" bgcolor="#FF99FF">
            <input name="user" type="text" id="user" size="20" maxlength="100">
        </td>
    </tr>
    <tr>
    <td height="25" align="right" bgcolor="#FF99FF">性别：</td>
        <td height="25" colspan="2" align="left" bgcolor="#FF99FF">
            <input name="sex" type="radio" value="男" checked>男
            <input type="radio" name="sex" value="女">女
        </td>
    </tr>
    <tr>
    <td width="93" height="25" align="right" bgcolor="#FF99FF">密码：</td>
        <td width="299" height="25" colspan="2" align="left" bgcolor="#FF99FF">
            <input name="pwd" type="password" id="pwd" size="20" maxlength="100">
        </td>
    </tr>
    <tr>
    <td height="25" align="right" bgcolor="#FF99FF">学历：</td>
        <td height="25" colspan="2" align="left" bgcolor="#FF99FF">
            <select name="select">
                <option value="高中">高中</option>
                <option value="专科">专科</option>
                <option value="本科" selected>本科</option>
                <option value="研究生">研究生</option>
                <option value="博士生">博士生</option>
                <option value="硕士生">硕士生</option>
                <option value="其他">其他</option>
        </select>
        </td>
    </tr>
```

```
<tr>
    <td height="25" align="right" bgcolor="#FF99FF">爱好: </td>
    <td height="25" colspan="2" align="left" bgcolor="#FF99FF">
        <input name="fond[]" type="checkbox" id="fond[]" value="写作">写作
        <input name="fond[]" type="checkbox" id="fond[]" value="音乐">音乐
        <input name="fond[]" type="checkbox" id="fond[]" value="旅游">旅游
        <input name="fond[]" type="checkbox" id="fond[]" value="其他">其他
</td>
</tr>
<tr>
<td height="25" align="right" bgcolor="#FF99FF">个人头像: </td>
    <td height="25" colspan="2" align="left" bgcolor="#FF99FF">
        <input name="photo" type="file" size="28" maxlength="1000" id="photo">
</td>
</tr>
<tr>
    <td height="25" align="right" bgcolor="#FF99FF">个人简介: </td>
    <td height="25" colspan="2" align="left" bgcolor="#FF99FF">
        <textarea name="intro" cols="35" rows="4" id="intro"></textarea>
</td>
</tr>
<tr align="center">
    <td height="35" colspan="3" bgcolor="#FF99FF">
        <input type="submit" name="submit" value="注册">
        <input type="reset" name="submit2" value="重写">
</td>
</tr>
</table>
</form>
```

在一个 Web 页面中，允许有多个表单。在编写代码时，由表单的 name 和 ID 属性值对各个表单进行区分。

由于该页未使用 PHP 脚本，因此该文件属于静态页，可以将其存储为 .html 格式，然后直接应用浏览器打开该文件查看运行结果即可。

（3）在 IE 浏览器中输入地址，按 Enter 键，运行结果如图 4-11 所示。

图 4-11　在 Web 页中创建表单

4.4.2 在 Web 页中嵌入 PHP 脚本

在 Web 页中嵌入 PHP 脚本的方法有两种：一种是直接在 HTML 标记中添加 "<?php ?>" PHP 标记符，写入 PHP 脚本；另一种是对表单元素的 value 属性进行赋值。下面分别对这两种方法进行讲解。

1. 在 HTML 标记中嵌入 PHP 脚本

在 Web 编码过程中，通过在 HTML 标记中添加 PHP 脚本标记 "<?php ?>" 来嵌入 PHP 脚本，两个标记之间的所有文本都会被解释为 PHP 语言，而标记之外的任何文本都会被认为是普通的 HTML。

例如，在 <body> 标记中添加 PHP 标识符，应用 echo 语句输出字符串到浏览器，代码如下：

```
<html>
<head>
<meta http-equiv="Content-Type" content="text/html; charset=gb2312" />
<title>在 HTML 标记中嵌入 PHP 脚本</title>
</head>
<body>
<?php
    echo "欢迎您走进 PHP 的世界！";
?>
</body>
</html>
```

2. 为表单元素赋值

在 Web 程序开发过程中，为了使表单元素在运行时有默认值，通常需要对表单元素的 value 属性进行赋值。下面通过具体的实例讲解赋值的方法。

例如，对表单元素文本框进行赋值，只需要将所赋的值添加到文本框所对应的 value 属性中即可，代码如下：

```
<?php
$name="明日科技";                    //为变量$name 赋值
?>
用户名：<input name="name" type="text" id="name" value="<?php echo $name;?>"/>
```

运行结果如图 4-12 所示。

例如，对表单元素隐藏域进行赋值，只需要将所赋的值添加到 value 属性后即可，代码如下：

用户名：明日科技

图 4-12　为文本框赋值

```
<?php
  $hidden="mrsoft";                  //为变量$hidden 赋值
?>
隐藏域的值：<input  type="hidden"  name="hid"  value="<?php echo $hidden;?>" >
```

从上面代码中可以看出，首先为变量 $hidden 赋初始值，然后将变量 $hidden 的值赋给隐藏域。在程序开发过程中，经常要用到隐藏域来存储一些不必要显示的信息或需要传送的参数，隐藏域的值在程序运行过程中并不可见，为了看到效果，可以通过 echo 语句和隐藏域的 name 属性值将隐藏域的值进行输出，如 "echo $_POST["hid"];"。

4.4.3 应用 PHP 全局变量获取表单数据

PHP 的全局变量主要有 3 种：$_POST[]、$_GET[] 和 $_SESSION[]，分别用于获取表单、URL 和 Session 变量的值。这 3 种方法在使用上有很大的区别，下面分别进行介绍。

1.　$_POST[]全局变量

使用 PHP 的$_POST[]全局变量可以获取表单元素的值。在实际程序开发过程中，使用哪种方法获取数据资源，是由<form>表单元素的 method 属性决定的。如果表单中 method 属性指定的是用 POST 方法进行数据传递，那么在处理数据时就应该使用$_POST[]全局变量获取表单数据。

格式为：

```
$_POST[name]
```

例如，建立一个表单，设置 method 属性值为 POST，添加一文本框，命名为 user，获取表单元素值的代码如下：

```
<?php
$user=$_POST["user"];                   //应用$_POST[]全局变量获取表单元素中文本框的值
?>
```

2.　$_GET[]全局变量

PHP 使用$_GET[]全局变量获取通过 GET 方法传递的值，格式为：

```
$_GET[name]
```

例如，创建一个表单，设置 method 属性值为 GET，添加一个文本框，name 属性值设为 user，通过$_GET[]获取表单元素值的代码如下：

```
<?php
$user=$_GET["user"];                    //应用$_GET[]全局变量获取表单元素中文本框的值
?>
```

　　　　PHP 可以应用$_POST[]或$_GET[]全局变量来获取表单元素的值。但值得注意的是，获取的表单元素名称区分字母大小写。如果在编写 Web 程序时忽略字母大小写，那么在程序运行时将获取不到表单元素的值或弹出错误提示信息。

3.　$_SESSION[]全局变量

使用$_SESSION[]变量可以跨页获取变量的值，格式为：

```
$_SESSION[name]
```

在 PHP 动态页中，可以将变量或者表单元素的值赋给$_SESSION[]全局变量，进而实现变量值或者表单元素值的跨页传递。

例如，建立一个表单，添加一个文本框，命名为 user，应用$_SESSION[]全局变量获取表单元素的代码如下：

```
$user=$_SESSION["user"]
```

应用$_SESSION[]传递参数的方法获取的变量值，保存之后任何页面都可以使用。但是这种方法很耗费系统资源，建议读者慎重使用。

4.4.4　对 URL 传递的参数进行编/解码

1.　对 URL 传递的参数进行编码

使用 URL 参数传递数据，就是在 URL 地址后面加上适当的参数。URL 实体对这些参数进行处理。使用方法如下：

```
http://url?name1=value1&name2=value2……
```

　　　　　　　　　URL 传递的参数，也称为查询字符串

显而易见，这种方法会将参数暴露无疑，因此，本节针对该问题讲述一种 URL 编码方式，对 URL 传递的参数进行编码。

URL 编码是一种浏览器用来打包表单输入数据的格式，是对用地址栏传递参数进行的一种编码规则。例如，在参数中带有空格，则传递参数时就会发生错误，而用 URL 编码过以后，空格转换成了"%20"，这样错误就不会发生，对中文进行编码也是同样的情况，最主要的一点就是它可以对 URL 传递的参数进行编码。

PHP 中对字符串进行 URL 编码使用的是 urlencode()函数，该函数的语法如下：

```
string urlencode(string str)
```

该函数可以实现将字符串 str 进行 URL 编码。

【例 4-2】 本实例中，单击图片，通过 URL 传递图片名称到指定文件页，应用 urlencode() 函数对图片的名称进行 URL 编码，显示在 IE 地址栏中的字符串是 URL 编码后的字符串，代码如下。（实例位置：光盘\MR\源码\第 4 章\4-2）

```
<a href="index.php?picname=<?php echo urlencode("青年歌手大赛");?>">
<img src="images/music.jpg" width="200" height="200" border="1">
</a>
```

运行结果如图 4-13 所示。

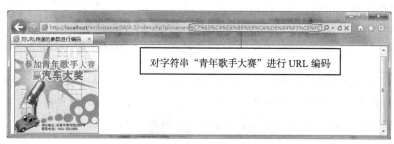

图 4-13 对字符串"青年歌手大赛"进行 URL 编码

对于服务器而言，编码前后的字符串并没有什么区别，服务器能够自动识别。这里是为了讲解 URL 编码的使用方法，而在实际应用中，对一些非保密性的参数不需要进行编码，读者可根据实际情况有选择地使用。

2. 对 URL 编码的字符串进行解码

对于 URL 传递的参数直接应用$_GET[]方法获取即可。而对于进行 URL 编码的查询字符串，需要通过 urldecode()函数对获取后的字符串进行解码，该函数的语法如下：

```
string urldecode( string str)
```

该函数可以实现将 URL 编码 str 查询字符串进行解码。

【例 4-3】 在例 4-2 中应用 urlencode()函数实现了对字符串"青年歌手大赛"进行编码，将编码后的字符串传给地址栏参数 picname。在本实例中，将应用 urldecode()函数对地址栏的参数 picname 的值进行解码，将解码后的结果输出到浏览器，代码如下。（实例位置：光盘\MR\源码\第 4 章\4-3）

```
<a href="index.php?picname=<?php echo urlencode("青年歌手大赛");?>">
<img src="images/music.jpg" width="200" height="200" border="1">
</a>
    <?php echo "您单击的图片名称是:".urldecode($_GET[picname]);?>
```

运行结果如图 4-14 所示。

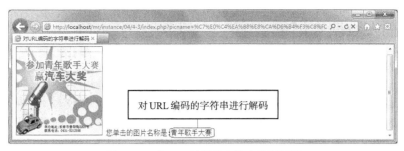

图 4-14　对 URL 编码的字符串进行解码

4.5　操作记录集

4.5.1　创建记录集

想要从数据库中得到数据，首先要在 Dreamweaver 中创建一个记录集，创建记录集的操作步骤如下。

（1）在 Dreamweaver 窗口的右侧栏目中的应用程序一栏中，选择"绑定"标签。

（2）单击该页上面的"+"按钮，并单击"记录集"菜单项，会弹出"记录集"对话框，如图 4-15 所示。在此对话框中选择当前使用的"连接"为 user，并选择要查看的数据表格名为 tb_user。

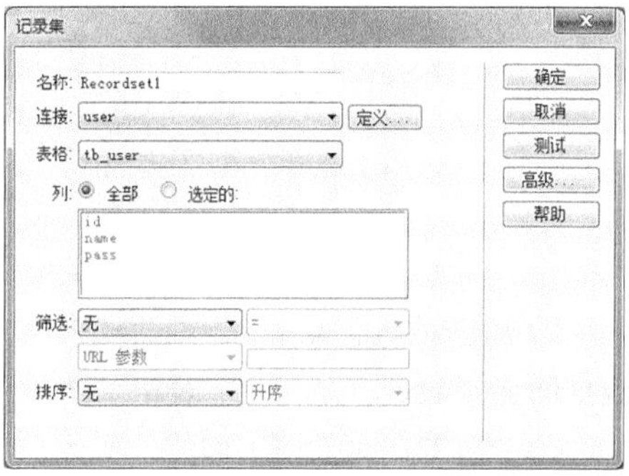

图 4-15　设置记录集

（3）对话框下面有列的选择，可以选择检索哪些列，有"全部"和"选定的"两个单选按钮，再往下就可以选择查看的筛选条件和排序条件。这里不设置，即要查看数据表中的全部数据。

（4）单击"确定"按钮，记录集创建成功，在右侧栏目中绑定标签页内增加了一项"记录集"，如图 4-16 所示。

图 4-16　记录集创建成功

4.5.2 插入数据库记录

使用 Dreamweaver 来创建 PHP 页面非常方便，几乎不用编写代码，使用程序中提供的功能向导就能实现。

（1）首先创建一个插入用的页面 insert.php，通过 Dreamweaver 的插入记录表单向导功能，向前面介绍过的 tb_user 表中插入数据。单击"插入"菜单，找到"应用程序对象"的下级菜单"插入记录"，单击"插入记录表单向导"，打开"插入记录表单"对话框，如图 4-17 所示。

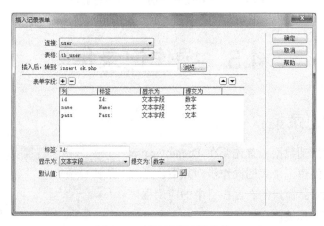

图 4-17　创建插入记录表单

（2）在"插入记录表单"对话框中的"连接"下拉表单中选择 4.2.2 小节中已经创建好的 MySQL 数据库连接 user，接着在"表格"下拉列表中选择要插入的数据表 tb_user。

（3）接着在对话框下面的"插入后，转到"文本框中输入 insert_ok.php，这一项是设置当数据插入完成后，跳转到的页面。

（4）对话框的下面列出了表单字段，通过单击"+"和"-"按钮，可以设置需要插入数据的列，这里单击"-"按钮，将 ID 列去掉，只保留 name 和 pass 两列插入即可。并分别选择这两个列，在下面的"标签"文本框中分别输入"用户名"和"密码"，在"显示为"下拉文本框中选择"文本字段"，在"提交为"下拉文本框中选择"文本"。

（5）设置完成后，单击对话框右侧的"确定"按钮即可。

（6）创建完成后，在页面编辑区域可以看到一个表单，就是刚才创建的表单，如图 4-18 所示。

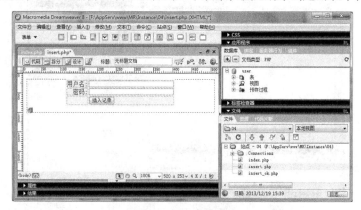

图 4-18　插入表单成功

4.5.3　查看数据库记录

数据插入到数据表中后，可以创建一个页面来查看数据表中的数据，以确认数据的插入是否成功。这里新建一个 insert_ok.php 页面，即在数据插入成功后跳转到的页面。

查看数据库记录的操作步骤如下。

（1）在菜单中选择"插入"命令，找到"应用程序对象"，单击下级菜单"动态数据"项下的"动态表格"菜单项，打开"动态表格"对话框，如图 4-19 所示。

（2）单击"确定"按钮后，数据表对应的动态表格就被添加到页面中，这时可以重新设置自己需要的表格的表头或样式，但要注意保持蓝色的动态数据部分不能改变，如图 4-20 所示。

图 4-19　设置动态表格　　　　　　　图 4-20　动态表格

（3）现在已经实现了数据表数据的查看页，可以通过浏览器浏览当前页，就可以查看数据表中的数据了，如图 4-21 所示。

（4）最后在查看页面中的动态数据表的最右侧增加"操作"一列，在重复行中增加列的内容为"更新/删除"，并设置单击时的链接分别指向 update.php 和 delete.php，同时在链接中传入 ID 参数值为重复循环中的记录编号，如图 4-22 所示。

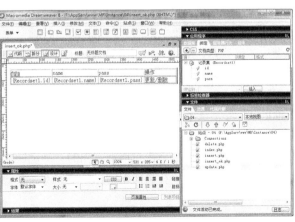

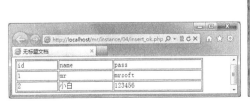

图 4-21　显示数据表数据　　　　　　图 4-22　增加"更新/删除"操作

4.5.4　更新数据库记录

在动态表格中的每一行数据后面都有一个更新的超链接，该链接指向更新记录的页面 update.php。下面介绍更新数据库记录的页面。

（1）首先创建一个更新用的页面 update.php，在执行更新操作之前同样需要创建记录集，这里创建的记录集和前面创建的有所不同，因为要更新的只能是一条指定的记录，所以在创建记录集的对话框中要指定筛选条件，这里选择 id，在下面的下拉菜单中选择 URL 参数，如图 4-23 所示。

（2）通过 Dreamweaver 的更新记录表单向导功能，更新 tb_user 表中的数据。单击"插入"菜单，找到"应用程序对象"的下级菜单"更新记录"，单击"更新记录表单向导"，会打开"更新记录表单"对话框，如图 4-24 所示。

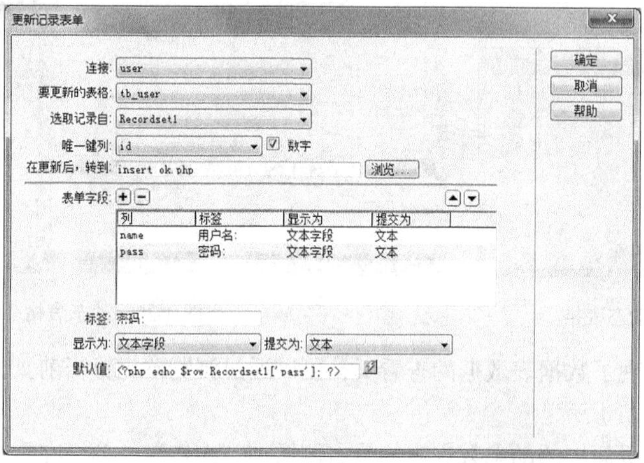

图 4-23　创建记录集并指定筛选条件

图 4-24　创建更新记录表单

（3）在"更新记录表单"对话框中的"连接"下拉表单中选择已经创建好的 MySQL 数据库连接 user，接着在"表格"下拉列表中选择要插入的数据表 tb_user。

（4）接着在对话框下面的"在更新后，转到"文本框中输入 insert_ok.php，这一项是设置当数据更新成功后，跳转到的页面。

（5）对话框的下面列出了表单字段，通过"+"和"-"的按钮，可以设置需要更新数据的列，单击"-"按钮，将 ID 列去掉，只对 name 和 pass 两列进行更新即可。并分别选择这两个列，在下面的"标签"文本框中分别输入"用户名"和"密码"，在"显示为"下拉文本框中选择"文本字段"，在"提交为"下拉文本框中选择"文本"。

（6）设置完成后，单击对话框右侧的"确定"按钮即可。

（7）创建完成后，在页面编辑区域增加了一个表单，就是刚才创建的要更新数据的表单，如图 4-25 所示。

图 4-25　插入更新表单成功

4.5.5　删除数据库记录

在动态表格中的每一行数据后面都有一个删除的超链接，该链接指向删除记录的页面。下面介绍删除数据库记录的页面。

（1）新建一个 PHP 页面 delete.php，选择"插入"/"应用程序对象"/"删除记录"命令，打开"删除记录"对话框，设置数据库连接和数据表格，设主键列为 ID，并使用 URL 参数传送主键值，删除后设置页面转到 insert_ok.php 页面，如图 4-26 所示。

图 4-26　"删除记录"对话框

（2）单击"确定"按钮后，删除记录操作添加完成。查看页面布局没有任何变化，但在页面代码中增加了删除记录操作的 PHP 代码。首先是将数据库连接文件包含进来，代码如下：

```php
<?php require_once('Connections/user.php'); ?>
```

（3）创建一个名为 GetSQLValueString 的函数，接收传入的变量值、类型、默认值等信息。函数首先判断当前的 PHP 环境是否自动对特殊符号做转义，如果没有，则用 addslashes 函数做转义处理。代码如下：

```php
<?php
function GetSQLValueString($theValue, $theType, $theDefinedValue = "",$theNotDefinedValue = "")
{
  $theValue = (!get_magic_quotes_gpc()) ? addslashes($theValue) : $theValue;
```

（4）根据传入的变量类型的参数，来判断用户传入的变量类型是否正确，如果是正确的，则返回 true，否则返回 false。代码如下：

```php
switch ($theType) {
  case "text":
    $theValue = ($theValue != "") ? "'" . $theValue . "'" : "NULL";
    break;
  case "long":
```

165

```
        case "int":
          $theValue = ($theValue != "") ? intval($theValue) : "NULL";
          break;
        case "double":
          $theValue = ($theValue != "") ? "'" . doubleval($theValue) . "'" : "NULL";
          break;
        case "date":
          $theValue = ($theValue != "") ? "'" . $theValue . "'" : "NULL";
          break;
        case "defined":
          $theValue = ($theValue != "") ? $theDefinedValue : $theNotDefinedValue;
          break;
    }
    return $theValue;
}
```

（5）检查用户传入的记录编号字段 ID 的值是否存在，如果存在才执行记录的删除操作。代码如下：

```
if ((isset($_GET['id'])) && ($_GET['id'] != ""))
```

构造一个删除数据用的 SQL 语句，使用 sprintf 函数将用户以 POST 方式提交过来的值替换进 SQL 语句中，形成一个希望得到的删除 SQL 语句。用户提交过来的值会先调用上面定义的 GetSQLValue String 函数，判断用户传入的值是否合法。最后执行 SQL 语句，将数据从数据表中删除。代码如下：

```
{
    $deleteSQL = sprintf("DELETE FROM tb_user WHERE id=%s",
                         GetSQLValueString($_GET['id'], "int"));
    mysql_select_db($database_user, $user);
    $Result1 = mysql_query($deleteSQL, $user) or die(mysql_error());
```

数据删除完成后，跳转到指定的页面。代码如下：

```
$deleteGoTo = "insert_ok.php";
    if (isset($_SERVER['QUERY_STRING'])) {
      $deleteGoTo .= (strpos($deleteGoTo, '?')) ? "&" : "?";
      $deleteGoTo .= $_SERVER['QUERY_STRING'];
    }
    header(sprintf("Location: %s", $deleteGoTo));
}
?>
```

4.6　综合实例——发布和查看公告信息

本实例主要应用表单元素实现一个发布公告信息的功能，通过将表单信息提交到数据处理页获取表单元素的值，实现查看公告信息的功能，实现步骤如下。

（1）应用 Dreamweaver 开发工具新建一个 PHP 动态页，存储为 index.php。

（2）创建 form 表单（设置表单的数据处理页为 show_message.php），添加文本框、编辑框、下拉列表框、提交按钮和重置按钮，并应用表格对表单元素进行合理的布局，关键代码如下：

```
<form action="show_message.php" method="post" name="addmess" id="addmess">
标题: <input type="text" name="title" id="title" />
内容: <textarea name="content" id="content" cols="56" rows="10"></textarea>
```

```
类别: <select name="type" id="type">
        <option value="企业公告" selected="selected">企业公告</option>
        <option value="活动安排">活动安排</option>
    </select>
    <input name="submit" type="submit" id="submit" value="发布" />
    <input name="submit2" type="reset" id="submit2" value="重置" />
</form>
```

（3）创建表单的数据处理页 show_message.php，对表单提交的数据进行处理，应用 echo 语句输出提交的各表单元素值。代码如下：

```
<table width="560" height="192" bordercolor="#ACD2DB" bgcolor="#ACD2DB"class="big_td">
    <tr>
        <td width="100" height="25" bgcolor="#DEEBEF" scope="col">标题: </td>
        <td height="25" scope="col">  <?php echo $_POST["title"];?></td>
    </tr>
    <tr>
        <td height="31" align="right" valign="middle" bgcolor="#DEEBEF">类别: </td>
        <td bgcolor="#DEEBEF">  <?php echo $_POST["type"];?></td>
    </tr>
    <tr>
        <td height="104" align="right" valign="middle" bgcolor="#DEEBEF">内容: </td>
        <td height="104" bgcolor="#DEEBEF">  <?php echo $_POST["content"];?></td>
    </tr>
</table>
```

运行本实例打开添加公告页面，如图 4-27 所示。在添加公告信息后，单击"发布"按钮查看发布的公告信息，如图 4-28 所示。

图 4-27　发布公告信息

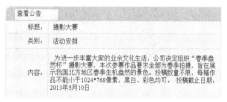

图 4-28　查看公告信息

知识点提炼

（1）在 Dreamweaver 中创建数据库的连接时，要正确输入 MySQL 服务器的地址、连接 MySQL 数据库的用户名和密码。

（2）最常用的两种 HTTP 方法 GET 和 POST。GET 方法用于从服务器中获得文档、图像或数据库检索结构的信息。

（3）表单是使用<form></form>标签来创建并定义表单的开始和结束位置，中间包含多个元素。

（4）更新数据库记录时，在创建的记录集的对话框中要指定筛选条件，通过该条件输出指定的记录进行更新操作。

习　　题

4-1　简述两种 HTTP 方法 GET 和 POST 的区别。

4-2　如何设置<form>表单中的只读属性？

4-3　PHP 的全局变量主要有哪几种？

实验：获取用户的个人信息

实验目的

（1）熟练掌握表单元素的综合应用。

（2）掌握$_POST[]全局变量的使用方法。

实验内容

应用$_POST[]全局变量获取用户输入的个人信息。在浏览器中运行 index.php 页面，输入用户的个人信息，如图 4-29 所示。然后单击"提交"按钮，可以看到在 post.php 页面中将会显示出您所输入的个人信息，如图 4-30 所示。

图 4-29　输入个人信息

图 4-30　输出个人信息

实验步骤

（1）应用 Dreamweaver 开发工具新建一个动态页面 index.php。

（2）创建一个 form 表单，在表单中添加文本框、单选按钮、复选框、文本区域、提交按钮和重置按钮等表单元素，并设置表单的数据处理页为 post.php，应用表格对表单元素进行合理的布局。关键代码如下：

```
<form id="form1" name="form1" method="post" action="post.php">
 <font color="#333333" size="+2">请输入你的个人信息</font>
```

```
姓名: <input type="text" name="name" />
性别: <input type="radio" name="sex" value="男" />男
       <input type="radio" name="sex" value="女" />女
生日: <select name="year">
     <?php
         for($i=1900;$i<=2010;$i++){    //循环输出年份
           echo "<option value='".$i."'".($i==1988?" selected":"").">".$i."年</option>";
         }
      ?>
    </select>
    <select name="month">
     <?php
         for($i=1;$i<=12;$i++){          //循环输出月份
           echo "<option value='".$i."'".($i==1?" selected":"").">".$i."月</option>";
         }
      ?>
     </select>
爱好: <input type="checkbox" name="interest[]" value="看电影" />看电影
     <input type="checkbox" name="interest[]" value="听音乐" />听音乐
     <input type="checkbox" name="interest[]" value="演奏乐器" />演奏乐器
     <input type="checkbox" name="interest[]" value="打篮球" />打篮球
     <input type="checkbox" name="interest[]" value="看书" />看书
     <input type="checkbox" name="interest[]" value="上网" />上网
地址: <input type="text" name="address" />
电话: <input type="text" name="tel" />
qq: <input type="text" name="qq" />
自我评价: <textarea name="comment" cols="30" rows="5"></textarea>
     <input type="submit" name="Submit" value="提交" />
     <input type="reset" name="Submit2" value="重置" />
</form>
```

（3）在 post.php 页面中对表单提交的数据进行处理，应用 echo 语句输出提交的各表单元素值。

关键代码如下：

```
<font color="#333333" size="+2">您输入的个人资料信息</font>
姓名: <?php echo $_POST['name'];?>
性别: <?php echo $_POST['sex'];?>
生日: <?php echo $_POST['year']."年".$_POST['month']."月";?>
爱好: <?php
         for($i=0;$i<count($_POST['interest']);$i++){
             echo $_POST['interest'][$i]."\n";
         }
     ?>
地址: <?php echo $_POST['address'];?>
电话: <?php echo $_POST['tel'];?>
qq: <?php echo $_POST['qq'];?>
自我评价: <?php echo $_POST['comment'];?>
```

第 5 章
PHP 高级编程

本章要点：

- 掌握 Cookie 与 Session 的操作
- 了解 Cookie 与 Session 之间的区别
- 通过 PDO 连接 MySQL 数据库
- PDO 中获取结果集的几种方法
- 熟悉面向对象的基本概念
- 掌握 PHP 中对象的应用
- 了解 Smarty 的安装配置
- 掌握 Smarty 的模板设计
- 掌握 Smarty 的程序设计

本章将从 Cookie 和 Session、PDO 数据库抽象层、面向对象以及 Smarty 模板等四个方面来讲解 PHP 的更高层次的技术。掌握 Cookie 和 Session 技术，对于保证 Web 网站页面间信息传递的安全性，是必不可少的。而 PDO 数据库抽象层是目前 PHP 抽象层中最为流行的一种。学习 PHP 语言一定要完成面向过程的编程思想到面向对象编程思想的过渡，本章将采用讲解与实例相结合的方式，由浅入深，最终使读者能够将面向对象的编程思想应用到实际项目开发中去。另外，本章还将介绍 PHP 中最常用的一种模板引擎——Smarty 模板引擎。它可以实现 Web 网站中用户界面和 PHP 代码的分离。通过 Smarty 模板的加入，将尝试一种新的 Web 交互式网站的开发流程。

5.1 Cookie 和 Session

5.1.1 Cookie 的操作

Cookie 是一种在远程客户端存储数据并以此来跟踪和识别用户的机制。简单地说，Cookie 是 Web 服务器暂时存储在用户硬盘上的一个文本文件，并随后被 Web 浏览器读取。当用户再次访问 Web 网站时，网站通过读取 Cookie 文件记录这位访客的特定信息（如上次访问的位置、花费的时间、用户名和密码等），从而迅速做出响应，如在页面中不需要输入用户的 ID 和密码即可直接登录网站。

Cookie 文本文件的格式如下：

```
用户名@网站地址[数字].txt
```

例如，客户端机器为 Windows 2000/XP/2003 操作系统，系统盘为 C 盘，当通过 IE 浏览器访问 Web 网站时，Web 服务器会自动以指定格式（用户名@网站地址[数字].txt）生成 Cookie 文本文件，并存储在用户硬盘的指定位置，如图 5-1 所示。

图 5-1　Cookie 文件的存储路径

在 Cookies 文件夹下，每个 Cookie 文件都是普通的文本文件，而不是程序。文本文件中的内容大多都经过了加密处理，因此，表面看来只是一些字母和数字的组合，而只有服务器的 CGI 处理程序才知道它们真正的含义。

Cookie 可以让 Web 页面更有针对性、更加友好，保存关于用户的重要信息，包括使用的语言、阅读和音乐偏好，访问站点的次数等。Cookie 常用于以下 3 个方面：

（1）记录访客的某些信息。例如，可以利用 Cookie 记录用户访问网页的次数，或者记录访客曾经输入过的信息。另外，某些网站可以应用 Cookie 自动记录访客上次登录的用户名。

（2）在页面之间传递变量。浏览器并不会保存当前页面上的任何变量信息，当页面被关闭后，页面上的任何变量信息将随之消失。如果用户声明一个变量 id=8，要把这个变量传递到另一个页面，可以把变量 id 以 Cookie 的形式保存下来，然后在下一页通过读取该 Cookie 来获取变量的值。

（3）将所查看的 Internet 页存储在 Cookies 临时文件夹中，这样可以提高以后浏览的速度。

在本节的开始介绍了什么是 Cookie、Cookie 都可以实现哪些功能，下面开始进入正题，讲解如何创建、读取和删除 Cookie。

1. 创建 Cookie

创建 Cookie 应用的是 setcookie()函数。由于 Cookie 是 HTTP 头标的组成部分，作为头标必须在页面其他内容之前发送，也必须最先输出，所以在 setcookie()函数之前不能有任何内容输出，即使是一个 HTML 标记、一个 echo 语句甚至一个空行都会导致程序出错，这就是 setcookie()函数，下面是它的语法格式：

```
bool setcookie(string name[,string value[,int expire[,string path[,string domain[,int secure]]]]])
```

在 PHP 中通过 setcookie()函数创建 Cookie，至少接受一个参数，也就是 Cookie 的名称（如果只设置了名称参数，那么在远程客户端上的同名 Cookie 会被删除）。

setcookie()函数的参数说明如表 5-1 所示。

表 5-1　　　　　　　　　　　　　　setcookie()函数的参数说明

参　　数	说　　明	举　　例
name	Cookie 的变量名	可以通过$_COOKIE['Cookiename ']调用变量名为 Cookiename 的 Cookie
value	Cookie 变量的值，该值保存在客户端，不能用来保存敏感数据	可以通过$_COOKIE['values ']获取名为 values 的值

参　数	说　明	举　例
expire	Cookie 的过期时间，expire 是标准的 UNIX 时间标记，可以用 time()函数或 mktime()函数获取，单位为秒	如果不设置 Cookie 的过期时间，那么 Cookie 将永远有效，除非手动将其删除
path	Cookie 在服务器端的有效路径	如果该参数设置为 "/"，则它就在整个 domain 内有效，如果设置为 "/12.9"，它就在 domain 下的/12.9 目录及子目录内有效。默认是当前目录
domain	Cookie 有效的域名	如果要使 Cookie 在 mrbccd.cn 域名下的所有子域都有效，应该设置为 mrbccd.cn
secure	指明 Cookie 是否仅通过安全的 HTTPS，值为 0 或 1	如果值为 1，则 Cookie 只能在 HTTPS 连接上有效；如果值为默认值 0，则 Cookie 在 HTTP 和 HTTPS 连接上均有效

在了解了 Cookie 的创建方法后，下面在实例中应用 setcookie()函数创建一个 Cookie。

【例 5-1】　通过 setcookie()函数创建 Cookie，具体步骤如下。（实例位置：光盘\MR\源码\第 5 章\5-1）

创建 index.php 文件，使用 setcookie()函数创建 Cookie，设置 Cookie 的名称为 mr，设置 Cookie 的值为 "明日科技"，设置有效时间为 60 秒，设置有效目录为/12.1，设置有效域名为 "mrbccd.cn" 及其所有子域名，代码如下：

```php
<?php
setcookie("mr",'明日科技');
setcookie("mr",'明日科技', time()+60);               // 设置 Cookie 有效时间为 60 秒
//设置有效时间为 60 秒，有效目录为 "/12.1/"，有效域名为 "mrbccd.cn" 及其所有子域名
setcookie("mr", "明日科技", time()+60, "/12.1/",". mrbccd.cn", 1);
?>
```

运行本实例，在 Temporary Internet Files 系统临时文件夹下会自动生成一个 Cookie 文件，名为 administrator@12[1].txt，Cookie 的有效期为 60 秒，失效后 Cookie 文件自动删除。

注意　　HTTP 协议中规定，每个站点向单个用户最多只能发送 20 个 Cookie。

2. 读取 Cookie

在 PHP 中应用全局数组$_COOKIE[]读取客户端 Cookie 的值。

【例 5-2】　通过全局数组$_COOKIE[]读取 Cookie 的值，具体代码如下。（实例位置：光盘\MR\源码\第 5 章\5-2）

```php
<?php
setcookie("mr", '明日科技', time()+60);          //设置 Cookie 有效时间为 60 秒
echo "读取 Cookie: ".$_COOKIE['mr'];            //通过$_COOKIE[]读取 Cookie 的值
?>
```

首次运行本实例，读取不到 Cookie 的值。但是，当刷新本页后，就可以读取到 Cookie 的值，运行结果如图 5-2 所示。

图 5-2　读取 Cookie 的值

通过 setcookie()函数创建 Cookie 后，在当前页应用 echo $_Cookie["name"]不会有任何输出。必须是在刷新后或者到达下一个页面时才可以看到 Cookie 值。因为 setcookie()函数执行后，会向客户端发送一个 Cookie，如果不刷新或者浏览下一个页面，客户端就不能将 Cookie 送回。

【例 5-3】　应用 isset()函数检测 Cookie 变量，代码如下。（实例位置：光盘\MR\源码\第 5 章\5-3）

```php
<?php
date_default_timezone_set("Asia/Hong_Kong");        //设置时区
if(!isset($_COOKIE["visit_time"])){                 //检测 Cookie 文件是否存在，如果不存在
    setcookie("visit_time",date("Y-m-d H:i:s"));    //设置一个 Cookie 变量
    echo "欢迎您第一次访问网站！";                    //输出字符串
echo "<br>";                                         //输出回车符
}else{                                               //如果 Cookie 存在
    setcookie("visit_time",date("Y-m-d H:i:s"),time()+60);//设置带 Cookie 失效时间的变量
    echo "您上次访问网站的时间为：".$_COOKIE["visit_time"]; //输出上次访问网站的时间
    echo "<br>";                                    //输出回车符
}
    echo "您本次访问网站的时间为：".date("Y-m-d H:i:s");    //输出当前的访问时间
?>
```

在上面的代码中，首先应用 isset()函数检测 Cookie 是否存在，如果不存在，则应用 setcookie()函数创建一个 Cookie，并输出相应的字符串；如果 Cookie 存在，则应用 setcookie()函数设置 Cookie 失效时间，并输出用户上次访问网站的时间。最后在页面中输出用户本次访问网站的时间。

首次运行本实例，由于没有检测到 Cookie 文件，运行结果如图 5-3 所示。如果用户在 Cookie 设置到期时间（本例为 60 秒）前刷新或再次访问该页面，运行结果如图 5-4 所示。

图 5-3　第一次访问网页

图 5-4　刷新或再次访问本网页

 使用 Cookie 时要注意，如果未设置 Cookie 的过期时间，那么在关闭浏览器时会自动删除 Cookie 数据。如果设置 Cookie 的过期时间，那么浏览器将会保存 Cookie 数据，即使用户重新启动计算机，只要没有过期，Cookie 数据就一直有效。

3. 删除 Cookie

前面已经了解如何创建和访问 Cookie，如果 Cookie 被创建后，没有设置过期时间，那么 Cookie 文件会在浏览器关闭时自动删除。但是，要在关闭浏览器之前删除 Cookie 文件，应该怎么办呢？

方法有两种：一种是使用 setcookie()函数删除，另一种是在客户端手动删除 Cookie。

● 使用 setcookie()函数删除 Cookie

删除 Cookie 只需将 setcookie()函数中的第二个参数设置为空值，将第 3 个参数（Cookie 的过期时间）设置为小于系统的当前时间即可。

例如，可以将 Cookie 的过期时间设置为当前时间减 1 秒，就实现了删除 Cookie 的操作。代码如下：

```
setcookie("mr", "", time()-1);
```

 说明 还可以直接将过期时间设置为 0，即直接删除 Cookie。

● 在客户端手动删除 Cookie

Cookie 被创建后，会自动生成一个文本文件存储在客户端 IE 浏览器的 Cookies 临时文件夹中。因此就可以通过操作客户端 IE 浏览器的 Cookies 临时文件夹删除 Cookie，其具体操作步骤如下。

选择 IE 浏览器中的"工具"/"Internet 选项"命令，打开"Internet 选项"对话框，如图 5-5 所示。在"常规"选项卡中单击"删除 Cookies"按钮，将弹出如图 5-6 所示的"删除 Cookies"对话框，单击"确定"按钮，即可成功地删除全部 Cookie 文件。

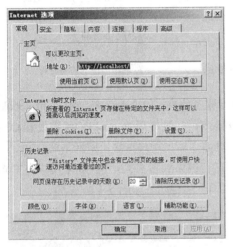

图 5-5 "Internet 选项"对话框

图 5-6 "删除 Cookies"对话框

5.1.2 Session 的操作

Session 中文译为"会话"，其本义是指有始有终的一系列动作/消息，如打电话时从拿起电话拨号到挂断电话这中间的一系列过程可以称为一个 Session。与 Cookie 类似，会话的理念也在于保存状态。不过与 Cookie 相比，会话似乎显得更加强大一些，不但能够管理大量数据，而且可以将信息保存在服务器端，相对更安全，并且也没有存储长度的限制。

在计算机专业术语中，Session 是指一个终端用户与交互系统进行通信的时间间隔，通常是指从注册进入系统到注销退出系统之间所经过的时间，其工作原理如图 5-7 所示。

如图 5-7 所示，当登录网站时，启动 Session 会话，在服务器中随机生成一个唯一的 SESSION_ID，这个 SESSION_ID 在本次登录结束之前在页面中一直有效。当关闭页面或者执行注销操作后，这个 SESSION_ID 会在服务器中自动注销。当重新登录此页面时，会再次生成一个随机且唯一的 SESSION_ID。

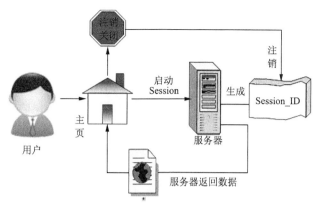

图 5-7　Session 工作原理

Session 在 Web 技术中占有非常重要的地位。由于网页是一种无状态的连接程序，因此无法记录用户的浏览状态。因此必须通过 Session 记录用户的有关信息，以供用户再次以此身份对 Web 服务器提供要求时作确认。例如，在电子商务网站中，通过 Session 记录用户登录的信息，以及用户所购买的商品，如果没有 Session，用户就会每进入一个页面都需要输入用户名和密码。

1. 启动 Session

启动 PHP 会话的方式有两种：一种是应用 session_start() 函数；另一种是应用 session_register() 函数为会话注册一个变量来隐含地启动会话。

（1）通过 session_start() 函数启动会话

session_start() 函数用于启动一个会话。语法如下：

```
bool session_start(void) ;
```

　使用 session_start() 之前浏览器不能有任何输出，即使是一个 HTML 标记、一个 echo 语句甚至一个空行都会导致程序出错，出错页面如图 5-8 所示。

图 5-8　在使用 session_start() 前输出字符串产生的错误

（2）通过 session_register() 函数启动会话

session_register() 函数用来为会话注册一个变量来隐含地启动会话，但要求设置 php.ini 文件的选项，将 register_globals 指令设置为 "on"，然后重新启动 Apache 服务器。

　使用 session_register() 函数时，不需要调用 session_start() 函数，PHP 会在注册变量之后隐含地调用 session_start() 函数。

　在 PHP5.3.0 或者更高的版本中使用 session_register() 函数来启动会话会出现错误。所以 PHP 会话的启动，推荐使用 session_start()。

2. 注册 Session

会话变量启动后，全部被保存在全局数组$_SESSION[]中。通过全局数组$_SESSION[]创建一个会话变量很容易，只需直接给该数组添加一个元素即可。

例如，启动会话，创建一个 Session 变量并赋予空值，代码如下：

```php
<?php
session_start();                        //启动 Session
$_SESSION["name"] = null;               //声明一个名为 name 的变量，并赋空值
?>
```

3. 使用 Session

PHP 中的 Session 有一个非常强大的功能：可以保存当前用户的特定数据和相关信息。可以保存的数据类型包括字符串、数组和对象等。将各种类型的数据添加到 Session 中，必须应用全局数组$_SESSION[]。

例如，将一个字符串值存储到 Session 中。首先判断会话变量是否有一个会话 ID 存在，如果不存在，则通过全局数组$_SESSION[]创建一个会话变量，然后将字符串值赋给这个会话变量，最后通过全局数组$_SESSION[]输出字符串的值，代码如下：

```php
<?php
    session_start();                        //初始化 Session 变量
    $string="PHP 从基础到项目实战";           //定义字符串
    if (empty($_SESSION[name])){            //判断 Session 会话变量是否为空
        $_SESSION[name]=$string;           //将字符串值赋给会话变量
        echo $_SESSION[name];              //输出会话变量
    }else{
        echo $_SESSION[name];
    }
?>
```

下面应用全局数组$_SESSION[]将数组中的数据保存到 Session 中，并且输出 Session 中保存的数据。

【例 5-4】 首先初始化一个 Session 变量，然后创建一个数组，并通过全局数组$_SESSION[]将数组中的数据保存到 Session 中，最后遍历 Session 数组中的数据，代码如下。（实例位置：光盘\MR\源码\第 5 章\5-4）

```php
<?php
    session_start();                                //初始化 Session 变量
    $array=array('PHP 从入门到精通','PHP 网络编程自学手册','PHP 函数参考大全','PHP 开发典型模块大全','PHP 网络编程标准教程','PHP 程序开发范例宝典');
    $_SESSION[mr_book]=$array;                       //将数组中的数据写入到 Session 中
?>
<?php
    foreach($_SESSION[mr_book] as $key=>$value){//读取 Session 数组中存储的数据
        if($value=="PHP 开发典型模块大全"){     //当$value 的值等于 PHP 开发典型模块大全时换行
            $br="<br><br>";
        }else{
            $br="  ";
        }
        echo $value.$br;                        //输出 Session 数组中的内容
    }
?>
```

运行结果如图 5-9 所示。

图 5-9　将数组中的数据保存到 Session 中

4．删除 Session

删除会话的方法主要有删除单个会话、删除多个会话和结束当前会话 3 种。下面分别进行介绍。

（1）删除单个会话

删除会话变量，同数组的操作一样，直接注销$_SESSION 数组的某个元素即可。

例如，注销$_SESSION['name']变量，可以使用 unset()函数，代码如下：

```
unset ($_SESSION['name']) ;
```

其参数是$_SESSION 数组中的指定元素，该参数不可以省略。通过 unset()函数一次只能删除数组中的一个元素。如果通过 unset()函数一次注销整个数组（unset($_SESSION)），那么会禁止整个会话功能，而且没有办法将其恢复，用户也不能再注册$_SESSION 变量。所以，如果读者要删除多个或全部会话，可以采用下面的两种方式。

（2）删除多个会话

如果要一次注销所有的会话变量，可以将一个空的数组赋值给$_SESSION，代码如下：

```
$_SESSION = array() ;
```

（3）结束当前会话

如果整个会话已经结束，首先应该注销所有的会话变量，然后使用 session_destroy()函数结束当前的会话，并清空会话中的所有资源，彻底销毁 Session，代码如下：

```
session_destroy() ;
```

5.1.3　Cookie 与 Session 的比较

Session 与 Cookie 最大的区别是：Session 是将信息保存在服务器上，并通过一个 Session ID 来传递客户端的信息，服务器在接收到 Session ID 后根据这个 ID 来提供相关的 Session 信息资源；Cookie 是将所有的信息以文本文件的形式保存在客户端，并由浏览器进行管理和维护。

由于 Session 为服务器存储，远程用户没办法修改 Session 文件的内容，而 Cookie 为客户端存储，所以 Session 要比 Cookie 安全得多。当然使用 Session 还有很多优点，如控制容易，可以按照用户自定义存储（存储于数据库）等。

5.2　PDO 数据库抽象层

5.2.1　PDO 概述

　　PDO 是 PHP Date Object（PHP 数据对象）的简称，它是与 PHP 5.1 版本一起发行的，目前支持的数据库包括 Firebird、FreeTDS、Interbase、MySQL、MS SQL Server、ODBC、Oracle、Postgre SQL、SQLite 和 Sybase。有了 PDO，您不必再使用 mysql_* 函数、oci_* 函数或者 mssql_* 函数，也不必再为它们封装数据库操作类，只需要使用 PDO 接口中的方法就可以对数据库进行操作。在选择不同的数据库时，只需修改 PDO 的 DSN（数据源名称）。

　　在 PHP 6 中将默认使用 PDO 连接数据库，所有非 PDO 扩展将会在 PHP 6 中被移除。该扩展提供 PHP 内置类 PDO 来对数据库进行访问，不同数据库使用相同的方法名，解决数据库连接不统一的问题。

5.2.2　通过 PDO 连接数据库

1. PDO 构造函数

在 PDO 中，要建立与数据库的连接需要实例化 PDO 的构造函数，PDO 构造函数的语法如下：

　　__construct(string $dsn[,string $username[,string $password[,array $driver_options]]])

构造函数的参数说明如下。

（1）$dsn：数据源名，包括主机名端口号和数据库名称。

（2）$username：连接数据库的用户名。

（3）$password：连接数据库的密码。

（4）$driver_options：连接数据库的其他选项。

通过 PDO 连接 MySQL 数据库的代码如下：

```php
<?php
    header("Content-Type:text/html;charset=utf-8");        //设置页面的编码格式
    $dbms='mysql';                                          //数据库类型
    $dbName='db_database05';                                //使用的数据库名称
    $user='root';                                           //使用的数据库用户名
    $pwd='111';                                             //使用的数据库密码
    $host='localhost';                                      //使用的主机名称
    $dsn="$dbms:host=$host;dbname=$dbName";
    try {                                                   //捕获异常
        $pdo=new PDO($dsn,$user,$pwd);                      //实例化对象
        echo "PDO 连接 MySQL 成功";
    } catch (Exception $e) {
        echo $e->getMessage()."<br>";
    }
?>
```

2. DSN 详解

DSN 是 Data Source Name（数据源名称）的首字母缩写。DSN 提供连接数据库需要的信息。

PDO 的 DSN 包括 3 部分：PDO 驱动名称（例如 mysql、sqlite 或者 pgsql）；冒号和驱动特定的语法。每种数据库都有其特定的驱动语法。

在使用不同的数据库时，必须明确数据库服务器是完全独立于 PHP 的实体。虽然笔者在讲解本书的内容时，数据库服务器和 Web 服务器是在同一台计算机上，但是实际的情况可能不是如此。数据库服务器可能与 Web 服务器不是在同一台计算机上，此时要通过 PDO 连接数据库时，就需要修改 DSN 中的主机名称。

由于数据库服务器只在特定的端口上监听连接请求。每种数据库服务器具有一个默认的端口号（MySQL 是 3306），但是数据库管理员可以对端口号进行修改，因此有可能 PHP 找不到数据库的端口，此时就可以在 DSN 中包含端口号。

另外由于一个数据库服务器中可能拥有多个数据库，所以在通过 DSN 连接数据库时，通常都包括数据库名称，这样可以确保连接的是您想要的数据库，而不是其他人的数据库。

5.2.3　执行 SQL 语句

1. exec()方法

exec()方法返回执行后受影响的行数，其语法如下：

```
int PDO::exec (string statement)
```

参数 statement 是要执行的 SQL 语句。该方法返回执行查询时受影响的行数，通常用于 INSERT、DELETE 和 UPDATE 语句中。

2. query()方法

query()方法返回执行查询后的结果集，其语法如下：

```
PDOStatement PDO::query ( string statement )
```

参数 statement 是要执行的 SQL 语句，它返回的是一个 PDOStatement 对象。

3. 预处理语句——prepare()和 execute()

预处理语句包括 prepare()和 execute()两个方法。首先，通过 prepare()方法做查询的准备工作，然后，通过 execute()方法执行查询。并且还可以通过 bindParam()方法来绑定参数提供给 execute()方法，语法如下：

```
PDOStatement PDO::prepare (string statement [, array driver_options])
bool PDOStatement::execute ([array input_parameters])
```

5.2.4　获取结果集

在 PDO 中获取结果集有 3 种方法：fetch()、fetchAll()和 fetchColumn()。

1. fetch()方法

fetch()方法获取结果集中的下一行，其语法格式如下：

```
mixed PDOStatement::fetch ([int fetch_style [, int cursor_orientation [, int cursor_offset]]])
```

（1）参数 fetch_style：控制结果集的返回方式，其可选方式如表 5-2 所示。

表 5-2　　　　　　　　　　　　　　　fetch_style 控制结果集的可选值

值	说　　明
PDO::FETCH_ASSOC	关联数组形式
PDO::FETCH_NUM	数字索引数组形式
PDO::FETCH_BOTH	两种数组形式都有，这是缺省的

续表

值	说　明
PDO::FETCH_OBJ	按照对象的形式，类似于以前的 mysql_fetch_object()
PDO::FETCH_BOUND	以布尔值的形式返回结果，同时将获取的列值赋给 bindParam()方法中指定的变量
PDO::FETCH_LAZY	以关联数组、数字索引数组和对象三种形式返回结果

（2）参数 cursor_orientation：PDOStatement 对象的一个滚动游标，可用于获取指定的一行。

（3）参数 cursor_offset：游标的偏移量。

【例 5-5】　通过 fetch()方法获取结果集中下一行的数据，进而应用 while 语句完成数据库中数据的循环输出，具体步骤如下。（实例位置：光盘\MR\源码\第 5 章\5-5）

创建 index.php 文件，设计网页页面。首先，通过 PDO 连接 MySQL 数据库。然后，定义 SELECT 查询语句，应用 prepare 和 execute 方法执行查询操作。接着，通过 fetch()方法返回结果集中下一行数据，同时设置结果集以关联数组形式返回。最后，通过 while 语句完成数据的循环输出。其关键代码如下：

```php
<?php
    $dbms='mysql';              //数据库类型,对于开发者来说, 使用不同的数据库, 只要改这个, 不用记住那么多
的函数
    $host='localhost';                          //数据库主机名
    $dbName='db_database05';                    //使用的数据库
    $user='root';                               //数据库连接用户名
    $pass='111';                                //对应的密码
    $dsn="$dbms:host=$host;dbname=$dbName";
    try {
        $pdo = new PDO($dsn, $user, $pass); //初始化一个 PDO 对象, 就是创建了数据库连接对象$pdo
        $query="select * from tb_pdo_mysql";        //定义 SQL 语句
        $result=$pdo->prepare($query);              //准备查询语句
        $result->execute();                         //执行查询语句，并返回结果集
        while($res=$result->fetch(PDO::FETCH_ASSOC)){ //循环输出查询结果集，并且设置结果集
为关联索引
    ?>
        <tr>
            <td height="22" align="center" valign="middle"><?php echo$res['id'];?></td>
            <td align="center" valign="middle"><?php echo $res['pdo_type'];?></td>
            <td align="center" valign="middle"><?php echo $res['database_name'];?></td>
            <td align="center" valign="middle"><?php echo $res['dates'];?></td>
            <td align="center" valign="middle"><a href="#">删除</a></td>
        </tr>
    <?php
        }
    } catch (PDOException $e) {
        die ("Error!: " . $e->getMessage() . "<br/>");
    }
    ?>
```

运行结果如图 5-10 所示。

图 5-10　fetch()方法获取查询结果集

2. fetchAll()方法

fetchAll()方法获取结果集中的所有行，其语法如下：

```
array PDOStatement::fetchAll ([int fetch_style [, int column_index]])
```

（1）参数 fetch_style：控制结果集中数据的显示方式。

（2）参数 column_index：字段的索引。

其返回值是一个包含结果集中所有数据的二维数组。

【例 5-6】　通过 fetchAll()方法获取结果集中所有行，并且通过 for 语句读取二维数组中的数据，完成数据库中数据的循环输出，具体步骤如下。（实例位置：光盘\MR\源码\第 5 章\5-6）

创建 index.php 文件，设计网页页面。首先，通过 PDO 连接 MySQL 数据库。然后，定义 SELECT 查询语句，应用 prepare 和 execute 方法执行查询操作。接着，通过 fetchAll()方法返回结果集中所有行。最后，通过 for 语句完成结果集中所有数据的循环输出，关键代码如下：

```php
<?php
$dbms='mysql';                //数据库类型,对于开发者来说，使用不同的数据库，只要改这个，不用记住那么多
的函数
$host='localhost';                          //数据库主机名
$dbName='db_database05';                    //使用的数据库
$user='root';                               //数据库连接用户名
$pass='111';                                //对应的密码
$dsn="$dbms:host=$host;dbname=$dbName";
try {
    $pdo = new PDO($dsn, $user, $pass); //初始化一个 PDO 对象，就是创建了数据库连接对象$pdo
    $query="select * from tb_pdo_mysql";     //定义 SQL 语句
    $result=$pdo->prepare($query);           //准备查询语句
    $result->execute();                      //执行查询语句，并返回结果集
    $res=$result->fetchAll(PDO::FETCH_ASSOC); //获取结果集中的所有数据
    for($i=0;$i<count($res);$i++){           //循环读取二维数组中的数据
?>
    <tr>
        <td height="22" align="center" valign="middle"><?php echo $res[$i]['id'];?></td>
        <td align="center" valign="middle"><?php echo $res[$i]['pdo_type'];?></td>
        <td align="center" valign="middle"><?php echo $res[$i]['database_name'];?></td>
        <td align="center" valign="middle"><?php echo $res[$i]['dates'];?></td>
```

```
            <td align="center" valign="middle"><a href="#">删除</a></td>
        </tr>
<?php
    }
} catch (PDOException $e) {
    die ("Error!: " . $e->getMessage() . "<br/>");
}
?>
```

运行结果如图 5-11 所示。

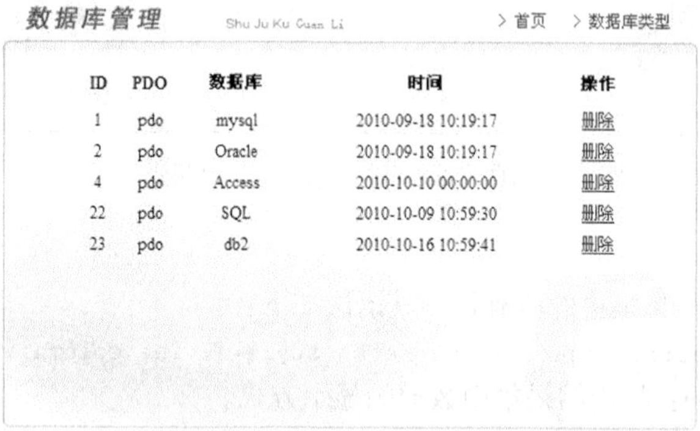

图 5-11 fetchAll()方法返回结果集中所有数据

3. fetchColumn()方法

fetchColumn()方法获取结果集中下一行指定列的值，其语法如下：

```
string PDOStatement::fetchColumn ([int column_number])
```

可选参数 column_number 设置行中列的索引值，该值从 0 开始。如果省略该参数则将从第 1 列开始取值。

通过 fetchColumn()方法获取结果集中下一行中指定列的值，注意这里是"结果集中下一行中指定列的值"。下面的实例输出数据表中第一列的值，即输出数据的 ID。

【例 5-7】 创建 index.php 文件，设计网页页面。首先，通过 PDO 连接 MySQL 数据库。然后，定义 SELECT 查询语句，应用 prepare 和 execute 方法执行查询操作。接着，通过 fetchColumn()方法输出结果集中下一行第一列的值，关键代码如下。（实例位置：光盘\MR\源码\第 5 章\5-7）

```
<?php
$dbms='mysql';              //数据库类型,对于开发者来说,使用不同的数据库,只要改这个,不用记住那么
多的函数
$host='localhost';                              //数据库主机名
$dbName='db_database05';                        //使用的数据库
$user='root';                                   //数据库连接用户名
$pass='111';                                    //对应的密码
$dsn="$dbms:host=$host;dbname=$dbName";
try {
    $pdo = new PDO($dsn, $user, $pass); //初始化一个 PDO 对象,就是创建了数据库连接对象$pdo
        $query="select * from tb_pdo_mysql";    //定义 SQL 语句
        $result=$pdo->prepare($query);          //准备查询语句
        $result->execute();                     //执行查询语句,并返回结果集
    ?>
        <tr>
```

```
                <td height="22" align="center" valign="middle"><?php echo $result->fetch
Column(0);?></td>
            </tr>
            <tr>
                <td height="22" align="center" valign="middle"><?php echo $result->fetch
Column(0);?></td>
            </tr>
            <tr>
                <td height="22" align="center" valign="middle"><?php echo $result->fetch
Column(0);?></td>
            </tr>
            <tr>
                <td height="22" align="center" valign="middle">
<?php echo $result->fetch Column(0);?></td>
            </tr>
    <?php
    } catch (PDOException $e) {
        die ("Error!: " . $e->getMessage() . "<br/>");
    }
    ?>
```

运行结果如图 5-12 所示。

图 5-12　fetchColumn()方法获取结果
集中第一列的值

ID（第一列，数据ID值）
1
2
4
22

5.3　面向对象

5.3.1　面向对象的基本概念

面向对象就是将要处理的问题抽象为对象，然后通过对象的属性和行为来解决对象的实际问题。面向对象的基本概念就是类和对象，接下来将分别进行讲解。

1. 类

正所谓"物以类聚，人以群分"，世间万物都具有其自身的属性和方法，通过这些属性和方法可以将不同物质区分开来。例如，人具有性别、体重和肤色等属性，还可以进行吃饭、睡觉、学习等能动活动，这些活动可以说是人具有的功能。可以把人看作程序中的一个类，那么人的性别可以比作类中的属性，吃饭可以比作类中的方法。

也就是说，类是属性和方法的集合，是面向对象编程方式的核心和基础，通过类可以将零散的用于实现某项功能的代码进行有效管理。例如，创建一个数据库连接类，包括六个属性：数据库类型、服务器、用户名、密码、数据库和错误处理；包括三个方法：定义变量方法、连接数据库方法和关闭数据库方法。数据库连接类的设计效果如图 5-13 所示。

图 5-13　数据库连接类

2. 对象

类只是具备某项功能的抽象模型,实际应用中还需要对类进行实例化,这样就引入了对象的概念。对象是类进行实例化后的产物,是一个实体。仍然以人为例,"黄种人是人"这句话没有错误,但反过来说"人是黄种人"这句话一定是错误的。因为除了有黄种人,还有黑人、白人等。那么"黄种人"就是"人"这个类的一个实例对象。可以这样理解对象和类的关系:对象实际上就是"有血有肉的、能摸得到看得见的"一个类。

这里实例化创建的数据库连接类,调用数据库连接类中的方法,完成与数据库的连接操作,如图 5-14 所示。

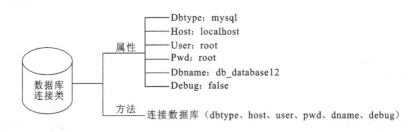

图 5-14　实例化对象

3. 面向对象的特点

面向对象编程的三个重要特点是:继承、封装和多态,它们迎合了编程中注重代码重用性、灵活性和可扩展性的需要,奠定了面向对象在编程中的地位。

(1)封装性:就是将一个类的使用和实现分开,只保留有限的接口(方法)与外部联系。对于使用该类的开发人员,只要知道这个类该如何使用即可,而不用去关心这个类是如何实现的。这样做可以让开发人员更好地集中精力专注别的事情,同时也避免了程序之间的相互依赖而带来的不便。

例如,使用计算机时,不需要将计算机拆开了解每个部件的具体用处,用户只需按下主机箱上的 Power 按钮就可以启动计算机。而对于计算机内部的构造,用户可以不必了解,这就是封装的具体表现。

(2)继承性:是派生类(子类)自动继承一个或多个基类(父类)中的属性与方法,并可以重写或添加新的属性或方法。继承这个特性简化了对象和类的创建,增加了代码的可重用性。

假如已经定义了 A 类,接下来准备定义 B 类,而 B 类中有很多属性和方法与 A 类相同,那么就可以使 B 类继承于 A 类,这样就无须再在 B 类中定义 A 类已有的属性和方法,从而可以在很大程度上提高程序的开发效率。

例如,定义一个水果类,水果类具有颜色属性,然后定义一个苹果类,在定义苹果类时完全可以不定义苹果类的颜色属性,通过如图 5-15 所示的继承关系完全可以使苹果类具有颜色属性。

(3)多态性:是指同一个类的不同对象,使用同一个方法可以获得不同的结果。多态性增强了软件的灵活性和重用性。

例如,定义一个火车类和一个汽车类,火车和汽车都可以移动,说明两者在这方面可以进行相同的操作。然而,火车和汽车移动的行为是截然不同的,因为火车必须在铁轨上行驶,而汽车在公路上行驶,这就是类多态性的形象比喻,如图 5-16 所示。

图 5-15　继承特性效果示意图　　　　　　图 5-16　多态在生活中的体现

5.3.2　PHP 与对象

1. 类的声明

在面向对象的编程语言中，类是对对象的抽象，在类中可以定义对象的属性和方法的描述。对象是类的实例，类只有被实例化后才能被使用。

（1）定义类

在 PHP 中，使用关键字 class 加类名的方式定义类，然后用大括号包裹类体，在类体中定义类的属性和方法。类的语法格式如下：

```
<?php
    权限修饰符  class  类名{
        类体;
    }
?>
```

● 权限修饰符是可选项，可以使用 public、protected、private 或者省略这三者。

● class 是创建类的关键字。

● 类名是所要创建类的名称，必须写在 class 关键字之后，在类的名称后面必须跟上一对大括号。

● 类体是类的成员，类体必须放在类名后面的两个大括号"{"和"}"之间。

类名的定义与变量名和函数名的命名规则类似，如果由多个单词组成，习惯上每个单词的首字母要大写，并且类名应该有一定的意义。

　　　　一个类即一对大括号之间的全部内容都要在一段代码段中，不允许将类中的内容分割成多块。

（2）成员属性

在类中直接声明的变量称为成员属性（也可以称为成员变量），可以在类中声明多个变量，即对象中有多个成员属性，每个变量都存储对象不同的属性信息。

成员属性的类型可以是 PHP 中的标量类型和复合类型，但是如果使用资源和空类型是没有意义的。

成员属性的声明必须用关键字来修饰，例如 public、protected、private 等，这是一些具有特定意义的关键字。如果不需要有特定的意义，那么可以使用 var 关键字来修饰。还有就是在声明成员属性时没有必要赋初始值。

下面创建 ConnDB 类并在类中声明一些成员属性，其代码如下：

```
class ConnDB{                      // 定义类
    var $dbtype;                   // 声明成员属性
```

```
    var  $host;                              // 声明成员属性
    var  $user;                              // 声明成员属性
    var  $pwd;                               // 声明成员属性
    var  $dbname;                            // 声明成员属性
    var  $debug;                             // 声明成员属性
    var  $conn;                              // 声明成员属性
}
```

（3）成员常量

既然有成员变量，当然也会有成员常量。成员常量就是不会改变的量，是一个恒值。例如：圆周率就是众所周知的一个常量。在类中定义常量使用关键字 const。例如定义一个圆周率常量：

```
const PI= 3.14159;
```

常量的输出不需要实例化对象，直接由类名+常量名调用即可。常量输出的格式为：

类名::常量名

类名和常量名之间的两个冒号"::"称为作用域操作符，使用这个操作符可以在不创建对象的情况下调用类中的常量、变量和方法。关于作用域操作符，将在类的实例化一节中进行介绍。

（4）成员方法

在类中声明的函数称为成员方法。一个类中可以声明多个函数，即对象中可以有多个成员方法。成员方法的声明和函数的声明相同，唯一特殊之处是成员方法可以有关键字来对它进行修饰，控制成员方法的权限，提高代码的逻辑性和安全性。声明成员方法的代码如下：

```
class ConnDB{                               // 定义类
    function ConnDB(){                      // 声明构造方法
                                            // 方法体

    }
    function GetConnId(){                   // 声明数据库连接方法
                                            // 方法体

    }
    function CloseConnId(){                 // 声明数据库关闭方法
        $this->conn->Disconnect();          // 方法体，执行关闭的操作
    }
}
```

在类中成员属性和成员方法的声明都是可选的，可以同时存在，也可以单独存在。具体应该根据实际的需求而定。

2. 类的实例化

（1）对象的创建

对类定义完成后并不能直接使用，还需要对类进行实例化，即创建对象。PHP 中使用关键字 new 来创建一个对象。类的实例化格式如下：

$变量名=new 类名称([参数]);   // 类的实例化

● $变量名：类实例化返回的对象名称，用于引用类中的方法。

● new：关键字，表明要创建一个新的对象。

● 类名称：表示新对象的类型。

● 参数：指定类的构造方法用于初始化对象的值。如果类中没有定义构造函数，PHP 会自动创建一个不带参数的默认构造函数。

例如，这里对上面创建的 ConnDB 类进行实例化，其代码如下：

```
class ConnDB{                                       // 定义类
    function ConnDB(){                              // 声明构造方法
                                                    // 方法体

    }
    function GetConnId(){                           // 声明数据库连接方法
                                                    // 方法体

    }
    function CloseConnId(){                         // 声明数据库关闭方法
        $this->conn->Disconnect();                  // 方法体，执行关闭的操作
    }
}
$connobj1=new ConnDB();                             // 类的实例化
$connobj2=new ConnDB();                             // 类的实例化
$connobj3=new ConnDB();                             // 类的实例化
```

一个类可以实例化多个对象，每个对象都是独立的。如果上面的 ConnDB 类实例化了三个对象，就相当于在内存中开辟了三个空间存放对象。同一个类声明的多个对象之间没有任何联系，只能说明它们是同一个类型。就像是三个人，都有自己的姓名、身高、体重，都可以进行吃饭、睡觉、学习等活动。

（2）访问类中的成员

在类中包括成员属性和成员方法，访问类中的成员包括对成员属性和方法的访问。在对类进行实例化后可以通过对象的引用来访问类中的公有属性和公有方法，即被关键字 public 修饰的属性和方法。其中还要用到一个特殊的运算符号 "->"。访问类中成员的语法格式如下：

```
$变量名=new 类名称([参数]);                          // 类的实例化
$变量名->成员属性=值;                                // 为成员属性赋值
$变量名->成员属性;                                   // 直接获取成员属性值
$变量名->成员方法;                                   // 访问对象中指定的方法
```

从上述代码中可以发现，PHP 调用类的属性和方法使用符号 "->" 而非 "."，其他一些面向对象的编程语言，如 Java 和 C# 等一般采用点，初学者应该注意，不要混淆。

【例 5-8】　创建 Student 类，对类进行实例化，并访问类中的成员属性和成员方法，代码如下。（实例位置：光盘\MR\源码\第 5 章\5-8）

```
<?php
class Student{
    public $type="学生";                            //定义类的属性
    public $name="小明";
    public $age="15";
    public function getNameAndAge(){                //定义类的成员方法
        return $this->name."今年".$this->age."周岁";
    }
}
$student = new Student();                           //类的实例化
echo $student->type;                               //调用类的成员属性
echo $student->getNameAndAge();                     //调用类的成员方法
?>
```

本实例的运行结果如图 5-17 所示。

（3）"$this" 和 "::"

● $this

图 5-17 访问类中的成员

在例 5-8 中，使用了一个特殊的对象引用方法
"$this"。那么它到底表示什么意义呢？在这里将进行详细讲解。

PHP 面向对象的编程方式中，在对象中的方法执行时会自动定义一个$this 变量，这个变量表示对对象本身的引用。使用$this 变量可以引用该对象的其他方法和属性，并使用 "–>" 作为连接符，如下所示。

```
$this->属性;       //注意属性名前没有 "$"
$this->方法;
```

在使用$this 引用对象自身的方法时，直接加方法名并为方法指定参数即可，如果引用的是类的属性，一定注意不要加 "$"。

正如在例 5-8 中定义的那样，在 getNameAndAge()方法中，直接通过$this–>name 和$this–>age 获取学生的名字和年龄。

● 操作符 "::"

相比$this 引用只能在类的内部使用，操作符 "::" 才是真正的强大。操作符 "::" 可以在没有声明任何实例的情况下访问类中的成员。操作符 "::" 的语法格式如下：

关键字::变量名/常量名/方法名

这里的关键字分为三种情况。

① parent 关键字：可以调用父类中的成员变量、成员方法和常量。

② self 关键字：可以调用当前类中的静态成员和常量。

③ 类名：可以调用本类中的变量、常量和方法。

【例 5-9】　本实例依次使用类名、parent 关键字和 self 关键字来调用变量和方法，代码如下。
（实例位置：光盘\MR\源码\第 5 章\5-9）

```php
<?php
    class Car{
        const NAME="别克系列";              //定义常量
        public function bigType(){           //定义成员方法
            echo "父类: ".Car::NAME;         //调用常量
        }
    }
    class SmallCar extends Car{              //子类继承父类
        const NAME="别克军威";              //定义常量
        public function smallType(){         //定义子类成员方法
            echo parent::bigType()."\t";     //调用父类方法
            echo "子类: ".self::NAME;        //调用当前类常量
        }
    }
    SmallCar::smallType();
//不需要实例化直接调用子类中的方法
?>
```

本实例运行结果如图 5-18 所示。

（4）构造方法和析构方法

图 5-18 操作符 "::" 的使用

● 构造方法

构造方法是对象创建完成后第一个被对象自动调用的方法。它存在于每个声明的类中，是一个特殊的成员方法，如果在类中没有直接声明构造方法，那么类中会默认生成一个没有任何参数且内容为空的构造方法。

构造方法多数是执行一些初始化的任务。在 PHP 中，构造方法的声明有两种情况：第一种在 PHP 5 以前的版本中，构造方法的名称必须与类名相同；第二种在 PHP 5 的版本中，构造方法的方法名称必须是以两个下划线开始的 "＿construct()"。虽然在 PHP 5 中构造方法的声明方法发生了变化，但是以前的方法还是可用的。

PHP 5 中的这个变化是考虑到构造函数可以独立于类名，当类名发生变化时不需要修改相应的构造函数的名称。通过＿construct()声明构造方法的语法格式如下：

```
function __construct([mixed args [,…]]){
        //方法体
}
```

在 PHP 中，一个类只能声明一个构造方法。在构造方法中可以使用默认参数，实现其他面向对象的编程语言中构造方法重载的功能。如果在构造方法中没有传入参数，那么将使用默认参数为成员变量进行初始化。

【例 5-10】　通过＿construct()声明一个与类名不同的构造方法，代码如下。（实例位置：光盘\MR\源码\第 5 章\5-10）

```php
<?php
/*
            构造函数：当类被实例化后构造函数自动执行，所以如果用户希望在实例化的同时调用某个方法可以
把通过 this 关键字调用此方法。
*/
        class mysql{                    //定义类名称
        var $localhost;                 //定义成员变量
        var $name;
        var $pwd;
        var $db;
        var $conn;
        public function __construct($localhost,$name,$pwd,$db){//构造函数
            $this->localhost=$localhost;
            $this->name=$name;
            $this->pwd=$pwd;
            $this->db=$db;
            $this->connect();           //类被实例化的同时调用 connect()方法
        }
        public function connect(){      //定义 connect()方法
            $this->conn=mysql_connect($this->localhost,$this->name,$this->pwd)or
die("CONNECT MYSQL FALSE");
            mysql_select_db($this->db,$this->conn)or die("CONNECT DB FALSE");
            mysql_query("SET NAMES utf8");
        }
        public function GetId(){        //定义 GetId()方法
            echo "MYSQL 服务器的用户名: ".$this->name."<br>";
            echo "MYSQL 服务器的密码: ".$this->pwd;
        }
```

```
    }
    $msl=new mysql("127.0.0.1","root","111","db_database05");      //实例化对象
    $msl->GetId();                              //对象句柄调用指定的方法
?>
```

运行结果如图 5-19 所示。

● 析构方法

析构方法的作用和构造方法正好相反，是对象被销毁之前最后一个被对象自动调用的方法。它是 PHP 5 中新添加的内容，在销毁一个对象之前执行一些特定的操作，如关闭文件、释放内存等。

图 5-19　通过__construct()声明构造方法

析构方法的声明格式与构造方法类似，都是以两个下划线开头的 "__destruct"，析构函数没有任何参数，语法格式如下：

```
function __destruct(){
        // 方法体，通常是完成一些在对象销毁前的清理任务
}
```

在 PHP 中，有一种"垃圾回收"机制，可以自动清除不再使用的对象，释放内存。而析构方法就是在这个垃圾回收程序执行之前被调用的方法，在 PHP 中它属于类中的可选内容。

3. 面向对象的封装

面向对象编程的特点之一是封装性，将类中的成员属性和方法结合成一个独立的相同单位，并尽可能地隐藏对象的内容细节。

类的封装是通过关键字 public、private、protected、static 和 final 来实现的。PHP 5.0 以后的版本中，可以通过这些关键字对类中属性和方法的访问权限进行限定，将类中的成员分为私有成员、保护成员和公共成员。这样使得 PHP 的面向对象的编程方式更加人性化，开发的程序安全性也有明显提高。下面对其中的 public、private 和 protected 关键字进行详细讲解。

（1）公共成员关键字 public

顾名思义，公共成员就是可以公开的、没有必要隐藏的数据信息。可以在程序的任何地点（类内、类外）被其他的类和对象调用。子类可以继承和使用父类中所有的公共成员。

在本章介绍的面向对象的前半部分，所有的变量都被声明为 public，而所有的方法在默认的状态下也是 public，所以对变量和方法的调用可以在类外部执行。

（2）私有成员关键字 private

被 private 关键字修饰的变量和方法，只能在所属类的内部被调用和修改，不可以在类外被访问，即使是子类也不可以。

【例 5-11】　在本例中，通过调用成员方法对私有变量$bookName 进行修改和访问。如果直接调用私有变量，将会发生错误。代码如下。（实例位置：光盘\MR\源码\第 5 章\5-11）

```
<?php
    class Book{
        private $bookName="PHP 从入门到实践";       //定义私有变量并赋值
        public function setName($bookName){        //定义 setName()方法设置变量值
            $this->bookName=$bookName;
        }
        public function getName(){                 //定义 getName()方法返回变量值
            return $this->bookName;
        }
```

```
    }
$book=new Book();                                //对类实例化
$book->setName("PHP 自学视频教程");               //执行 setName()方法修改私有变量的值
echo "正确操作私有变量: ";
echo $book->getName();
//执行 getName()方法输出变量的值
echo "<br>错误操作私有变量: ";
echo Book::$bookName;
//直接访问私有变量出现错误
?>
```

运行结果如图 5-20 所示。

图 5-20　用 private 关键字修饰变量

说明　对于成员方法，如果没有写关键字，那么默认就是 public。从本节开始，以后所有的方法及变量都会带上关键字，这是程序员的一种良好的编程习惯。

（3）保护成员关键字 protected

private 关键字可以将数据完全隐藏起来，除了在本类外，其他地方都不可以调用，子类也不可以。对于有些变量希望子类能够调用，但对另外的类来说，还要做到封装。这时，就可以使用 protected。被 protected 修饰的类成员，可以在本类和子类中被调用，其他地方则不可以被调用。

【例 5-12】　在本例中，首先声明一个 protected 变量，然后使用子类中的方法调用，最后在类外直接调用一次，代码如下。（实例位置：光盘\MR\源码\第 5 章\5-12）

```
<?php
    class Car{                                   //定义轿车类
        protected $carName="奥迪系列";            //定义保护变量
    }
    class SmallCar extends Car{                  //定义小轿车类继承轿车类
        public function say(){                    //定义 say 方法
            echo "调用父类中的属性: ".$this->carName; //输出父类变量
        }
    }
    $car=new SmallCar();                         //实例化对象
    $car->say();
        //调用 say 方法
    echo $car->$carName;
        //直接访问保护变量出现错误
?>
```

运行结果如图 5-21 所示。

图 5-21　用 protected 关键字修饰变量

说明　虽然 PHP 中没有对修饰变量的关键字做强制性的规定和要求，但从面向对象的特征和设计方面考虑，一般使用 private 或 protected 关键字来修饰变量，以防止变量在类外被直接修改和调用。

4. 面向对象的继承

面向对象编程的特点之二是继承性，使一个类继承并拥有另一个已存在类的成员属性和成员方法，其中被继承的类称为父类，继承的类称为子类。通过继承能够提高代码的重用性和可维护性。

（1）继承关键字 extends

类的继承是类与类之间的一种关系的体现。子类不仅有自己的属性和方法，而且还拥有父类的所有属性和方法，所谓子承父业。

在 PHP 中，类的继承通过关键字 extends 实现，其语法格式如下：

```
class 子类名称 extends 父类名称{
    // 子类成员变量列表
    function 成员方法(){                        // 子类成员方法
        // 方法体
    }
    // 省略其他方法
}
```

【例 5-13】   在本例中，创建一个水果父类，在另一个水果子类中通过 extends 关键字来继承水果父类中的成员属性和方法，最后对水果子类进行实例化操作，代码如下。（实例位置：光盘\MR\源码\第 5 章\5-13）

```php
<?php
    class Fruit{
        var $apple="苹果";                      // 定义变量
        var $banana="香蕉";
        var $orange="橘子";
    }
    class FruitType extends Fruit{              // 类之间继承
        var $grape="葡萄";                       // 定义子类变量
    }
    $fruit=new FruitType();                     // 实例化对象
    echo $fruit->apple.", ".$fruit->banana.", ".$fruit->orange.", ".$fruit->grape;
?>
```

运行结果如图 5-22 所示。

（2）子类调用父类的成员方法

通过 parent::关键字也可以在子类中调用父类中的成员方法，其语法格式如下：

图 5-22   类的继承

```
parents::父类的成员方法(参数);
```

下面通过 parent::关键字重新设计例 5-13 中的继承方法。在子类的 show()方法中，直接通过 parent::关键字调用父类中的 say()方法，关键代码如下：

```php
<?php
    class Fruit{                                // 定义水果类
        var $apple="苹果";                      // 定义变量
        var $banana="香蕉";
        var $orange="橘子";
        public function say(){                  // 定义 say 方法
            echo $this->apple.", ";            // 利用 this 关键字输出本类中的变量
            echo $this->banana.", ";
            echo $this->orange.", ";
        }
    }
    class FruitType extends Fruit{              // 类之间继承
        var $grape="葡萄";                       // 定义子类变量
        public function show(){                 // 定义 show 方法
```

```
            parent::say();                  // 利用关键字 parent 调用父类中的 say 方法
        }
    }
    $fruit=new FruitType();                  // 实例化对象
    $fruit->show();                          // 调用子类 show 方法
    echo $fruit->grape;                      // 调用子类变量
?>
```

此时它的输出结果与例 5-13 是相同的。

（3）覆盖父类方法

所谓覆盖父类方法，也就是使用子类中的方法将从父类中继承的方法进行替换，也叫方法的重写。

覆盖父类方法的关键就是在子类中创建与父类中相同的方法，包括方法名称、参数和返回值类型。

【例 5-14】　在子类中创建一个与父类方法同名的方法，那么就实现了方法的重写，关键代码如下。（实例位置：光盘\MR\源码\第 5 章\5-14）

```
<?php
    class Car{                               // 定义轿车类
        protected $wheel;                    // 定义保护变量
        protected $steer;
        protected $speed;
        public function say_type(){          // 定义轿车类型方法
            $this->wheel="45.9cm";           // 定义车轮直径长度
            $this->steer="15.7cm";           // 定义方向盘直径长度
            $this->speed="120m/s";           // 定义车速
        }
    }
    class SmallCar extends Car{              // 定义小型轿车类继承轿车类
        public function say_type(){          // 定义与父类方法同名的方法
            $this->wheel="50.9cm";           // 定义车轮直径长度
            $this->steer="20cm";             // 定义方向盘直径长度
            $this->speed="160m/s";           // 定义车速
        }
        public function say_show(){          // 定义输出方法
            $this->say_type();               // 调用本类中方法
            echo "Q7 轿车轮胎尺寸：".$this->wheel."<br>";  // 输出本类中定义的车轮直径长度
            echo "Q7 轿车方向盘尺寸：".$this->steer."<br>"; // 输出本类中定义方向盘直径长度
            echo "Q7 轿车最高时速：".$this->speed;         // 输出本类中定义的最高时速
        }
    }
    $car=new SmallCar();    // 实例化小轿车类
    $car->say_show(); // 调用 say_show() 方法
?>
```

本实例运行效果如图 5-23 所示。

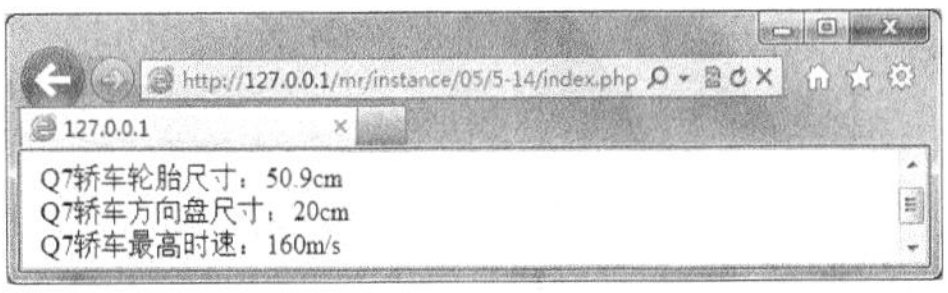

图 5-23　重写方法

说明　当父类和子类中都定义了构造方法时，当子类的对象被创建后，将调用子类的构造方法，而不会调用父类的构造方法。

5. 面向对象的关键字

（1）final 关键字

final 的中文含义是最终的、最后的。被 final 修饰过的类和方法就是"最终的版本"。如果有一个类的格式为：

```
final class class_name{
        //…
}
```

说明该类不可以再被继承，也不能再有子类。

如果有一个方法的格式为：

```
final function method_name()
```

说明该方法在子类中不可以进行重写，也不可以被覆盖。

这就是 final 关键字的作用。

（2）static 关键字

在 PHP 中，通过 static 关键字修饰的成员属性和成员方法被称为静态属性和静态方法。静态属性和静态方法可以直接使用，而不一定在被类实例化的情况下才可使用。

● 静态属性

静态属性就是使用关键字 static 修饰的成员属性，它属于类本身而不属于类的任何实例。它相当于存储在类中的全局变量，可以在任何位置通过类来访问。静态属性访问的语法如下：

类名称::$静态属性名称

其中的符号"::"被称为范围解析操作符，用于访问静态成员、静态方法和常量，还可以用于覆盖类中的成员和方法。

如果要在类内部的成员方法中访问静态属性，那么只要在静态属性的名称前加上操作符"self::"即可。

● 静态方法

静态方法就是通过关键字 static 修饰的成员方法。由于它不受任何对象的限制，所以可以不通过类的实例化直接引用类中的静态方法。静态方法引用的语法如下：

类名称::静态方法名称([参数1,参数2,……])

同样，如果要在类内部的成员方法中引用静态方法，那么也是在静态方法的名称前加上操作符"self::"。

在静态方法中，只能调用静态变量，而不能调用普通变量，而普通方法则可以调用静态变量。

使用静态成员，除了可以不需要实例化对象，另一个作用就是在对象被销毁后，仍然保存被修改的静态数据，以便下次继续使用。

【例 5-15】 首先，声明一个静态变量$num，声明一个方法，在方法的内部调用静态变量并给变量值加 1。然后，实例化类中的对象。最后，调用类中的方法，代码如下。（实例位置：光盘\MR\源码\第 5 章\5-15）

```php
<?php
    class Web{
        static $num="0";                        // 定义静态变量
        public function change(){               // 定义 change 方法
```

```
        echo "您是本站第".self::$num."位访客.\t";    // 输出静态变量信息
        self::$num++;                                // 静态变量做自增运算
    }
}
$web=new Web();                                      // 实例化对象
echo "第一次实例化调用: <br>";
$web->change();                                      // 对象调用
$web->change();
$web->change();
echo "<br>第二次实例化调用<br>";
$web_wap=new Web();                                  // 改变对象句柄实例化对象
$web_wap->change();
$web_wap->change();
?>
```

运行结果如图 5-24 所示。

如果将程序代码中的静态变量改为普通变量，如 "private $num = 0;"，那么结果就不一样了。读者可以动手试一试。

图 5-24　静态变量的使用

 　　　　静态成员不用实例化对象，当类第一次被加载时就已经分配了内存空间，所以直接调用静态成员的速度要快一些。但如果静态成员声明得过多，空间一直被占用，反而会影响系统的功能。这个尺度只能通过实践积累才能真正地把握。

（3）clone 关键字

① 克隆对象

对象的克隆可以通过关键字 clone 来实现。使用 clone 克隆的对象与原对象没有任何关系，它是将原对象从当前位置重新复制了一份，也就是相当于在内存中新开辟了一块空间。用 clone 关键字克隆对象的语法格式如下：

```
$克隆对象名称=clone $原对象名称;
```

对象克隆成功后，它们中的成员方法、属性以及值是完全相同的。如果要为克隆后的副本对象中的成员属性重新赋初始值，那么就要使用下面将要介绍的魔术方法 "__clone()"。

② 克隆副本对象的初始化

魔术方法 "__clone()" 可以为克隆后的副本对象重新初始化。它不需要任何参数，其中自动包含$this 和$that 两个对象的引用，$this 是副本对象的引用，$that 则是原本对象的引用。

【例 5-16】　本例中，在对象$book1 中创建__clone()方法，将变量$object_type 的默认值从 book 修改为 computer。使用对象$book1 克隆出对象$book2，输出$book1 和$book2 的$object_type 值。代码如下。（实例位置：光盘\MR\源码\第 5 章\5-16）

```php
<?php
class Book{                                  // 定义类 Book
    private $object_type = 'book';           // 声明私有变量$object_type，并赋初值为 book
    public function setType($type){          // 声明成员方法 setType，为变量$object_type 赋值
        $this -> object_type = $type;
    }
    public function getType(){               // 声明成员方法 getType，返回变量$object_type 的值
        return $this -> object_type;
    }
```

```
        public function __clone(){                    // 声明__clone()方法
            $this ->object_type = 'computer';   // 将变量$object_type 的值修改为 computer
        }
    }
    $book1 = new Book();                              // 实例化对象$book1
    $book2 = clone $book1;                            // 克隆对象
    echo '对象$book1 的变量值为：'.$book1 -> getType();// 输出对象的变量值
    echo '<br>';
    echo '对象$book2 的变量值为：'.$book2 -> getType();// 输出克隆后对象的变量值
    ?>
```

运行结果如图 5-25 所示。

对象$book2 克隆了对象$book1 的全部行为及属性，而且还拥有属于自己的成员变量值。

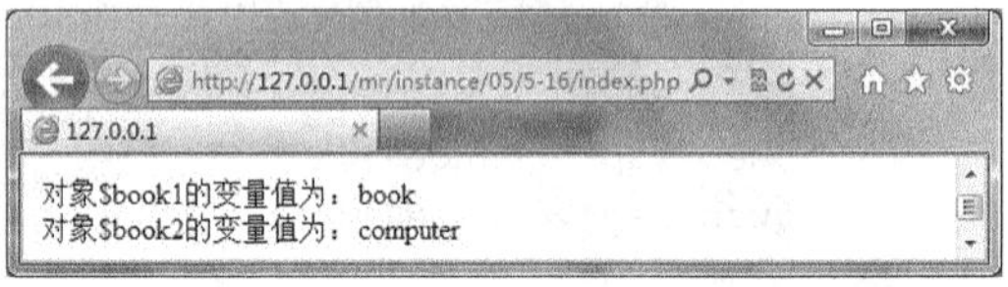

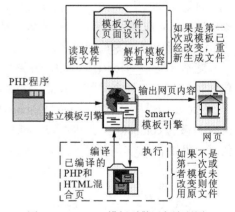

图 5-25　_clone()方法

（4）对象比较

通过克隆对象，相信读者已经理解表达式$Object2 = $Object1 和$Object2 = clone $Object1 所表示的不同含义。但在实际开发中，应如何判断两个对象之间的关系是克隆还是引用？

这时可以使用比较运算符 "==" 和 "==="。两个等号 "==" 是比较两个对象的内容，3 个等号 "===" 是比较对象的引用地址。

（5）instanceof 关键字

instanceof 操作符可以检测当前对象是属于哪个类，其语法格式如下：

```
ObjectName instanceof ClassName
```

5.4　Smarty 模板

5.4.1　Smarty 简介

Smarty 是 PHP 中的一个模板引擎，是众多 PHP 模板中最优秀、最著名的模板之一。Smarty 模板引擎将 PHP 程序直接生成模板文件，最终浏览器中读取的就是 Smarty 模板文件，并且 Smarty 能够对模板文件进行判断，如果是第一次或者模板已经改变，则重新生成模板文件，否则将直接执行原模板文件。Smarty 模板引擎的运行流程如图 5-26 所示。

1. Smarty 模板引擎

当动态网页开始风行时，网站设计师们对 HTML 中嵌入脚本语言又提出了更高的要求。因为无论是微软的 ASP 还是开放源码的 PHP，都属于服务器端的

图 5-26　Smarty 模板引擎运行流程图

HTML 嵌入式脚本语言，作为一个网站设计师必须既懂程序设计，又懂页面设计。但在通常情况下，如果在程序设计上是高手，那么在页面设计上必然差一些，反之也是如此，正所谓 "鱼和熊掌不可兼得"。由此一些网站设计师设想,如果能将网页设计与程序开发分离,效果是否会更好呢？因此模板引擎应运而生。

开发模板引擎的目的是实现程序设计与网页设计的逻辑分离，使程序设计者可以专注于程序功能的开发；而网页设计师专注于页面的设计，让网页看起来更加具有专业性。

Smarty 是一个使用 PHP 编写的应用于 PHP 的模板引擎，它将一个应用程序分成两部分：视图和逻辑控制。简单地讲，就是将 UI（用户界面）和 PHP code（PHP 代码）分离。这样，程序员在修改程序时不会影响到页面设计，而美工在重新设计或修改页面时也不会影响程序逻辑。

2. Smarty 与 MVC

Smarty 的这种开发模式是基于 MVC 框架的概念。MVC（Model-View-Controller），即模型–视图–控制器。MVC 框架将一个应用程序定义成视图、控制器、模型三部分。

（1）模型：对接收过来的信息进行处理，并将处理结果回传给视图。例如，如果用户输入信息正确，那么将给视图一个命令，允许用户进入主页面；反之，则拒绝用户的操作。

（2）视图：就是提供给用户的界面。视图只提供信息的收集及显示，不涉及处理。如用户登录，登录界面就是视图，只提供用户登录的用户名和密码输入框（也可以有验证码、安全问题等信息），至于用户名和密码的对与错，这里不去处理，直接传给后面的控制部分。

（3）控制器：负责处理视图和模型的对应关系，并将视图收集的信息传递给对应的模型。例如，当用户输入用户名和密码后提交。这时，控制部分接收用户的提交信息，并判断这是一个登录操作，随后将提交信息转发给登录模块部分，也就是模型。

3. Smarty 特点

（1）采用 Smarty 模板编写的程序可以获得最快的速度。注意，这是相对于其他模板而言。

（2）可以自行设置模板定界符，如{}、{{}}、<!--{}-->等。

（3）仅对修改过的模板文件进行重新编译。

（4）模板中可以使用 if/elseif/else/endif。

（5）内建缓存支持。

（6）可自定义插件。

5.4.2　Smarty 的安装配置

1. Smarty 下载和安装

PHP 没有内置 Smarty 模板类，需要单独下载和配置，并且 Smarty 要求服务器上的 PHP 版本最低为 4.0.6。用户可以通过 http://smarty.net/download.php 网站下载最新的 Smarty 压缩包。这里使用的版本是 Smarty-2.6.26。

将压缩包解压后，有一个 libs 目录，其中包含了 Smarty 类库的核心文件，包括 smarty.class.php、smarty_Compiler.class.php、config_File.class.php 和 debug.html 四个文件，还有 internals 和 plug-ins 两个目录。将 libs 目录复制到服务器根目录下，并为其重新命名。一般该目录的名称为 smarty、class 等，这里将 libs 文件夹重新命名为 Smarty。至此，Smarty 模板安装完毕。

　　　　凡是在后面的章节中提到 Smarty 类包、Smarty 目录等，都是这个重新命名后的 Smarty 目录，即原 libs 目录。

2. Smarty 配置

Smarty 模板引擎的配置步骤如下：

（1）确定 Smarty 目录的位置。因为 Smarty 类库是通用的，每一个项目都可能会使用到它。所以将 Smarty 放到根目录下。因为本章的所有程序都放在/MR/Instance/05/文件夹下，所以将/05/

作为临时的根目录，Smarty 就放到这个目录下。

（2）新建 4 个目录 templates、templates_c、configs 和 cache。因为目录 templates 存放的是项目的模板，所以有人喜欢将 templates 放到 Smarty 目录外。这两种方法没什么区别，只要设置的路径正确即可。

（3）创建配置文件。如果要应用 Smarty 模板，就一定要包含 Smarty 类库和相关信息。将配置信息写到一个文件中，用的时候只要包含配置文件就可以。这里要注意一点，配置文件中要使用绝对路径，因为服务器不会知道文件在第几层目录中被调用。配置文件完成后，保存到根目录下。不要忘记本章中所指的根目录是/05/。配置文件 config.php 的代码如下。

```php
<?php
/* 定义服务器的绝对路径 */
define('BASE_PATH',$_SERVER['DOCUMENT_ROOT']);
/* 定义 Smarty 目录的绝对路径 */
define('SMARTY_PATH','\MR\Instance\05\Smarty\\');
/* 加载 Smarty 类库文件 */
require BASE_PATH.SMARTY_PATH.'Smarty.class.php';
/* 实例化一个 Smarty 对象 */
$smarty = new Smarty;
/* 定义各个目录的路径 */
$smarty->template_dir = BASE_PATH.SMARTY_PATH.'templates/';
$smarty->compile_dir = BASE_PATH.SMARTY_PATH.'templates_c/';
$smarty->config_dir = BASE_PATH.SMARTY_PATH.'configs/';
$smarty->cache_dir = BASE_PATH.SMARTY_PATH.'cache/';
/* 定义定界符 */
//$smarty->left_delimiter = '<{';
//$smarty->right_delimiter = '}>';
?>
```

上述配置文件的参数说明如下。

- BASE_PATH：指定服务器的绝对路径。
- SMARTY_PATH：指定 smarty 目录的绝对路径。
- require()：加载 Smarty 类库文件 Smarty.class.php。
- $smarty：实例化 Smarty 对象。
- $smarty->template_dir：定义模板目录存储位置。
- $smarty-> compile_dir：定义编译目录存储位置。
- $smarty-> config_dir：定义配置文件存储位置。
- $smarty-> cache_dir：定义模板缓存目录。
- $smarty->left_delimiter：定义 Smarty 使用的开始定界符。
- $smarty->right_delimiter：定义 Smarty 使用的结束定界符。

有关定界符的使用，开发者可以指定任意的格式，也可以不指定。使用 Smarty 默认的定界符"{"和"}"。

到此，Smarty 的配置讲解完毕。至于将配置文件存储在什么位置，可以根据实际情况而定。

3. 第一个 Smarty 程序

介绍 Smarty 的下载、安装和配置方法后，接下来就创建一个 Smarty 程序，通过具体的操作来了解 Smarty 的应用。

【例 5-17】 创建第一个 Smarty 应用实例，初步了解 Smarty 的使用过程。（实例位置：光盘\MR\

源码\第 5 章\5-17）

（1）在服务器根目录下的/MR/Instance/05/文件夹下，新建一个文件夹，命名为 5-17。

（2）复制 Smarty 到目录 5-17 下。在 Smarty 目录下新建 4 个目录，分别是 templates、templates_c、configs 和 cache。此时，例 5-17 的目录结构如图 5-27 所示。

（3）新建一个.html 静态页，输入数据。输入完毕后将文件保存到刚刚新建的 templates 目录下，并命名为 index.html，实例代码如下。

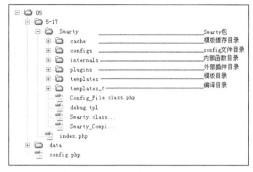

图 5-27　Smarty 包的目录结构

```html
<html>
<head>
<meta http-equiv="Content-Type" content="text/html; charset=gb2312" />
<title>{ $title }</title>
</head>
<body>
{$content}
</body>
</html>
```

代码中加粗的部分就是 Smarty 标签，大括号"{}"为标签的定界符，$title 和$content 为变量。

（4）回到上级目录，在目录/5-17/下新建一个.php 文件，使用 Smarty 变量和方法对文件进行操作，输入完毕后保存为 index.php，代码如下。

```php
<?php
/* 定义服务器的绝对路径  */
define('BASE_PATH',$_SERVER['DOCUMENT_ROOT']);
/* 定义 Smarty 目录的绝对路径  */
define('SMARTY_PATH','\MR\Instance\05\5-17\Smarty\\');
/* 加载 Smarty 类库文件     */
require BASE_PATH.SMARTY_PATH.'Smarty.class.php';
/* 实例化一个 Smarty 对象  */
$smarty = new Smarty;
/* 定义各个目录的路径      */
$smarty->template_dir = BASE_PATH.SMARTY_PATH.'templates/';
$smarty->compile_dir = BASE_PATH.SMARTY_PATH.'templates_c/';
$smarty->config_dir = BASE_PATH.SMARTY_PATH.'configs/';
$smarty->cache_dir = BASE_PATH.SMARTY_PATH.'cache/';
/* 使用 Smarty 赋值方法将指定数据发送到模板中   */
$smarty->assign('title','第一个 Smarty 程序');
$smarty->assign('content','Hello,Welcome to study \'Smarty\'!');
/* 显示模板  */
$smarty->display('index.html');
?>
```

这是 Smarty 运行最关键的步骤，主要进行了两项设置和两步操作。

● 加载 Smarty 类库。也就是加载 Smarty.class.php 文件，这里使用的是绝对地址。为了稍后在配置其他路径时不用输入那么长的地址字串，之前还声明了两个常量：服务器地址常量和 Smarty 路径常量。两个常量连接起来就是 Smarty 类库所在的目录。

- 保存新建的 4 个目录的绝对路径到各自的变量。在第（2）步时，曾创建了 4 个目录。这 4 个目录各有各的用途，如果没有配置目录的地址，那么服务器默认的路径就是当前执行文件所在的路径。除了上面两项必须设置的变量外，还可以改变很多 Smarty 参数值，如开启/关闭缓存、改变 Smarty 的默认定界符等。
- 给模板赋值。设置成功后，需要给指定的模板赋值，assign()就是赋值方法。
- 显示模板。一切操作结束后，调用 display()方法来显示页面。实际上，用户真正看到的页面是 templates 模板目录下的 index.html 模板文件；作为首页的 index.php，只是用来传递结果和显示模板；而在浏览器中运行的是 templates_c 文件夹下的文件。

打开 IE 浏览器，运行 index.php 文件，运行结果如图 5-28 所示。

图 5-28　第一个 Smarty 程序

5.4.3　Smarty 模板设计

Smarty 的特点是将用户界面和过程实现分离，让美工和程序员各司其职，互不干扰。这样，Smarty 类库也自然被分成两部分来使用，即 Smarty 模板设计和 Smarty 程序设计。两部分内容既相互独立，同时又有共通的部分。本节首先来学习 Smarty 模板设计。

1．Smarty 模板文件

Smarty 模板文件是由一个页面中所有的静态元素，加上定界符"{…}"组成的。模板文件统一存放的位置是 templates 目录下（模板文件的存储位置可以在配置文件中指定，可以根据个人习惯而定）。模板中不允许出现 PHP 代码段。Smarty 模板中的所有注释、变量、函数等都要包含在定界符内。

2．注释

Smarty 中的注释和 PHP 注释类似，都不会显示在源代码中。注释包含在两个星号"*"中间，格式如下：

```
{* 这是注释 *}
```

3．变量

Smarty 中的变量来自以下 3 个部分：

（1）PHP 页面中的变量

使用方法和在 PHP 中是相同的，也需要使用"$"符号。略有不同的是对数组的读取，Smarty 中读取数组有两种方法。一种是通过索引获取，与 PHP 中相似，可以是一维，也可以是多维；另一种是通过键值获取数组元素，这种方法的格式与以前接触过的不同，使用符号"."作为连接符，数组$arr = array{'object' => 'book','type' => 'comptuer','unit' => '本'}，如果想得到 type 的值，表达式的格式为$arr.type。这个格式同样适用于二维数组。

【例 5-18】　使用上述两种方法读取数组值，代码如下。（实例位置：光盘\MR\源码\第 5 章\5-18）

```
Smarty/templates/2/index.html 文件
<html>
<head>
{* 页面的标题变量$title *}
<title>{ $title }</title>
</head>
<body>
```

购书信息：<p>

{*　使用索引取得数组的第一个元素值　*}

图书类别：{ $arr[0] }

{*　使用键值取得第二个数组元素值　*}

图书名称：{ $arr.name }

{*　使用键值取得二维数组的元素值　*}

图书单价：{ $arr.unit_price.price }/{ $arr.unit_price.unit }

</body>

</html>

index.php 文件

```php
<?php
include_once'../config.php';
$arr = array('computerbook','name' => 'PHP 开发实战宝典 ','unit_price' => array('price'
=> '￥65.00','unit' => '本'));
    $smarty->assign('title','使用 Smarty 读取数组');
    $smarty->assign('arr',$arr);
    $smarty->display('2/index.html');
?>
```

运行结果如图 5-29 所示。

（2）保留变量

相当于 PHP 中的预定义变量。在 Smarty 模板中使用保留变量时，无须使用 assign()方法传值，直接调用变量名即可。Smarty 中常用的保留变量如表 5-3 所示。

图 5-29　使用 Smarty 读取数组

表 5-3　　　　　　　　　　　　　　　Smarty 中常用的保留变量

保留变量名	说　　　明
get、post、server、session、cookie、request	等价于 PHP 中的$_GET、$_POST、$_SEVER、$_COOKIE、$_REQUEST
now	当前的时间戳等价于 PHP 中的 time()
const	用 const 修饰的为常量
config	配置文件内容变量。参见例 5-20

【例 5-19】　在模板文件中输出一些保留变量的值，代码如下。（实例位置：光盘\MR\源码\第 5 章\5-19）

templates/3/index.html 文件

```
{ *　设置标题名称　* }
<title>{ $title }</title>
<body>
{* 使用get 变量获取 url 中的变量值(ex: http://localhost/tm/23/5.3/index.php?type=computer)　*}
变量 type 的值是：{ $smarty.get.type }<br />
当前路径为：{ $smarty.server.PHP_SELF}<br />
当前时间为：{$smarty.now}
</body>
```

index.php 文件

```php
<?php
    include '../config.php';                                        //载入配置文件
```

```
        $smarty->assign('title','Smarty 保留变量');            //向模板中赋值
        $smarty->display('3/index.html');                   //显示指定模板
    ?>
```

运行结果如图 5-30 所示。

（3）从配置文件中读取数据

Smarty 模板也可以通过配置文件来赋值。对于 PHP 开发人员来说，对配置文件的使用从安装服务器就开始了，对文件的格式也有了一个初步的了解。调用配置文件中变量的格式有以下两种：

图 5-30　Smarty 保留变量

- 使用"#"号。将变量名置于两个"#"号中间，即可像普通变量一样调用配置文件内容。
- 使用保留变量中的$smarty-config 来调用配置文件。

【例 5-20】　通过上面两种方法来调用配置文件 4.conf 的内容，代码如下。（实例位置：光盘\MR\源码\第 5 章\5-20）

```
Smarty/configs/4/4.conf 文件
title = "调用配置文件"
bgcolor = "#f0f0f0"
border = "5"
type = "计算机类"
name = "PHP 开发实战宝典"
templates/4/index.html 文件
{ config_load file="4/4.conf" }
<html>
<head>
<meta http-equiv="Content-Type" content="text/html; charset=gb2312" />
<title>{#title#}</title>
</head>
<body bgcolor="{#bgcolor#}">
<table border="{#border#}">
<tr>
    <td>{$smarty.config.type}</td>
    <td>{$smarty.config.name}</td>
</tr>
</table>
</body>
</html>
index.php 文件
<?php
    include_once '../config.php';
    $smarty->display('4/index.html');
?>
```

运行结果如图 5-31 所示。

图 5-31　调用配置文件

4. 修饰变量

在前面介绍了如何在 Smarty 模板中调用变量。但有的时候，不仅要取得变量值，还要对变量进行处理。变量修饰的一般格式如下：

```
{variable_name|modifer_name: parameter1:…}
```

（1）variable_name 为变量名称。

（2）modifer_name 为修饰变量的方法名。变量和方法之间使用符号"|"分隔。

（3）parameter1 是参数值。如果有多个参数，则使用 ":" 分隔开。

Smarty 提供了修饰变量的方法，常用的方法如表 5-4 所示。

表 5-4　　　　　　　　　　　　　　修饰变量的常用方法和说明

方　法　名	说　　　　明
capitalize	首字母大写
count_characters:true/false	变量中的字符串个数。如果后面有参数 true，则空格也被计算，否则忽略空格
cat: "characters"	将 cat 中的字符串添加到指定字符串的后面
date_format: "%Y-%M-%D"	格式化日期和时间。等同于 PHP 中的 strftime()函数
default: "characters"	设置默认值。当变量为空时，将使用 default 后面的默认值
escape: "value"	用于字符串转码。value 值可以为 html、htmlall、url、quotes、hex、hexentity 和 javascript，默认为 html
lower	将变量字符串改为小写
nl2br	所有的换行符将被替换成 ，功能同 PHP 中的 nl2br()函数一样
regex_replace:"parameter1":"value2"	正则替换。用 value2 替换所有符合 parameter1 标准的字串
replace: "value1":"value2"	替换。使用 value2 替换掉所有 value1
string_format: "value"	使用 value 来格式化字符串。如果 value 为%d，则字符串被格式化为十进制数
strip_tags	去掉所有的 html 标签
upper	将变量改为大写

在对变量进行修饰时，不仅可以单独使用上面的方法，还可以同时使用多个。需要注意的是，在每个方法之间使用 "|" 分隔即可。

【例 5-21】　使用表 5-4 中的几个方法来修饰字符串。其他方法的使用，读者可以自行练习。实例代码如下。（实例位置：光盘\MR\源码\第 5 章\5-21）

```
Templates/5/index.html 文件
<html>
<head>
<meta http-equiv="Content-Type" content="text/html; charset=gb2312" />
<title>{$title}</title>
</head>
<body>
原文：{$str}
<p>
变量中的字符数（包括空格）：{$str|count_characters:true}
<br />
使用变量修饰方法后：{$str|nl2br|upper}
</body>
</html>
index.php 文件
<?php
    include_once "../config.php";
    $str1 = '这是一个实例。';
    $str2 = "\n 图书->计算机类->php\n 书名：《php 开发实战宝典》";
```

```
        $str3 = "\n 价格：￥86/本。";
        $smarty->assign('title','使用变量修饰方法');
        $smarty->assign('str',$str1.$str2.$str3.
$str4);
        $smarty->display('5/index.html');
    ?>
```

运行结果如图 5-32 所示。

图 5-32　使用变量修饰方法

5. 流程控制

Smarty 模板中的流程控制语句包括 if…elseif…else 条件控制语句和 foreach、section 循环控制语句。

（1）if…elseif…else 语句

if 条件控制语句的使用和 PHP 中的 if 大同小异。需要注意的是，在 Smarty 模板中 if 必须以 /if 为结束标记。if 语句的格式如下：

```
{if 条件语句 1}
    语句 1
{elseif 条件语句 2}
    语句 2
{else}
    语句 3
{/if}
```

上述条件语句中，除了可以使用 PHP 中的 <、>、=、!= 等常见运算符外，还可以使用 eq、ne、neq、gt、lt、lte、le、gte、ge、is even、is odd、is not even、is not odd、not、mod、div by、even by、odd by 等修饰词修饰。具体含义留给读者自己动手操作来理解。

【例 5-22】　使用条件判断语句选择不同的返回信息，代码如下。（实例位置：光盘\MR\源码\第 5 章\5-22）

```
templates/6/index.html 文件
<html>
<head>
<meta http-equiv="Content-Type" content="text/html; charset=gb2312" />
<title>{$title}</title>
<link rel='stylesheet' href="../css/style.css" />
</head>
<body>
<p>
{if $smarty.get.type == 'tm'}
欢迎光临，{$smarty.get.type}
{else}
对不起，您不是本站 VIP，无权访问此栏目。
{/if}
</body>
</html>
index.php 文件
<?php
    include_once "../config.php";
    $smarty->assign("title","if 条件判断语句");
    $smarty->display("6/index.html");
?>
```

运行结果如图 5-33 所示。

（2）foreach 循环控制

Smarty 模板中的 foreach 语句可以循环输出数组，

图 5-33　if 条件判断语句

与另一个循环控制语句 section 相比，在使用格式上要简单得多，一般用于简单数组的处理。foreach 语句的格式如下：

```
{foreach name=foreach_name key=key item=item from=arr_name}
        ...
{/foreach}
```

其中，name 为该循环的名称；key 为当前元素的键值；item 为当前元素的变量名；from 为该循环的数组。其中，item 和 from 是必要参数，不可省略。

【例 5-23】　使用 foreach 语句，循环输出数组 infobook 的全部内容，代码如下。（实例位置：光盘\MR\源码\第 5 章\5-23）

```
templates/7/index.html 文件
<html>
<head>
<meta http-equiv="Content-Type" content="text/html; charset=gb2312" />
<title>{$title}</title>
</head>
<body>
使用 foreach 语句循环输出数组。<p>
{foreach key=key item=item from=$infobook}
{$key} => {$item}<br />
{/foreach}
</body>
</html>
index.php 文件
<?php
    include_once '../config.php';
    $infobook = array('object'=>'book','type'=>'computer','name'=>'PHP 开发实战宝典
','publishing'=>'清华大学出版社');
    $smarty->assign('title','使用 foreach 循环输出数组内容');
    $smarty->assign('infobook',$infobook);
    $smarty->display('7/index.html');
?>
```

运行结果如图 5-34 所示。

（3）section 循环

Smarty 模板中的另一个循环语句是 section，该语句可用于比较复杂的数组。section 语句的语法如下：

```
{section name="sec_name" loop=$arr_name start=
num step=num}
```

图 5-34　使用 foreach 语句循环输出数组内容

其中，name 为该循环的名称；loop 为循环的数组；start 表示循环的初始位置，如 start=2，则说明循环是从 loop 数组的第二个元素开始的；step 表示步长，如 step=2，则循环一次后数组的指针将向下移动两位，依此类推。

【例 5-24】　使用 section 语句循环输出一个二维数组，代码如下。（实例位置：光盘\MR\源码\第 5 章\5-24）

templates/8/index.html 文件

```
<html>
<head>
<meta http-equiv="Content-Type" content="text/html; charset=gb2312" />
<title>{$title}</title>
<link rel="stylesheet" href="../css/style.css" />
</head>
<body>
<table width="100" border="0" align="left" cellpadding="0" cellspacing="0">
{section name=sec1 loop=$obj}
    <tr>
        <td colspan="2">{$obj[sec1].bigclass}</td>
    </tr>
    {section name=sec2 loop=$obj[sec1].smallclass}
    <tr>
        <td width="25"> </td>
        <td width="75">{$obj[sec1].smallclass[sec2].s_type}</td>
    </tr>
    {/section}
{/section}
</table>
</body>
</html>
```

index.php 文件

```php
<?php
    require "../config.php";
    $obj = array(array("id" => 1, "bigclass" => "计算机图书","smallclass" => array(array
("s_id" => 1, "s_type" => "PHP"))),array("id" => 2, "bigclass" => "历史传记","smallclass"
=> array(array("s_id" => 2, "s_type" => "中国历史"), array("s_id" => 3, "s_type" => "世界
历史"))),array("id" => 3, "bigclass" => "电子小说","smallclass" => array (array("s_id" =>
4, "s_type" => "玄幻小说"),array("s_id" => 5, "s_type"
=> "言情小说"))));
    $smarty->assign('title','section 循环控制');
    $smarty->assign("obj", $obj);
    $smarty->display("8/index.html");
?>
```

运行结果如图 5-35 所示。

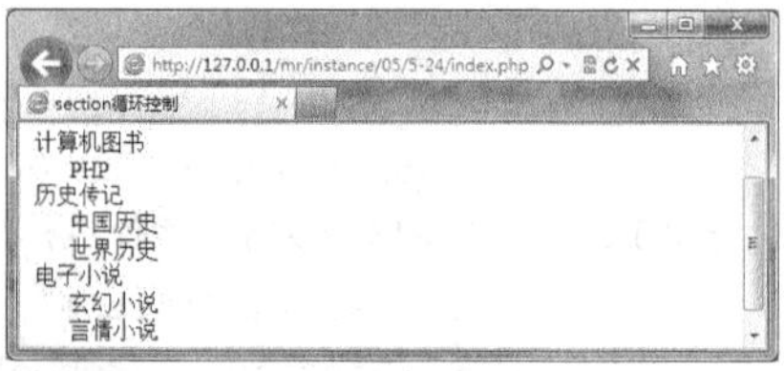

图 5-35 使用 section 循环控制输出数组

5.4.4 Smarty 程序设计

通过前面的学习已经知道，在 Smarty 模板中，是不推荐有 PHP 代码段的，所有的 PHP 程序都要另写成文件。Smarty 程序的功能主要分两种：一种功能是和 Smarty 模板之间的交互，如方法 assign()、display()；另一种功能就是配置 Smarty 参数，如变量$template_dir$、$config_dir$ 等。本节将学习 Smarty 程序设计的其他一些方法和配置参数。

1. Smarty 中的常用方法

（1）assign

assign 用于在模板被执行时为模板变量赋值。语法如下：

`{assign var=" " value=" "}`

● 参数 var 是被赋值的变量名。

● 参数 value 是赋给变量的值。

（2）display

display 方法用于显示模板，需要指定一个合法的模板资源的类型和路径。还可以通过第二个可选参数指定一个缓存号，相关的信息可以查看缓存。

```
void display (string template [, string cache_id [, string compile_id]])
```

● 参数 template 指定一个合法的模板资源的类型和路径。
● 参数 cache_id 为可选参数，指定一个缓存号。
● 参数 compile_id 为可选参数，指定编译号。编译号可以将一个模板编译成不同版本使用，如针对不同的语言编译模板。编译号的另外一个作用是，如果存在多个$template_dir 模板目录，但只有一个$compile_dir 编译后存档目录，就可以为每一个$template_dir 模板目录指定一个编译号，以避免相同的模板文件在编译后互相覆盖。相对于在每一次调用 display()时都指定编译号，也可以通过设置$compile_id 编译号属性来一次性设定。

Smarty 中除了使用 assign 和模板交互外，还有一些比较常用的方法。方法名称和功能说明如表 5-5 所示。

表 5-5 Smarty 程序设计常用方法和说明

方 法 格 式	说 明
void append (string varname, mixed var [, boolean merge])	向数组中追加元素
void clear_all_assign ()	清除所有模板中的赋值
void clear_assign (string var)	清除一个指定的赋值
void config_load (string file [, string section])	加载配置文件，如果有参数 section，说明只加载配置文件中相对应的一段数据
string fetch (string template)	返回模板的输出内容，但不直接显示出来
array get_config_vars ([string varname])	获取指定配置变量的值，如果没有参数，则返回一个所有配置变量的数组
array get_template_vars ([string varname])	获取指定模板变量的值，如果没有参数，则返回一个所有模板变量的数组
bool template_exists (string template)	检测指定的模板是否存在

2. Smarty 的配置变量

Smarty 中只有一个常量 SMARTY_DIR，用来保存 Smarty 类库的完整路径，其他的所有配置信息都保存到相应的变量中。这里将介绍包括前面章节中接触过的 template_dir 等变量的作用及设置。

（1）$template_dir：模板目录。模板目录用来存放 Smarty 模板，在前面的实例中，所有的.html文件都是 Smarty 模板。模板的后缀没有要求，一般都定义为.tpl、.html 等。

（2）$compile_dir：编译目录。顾名思义，就是编译后的模板和 PHP 程序所生成的文件，默认路径为当前执行文件所在的目录下的 templates_c 目录。进入到编译目录，可以发现许多 "%%…%%index.html.php" 格式的文件。随便打开一个这样的文件可以发现，实际上 Smarty 将模板和 PHP程序又重新组合成一个混编页面。

（3）$cache_dir：缓存目录。用来存放缓存文件。同样，在 cache 目录下可以看到生成的.html文件。如果 caching 变量开启，那么 Smarty 将直接从这里读取文件。

（4）$config_dir：配置目录。该目录用来存放配置文件。例 5-20 中所用到的配置文件，就保存到这里。

（5）$debugging：调试变量。该变量可以打开调试控制台。只要在配置文件（config.php）中将$smarty->debugging 设为 true 即可使用。

（6）$caching：缓存变量。该变量可以开启缓存。只要当前模板文件和配置文件未被改动，Smarty 就直接从缓存目录中读取缓存文件而不重新编译模板。

5.5 综合实例——应用 Smarty
模板创建网页框架

在 PHP 中最简单的网页框架是通过 switch 语句完成的，而在 Smarty 模板中要完成网页框架的设计，则需要 PHP 中 switch 语句和 Smarty 模板中 assign 方法与 include 函数的完美结合。本实例通过 PHP 的 switch 语句与 Smarty 中的 assign 方法和 include 函数设计网页框架，具体步骤如下。

（1）创建 Smarty 配置文件 config.php。

（2）在根目录/05/下创建文件夹 zhsl，在 zhsl 文件夹下创建 index.php 文件。首先，通过 require 语句包含 Smarty 的配置文件 config.php，然后通过$_GET[]方法获取超级链接传递的值，并且将其作为 switch 语句的条件表达式。当 CASE 的值与表达式的值相同时，通过 include 语句包含指定的动态 PHP 文件，并且通过 Smarty 中的 assign 方法将动态 PHP 文件对应的模板文件的名称赋给指定的模板变量。最后，将网页标题和超级链接传递的值赋给指定的模板变量，并应用 display()方法指定模板页，代码如下：

```php
<?php
header ("Content-type: text/html; charset=UTF-8");        //设置文件编码格式
require("../config.php");                                 //包含配置文件
switch ($_GET['caption']){                                //完成在不同模块之间的跳转操作
    case "商品添加";
        include "sho_insert.php";                         //包含 PHP 脚本文件
        $smarty->assign('admin_phtml','zhsl/sho_insert.html');//将 PHP 脚本文件对应的
模板文件名称赋给模板变量
    break;
    case "商品修改";
        include "sho_update.php";
        $smarty->assign('admin_phtml','zhsl/sho_update.html');
    break;
    case "商品删除";
        include "sho_delete.php";
        $smarty->assign('admin_phtml','zhsl/sho_delete.html');
    break;
    default:
        include "sho_insert.php";
        $smarty->assign('admin_phtml','zhsl/sho_insert.html');
    break;
}
$smarty->assign("title","后台管理系统--".$_GET['caption']);//定义标题
$smarty->assign("caption",$_GET['caption']);              //定义超级链接传递的参数值
```

```
$smarty->display("zhsl/index.html");                          //指定模板页
?>
```

（3）在/Smarty/templates/zhsl 文件夹下，创建 index.html 模板文件，输出网页标题和系统当前时间，同时通过 include()函数载入模板变量$admin_phtml 传递的模板页。最后为指定输出的内容设置超级链接，并且通过 Smarty 中的 escape 方法对超级链接传递的参数值进行编码。其关键代码如下：

```
<title>{$title}</title>
{$smarty.now|date_format:" %A  %B - %e - %Y"}
<!--载入模板文件-->{include file=$admin_phtml}
<!--创建热点链接-->
<map name="Map" id="Map">
<area shape="rect" coords="29,41,88,62" href="index.php?caption={"商品添加"|escape:
"url"}" />
<area shape="rect" coords="29,69,90,88" href="index.php?caption={"商品修改"|escape:
"url"}" />
<area shape="rect" coords="31,99,91,118" href="index.php?caption={"商品删除"|escape:
"url"}" />
</map>
```

（4）创建网页框架中调用的子页面，包括动态 PHP 文件（sho_insert.php、sho_update.php、sho_delete.php）和模板文件（sho_insert.html、sho_update.html、sho_delete.html）。

运行本实例，当单击左侧"商品管理"栏中不同的超链接时，根据链接中传递的值，实现不同功能页面之间的切换，结果如图 5-36 所示。

图 5-36　网页框架

知识点提炼

（1）PDO 是 PHP Date Object（PHP 数据对象）的简称，它是与 PHP 5.1 版本一起发行的，目前支持的数据库包括 Firebird、FreeTDS、Interbase、MySQL、MS SQL Server、ODBC、Oracle、Postgre SQL、SQLite 和 Sybase。

（2）exec 方法返回执行查询时受影响的行数，通常用于 INSERT、DELETE 和 UPDATE 语句中。

（3）在 PDO 中获取结果集有 3 种方法：fetch()、fetchAll()和 fetchColumn()。

（4）Smarty 是 PHP 中的一个模板引擎，是众多 PHP 模板中最优秀、最著名的模板之一。

（5）Smarty 的特点是将用户界面和过程实现分离，让美工和程序员各司其职，互不干扰。

（6）Smarty 程序的功能主要分两种：一种功能是和 Smarty 模板之间的交互，另一种功能就是配置 Smarty 函数。

习 题

5-1 如何完成对 Session 过期时间的设置？

5-2 Session 与 Cookie 的区别有哪些？

5-3 PDO 中获取结果集有几种方法？

5-4 PDO 是如何连接数据库的？

5-5 请写出 PHP 5 权限控制修饰符？

5-6 列举 PHP 5 中的面向对象关键字并指明它们的用途。

5-7 应用 Smarty 模板引擎如何开启页面缓存？

5-8 怎样通过 Smarty 模板中的 section 语句循环输出 $data 数组中的数据？

5-9 在 Smarty 模板中如何嵌入 JavaScript 脚本？

实验：封装带页码的分页类

实验目的

（1）熟悉面向对象的方式。

（2）掌握类的声明、构造函数的基本应用。

（3）熟悉面向对象的继承特性。

实验内容

　　分页的主要功能是当页面数据过长或过大时，程序员可以根据需要将数据分为多页输出，这样做的好处是：一方面使页面简洁不会让用户有反感的情绪，另一方面在处理超长文本时缩短程序执行时间，使程序运行更快捷。下面就来制作一个显示页码的分页类，其运行结果如图 5-37 所示。

图 5-37　用分页类分页显示数据库中数据

实验步骤

　　（1）创建 conn.php 文件，在该文件中定义数据库的连接类 Mysql，并在分页类中需要的地方进行实例化操作，这样就可以连接数据库并对数据库进行各种操作了。conn.php 页面的代码如下：

```php
<?php
    class Mysql{
        public function __construct(){  //构造函数
            $this->connect();           //执行 connect()方法
        }
        public function connect(){      //定义 connect()方法
            $conn=mysql_pconnect('localhost','root','111') or die("Connect MYSQL False");
```

```php
        mysql_select_db('db_database05',$conn) or die("Connect DB False");
        mysql_query("SET NAMES utf8");
    }
}
?>
```

（2）创建分页类文件 page.php，在文件中定义分页类 Page 并继承数据库连接类 Mysql，通过指定 SQL 语句的 limit 函数，要求页面输出指定的$pagesize 条数据并利用连接字符串的方法连接要显示的分页链接内容，在实现页面跳转的同时使数据分页输出。page.php 页面的代码如下：

```php
<?php
    include_once("conn.php");            //包含 conn.php 文件
    class Page extends Mysql{            //创建 Page 类并继承 Mysql 类
     private $pagesize;                  //每页显示的记录数
     private $page;                      //当前是第几页
     private $pages;                     //总页数
     private $total;                     //查询的总记录数
     private $pagelen;                   //显示的页码数
     private $pageoffset;                //页码的偏移量
     private $table;                     //欲查询的数据表名
     function __construct($pagesize,$pagelen,$table){
       if($_GET['page']=="" || $_GET['page']<0){    //判断地址栏参数 page 是否有值
          $this->page=1;                            //当前页定义为 1
        }else{
          $this->page=$_GET['page'];                //当前页为地址栏参数的值
        }
        $this->pagesize=$pagesize;
        $this->pagelen=$pagelen;
        $this->table=$table;
        new Mysql();                                //实例化 Mysql 类
        $sql=mysql_query("select * from $this->table"); //查询表中的记录
        $this->total=mysql_num_rows($sql);          //获得查询的总记录数
        $this->pages=ceil($this->total/$this->pagesize);//计算总页数
        $this->pageoffset=($this->pagelen-1)/2;     //计算页码偏移量
     }
     function sel(){
        $sql=mysql_query("select * from $this->table limit ".($this->page-1)*$this->pagesize.",".$this->pagesize);          //查询当前页显示的记录
        return $sql;                                //返回查询结果
     }
     function show(){
        $message="第".$this->page."页/共".$this->pages."页   ";//输出当前第几页，共几页
        if($this->page==1){                         //如果当前页是 1
          $message.="<font class='unlink'>首页</font> <font class='unlink'>上一页</font>   ";          //输出没有链接的文字
          }else{
          $message.="<a href='?".$this->url."&page=1'>首页</a> ";
                                                    //输出有链接的文字
          $message.="<a href='?".$this->url."&page=".($this->page-1)."'>上一页</a>
```

```
  ";                                      //输出有链接的文字
                    }
                if($this->pages>$this->pagelen){      //如果总页数大于显示的页码数
                  if($this->page<=$this->pageoffset){   //如果当前页小于页码的偏移量
                    $minpage=1;                         //显示的最小页数为1
                    $maxpage=$this->pagelen;            //显示的最大页数为页码的值
                  }elseif($this->page>$this->pages-$this->pageoffset){
                                                        //如果当前页大于总页数减去页码的偏移量
                    $minpage=$this->pages-$this->pagelen+1;
                                                        //显示的最小页数为总页数减去页码数再加上1
                    $maxpage=$this->pages;              //显示的最大页数为总页数
                  }else{
                    $minpage=$this->page-$this->pageoffset;
                                                        //显示的最小页数为当前页数减去页码的偏移量
                    $maxpage=$this->page+$this->pageoffset;
                                                        //显示的最大页数为当前页数加上页码的偏移量
                  }
                  for($i=$minpage;$i<=$maxpage;$i++){   //循环输出数字页码数
                    if($i==$this->page){
                      $message.="<font class='unlink'>".$i."</font>\n";   //输出没有链接的数字
                    }else{
                      $message.="<a href='?".$this->url."&page=".$i."'>".$i."</a>\n";
                                                        //输出有链接的数字
                    }
                  }
                }else{                                  //如果总页数不大于显示的页码数
                  $minpage=1;                           //显示的最小页数为1
                  $maxpage=$this->pages;                //显示的最大页数为总页数
                  for($i=$minpage;$i<=$maxpage;$i++){              //循环输出数字页码数
                    if($i==$this->page){
                      $message.="<font class='unlink'>".$i."</font>\n";//输出没有链接的数字
                    }else{
                      $message.="<a href='?".$this->url."&page=".$i."'>".$i."</a>\n";
                                                        //输出有链接的数字
                    }
                  }
                }
                if($this->page==$this->pages){          //如果当前页等于最大页数
                  $message.="  <font  class='unlink'>下 一 页</font> <fontclass=
'unlink'>尾页</font>";                                   //输出没有链接的文字
                }else{
                  $message.="  <a  href='?".$this->url."&page=".($this->page+1)."'>
下一页</a> ";
    //输出有链接的文字
                  $message.="<a href='?".$this->url."&page=".$this->pages."'>尾页</a>";
                                                        //输出有链接的文字
                }
                return $message;                        //返回变量的值
            }
```

```
    }
?>
```

（3）创建 index.php 文件，在文件中首先包含分页类文件 page.php，然后对分页类进行实例化操作，对当前页显示的数据进行查询并循环输出查询结果，最后输出分页链接的内容，代码如下：

```php
<?php
    include_once("page.php");                    //包含分页类文件
?>
<table border="1" cellpadding="1" cellspacing="1" bordercolor="#FFFFFF" bgcolor=
"#FF0000">
    <tr>
<td style="padding:3px;" bgcolor="#FFFFFF" width="50" align="center">ID</td>
<td style="padding:3px;" bgcolor="#FFFFFF" width="150" align="center">图书名称</td>
<td style="padding:3px;" bgcolor="#FFFFFF" width="100" align="center">图书价格</td>
<td style="padding:3px;" bgcolor="#FFFFFF" width="50" align="center">出版时间</td>
    </tr>
<?php
    $p=new Page('3','5','tb_mrbook');      //实例化分页类，每页显示 3 条记录，每页显示 5 个页码
    $rs=$p->sel();                          //执行查询每一页显示的数据
    while($rst=mysql_fetch_array($rs)){//循环输出查询结果
?>
    <tr>
        <td style="padding:3px;" bgcolor="#FFFFFF" align="center"><?php echo $rst[id] ?></td>
        <td style="padding:3px;" bgcolor="#FFFFFF" align="center"><?php echo $rst[bookname] ?></td>
        <td style="padding:3px;" bgcolor="#FFFFFF" align="center"><?php echo $rst[price] ?></td>
        <td style="padding:3px;" bgcolor="#FFFFFF" align="center"><?php echo $rst[f_time] ?></td>
    </tr>
<?php }?>
</table>
<?php
    echo $p->show();                        //输出分页链接内容
?>
```

第6章
综合案例——购物车

本章要点：

- Session 购物车的创建
- 更改购物车中商品数量
- 删除购物车中商品
- 统计购物车中商品金额
- 向购物车中添加商品
- 清空购物车
- PDO 操作 MySQL 数据库
- Smarty 模板实现网页动静分离

购物车是在网上购物时使用的一个临时存储商品的"车辆"。购物车能为我们在网上购物提供很大的方便，不用担心一次购买多个商品时要进行多次提交结算的操作，多个商品都可以放入购物车中，等选购完所有商品之后，一起进行结算。购物车是电子商务类网站中一个必不可少的功能，其实现的方法也很多，这里将向广大读者介绍一种最为常用的购物车——Session 购物车。本章将详细地讲解 Session 购物车的创建和使用方法。

6.1　购物车模块概述

6.1.1　功能概述

这里的购物车模块是以电子商务网站为大背景进行开发的，不但完成了购物车本身应该具备的功能，诸如添加商品、删除商品、更改商品数量、商品金额小计、商品金额总计和清空购物车；而且还包括了电子商务网站的其他功能，例如用户注册、用户登录、订单查询和商品分类等，功能结构如图 6-1 所示。

6.1.2　购物车操作流程

在本模块中，对购物车的功能从整体的设计思路到具体功能的实现，再到功能中细节的处理，都进行了详

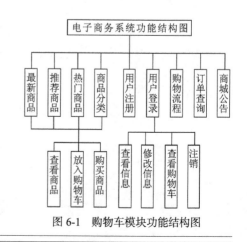

图 6-1　购物车模块功能结构图

细介绍，并且配合图形和图片，让广大读者能够更好地理解其中的内容。

　　购物车的操作流程：首先，登录到网站中浏览商品；然后，购买指定的商品，进入购物车页面中，在该页面可以实现很多操作，包括更改商品数量、删除商品、清空购物车、继续购物等；最后，填写收货人信息，生成订单，订单打印，提交订单等操作，操作流程如图 6-2 所示。

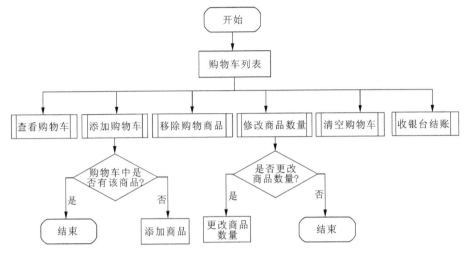

图 6-2　购物车操作流程

6.1.3　程序预览

　　购物车模块只是电子商务网站中的一个子功能,为了让读者对本模块有个初步的了解和认识,下面列出几个典型功能的页面。

　　明日购物商城网站主页如图 6-3 所示，展示网站的部分最新商品、热门商品、推荐商品以及网站的最新公告和会员登录窗口。

图 6-3　明日购物商城主页

推荐商品展示页面如图 6-4 所示，分页展示网站的所有推荐商品。

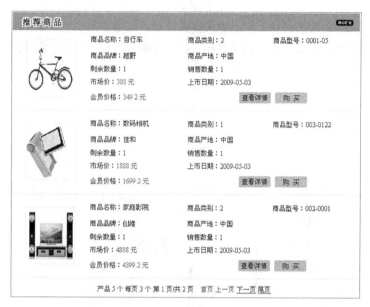

图 6-4　推荐商品展示

购物车页面如图 6-5 所示，展示会员在本站购买的商品，同时包括购物车中的各种功能。

我的购物车					
商品名称	购买数量	市场价格	会员价格	折扣率	合计
自行车	3	388	349.2	9	1047.6
数码相机	5	1888	1699.2	9	8496
洗衣机	1	2666	2399.4	9	2399.4
家庭影院	1	4888	4399.2	9	4399.2
全选 反选　删除选择		继续购物　去收银台			共计：16342.2 元

图 6-5　购物车页面

6.2　热点关键技术

6.2.1　数据库连接、管理和分页类文件

在数据库连接、管理和分页类文件中，定义三个类。它们分别是 ConnDB 数据库连接类，实现通过 PDO 连接 MySQL 数据库功能；AdminDB 数据库管理类，使用 PDO 类库中的方法执行对数据库中数据的查询、添加、更新和删除操作；SepPage 分页类，用于对商城中的数据进行分页输出。system.class.inc.php 文件存储于根目录下的 system 文件夹下，具体代码如下：

```php
<?php
//数据库连接类
class ConnDB{
    var $dbtype;
    var $host;
    var $user;
```

```
        var $pwd;
        var $dbname;
        function ConnDB($dbtype,$host,$user,$pwd,$dbname){        //构造方法
            $this->dbtype=$dbtype;
         $this->host=$host;
            $this->user=$user;
            $this->pwd=$pwd;
            $this->dbname=$dbname;
        }
        function GetConnId(){                                        //实现数据库的连接并返回连接对象
        if($this->dbtype=="mysql" || $this->dbtype=="mssql"){//判断数据库类型
            $dsn="$this->dbtype:host=$this->host;dbname=$this->dbname";
            }else{
                $dsn="$this->dbtype:dbname=$this->dbname";
            }
            try {
            $conn = new PDO($dsn, $this->user, $this->pwd); //初始化 PDO 对象，就是创建了数
据库连接对象$pdo
                $conn->query("set names utf8");                //设置编码格式
            return $conn;
            } catch (PDOException $e) {
                die ("Error!: " . $e->getMessage() . "<br/>");
            }
        }
    }
    //数据库管理类
    class AdminDB{
        function ExecSQL($sqlstr,$conn){
            $sqltype=strtolower(substr(trim($sqlstr),0,6)); //对 SQL 语句进行截取
            $rs=$conn->prepare($sqlstr);                        //准备查询语句
            $rs->execute();                                    //执行查询语句，并返回结果集
            if($sqltype=="select"){
                $array=$rs->fetchAll(PDO::FETCH_ASSOC);        //获取结果集中的所有数据
                if(count($array)==0 || $rs==false)
                    return false;
                else
                    return $array;
            }elseif ($sqltype=="update" || $sqltype=="insert" || $sqltype=="delete"){
                if($rs)
                    return true;
                else
                    return false;
            }
        }
    }
    //分页类
    class SepPage{
        var $rs;
        var $pagesize;
        var $nowpage;
        var $array;
        var $conn;
        var $sqlstr;
```

```
function ShowData($sqlstr,$conn,$pagesize,$nowpage){//定义方法
    if(!isset($nowpage) || $nowpage=="")              //判断变量值是否为空
        $this->nowpage=1;                             //定义每页起始页
    else
        $this->nowpage=$nowpage;
    $this->pagesize=$pagesize;                        //定义每页输出的记录数
    $this->conn=$conn;                                //连接数据库返回的标识
    $this->sqlstr=$sqlstr;                            //执行的查询语句
    $offset=($this->nowpage-1)*$this->pagesize;
    $sql=$this->sqlstr." limit $offset, $this->pagesize";
    $result=$this->conn->prepare($sql);               //准备查询语句
    $result->execute();                               //执行查询语句，并返回结果集
    $this->array=$result->fetchAll(PDO::FETCH_ASSOC);    //获取结果集中的所有数据
    if(count($this->array)==0 || $this->array==false)
        return false;
    else
        return $this->array;
}
function    ShowPage($contentname,$utits,$anothersearchstr,$anothersearchstrs,
$class){
    $str="";
    $res=$this->conn->prepare($this->sqlstr);         //准备查询语句
    $res->execute();                                  //执行查询语句，并返回结果集
    $this->array=$res->fetchAll(PDO::FETCH_ASSOC);    //获取结果集中的所有数据
    $record=count($this->array);                      //统计记录总数
    $pagecount=ceil($record/$this->pagesize);         //计算共有几页
    $str.=$contentname." ".$record." ".$utits."  每 页  ".
$this->pagesize." ".$utits."  第  ".$this->nowpage."  页 / 共  ".
$pagecount." 页";
    $str.="    ";
    if($this->nowpage!=1)
        $str.="<a href=".$_SERVER['PHP_SELF']."?page=1&page_type=".$anothersearchstr.
"&parameter2=".$anothersearchstrs." class=".$class.">首页</a>";
    else
        $str.="<font color='#555555'>首页</font>";
    $str.=" ";
    if($this->nowpage!=1)
        $str.="<a  href=".$_SERVER['PHP_SELF']."?page=".($this->nowpage-1)."&page_
type=".$anothersearchstr."&parameter2=".$anothersearchstrs." class=".$class.">上一页</a>";
    else
        $str.="<font color='#555555'>上一页</font>";
    $str.=" ";
    if($this->nowpage!=$pagecount)
        $str.="<a  href=".$_SERVER['PHP_SELF']."?page=".($this->nowpage+1)."&page_type=
".$anothersearchstr."&parameter2=".$anothersearchstrs." class=".$class.">下一页</a>";
    else
        $str.="<font color='#555555'>下一页</font>";
    $str.=" ";
    if($this->nowpage!=$pagecount)
        $str.="<a   href=".$_SERVER['PHP_SELF']."?page=".$pagecount."&page_type=".
```

```
$anothersearchstr."&parameter2=".$anothersearchstrs." class=".$class.">尾页</a>";
            else
                $str.="<font color='#555555'>尾页</font>";
            if(count($this->array)==0 || $this->array==false)
                return "无数据! ";
            else
                return $str;
        }
    }
?>
```

6.2.2　Smarty 模板配置类文件

在 Smarty 模板配置类文件中配置 Smarty 模板文件、编译文件、配置文件等文件路径。system. smarty.inc.php 文件依然存储于项目根目录的 system 文件夹下，代码如下。

```
<?php
require("libs/Smarty.class.php");                      //包含模板文件
class SmartyProject extends  Smarty{                   //定义类，继承模板类
    function SmartyProject(){                          //定义方法
        $this->template_dir = "./system/templates/";   //指定模板文件存储位置
        $this->compile_dir = "./system/templates_c/";  //指定编译文件存储位置
        $this->config_dir = "./system/configs/";       //指定配置文件存储位置
        $this->cache_dir = "./system/cache/";          //指定缓存文件存储位置
    }
}
?>
```

6.2.3　执行类的实例化文件

在 system.inc.php 文件中，通过 require 语句包含 system.smarty.inc.php 和 system.class.inc.php 文件，执行类的实例化操作，并定义返回对象。完成数据库连接类的实例化后，调用其中 GetConnId() 方法连接数据库。system.inc.php 文件存储于 system 文件夹下，代码如下。

```
<?php
require("system.smarty.inc.php");              //包含 Smarty 配置类
require("system.class.inc.php");               //包含数据库连接和操作类
$connobj=new ConnDB("mysql","localhost","root","111","db_business"); //数据库连接类
实例化
$conn=$connobj->GetConnId();                   //执行连接操作，返回连接标识
$admindb=new AdminDB();                         //数据库操作类实例化
$seppage=new SepPage();                         //分页类实例化
$usefun=new UseFun();                           //使用常用函数类实例化
$smarty=new SmartyProject();                    //调用 smarty 模板
function unhtml($params){
  extract($params);
  $text=$content;
  global $usefun;
  return $usefun->UnHtml($text);
}
$smarty->register_function("unhtml","unhtml");  //注册模板函数
?>
```

6.2.4　Smarty 模板页中的框架技术

在电子商务网站首页中，应用 switch 语句与 Smarty 模板中的内建函数 include 设计一个框架页面，实现不同功能模块在首页中的展示。

switch 语句在 PHP 动态文件中使用，根据超级链接传递的值，包含不同的功能模块。

include 标签在 Smarty 模板页中使用，在当前模板页中包含其他模板文件，语法如下：

```
{include file="file_name " assign=" " var=" "}
```

（1）file 指定包含模板文件的名称。

（2）assign 指定一个变量保存包含模板的输出。

（3）var 传递给待包含模板的本地参数，只在待包含模板中有效。

6.2.5　Ajax 无刷新验证技术

在本节中讲解通过 Ajax 无刷新技术完成对用户名的验证操作，以此来避免用户在进行会员注册时出现重名的问题，具体应用方法如下。

（1）Ajax 无刷新技术验证用户名是否被占用，调用的是 check.js 脚本中的 chkname 方法，关键代码如下。

```
/*  form 为传入的表单名称，本段代码为 register 表单  */
function chkname(form){
    /*  如果 name 文本域的信息为空   名为 name1 的 div 标签显示如下信息  */
    if(form.name.value==""){
        name1.innerHMRL="<font color=#FF0000>请输入用户名! </font>";
    }else{
        /*  否则  获取文本域的值  */
        var user = form.name.value;
        /*  生成 url 链接，将 user 的值传到 chkname.php 页进行判断  */
        var url = "chkname.php?user="+user;
        /*  使用 xmlhttprequest 技术运行页面  */
        xmlhttp.open("GET",url,true);
        xmlhttp.onreadystatechange = function(){
        if(xmlhttp.readyState == 4){
            /*  根据不同的返回值，在 div 标签中输出不同信息  */
            var msg = xmlhttp.responseText;
            if(msg == '3'){
                name1.innerHMRL="<font color=#FF0000>用户名被占用! </font>";
                return false;
            }else if(msg == '2'){
                name1.innerHMRL="<font color=green>恭喜您，可以注册!</font>";
            /*  如果用户名正确，则将隐藏域的值改为"yes"  */
                form.c_name.value = "yes";
            }else{
                name1.innerHMRL="<font color=green>未知错误</font>";
            }
        }
        }
        xmlhttp.send(null);
    }
}
```

在该函数中调用 chkname.php 页，该页在会员登录时也会被调用，所以这里分两种情况，有密码和无密码。无密码为注册验证，当没有返回结果时，说明该用户名可用；而有密码为登录验证，和无密码相反，只有查询记录存在时，才允许登录，并将用户名和用户 ID 存储到 session 中。chkname.php 页面代码如下。

```php
<?php
session_start();
header ( "Content-type: text/html; charset=UTF-8" );        //设置文件编码格式
require("system/system.inc.php");                           //包含配置文件
$reback = '0';
$sql = "select * from tb_user where name='".$_GET['user']."'";
if(isset($_GET['password'])){
    $sql .= " and password = '".md5($_GET['password'])."'";
}
$rst = $admindb->ExecSQL($sql,$conn);
if($rst){
    /* 登录 */
    if($rst[0]['isfreeze'] != 0){
        $reback = '3';
    }else{
        $_SESSION['member'] = $rst[0]['name'];
        $_SESSION['id'] = $rst[0]['id'];
        $reback = '2';
    }
}else{
    $reback = '1';
}
echo $reback;
?>
```

（2）创建 yzm.php 文件，通过 GD2 函数库生成验证码，其关键代码如下：

```php
<?php
header ( "Content-type: text/html; charset=UTF-8" );        //设置文件编码格式
srand((double)microtime()*1000000);                         //生成随机数
$im=imagecreate(60,30);                                     //创建画布
$black=imagecolorallocate($im,0,0,0);                      //定义背景
$white=imagecolorallocate($im,255,255,255);                //定义背景
$gray=imagecolorallocate($im,200,200,200);                 //定义背景
imagefill($im,0,0,$gray);                       //填充颜色
for($i=0;$i<4;$i++){                            //定义 4 位随机数
  $str=mt_rand(3,20);                           //定义随机字符所在位置的 Y 坐标
  $size=mt_rand(5,8);                           //定义随机字符的字体
  $authnum=substr($_GET['num'],$i,1);           //获取超级链接中传递的验证码
imagestring($im,$size,(2+$i*15),$str,$authnum,imagecolorallocate($im,rand(0,130),rand(0,130),rand(0,130)));
}                                               //水平输出字符串
for($i=0;$i<200;$i++){                          //执行 for 循环，为验证码添加模糊背景
  $randcolor=imagecolorallocate($im,rand(0,255),rand(0,255),rand(0,255));
                                                //创建背景
  imagesetpixel($im,rand()%70,rand()%30,$randcolor);
```

```
}                                          //绘制单一元素
imagepng($im);                             //生成 png 图像
imagedestroy($im);                         //销毁图像
?>
```

6.2.6　分页技术

商品展示功能实现的关键就是如何从数据库中读取商品信息，如何完成数据的分页显示。首先，包含类的实例化文件。然后，判断分页变量 page 的值是否存在。接着定义 SQL 语句，对查询结果进行降幂排列，并且设置每页显示 3 条记录。最后，调用分页类中的方法完成数据的分页读取和输出。allnom.php 文件的关键代码如下：

```php
<?php
include_once("system/system.inc.php");     //包含类的实例化文件
if(isset($_GET['page'])){                   //判断当前页变量的值
    $page=$_GET['page'];
}else{
    $page=1;
}
$rst1 = $seppage->ShowData("select * from tb_commo where isnom = 1 order by isnom,id
desc",$conn,3,$page);                       //调用分页类方法
$smarty->assign("nomarr",$rst1);
$smarty->assign('rst1_page',$seppage->ShowPage("产品","个",$_GET['page_type'],'',"a"));
                                            //输出分页超级链接
$smarty->assign('title','推荐商品');
?>
```

最后，定义模板文件 allnom.tpl，通过 section 语句循环输出存储在模板变量中的数据，并且输出分页超级链接。

6.2.7　购物车中商品添加技术

购物车功能实现的最关键的部分就是如何将商品添加到购物车，如果不能完成商品的添加，那么购物车中的其他操作就没有任何意义。

在商品展示模块中，单击商品中的"购买"按钮，将商品放到购物车中，并进入到"购物车"页面。单击"购买"按钮调用 buycommo()函数，购买商品的 id 是该函数的唯一参数，在 buycommo()函数中通过 xmlhttp 对象调用 chklogin.php 文件，并根据回传值作出相应处理。buycommo()函数代码如下：

```javascript
/*
*添加商品，同时检查用户是否登录、商品是否重复等
*/
function buycommo(key){
    /*   根据商品 ID，生成 url    */
    var url = "chklogin.php?key="+key;
    /*   使用 xmlhttp 对象调用 chklogin.php 页    */
    xmlhttp.open("GET",url,true);
    xmlhttp.onreadystatechange = function(){
        if(xmlhttp.readyState == 4){
```

```
                        var msg = xmlhttp.responseText;
                        /*  用户没有登录   */
                        if(msg == '2'){
                            alert('请您先登录');
                            return false;
                        }else if(msg == '3'){
                        /*  商品已添加 */
                            alert('该商品已添加');
                            return false;
                        }else{
                        /*  显示购物车 */
                            location='index.php?page=shopcar';
                        }
                    }
            }
        xmlhttp.send(null);
```

在 chklogin.php 文件中将商品添加到购物车中。chklogin.php 页代码如下：

```php
<?php
session_start();
header ("Content-type: text/html; charset=UTF-8");        //设置文件编码格式
require("system/system.inc.php");                         //包含配置文件
/**
    *  1 表示添加成功
    *  2 表示用户没有登录
    *  3 表示商品已添加过
    *  4 表示添加时出现错误
    *  5 表示没有商品添加
*/
$reback = '0';
if(empty($_SESSION['member'])){
    $reback = '2';
}else{
    $key = $_GET['key'];
    if($key == ''){
        $reback = '5';
    }else{
        $boo = false;
        $sqls = "select id,shopping from tb_user where name = '".$_SESSION['member']."'";
        $shopcont = $admindb->ExecSQL($sqls,$conn);
        if(!empty($shopcont[0]['shopping'])){
            $arr = explode('@',$shopcont[0]['shopping']);
            foreach($arr as $value){
                $arrtmp = explode(',',$value);
                if($key == $arrtmp[0]){
                    $reback = '3';
                    $boo = true;
                    break;
                }
            }
            if($boo == false){
```

```
                    $shopcont[0]['shopping'] .= '@'.$key.',1';
                    $update = "update tb_user set shopping='".$shopcont[0]['shopping'].
"' where name = '".$_SESSION['member']."'";
                    $shop = $admindb->ExecSQL($update,$conn);
                    if($shop){
                        $reback = 1;
                    }else{
                        $reback = '4';
                    }
                }
            }else{
                $tmparr = $key.",1";
                $updates = "update tb_user set shopping='".$tmparr."' where name = '".$_SESSION
['member']."'";
                $result = $admindb->ExecSQL($updates,$conn);
                if($result){
                    $reback = 1;
                }else{
                    $reback = '4';
                }
            }
        }
    }
    echo $reback;
    ?>
```

通过分析上述代码可知，shopping 字段保存的是购物车中的商品信息，一条商品信息包括两部分，即商品 id 和商品数量，其中商品数量默认为 1。两部分之间使用逗号 "," 分隔，如果添加多个商品，则每个商品之间使用 "@" 分隔。

成功完成商品的添加操作后，即可进入购物车页面，执行其他的操作。

6.3　数据库设计

无论是什么系统软件，其最根本的功能就是对数据的操作与使用。所以，一定要先做好数据的分析、设计与实现，然后才实现对应的功能模块。

6.3.1　数据库分析

根据需求分析和系统的功能流程图，找出需要保存的信息数据（也可以理解为现实世界中的实体），并将其转化为原始数据（属性类型）形式。这种描述现实世界的概念模型，可以使用 E-R 图来表示。也就是实体-联系图。最后将 E-R 图转换为关系数据库。这里重点介绍几个 E-R 图。

1.　会员信息实体

会员信息实体包括编号、是否冻结、邮编、地址、身份证号、真实姓名、购物车、名称、密码、密码保护、密码答案、手机、固定电话、QQ、E-mail 和消费总额等属性。会员信息实体 E-R 图如图 6-6 所示。

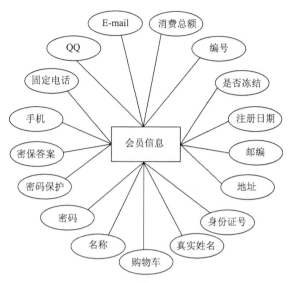

图 6-6　会员信息实体 E-R 图

2. 商品信息实体

商品信息实体包括编号、市场价格、是否新品、是否推荐、品牌、会员价格、图片、名称、介绍、型号、产地、添加日期、库存、销售量、类型和打折率等属性。商品信息实体 E-R 图如图 6-7 所示。

图 6-7　商品信息实体 E-R 图

除上面介绍的两个 E-R 图，还有商品订单实体、商品评价实体、公告实体、管理员实体和类型实体和友情链接实体等，限于篇幅，这里仅列出主要的实体 E-R 图。

6.3.2　创建数据库和数据表

系统 E-R 图设计完成后，接下来根据 E-R 图来创建数据库和数据表。首先来看一下电子商务平台所使用的数据表情况，如图 6-8 所示。

表	操作	记录数	类型	整理
tb_admin		1	MyISAM	utf8_unicode_ci
tb_class		6	MyISAM	utf8_unicode_ci
tb_commo		6	MyISAM	utf8_unicode_ci
tb_form		14	MyISAM	utf8_unicode_ci
tb_links		3	MyISAM	utf8_unicode_ci
tb_opinion		0	MyISAM	utf8_unicode_ci
tb_public		5	MyISAM	utf8_unicode_ci
tb_user		3	MyISAM	utf8_unicode_ci

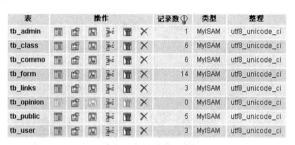

图 6-8　电子商务数据表

下面来看各个数据表的结构和字段说明。

（1）tb_user（会员信息表）

会员信息表主要用于存储注册会员信息，其结构如图 6-9 所示。

服务器: localhost ▸ 数据库: db_business ▸ 表 : tb_user

浏览　结构　SQL　搜索　插入　导出　Import　操作　清空

字段	类型	整理	属性	Null	默认	额外
id	int(4)			否		auto_increment
name	varchar(80)	utf8_unicode_ci		否		
password	varchar(80)	utf8_unicode_ci		否		
question	varchar(80)	utf8_unicode_ci		否		
answer	varchar(80)	utf8_unicode_ci		否		
realname	varchar(80)	utf8_unicode_ci		否		
card	varchar(80)	utf8_unicode_ci		否		
tel	varchar(80)	utf8_unicode_ci		否		
phone	varchar(80)	utf8_unicode_ci		否		
Email	varchar(80)	utf8_unicode_ci		否		
QQ	varchar(80)	utf8_unicode_ci		否		
code	varchar(80)	utf8_unicode_ci		否		
address	varchar(200)	utf8_unicode_ci		否		
addtime	datetime			否		
isfreeze	int(1)			否	0	
shopping	varchar(200)	utf8_unicode_ci		是	NULL	
consume	float			否		

图 6-9　会员信息表结构

（2）tb_commo（商品信息表）

商品信息表主要用于存储商品的相关信息，其结构如图 6-10 所示。

字段	类型	整理	属性	Null	默认	额外
id	int(4)			否		auto_increment
name	varchar(50)	utf8_unicode_ci		否		
pics	varchar(200)	utf8_unicode_ci		否	pics/null.jpg	
info	mediumtext	utf8_unicode_ci		否		
addtime	date			否		
area	varchar(50)	utf8_unicode_ci		否		
model	varchar(50)	utf8_unicode_ci		否		
class	varchar(50)	utf8_unicode_ci		否		
brand	varchar(50)	utf8_unicode_ci		否		
stocks	int(4)			否	1	
sell	int(4)			否	0	
m_price	float			否		
v_price	float			否		
fold	float			否	9	
isnew	int(1)			否	1	
isnom	int(1)			否	0	

图 6-10　商品信息表结构

此外还有管理员表、商品类别表、商品订单表、商品公告表、用户信息表、友情链接表和商品留言表，限于篇幅，这里不再介绍，读者可参见本书附赠光盘中的数据库文件。

6.4　首页设计

6.4.1　首页概述

首页一般没有多少实质的技术，主要是加载一些功能模块，如登录模块、导航栏模块、公告栏模块等，使浏览者能够了解网站内容和特点。首页的重要之处是要合理地对页面进行布局，既要尽可能地将重点模块显示出来，同时又不能因为页面凌乱无序，而让浏览者无所适从、产生反感。本模块首页的设计效果如图 6-11 所示。

图 6-11　首页设计效果

6.4.2　首页实现过程

（1）创建 index.php 动态页。在 index.php 动态页中，应用 include_once() 语句包含相应的文件，应用 switch 语句，以超级链接中参数 page 传递的值为条件进行判断，实现在不同页面之间跳转。index.php 的关键代码如下：

```php
<?php
session_start();
header ( "Content-type: text/html; charset=UTF-8" );        //设置文件编码格式
```

```php
require("system/system.inc.php");                              //包含配置文件
if(isset($_GET["page"])){
    $page=$_GET["page"];
}else{
    $page="";
}
include_once("login.php");
include_once("public.php");
include_once("links.php");
switch($page){
    case "hyzx":
        include_once "member.php";
        $smarty->assign('admin_phtml','member.tpl');
                                      //将 PHP 脚本文件对应的模板文件名称赋给模板变量
    break;
    case 'allpub':
        include_once 'allpub.php';
        $smarty->assign('admin_phtml','allpub.tpl');
                                      //将 PHP 脚本文件对应的模板文件名称赋给模板变量
    break;
    case 'nom':
        include_once 'allnom.php';
        $smarty->assign('admin_phtml','allnom.tpl');
                                      //将 PHP 脚本文件对应的模板文件名称赋给模板变量
    break;
    case 'new':
        include_once 'allnew.php';
        $smarty->assign('admin_phtml','allnew.tpl');
                                      //将 PHP 脚本文件对应的模板文件名称赋给模板变量
    break;
    case 'hot':
        include_once 'allhot.php';
        $smarty->assign('admin_phtml','allhot.tpl');
                                      //将 PHP 脚本文件对应的模板文件名称赋给模板变量
    break;
    case 'shopcar':
        include_once 'myshopcar.php';
        $smarty->assign('admin_phtml','myshopcar.tpl');
                                      //将 PHP 脚本文件对应的模板文件名称赋给模板变量
    break;
    case 'settle':
        include_once 'settle.php';
        $smarty->assign('admin_phtml','settle.tpl');
                                      //将 PHP 脚本文件对应的模板文件名称赋给模板变量
    break;
    case 'queryform':
        include_once 'queryform.php';
        $smarty->assign('admin_phtml','queryform.tpl');
                                      //将 PHP 脚本文件对应的模板文件名称赋给模板变量
    break;
    default:
        include_once 'newhot.php';
        $smarty->assign('admin_phtml','newhot.tpl');
```

```
                                       //将 PHP 脚本文件对应的模板文件名称赋给模板变量
      break;
   }
   $smarty->display("index.tpl");                //指定模板页
   ?>
```

（2）创建 system\templates\index.tpl 模板页。在模板文件 index.tpl 中应用 Smarty 的 include 标签调用不同的模板文件，生成静态页面，其关键代码如下：

```
<table width="850" border="0" cellspacing="0" cellpadding="0">
  <tr>
    <td colspan="2">{include file='top.tpl'}</td>
  </tr>
  <tr>
    <td width="216" align="left" valign="top">
    {include file='login.tpl'}
    {include file='public.tpl'}
    {include file='links.tpl'}
    </td>
    <td width="634" height="700" align="center" valign="top">
{include file='search.tpl'}
<!--载入模板文件-->{include file=$admin_phtml}</td>
  </tr>
</table>
<table width="850" border="0" cellspacing="0" cellpadding="0">
    <tr>
    <td>{include file='buttom.tpl'}</td>
    </tr>
</table>
```

　　本模块的功能较多，结构比较复杂，对于初学者来说学起来可能会比较困难。所以，本书将系统中的各个功能模块所涉及的文件（如 PHP、TPL、CSS、JS 等）都尽可能单独实现。读者在学习其中某个模块时，可以将相关的文件统一放到同一个目录下单独测试。

6.5　登录模块设计

6.5.1　登录模块概述

　　用户登录模块是会员功能的窗口。匿名用户虽然也可以访问本网站，但只能进行浏览、查询等简单操作，而会员则可以购买商品，并且能享受超低价格。登录模块包括用户注册和用户登录两部分，运行结果如图 6-12 所示。

6.5.2　用户注册

　　用户注册的主要功能是注册新会员。如果信息输入完整而且符合要求，则系统会将该用户信息保存到数据库中，否则显示错误原因，以便用户改正。用户注册页面的运行结果如图 6-13 所示。

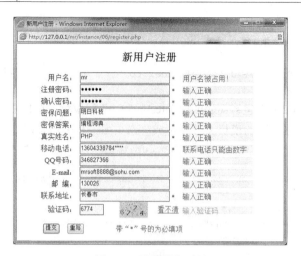

图 6-12　登录模块运行效果　　　　　　　　图 6-13　注册模块页面

（1）创建 register.tpl 模板文件，编写用户注册页面。其中包含两个 JS 脚本文件 createxmlhttp.js 和 check.js。createxmlhttp.js 是 Ajax 的实例化文件，而 check.js 对用户注册信息进行验证，并且返回验证结果。

（2）创建 register.php 动态 PHP 文件，加载模板。register.php 文件的代码如下：

```php
<?php
header("Content-type: text/html; charset=UTF-8");        //设置文件编码格式
require("system/system.inc.php");                         //包含配置文件
$smarty->assign('title','新用户注册');
$smarty->display('register.tpl');
?>
```

（3）创建 reg_chk.php 文件，获取表单中提交的数据，将数据存储到指定的数据表中。reg_chk.php 的代码如下：

```php
<?php
session_start();
header ( "Content-type: text/html; charset=UTF-8" );      //设置文件编码格式
require("system/system.inc.php");                          //包含配置文件
    $name = $_POST['name'];
    $password = md5($_POST['pwd1']);
    $question = $_POST['question'];
    $answer = $_POST['answer'];
    $realname = $_POST['realname'];
    $card = $_POST['card'];
    $tel = $_POST['tel'];
    $phone = $_POST['phone'];
    $Email = $_POST['email'];
    $QQ = $_POST['qq'];
    $code = $_POST['code'];
    $address = $_POST['address'];
    $addtime = date("Y-m-d H:i:s");
    $sql="insertinto
tb_user(name,password,question,answer,realname,card,tel,phone,Email,QQ,code,address,addtime,isfreeze,shopping,consume)" ;
    $sql .= " values ('$name', '$password', '$question', '$answer', '$realname','$card',
'$tel', '$phone', '$Email', '$QQ', '$code', '$address','$addtime','0','','00.00')";
    $rst= $admindb->ExecSQL($sql,$conn);
```

```
    if($rst){
        $_SESSION['member'] = $name;
        echo "<script>top.opener.location.reload();alert('注册成功');window.close();
</script>";
    }else{
        echo '<script>alert(\'添加失败\');history.back;</script>';
    }
?>
```

（4）在 system\templates\login.tpl 模板页中，创建"用户注册"超链接。当用户单击网页上的 注册 按钮时，系统会调用 js 的 onclick 事件，弹出注册窗口，代码如下：

```
<a href="#" id="login" onclick="reg()"><img src="images/check.JPG" width="59" height=
"23" border="0" /></a>
```

这里使用到的 js 文件为 js/login.js，调用的函数为 reg()。该函数的代码如下：

```
function reg(){
    window.open("register.php", "_blank", "width=600,height=650",false);  //弹出窗口
}
```

6.5.3　用户登录

用户在输入正确的用户名、密码和验证码之后，将返回如图 6-14 所示的信息。

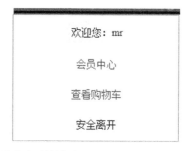

图 6-14　用户登成功录效果页面

（1）创建模板文件 login.tpl，完成用户登录表单的设计。在该页面中单击 Submit 按钮时，系统将调用 lg()函数对用户登录时提交的信息进行验证。lg()函数包含在 js/login.js 脚本文件内，其代码如下：

```
// JavaScript Document
function lg(form){
    if(form.name.value==""){
        alert('请输入用户名');
        form.name.focus();
        return false;
    }
    if(form.password.value == "" || form.password.value.length < 6){
        alert('请输入正确密码');
        form.password.focus();
        return false;
    }
    if(form.check.value == ""){
        alert('请输入验证码');
        form.check.focus();
        return false;
```

```
    }
    if(form.check.value != form.check2.value){
        form.check.select();
        code(form);
        return false;
    }
    var user = form.name.value;
    var password = form.password.value;
    var url = "chkname.php?user="+user+"&password="+password;
    xmlhttp.open("GET",url,true);
    xmlhttp.onreadystatechange = function(){
    if(xmlhttp.readyState == 4){
            var msg = xmlhttp.responseText;
            if(msg == '1'){
                alert('用户名或密码错误!!');
                form.password.select();
                form.check.value = '';
                code(form);
                return false;
            }if(msg == "3"){
                alert("该用户被冻结，请联系管理员");
                return false;
            }else{
                alert('欢迎光临');
                location.reload();
            }
        }
    }
    xmlhttp.send(null);
    return false;
}
//显示验证码
function yzm(form){
    var num1=Math.round(Math.random()*10000000);
    var num=num1.toString().substr(0,4);
    document.write("<img name=codeimg width=65 heigh=35 src='yzm.php?num="+num+"'>");
    form.check2.value=num;
}
//刷新验证码
function code(form){
    var num1=Math.round(Math.random()*10000000);
    var num=num1.toString().substr(0,4);
    document.codeimg.src="yzm.php?num="+num;
    form.check2.value=num;
}
//注册
function reg(){
window.open("register.php", "_blank", "width=600,height=650",false);
}
//找回密码
function found() {
window.open("found.php","_blank","width=350 height=240",false);
}
```

用户名和密码是在 chkname.php 页面中被验证。chkname.php 在 6.2.5 小节中已经介绍,这里不再重复。

(2)创建用户信息模板文件 system\templates\info.tpl。用户登录成功后,在原登录框位置将显示用户信息,用户可以通过"会员中心"对自己的信息做修改,也可以单击"查看购物车"超链接查看购物车商品;当用户离开时可以单击"安全离开"超链接。用户信息模块的主要代码如下:

```
<!-- 显示当前登录用户名 -->
欢迎您: {$member}
<!-- 会员中心超链接 -->
<a href="?page=hyzx" id="info" class="lk">会员中心</a>
<!-- 查看购物车 -->
<a href="?page=shopcar" class="lk">查看购物车</a>
<!-- 安全离开 -->
<a onclick="javascript:logout()" style="cursor:hand" id="info">安全离开</a>
```

6.6 商品展示模块设计

6.6.1 商品展示模块概述

本系统为用户提供了不同的商品展示方式,包括推荐商品、最新商品、热门商品等,能够让消费者有目的地选购商品。每个展示方式中包括商品的详细信息显示,为用户购买商品提供可靠的依据。本系统商品展示模块的运行效果如图 6-15 所示。

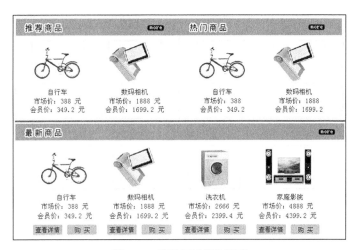

图 6-15 商品展示模块页面

因为推荐商品、最新商品和热门商品的实现方法和过程基本相同,所以本节只讲解推荐商品模块,其他功能相关代码可参见光盘中的源程序。

6.6.2 商品展示模块

在技术分析中已经对商品展示所使用的技术、方法进行了概述,下面就介绍一下具体的过程。

（1）创建 allnom.php 文件，从数据库中读取推荐商品的数据，并将数据存储到模板变量中，具体代码可以参考技术分析。

（2）创建 allnom.tpl 模板页，应用 section 语句输出商品信息，并添加相应的操作按钮或链接。模板页中一共有 2 个事件：查看商品详细信息和放入购物车。

- 当单击"查看详情"按钮时，将触发 onclick 事件，并将调用 openshowcommo()函数，同时，商品 id 会作为函数的唯一参数被传递进去。
- 当单击"购买"按钮时，同样会触发 onclick 事件，并调用 buycommo()函数，唯一的参数也是商品的 id。

商品模板页面 system\templates\allnom.tpl 的代码如下：

```
<table width="636" border="0" align="center" cellspacing="0" cellpadding="0">
  <tr>
    <td height="33" align="left" valign="middle" background="images/shop_07.gif">
 </td>
  </tr>
  <tr>
    <td height="132" align="left" valign="middle">
   {section name=nom_id loop=$nomarr}
   <table width="636" height="134" border="0" cellspacing="0" cellpadding="0">
    <tr>
        <td width="145" rowspan="5" align="center" valign="middle"><img src="{$nomarr[nom_id].
pics}" width="90" height="100" alt="{$nomarr[nom_id].name}" style="border: 1px solid
#f0f0f0;" /></td>
        <td height="35">商品名称：{$nomarr[nom_id].name}</td>
        <td width="156" height="35">商品类别：{$nomarr[nom_id].class}</td>
        <td width="157">商品型号：{$nomarr[nom_id].model}</td>
    </tr>
    <tr>
      <td height="23">商品品牌：{$nomarr[nom_id].brand}</td>
        <td height="23" colspan="2">商品产地：{$nomarr[nom_id].area}</td>
    </tr>
    <tr>
      <td width="178" height="23">剩余数量：{$nomarr[nom_id].stocks}</td>
        <td colspan="2">销售数量：{$nomarr[nom_id].sell}</td>
    </tr>
    <tr>
      <td height="23">市场价：<font color="red">{$nomarr[nom_id].m_price} 元
</font></td>
        <td height="23" colspan="2">上市日期：{$nomarr[nom_id].addtime}</td>
    </tr>
    <tr>
        <td height="30">会员价格：<font color="#FF0000">{$nomarr[nom_id].v_price} 
元</font></td>
        <td height="30" colspan="2" align="center" valign="middle"><input id=
"allshow" name="allshow" type="button" value="" class="showinfo" onclick="openshowcommo
({$nomarr[nom_id].id})" />   <input id="buy" name="buy" type="button" value=""
class="buy" onclick="return buycommo({$nomarr[nom_id].id})" /></td>
    </tr>
   </table>
   <hr style="border: 1px solid #f0f0f0;" />
   {/section}
```

```
      </td>
    </tr>
    <tr>
      <td height="25">{$rst1_page}</td>
    </tr>
</table>
```

（3）创建 showcommo.js 脚本文件。当单击“查看商品”按钮时，系统会弹出一个新的页面，并显示商品的详细信息；当单击“购买”按钮时，该商品将会被放到当前用户的购物车中，如果没有登录或商品已添加，则会提示错误信息。js 脚本文件的代码如下：

```
/*   查看商品信息函数，将打开一个新页面   */
function openshowcommo(key){
    open('showcommo.php?id='+key,'_blank','width=560 height=300',false);
}
/*   将购买商品添加到购物车中，将在下节中讲解  */
function buycommo(key){
    …
}
```

6.7　购物车模块设计

6.7.1　购物车模块概述

购物车是电子商务平台中非常关键的一个功能模块。购物车的主要功能是保留用户选择的商品信息，用户可以在购物车内设置选购商品的数量，显示选购商品的总金额，还可以清除选择的全部商品信息，重新选择商品信息。购物车页面运行结果如图 6-16 所示。

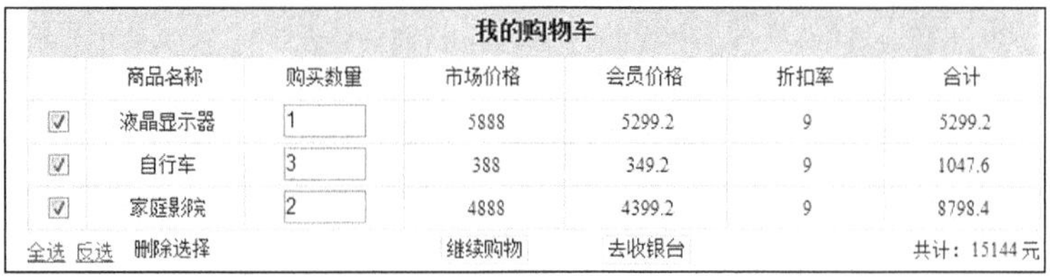

我的购物车						
	商品名称	购买数量	市场价格	会员价格	折扣率	合计
☑	液晶显示器	1	5888	5299.2	9	5299.2
☑	自行车	3	388	349.2	9	1047.6
☑	家庭影院	2	4888	4399.2	9	8798.4
全选 反选 删除选择			继续购物	去收银台		共计：15144元

图 6-16　购物车页面

购物车模块除了展示用户购买的商品之外，还实现添加商品、更改商品数量、删除商品和清空购物车等操作。

6.7.2　购物车展示

购物车页面分 PHP 代码页和 Smarty 模板页。在 PHP 代码页中，首先读取 tb_user 数据表中 shopping 字段的内容，如果字段为空，则输出“暂无商品”；如果数据库中有数据，则循环输出数据，并将商品信息保存到数组中，再传给模板页。购物车页 myshopcar.php 的代码如下：

```
<?php
$select = "select id,shopping from tb_user where name ='".$_SESSION['member']."'";
$rst = $admindb->ExecSQL($select,$conn);
if($rst[0]['shopping']==""){
```

```
            echo "<script>alert('购物车中暂时没有商品！');window.location.href='index.php';
</script>";
        }
        $commarr = array();
        foreach($rst[0] as  $value){
            $tmpnum = explode('@',$value);
            $shopnum = count($tmpnum);                        //商品类数
            $sum = 0;
            foreach($tmpnum as $key => $vl){
                $s_commo = explode(',',$vl);
                $sql2 = "select id,name,m_price,fold,v_price from tb_commo";
                $commsql = $sql2." where id = ".$s_commo[0];
                $arr = $admindb->ExecSQL($commsql,$conn);
                @$arr[0]['num'] = $s_commo[1];
                @$arr[0]['total'] = $s_commo[1]*$arr[0]['v_price'];
                $sum += $arr[0]['total'];
                $commarr[$key] = $arr[0];
            }
        }
        $smarty->assign('shoparr',$shopnum);
        $smarty->assign('commarr',$commarr);
        $smarty->assign('sum',$sum);
        ?>
```

商品的模板页 system\templates\myshopcar.tpl 不仅要负责用户购买商品信息的输出，而且还要提供可以对商品进行修改、删除等操作的事件接口。模板页代码如下：

```
<table border="0" cellspacing="0" cellpadding="0" align="center">
<form id="myshopcar" name="myshopcar" method="post" action="#">
  <tr>
    <td height="30" colspan="7" align="center" valign="middle" class="first">我的购物
车</td>
  </tr>
  <tr>
    <td width="35" height="25" align="center" valign="middle" class="left"> </td>
    <td width="100" height="25" align="center" valign="middle" class="center">商品名称</td>
    <td width="100" height="25" align="center" valign="middle" class="center">购买数量</td>
    <td width="100" height="25" align="center" valign="middle" class="center">市场价格</td>
    <td width="100" height="25" align="center" valign="middle" class="center">会员价格</td>
    <td width="100" height="25" align="center" valign="middle" class="center">折扣率</td>
    <td width="100" height="25" align="center" valign="middle" class="right">合计</td>
  </tr>
  {foreach key=key item=item from=$commarr}
  <tr>
    <td height="25" align="center" valign="middle" class="left"><input id="chk"
name="chk[]" type="checkbox" value="{$item.id}"></td>
    <td height="25" align="center" valign="middle" class="center"><div id = "c_name
{$key}">  {$item.name}</div></td>
    <td height="25" align="center" valign="middle" class="center"><input id="cnum
{$key}" name="cnum{$key}" type="text" class="shorttxt" value="{$item.num}" onkeyup=
"cvp({$key},{$item.v_price},{$shoparr})"></td>
    <td height="25" align="center" valign="middle" class="center"><div id="m_price
{$key}"> {$item.m_price}</div></td>
    <td height="25" align="center" valign="middle" class="center"><div id="v_price
{$key}"> {$item.v_price}</div></td>
```

```
        <td height="25" align="center" valign="middle" class="center"><div id="fold{$key}">
 {$item.fold}</div></td>
        <td height="25" align="center" valign="middle" class="right"><div id="total{$key}">
 {$item.total}</div></td>
    </tr>
  {/foreach}
    <tr>
        <td height="25" colspan="3" align="left" valign="middle">
        <a href="#" onclick="return alldel(myshopcar)">全选</a><a href="#" onclick="return
overdel(myshopcar);">反选</a>  
        <input type="button" value="删除选择" class="btn" style="border-color: #FFFFFF;"
onClick = 'return del(myshopcar);'>
      </td>
        <td height="25" align="center" valign="middle"><input id="cont" name="cont" type=
"button" class="btn" value="继续购物" onclick="return conshop(myshopcar)" /></td>
        <td height="25" align="center" valign="middle"><input id="uid" name="uid" type=
"hidden" value="{$smarty.session.member}"><input id="settle" name="settle" type="button"
class="btn" value="去收银台" onclick="return formset(form)" /></td>
        <td height="25" colspan="2" align="right" valign="middle"><div id='sum'>共计：
{$sum} 元</div></td>
    </tr>
  </form>
  </table>
```

6.7.3　更改商品数量

对于新添加的商品，默认的购买数量为 1，在购物车页面可以对商品的数量进行修改。当商品数量发生变化时，商品的"合计"金额和商品总金额会自动发生改变，该功能是通过触发 text 文本域的 onkeyup 事件调用 cvp() 函数实现。cvp() 函数有 3 个参数，分别是商品 id、商品单价和商品类别。

在 shopcar.js 文件中，首先通过商品的 id 得到要修改商品的相关表单和标签属性。然后通过商品单价和输入的商品数量计算该商品的合计金额。接着使用 for 循环得到其他商品的合计金额。最后将所有的合计金额累加，并输出到购物车页面。cvp() 函数代码如下：

```
function cvp(key,vpr,shoparr){
    var n_pre = 'total';
    var num = 'cnum'+key.toString();
    var total = n_pre+key.toString();
    var t_number = document.getElementById(num).value;
    var ttl = t_number * vpr;
    document.getElementById(total).innerHTML = ttl;
    var sm = 0;
    for(var i = 0; i < shoparr; i++){
        var aaa = document.getElementById(n_pre+i.toString()).innerText;
        sm += parseInt(aaa);
    }
    document.getElementById('sum').innerHTML = '共计：'+sm+' 元';
}
```

这里所更改的商品数量，并没有被保存到数据库中，如果希望保存，那么单击"继续购物"按钮，则可以将商品数量更新到数据库中。

6.7.4 删除商品

当对添加的商品不满意时，可以对商品进行删除操作。操作流程为：首先选中要删除的商品前面的复选框，如果全部删除，则可以单击"全选"按钮或"反选"按钮；然后单击"删除选择"按钮，在弹出的警告框中单击"确定"按钮，商品将被全部删除。删除商品的页面效果如图 6-17 所示。

图 6-17 删除商品流程

所有的删除操作都是通过 js 脚本文件 shopcar.js 来实现，相关的函数包括 alldel()函数、overdel()函数和 del()函数。alldel()函数和 overdel()函数实现的原理比较简单，通过触发 onclick 事件来改变复选框的选中状态。函数代码如下：

```
//全部选择/取消
function alldel(form){
    var leng = form.chk.length;
    if(leng==undefined){
      if(!form.chk.checked)
            form.chk.checked=true;
     }else{
     for( var i = 0; i < leng; i++)
       {
            if(!form.chk[i].checked)
                form.chk[i].checked = true;
       }
    }
    return false;
}
// 反选
function overdel(form){
    var leng = form.chk.length;
    if(leng==undefined){
      if(!form.chk.checked)
            form.chk.checked=true;
        else
            form.chk.checked=false;
    }else{
     for( var i = 0; i < leng; i++)
```

```
        {
            if(!form.chk[i].checked)
                form.chk[i].checked = true;
            else
                form.chk[i].checked = false;
        }
    }
    return false;
}
```

使用 alldel()或 overdel()选中复选框后，即可调用 del()函数来实现删除功能。del()函数首先使用 for 循环，将被选中的复选框的 value 值取出并存成数组，然后根据数组生成 url，并使用 xmlhttp 对象调用这个 url，当处理完毕后，根据返回值弹出提示或刷新本页。在 shopcar.js 脚本文件中，del()函数代码如下：

```
/*  删除记录  */
function del(form){
    if(!window.confirm('是否要删除数据??')){

    }else{
        var leng = form.chk.length;
        if(leng==undefined){
            if(!form.chk.checked){
                    alert('请选取要删除的数据!');
            }else{
                rd = form.chk.value;
                var url ='delshop.php?rd='+rd;
                xmlhttp.open("GET",url,true);
                xmlhttp.onreadystatechange = delnow;
                xmlhttp.send(null);
            }
        }else{
            var rd=new Array();
            var j = 0;
            for( var i = 0; i < leng; i++)
            {
                if(form.chk[i].checked){
                    rd[j++] = form.chk[i].value;
                }
            }
            if(rd == ''){
                alert('请选取要删除的数据!');
            }else{
                var url = "delshop.php?rd="+rd;
                xmlhttp.open("GET",url,true);
                xmlhttp.onreadystatechange = delnow;
                xmlhttp.send(null);
            }
        }
    }
    return false;
}
function delnow(){
    if(xmlhttp.readyState == 4){
        if(xmlhttp.status == 200){
```

```
        var msg = xmlhttp.responseText;
        if(msg != '1'){
            alert('删除失败'+msg);
        }else{
            alert('删除成功');
            location=('?page=shopcar');
        }
    }
}
```

6.7.5　保存购物车

当用户希望保存更改后的商品数量时，可以单击"继续购物"按钮，将触发 onclick 事件调用 conshop()函数保存数据，该函数有一个参数，就是当前表单的名称。在 conshop()函数内，根据复选框和商品数量文本域，生成两个数组 fst 和 snd，分别保存商品 id 和商品数量。

这里要注意，两个数组的值是要相互对应的，如商品 1 的 id 保存到 fst[1]中，那么商品 1 的数量就要保存到 snd[1]中，然后根据这两个数组生成一个 url，使用 xmlhttprequest 对象调用 url，最后根据回传信息作出相应的判断。conshop()函数存储于 js\shopcar.js 文件中，其代码如下：

```
//更改商品数量
function conshop(form){
    var n_pre = 'cnum';
    var lang = form.chk.length;
    if(lang == undefined){
        var fst = form.chk.value;
        var snd = form.cnum0.value;
    }else{
        var fst= new Array();
        var snd = new Array();
        for(var i = 0; i < lang; i++){
            var nm = n_pre+i.toString();
            var stmp = document.getElementById(nm).value;
            if(stmp == '' || isNaN(stmp)){
                alert('不允许为空、必须为数字');
                document.getElementById(nm).select();
                return false;
            }
            snd[i] = stmp;
            var ftmp = form.chk[i].value;
            fst[i] = ftmp;
        }
    }
    var url = 'changecar.php?fst='+fst+'&snd='+snd;
    xmlhttp.open("GET",url,true);
    xmlhttp.onreadystatechange = updatecar;
    xmlhttp.send(null);
}
function updatecar(){
    if(xmlhttp.readyState == 4){
        var msg = xmlhttp.responseText;
            if(msg == '1'){
                location='index.php';
```

```
            }else{
                alert('操作失败'+msg);
            }
        }
    }
```

在 conshop()函数中调用的 changecar.php 页为数据处理页，该页将商品 id 和商品数量进行重新排列，并保存到 shopping 字段内。changecar.php 页面代码如下：

```php
<?php
session_start();
header ( "Content-type: text/html; charset=UTF-8" );        //设置文件编码格式
require("system/system.inc.php");                           //包含配置文件
$sql = "select id,shopping from tb_user where name = '".$_SESSION['member']."'";
$rst = $admindb->ExecSQL($sql,$conn);
$reback = '0';
$changecar = array();
if(isset($_GET['fst']) && isset($_GET['snd'])){
    $fst = $_GET['fst'];
    $snd = $_GET['snd'];
    $farr = explode(',',$fst);
    $sarr = explode(',',$snd);
    $upcar = array();
    for($i = 0; $i < count($farr); $i++){
        $upcar[$i] = $farr[$i].','.$sarr[$i];
    }
    if(count($farr) > 1){
        $update = "update tb_user set shopping='".implode('@',$upcar)."' where name
= '".$_SESSION['member']."'";
    }else{
        $update = "update tb_user set shopping='".$upcar[0]."' where name =
'".$_SESSION['member']."'";
    }
    $shop = $admindb->ExecSQL($update,$conn);
    if($shop){
        $reback = 1;
    }else{
        $reback = 2;
    }
}
echo $reback;
?>
```

第7章
综合案例——留言本系统

本章要点：

- 实现复选框的全选和返选
- 验证码在当前页验证技术
- 定义数据库访问类
- 分页显示留言技术

留言本在网络上越来越受到人们的青睐，它能够在用户和访客之间建立起桥梁关系。用户在留言本上可以发表自己的一些看法，而管理员可以对用户的看法及时作出回应，具有良好的互动效果。

留言本的形式多种多样，有简易留言本、分类留言本、具有版主回复的留言本等。为了满足广大用户的需求，本章将开发一个功能完善的留言本，除具备常见的功能外，还增添了签写留言、给版主的悄悄话、回显版主信息、版主单帖管理等特色功能。

7.1 留言本概述

7.1.1 留言本概述

最基本的留言本需要实现的功能很简单，一般有用户查看留言，发表留言；版主查看留言，回复留言和删除留言。

本章介绍的留言本是高级的留言管理系统，实现了签写留言、添加私人留言（即通常所说的悄悄话功能）、支持简单的表情图标及人物头像、回复留言、管理留言、查询留言、回显版主信息、版主单帖管理和支持屏蔽悄悄话显示等特色功能。本模块在介绍功能实现的同时，介绍了一些新的编程方法和 SQL 语句构造技巧。在留言本的实现中，运用了 MySQL 数据库的多表联合查询。另外，在管理留言时一次可以删除多条留言信息，并可以同时删除该留言的回复信息，这种方法应用 in 关键字实现，并且需要一定的技巧来构造 SQL 语句。

7.1.2 留言本的功能结构

为了使读者对本模块有一个更清晰的认识，笔者设计了功能结构图。留言本的前台主要功能结构如图 7-1 所示。

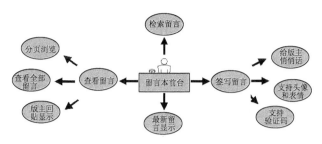

图 7-1 留言本前台功能结构图

为了使读者对留言本后台有一个更清晰的理解，下面给出了留言本后台的主要功能结构图，如图 7-2 所示。

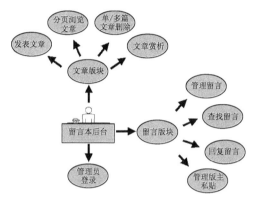

图 7-2 留言本后台功能结构图

7.1.3 留言本系统流程

笔者设计的留言本模块的流程很简单，首先签写留言信息，如果提交成功，则将留言信息显示在前台首页，最后由管理员对留言信息进行综合管理。留言本模块的系统流程如图 7-3 所示。

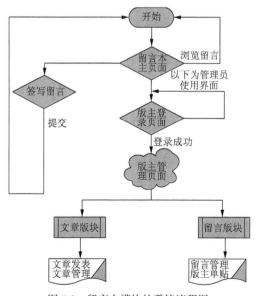

图 7-3 留言本模块的系统流程图

7.1.4 程序预览

留言本由多个板块组成，为了让读者对本留言本有个初步的了解和认识，下面列出几个典型功能的页面，其他页面参见光盘中的源程序。

签写留言的运行效果如图 7-4 所示，该页面显示了留言者在发布留言时所填写的内容，包括留言者姓名、留言主题、留言内容、留言者心情等。

图 7-4 签写留言界面

版主回复留言模块效果如图 7-5 所示，该页面显示了版主回复留言时所填写的回复内容。

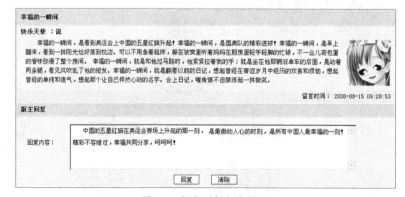

图 7-5 版主回复留言界面

留言查询页面效果如图 7-6 所示。该页面主要显示查询后需要显示的留言主题、留言内容，以及版主回复等。

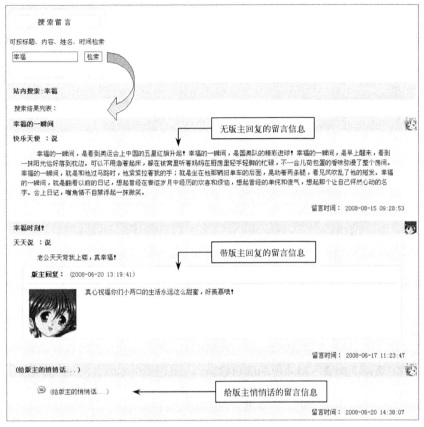

图 7-6　检索留言信息页面的运行结果

7.2　热点关键技术

7.2.1　验证码在当前页验证

验证码技术，是为了防止用户名被暴力破解，在签写留言页面中要求输入验证码，通常情况下，如果输入的验证码错误，将重新刷新页面，所签写的留言信息被清空，这样给用户操作造成了一定的损失。为了避免这一现象的发生，本模块在实现签写留言信息时，验证码在当前页进行验证，即使验证码输入错误，也不会丢失留言信息，而会保留原始的留言信息，效果如图 7-7 所示。

1．创建验证码表单元素

首先设置验证码的表单元素，然后添加一个隐藏域，用来记录随机数的值。

```
<input name="checkcode" type="text" id="checkcode" size="12" />
<input type="hidden" name="createcheckcode" value="">
```

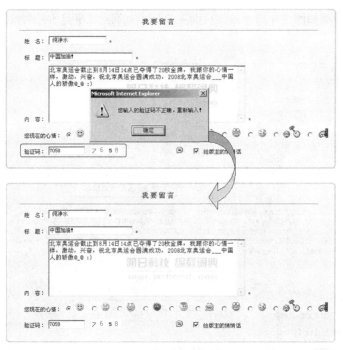

图 7-7 验证码在当前页验证

2. 获取验证码

通过 Math.random()函数生成随机数的方式得到验证码。rand()函数可以获取指定范围内的随机数。在签写留言页面上生成一组 4 位的随机数。

```
<script language="javascript">
    var num1=Math.round(Math.random()*10000000);
    var num=num1.toString().substr(0,4);
    document.form1.createcheckcode.value=num;
    document.write("<img name=codeimg4 src='checks.php?num="+num+"'>");
</script>
```

3. 显示随机数图片

显示随机数的方式很多，将随机数写入一个图片中再显示是目前常用的方法。在 PHP 中，可以使用 GD 函数库来实现。

（1）imagecreate()函数

imagecreate()函数用来创建一个基于调色板的空白图像源，这是生成图片的第一步。函数语法为：

```
resource imagecreate(int width, int height)
```

参数 width 和 height 分别指定了图像的宽和高。

（2）imagecolorallocate()函数

imagecolorallocate()函数可以为创建后的图像分配颜色。函数语法为：

```
int imagecolorallocate(resource image, int red, int green, int blue)
```

参数 image 是一个图像源。red、green 和 blue 则表示红、绿、蓝三元素的成分，每种颜色的取值范围在 1 ~ 255 之间。

（3）imagestring()函数

图像创建完成后，就可以使用 imagestring()函数来添加图像文字了。该函数的语法如下：

```
bool imagestring(resource image, int font, int x, int y, string s, int col)
```

参数 image 是一个图像源。参数 font 可以设置字体，如果使用系统默认字体，可以使用 1～5 内的数字。参数 x 和 y 分别表示文字相对于整幅图像的 x 轴和 y 轴坐标，即所输入的字符串的左上角坐标。参数 s 就是要显示的字符串。参数 col 为字体颜色，同样使用 imagecolorallocate() 函数来分配。

（4）imagepng() 函数

该函数将创建完成的图片以 png 的格式输出。函数代码如下：

```
bool imagepng(resource image [, string filename])
```

参数 image 是要保存的图像源。参数 filename 是要保存的图像名。如果省略，则直接输出到浏览器。

（5）imagedestroy() 函数

图像保存完毕后，使用 imagedestroy() 函数来释放内存。

应用 GD 函数库生成随机图片的实现方法如下：

```php
<?php
session_start();                                          //启动 session 会话
header("content-type:image/png");                        //设置创建图像的格式
$image_width=70;                                          //设置图像宽度
$image_height=18;                                         //设置图像高度
$new_number=$_GET[num];
$num_image=imagecreate($image_width,$image_height);      //创建一个画布
imagecolorallocate($num_image,255,255,255);              //设置画布的颜色
for($i=0;$i<strlen($new_number);$i++){                   //循环读取 session 变量中的验证码
   $font=mt_rand(3,5);                                   //设置随机的字体
   $x=mt_rand(1,8)+$image_width*$i/4;                    //设置随机字符所在位置的 x 坐标
   $y=mt_rand(1,$image_height/4);                        //设置随机字符所在位置的 y 坐标
     //设置字符的颜色
$color=imagecolorallocate($num_image,mt_rand(0,100),mt_rand(0,150),mt_rand(0,200));
   imagestring($num_image,$font,$x,$y,$new_number[$i],$color);    //水平输出字符
}
imagepng($num_image);                                    //生成 png 格式的图像
imagedestroy($num_image);                                //释放图像资源
?>
```

提交表单信息后，调用自定义函数 check_form() 来实现在当前页验证输入的验证码是否正确。

```javascript
<script language="javascript">
function check_form(form1){
    if(form1.checkcode.value==""){                       //如果验证码为空
       alert("验证码不能为空！");form1.checkcode.focus();return false;
    }
    if(form1.checkcode.value!=num){          //如果输入的验证码的值与随机的验证码的值不相等
       alert("您输入的验证码不正确，重新输入！");form1.checkcode.focus();return false;
    }
}
</script>
```

7.2.2 实现复选框的全选和反选

在网页中根据数据库内容应用 for 循环语句动态创建复选框的个数，被全选或反选的复选框必须设置其 name 为 note_id[]，复选框的值是留言信息的 ID 号。

```
<input type="checkbox" name="note_id[]" value="<?php echo $id;?>" />
```

本模块中创建的复选框以数组形式命名为 note_id[]。

添加一个全选的复选框，作为要选择的内容。当勾选该复选框时，调用自定义函数 check_all() 函数来设置复选框的全选。

```
<input type="checkbox" name="select_all" onClick="check_all(this.form)" />
<span class="style1">全选</span>
```

全选的实现，遍历所有的复选框 form.elements[i]，然后设置各多选项的 checked 属性为 True。代码如下：

```
<script language="JavaScript">
function check_all(form){                          //选择表单中的所有 check box
    for(var i=0;i<form.elements.length-2;i++){
        var e=form.elements[i];
        e.checked=true;
    }
}
</script>
```

checked 属性设置或获取复选框的状态，True 为选中，False 为未选中。

在登录后台主页，勾选"全选"复选框，所有 name 为 note_id[]的复选框将被选中，效果如图 7-11 所示。

添加一个反选的复选框，作为取消选择的内容。当勾选"反选"复选框时，调用自定义函数 inverse()函数，设置复选框当前值的相反设置。

```
<input type="checkbox" name="select_reverse" onClick="inverse(this.form)" />
<span class="style1">反选</span>
```

反选的实现，遍历所有复选框 form.elements[i]，获取复选框的 checked 属性值，如果是 True，则设置为 False，否则设为 True，即作为当前值的相反设置。

```
<script language="JavaScript">
function inverse(form){                              //反选表单中的 checkbox
    for (var i=0;i<form.elements.length-2;i++){      //依次对各个复选框的当前状态进行反选
        var e = form.elements[i];
        e.checked == true ? e.checked = false : e.checked = true;
    }
}
</script>
```

在登录后台主页，勾选"全选"复选框，所有 name 为 note_id[]的复选框将被选中，当勾选"反选"复选框时，所有 name 为 note_id[]的复选框将设置为未选中状态，效果如图 7-8、图 7-9 所示。

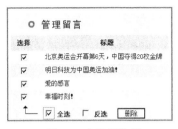

图 7-8　全选复选框

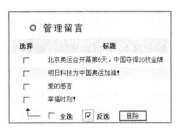

图 7-9　反选复选框

7.3　MySQL 数据库设计

留言本模块是一个中小型的信息平台，关于数据库的选择需要充分考虑成本及用户需求（如跨平台）等问题，而 MySQL 是世界上最为流行的开放源码的数据库，是完全网络化的跨平台的关系型数据库系统，因此，本系统采用 MySQL 数据库作为数据库开发平台。

7.3.1　创建数据库和数据表

数据库的设计与功能的层次紧密相连。结合实际情况及对用户需求的分析，留言本中应用的 db_leaveword 数据库主要包含 3 张数据表，如图 7-10 所示。

服务器: localhost ▸ 数据库: db_leaveword

表	类型	整理	说明
tb_file	MyISAM	gb2312_chinese_ci	文章信息表
tb_note	MyISAM	gb2312_chinese_ci	留言信息表
tb_note_answer	MyISAM	gb2312_chinese_ci	回复信息表

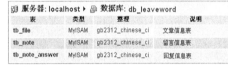

图 7-10　留言本数据表

下面介绍主要数据表的表结构。

1. tb_note（**留言信息表**）

留言信息表主要用来存储用户发表的留言信息。该数据表的结构如图 7-11 所示。

2. tb_note_answer（**回复信息表**）

回复信息表主要用来存储管理员回复用户的留言信息。该数据表的结构如图 7-12 所示。

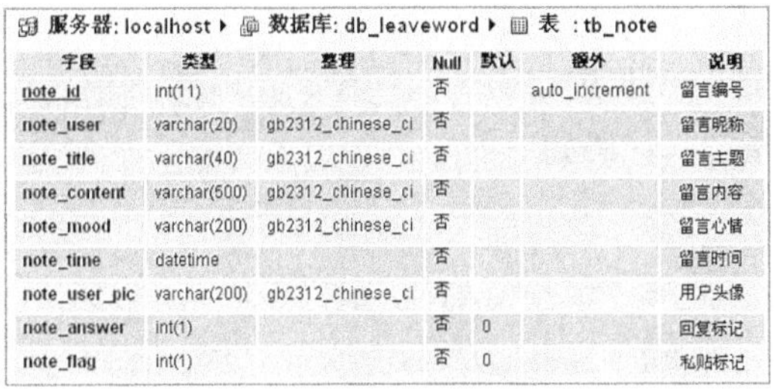

服务器: localhost ▸ 数据库: db_leaveword ▸ 表 : tb_note

字段	类型	整理	Null	默认	额外	说明
note_id	int(11)		否		auto_increment	留言编号
note_user	varchar(20)	gb2312_chinese_ci	否			留言昵称
note_title	varchar(40)	gb2312_chinese_ci	否			留言主题
note_content	varchar(500)	gb2312_chinese_ci	否			留言内容
note_mood	varchar(200)	gb2312_chinese_ci	否			留言心情
note_time	datetime		否			留言时间
note_user_pic	varchar(200)	gb2312_chinese_ci	否			用户头像
note_answer	int(1)		否	0		回复标记
note_flag	int(1)		否	0		私贴标记

图 7-11　留言信息表结构

服务器: localhost ▸ 数据库: db_leaveword ▸ 表 : tb_note_answer

字段	类型	整理	Null	额外	说明
noan_id	int(11)		否	auto_increment	留言编号
noan_note_id	varchar(20)	gb2312_chinese_ci	否		留言昵称
noan_content	varchar(40)	gb2312_chinese_ci	否		留言主题
noan_time	varchar(500)	gb2312_chinese_ci	否		留言内容
noan_user_name	varchar(200)	gb2312_chinese_ci	否		留言心情

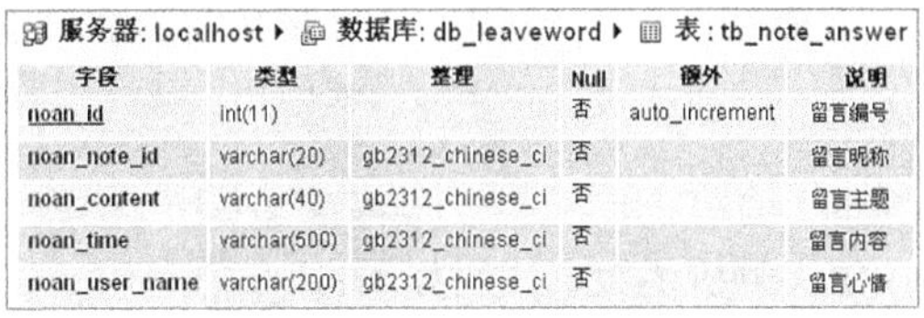

图 7-12　回复信息表结构

7.3.2　定义数据库访问类

与很多面向对象的语言一样，PHP 也是通过 class 关键字加类名来定义类的。

类的格式如下：

```
<?php
class MyObject{
    //…
```

```
    }
?>
```

两个大括号中间的部分,就是类的全部内容。上面的 MyObject 就是一个最简单的类。MyObject
类仅仅有一个类的骨架,什么功能都没有实现,不过这并不影响它的存在。

值得注意的是,一个类,即一对大括号之间的全部内容都要在一段代码段中,即一个
"<?php … ?>"之间,不能分割成多个块,例如:

```
<?php
class MyObject{
    //…
?>
<?php
    //…
}
?>
```

这种格式是不允许的。

为了便于维护,减少代码冗余,本模块使用了一个简单的自定义数据库类。定义数据库访问
类的代码如下:

```
<?php
class DB_MySQL{
var $Host = "127.0.0.1";                    //服务器地址
var $Database = "db_leaveword";             //数据库名称
var $User = "root";                         //用户名
var $Password = "111";                      //用户密码
var $Link_ID = 0;                           //数据库连接
var $Query_ID = 0;                          //查询结果
var $Row_Result = array();                  //结果集组成的数组
var $Field_Result = array();                //结果集字段名组成的数组
var $Affected_Rows;                         //影响的行数
var $Rows;                                  //结果集中记录的行数
var $Fields;                                //结果集中字段的个数
var $Row_Position = 0;                      //记录指针位置索引
```

定义构造函数。其中,this 是指向当前对象的指针,代码如下:

```
        function __construct(){
            $this->connect();
        }
```

定义解析函数,代码如下:

```
        function __destruct(){
            mysql_close($this->Link_ID);
        }
```

定义连接服务器和选择数据库的方法,代码如下:

```
        function connect($Database = "",$Host = "",$User = "",$Password = ""){
            if ("" == $Database){
                $Database = $this->Database;
            }
            if ("" == $Host){
                $Host    = $this->Host;
```

```
        }
        if ("" == $User){
            $User    = $this->User;
        }
        if ("" == $Password){
            $Password = $this->Password;
        }
        if ( 0 == $this->Link_ID ) {
            $this->Link_ID=@mysql_pconnect($Host, $User, $Password);
            if (!$this->Link_ID) {
                $this->halt("连接数据库服务端失败!");
            }
            if (!mysql_select_db($this->Database,$this->Link_ID)) {
                $this->halt("不能打开指定的数据库:".$this->Database);
            }
        }
        return $this->Link_ID;
    }
```

定义释放内存方法,代码如下:

```
    function free(){                                //释放内存
        if (@mysql_free_result($this->Query_ID))
        unset ($this->Row_Result);
        $this->Query_ID = 0;
    }
```

定义执行查询方法,代码如下:

```
    function query($Query_String){
        /* 释放上次查询占用的内存 */
        if ($this->Query_ID){
            $this->free();                          //释放内存
        }
        if(0 == $this->Link_ID){
            $this->connect();                       //连接服务器并选择数据库
        }
        @mysql_query("set names gb2312",$this->Link_ID);//设置中文字符集
        $this->Query_ID = @mysql_query($Query_String,$this->Link_ID);
        if (!$this->Query_ID){
            $this->halt("SQL 查询语句出错: ".$Query_String);
        }
        return $this->Query_ID;
    }
```

定义以数组方式返回结果集的方法,代码如下:

```
    function get_rows_array(){                       //返回结果集记录组成的数组
        $this->get_rows();
        for($i=0;$i<$this->Rows;$i++){
            if(!mysql_data_seek($this->Query_ID,$i)){
                $this->halt("mysql_data_seek 查询语句出错");   //调用自定义函数
            }
            $this->Row_Result[$i] = mysql_fetch_array($this->Query_ID);
        }
        return $this->Row_Result;
    }
```

定义以对象返回的结果集数组的方法，代码如下：

```
function get_fields_array(){                          //返回结果集字段组成的数组
    $this->get_fields();
    for($i=0;$i<$this->Fields;$i++){
        $obj = mysql_fetch_field($this->Query_ID,$i);
        $this->Field_Result[$i] = $obj->name;
    }
    return $this->Field_Result;
}
```

定义返回结果集的记录行数的方法，代码如下：

```
function get_rows(){                                  //返回结果集中记录的行数
    $this->Rows = mysql_num_rows($this->Query_ID);
    return $this->Rows;
}
```

定义返回结果集中字段个数的方法，代码如下：

```
function get_fields(){                                //返回结果集中字段的个数
    $this->Fields = mysql_num_fields($this->Query_ID);
    return $this->Fields;
}
```

定义执行 SQL 语句并返回由查询结果中第 1 行记录组成的数组，代码如下：

```
function fetch_one_array($sql){      //执行SQL语句并返回由查询结果中第1行记录组成的数组
    $this->query($sql);
    return mysql_fetch_array($this->Query_ID);
}
```

定义打印错误信息的方法，代码如下：

```
function halt($msg){                        //打印错误信息
    $this->Error=mysql_error();
    printf("<BR><b>数据库发生错误:</b> %s<br>\n", $msg);
    printf("<b>MySQL 返回错误信息:</b> %s <br>\n",$this->Error);
}
}
?>
```

7.4　前台首页设计

7.4.1　前台首页概述

本系统首页页面设计简洁，主要包括以下 3 个部分的内容。

（1）首部导航栏：包括首页链接。

（2）左侧显示区：包括最新文章、搜索留言、最新留言和网站声明。访客主要通过该区域浏览最新的文章、查询留言以及浏览最新的留言。

（3）主显示区：为留言本的主显示区，显示发表留言、最新发表的留言以及留言回复。

本系统前台首页的运行结果如图 7-13 所示。

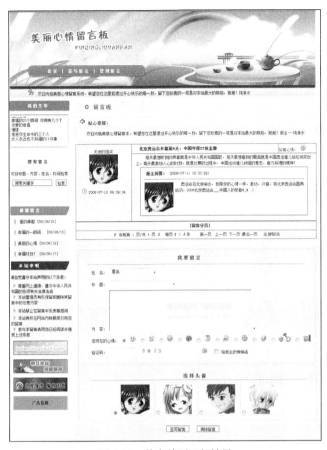

图 7-13　前台首页运行结果

7.4.2　页面设计

一个优秀的 Web 程序，不仅应具有合理的代码编写规则和较高的代码执行效率，合理的页面设计方式和美观的页面也是不可缺少的。为了保证整个留言本页面的一致性，在设计页面时，将留言本的头部内容存储在 header.html 文件中，将用于显示版权信息的尾部内容存储在 footer.html 文件中，这样在新建留言本的功能页面时，只需在页面的适当位置应用 include 语句调用这两个静态页文件即可。应用这种页面设计方式，还可以提高程序的开发效率和易维护性。

前台首页页面设计的流程如下：

（1）主要用于显示网站的标题以及为用户提供前台功能导航以及进入后台的管理导航，被封装成一个独立的文件 header.html 页。

（2）主要用于展示网站提供的最新文章和最新留言以及回复的页，考虑到该页只在一个页实现，因此未被封装独立页，直接在首页 index.php 页实现。

（3）主要实现显示最新文章、最新留言以及留言查询的页，被封装成一个独立的文件 left.php 页。

（4）主要用于显示版权信息的页，被封装成一个独立的文件 footer.html 页。

7.4.3　功能实现

在一个网站中，前台首页被访问的次数是比较多的。为了加快页面的运行速度并提高访问量，本系统前台首页使用 include 语句包含主要功能模块，代码如下：

```
<table width="950" border="0" align="center" cellpadding="0" cellspacing="0">
  <tr>
    <td colspan="3">
<?php include("header.html");?>          //调用首页导航条
</td>
  </tr>
  ……..                                    //主显示区显示最新留言及回复
  <tr>
    <td width="190" height="631"  valign="top" bgcolor="#FFFFFF">
<?php include("left.php");?>              //调用左侧导航条
</td>
   <tr/>
   <tr>
    <td colspan="3">
<?php include("footer.html");?>          //调用尾部导航条
</td>
  </tr>
</table>
```

7.5　添加留言

7.5.1　添加留言概述

添加留言模块中的签写留言功能很有特色，支持添加留言心情、支持给版主写悄悄话（私帖），还可以选择有个性的头像。同时，为了方便用户查看留言及签写留言信息，在留言本首页查看留言的正下方设置了签写留言版块，同时还在留言本首页设置了"签写留言"超级链接。用户可以签写留言信息。签写留言页面的运行效果如图 7-14 所示。

图 7-14　签写留言页面的运行结果

7.5.2　设计添加留言页面

添加留言页面设计流程如下。

（1）应用 include 语句引用顶部 Banner 广告头文件 header.html 页，代码如下：

```php
<?php include("header.html"); ?>
```

（2）应用 include 语句引用底部的版权信息文件 footer.html 页，代码如下：

```php
<?php include("footer.html"); ?>
```

（3）添加签写留言的 form 表单。签写留言页面涉及的 HTML 表单的重要元素如表 7-1 所示。

表 7-1　　　　　　　　　签写留言页面涉及的 HTML 表单的重要元素

参　数	类　型	含　义	重　要　属　性
form1	form	表单	action="note_check.php"　method="post"
user_name	text	用户昵称	id="user_name"　value="匿名"　maxlength="64"
title	text	留言主题	maxlength="64" size="30"
content	textarea	留言内容	cols="60"　rows="8" style="background:url(./images/mrbccd.gif)"
mood	radio	留言心情	<input value="<img src='images/face/1.gif>" checked="checked" /> <img src="images/face/1.gif" width="20" height="20" /> <input name="mood" type="radio" value="<img src='images/face/2.gif>" /> <img src="images/face/2.gif" width="20" height="20" /> …
checkcode	text	验证码	id="checkcode" size="12"
createcheckcode	hidden	隐藏域	value=""
checkbox	checkbox	私帖	value="1"
head	radio	人物头像	<input　type="radio"　checked="checked" value="01"　name="head" /> … <input　type="radio"　value="04" name="head" />
submit	submit	签写留言	class="btn1"　onclick="return check_form(form1);"
reset	reset	清除留言	class="btn1" value="清除留言"

　　　　为了提高网络的传输速度，尽量将页面图片存储为 gif 或 jpg 格式。因为这两种格式的图片具有所占空间小、画面质量高等特点，从而可以有效提高网站的传输率。另外，具有美观得体的页面也是开发人员所必须考虑的因素之一。

7.5.3　留言添加

创建 note_check.php 文件，获取表单提交的数据，将留言添加到指定的数据表中。首先应用 POST 方法接收用户提交的留言信息，然后将数据添加到指定的数据表中。具体代码如下：

```php
<?php
require("global.php");                      //调用数据源文件
if($_POST){
    $content =$_POST['content'];            //获取用户留言内容
    $user_name = $_POST['user_name'];       //获取用户昵称
    $title = $_POST['title'];               //获取留言主题
    $mood=$_POST['mood'];                    //获取用户的留言心情
```

```
        $head = $_POST['head'].".gif";                    //获取用户的人物头像
        $note_flag=$_POST['checkbox'];                     //获取用户的留言状态
 /*********************通过变量$note_flag记录是否为私帖********************/
        if($note_flag!=1){$note_flag=0;}                   //如果私帖标记值等于1，则赋值为0
        $datetime=date("Y-m-d H:i:s");                     //获取用户的留言时间
        $sql = "insert into tb_note (note_user,note_title,note_content,note_mood,note_time,
note_user_pic,note_flag)
values('".$user_name."','".$title."','".$content."','".$mood."','".$datetime."','".$he
ad."','".$note_flag."')";
        $DB->query($sql);                                  //向数据表中添加留言信息
        $url = "./index.php";                              //设置链接页
        redirect_once($url);                               //跳转到首页
    }
    ?>
```

 　　变量$note_flag用来记录用户发送的留言信息是否为私帖，即给版主的悄悄话功能。该变量的默认值为1（非私帖），如果该变量不等于1，则赋予其值为0，说明是私帖。在接下来查看留言信息时会对私帖进行处理。

7.6 分页输出留言

7.6.1 分页输出留言概述

　　如果用一个页面来显示所有的记录，不仅运行速度较慢，也会给用户浏览带来诸多不便。这时就可以通过对查询结果进行分页显示来解决这一问题。分页查看留言信息页面的运行结果如图 7-15 所示。

图 7-15　分页查看留言信息页面

7.6.2 分页输出留言实现

分页查看留言信息，不但可以减少页面纵向延伸的面积，同时也不会影响网站的运行速度。下面讲解分页查看留言的实现过程。

（1）调用数据源文件。

```
require("global.php");                                          //调用数据源文件
```

（2）应用左外联接实现多表联合查询巧妙地构造 SQL 语句，检索留言信息表和回复信息表中的数据，并按签写留言的时间降序排列。联合查询构造的 SQL 语句如下：

```
$sql = "select tb_note.*,answ.* from tb_note left join";
$sql.= " (select noan_note_id,noan_content,noan_time from tb_note_answer) as answ ";
$sql.= " on answ.noan_note_id = tb_note.note_id ";
$sql.= " order by note_time desc ";                            //巧妙构造多表联合的 SQL 语句
```

（3）确定记录跨度$row_per_page，即每页显示的记录数，这里设置为每页显示 3 条留言信息。也可以根据页面的实际情况由设计者自己规定。根据公式"总记录数/跨度"，如果有余数则进位取整来计算总页数$page_count。获取传递的当前页数$page_num，通过三目运算符计算判断第一页或者是最后一页的位置。最后为 SQL 语句添加 limit 子句，计算查询的起始行位置并执行 SQL语句，将结果集存储到数组中。

```php
if($_GET){
    $page_num = $_GET['page_num']? $_GET['page_num']: 1; //得到要提取的页码
}else{
    $page_num = 1;                                       //首次进入时，页码为1
}
    $DB->query($sql);
    $row_count_sum = $DB->get_rows();                    //得到总记录数
    $row_per_page = 3;                                   //每页记录数,可以使用默认值或者直接指定值
    $page_count = ceil($row_count_sum/$row_per_page);    //总页数
    $is_first = (1 == $page_num) ? 1 : 0;                //判断是否为第一页或者最后一页
    $is_last = ($page_num == $page_count) ? 1 : 0;
    $start_row = ($page_num-1) * $row_per_page;          //查询起始行位置
    $sql .= " limit $start_row,$row_per_page";           //为 SQL 语句添加 limit 子句
    $DB->query($sql);                                    //执行查询
    $res = $DB->get_rows_array();
    $rows_count=count($res);                             //获取结果集行数
?>
```

（4）通过 for 循环语句分页显示查询结果，代码如下：

```php
<?php
for($i=0;$i<$rows_count;$i++){
    $title=$res[$i]['note_title'];                       //标题
    $author = $res[$i]['note_user'];                     //作者
    $note_content=$res[$i]['note_content'];              //内容
    $mood=$res[$i]['note_mood'];                         //心情
    $datetime = $res[$i]['note_time'];                   //时间
    $note_pic=$res[$i]['note_user_pic'];                 //头像
    $id = $res[$i]['note_id'];                           //当前行 note_id
```

```
        $note_flag=$res[$i]['note_flag'];                          //是否是版主悄悄话
        $note_answer=$res[$i]['note_answer'];                      //显示版主是否回复标识
        $noan_content=$res[$i]['noan_content'];                    //版主回复的留言信息
        $noan_time=$res[$i]['noan_time'];
    ?>
```

（5）输出留言人、留言头像和留言时间，代码如下：

```
<?php echo "<font color=#205401>".$author."</font>";?><br>
<img src="images/face/pic/<?php echo $note_pic;?>" width="90" height="90"><br><br>
<img src="images/time.jpg" width="15" height="15"> <?php echo $datetime;?><br>
<br></td>
```

（6）留言心情的实现过程如下：

```
<th width="61%" height="24" align="left" scope="col">  
<?php if($note_flag==1){echo "(给版主的悄悄话...)";} else{ echo $title;}?>
</th>
<td width="16%" align="left" scope="col">
<!-----------------------------------输出留言心情----------------------------->
<span class="STYLE13">留</span><span class="STYLE21">言</span><span class="STYLE16">
心</span><span class="STYLE20">情</span>:  <?php echo $mood;?></td>
</tr>
<tr bgcolor="#F9F8EF">
    <td height="113" colspan="2" align="left" valign="top" bgcolor="#F9F8EF"><table
width="100%" border="0" cellpadding= "0" cellspacing="0">
    <tr>
    <td height="39" style="padding-left:10px; padding-right:10px; line-height:18px">
    <?php if($note_flag==1){ echo "<img src='images/whisper.gif'> (给版主的悄悄
话...)";}else{ echo $note_content; }?> <br>
    </td>
</tr>
```

（7）留言信息分页汇总，代码如下：

```
<table width="100%" border="0" cellpadding="2" cellspacing="1" bgcolor="#205401">
    <tr height='26px' align="right">
        <th align="center" bgcolor="#F9F8EF"><!-- 分页显示控制链接 -->
               [留言分页]</th>
    </tr>
    <tr height='26px'>
        <td align="center" bgcolor="#F9F8EF">『  当前第 <font color="#AA0066">
<?php echo $page_num;? ></font> 页/共 <font color="#AA0066"><?php echo $page_
count;?> </font>页  』  每页『  <font  color="#AA0066"><?php echo
$row_per_page;?></font>  』条    
```

（8）输出分页控制链接，实现"第一页"、"上一页"、"下一页"和"最后一页"的链接指向，
并进行页码参数传递，代码如下：

```
<?php
if(!$is_first){                              //如果不是首页，则输出"第一页"和"上一页"超级链接
?>
<a href="./index.php?page_num=1">第一页</a> <a href="./index.php?page_num=<?php echo
($page_num-1) ?>">上一页</a>
<?php
}else{
?>
```

第一页 上一页
```php
<?php
}
if(!$is_last){                              //如果不是尾页，则输出"下一页"和"最后一页"超级链接
?>
<a href="./index.php?page_num=<?php echo ($page_num+1) ?>">下一页</a> <a href="./index.php?page_num=<?php echo $page_count ?>">最后一页</a>
<?php
}else{
?>
下一页 最后一页
<?php
}
?>
```

7.6.3 输出版主回复

在分页输出留言信息中，对于版主回复信息的输出做得很有特点，通过嵌入在留言信息中的特殊方式显示版主回复的信息，其运行效果如图 7-16 所示。

图 7-16 输出版主回复信息

输出版主回复信息的原理是：如果变量$note\_flag$ 等于 0，说明不是给版主的私帖。如果$note\_answer$ 等于 1，说明对该留言信息版主给予了回复。当同时满足这两个条件时，输出留言信息和对应该留言的版主回复信息。代码如下：

```php
<?php if($note_flag==0 and $note_answer==1){?>
<TABLE width="700" align="center" cellPadding=2 cellSpacing=1 bgcolor="#D9D2B6" class=embedbox >
<TBODY>
 <TR>
  <TD width="700" bgcolor="#FFFFFF" style="padding-top:6px; padding-left:10px; padding-bottom:2px; padding- right:10px;line-height:18px">
   <SPAN style="FONT-WEIGHT: bold; COLOR: #000000"> 版主回复：</SPAN> <SPAN style="COLOR: #000000">(<?php echo $noan_time;?>)</SPAN>
   <hr color=#D9D2B6 size=1 style="width:700px; " >
   <IMG     src="images/face/pic/01.gif"    width="90"    height="90"    class=face style="FLOAT: left; MARGIN: 2px 5px 5px 2px">
   <SPAN style="COLOR: #000000"><?php echo $noan_content;?></SPAN>
  </TD>
 </TR>
</TBODY>
</TABLE>
<?php } ?>
```

7.7 查询留言模块

7.7.1 查询留言概述

信息检索是对已存在于数据库中的数据按条件进行筛选浏览，是查看历史信息和确认数据操作最为快速、有效的办法。

在留言本首页的搜索留言版块中输入欲查询的关键字，例如"幸福"，单击"检索"按钮，对指定条件的留言信息进行模糊查询，并输出与查询条件相匹配的结果集到浏览器。其中，对查询结果的处理有 3 种显示形式：第 1 种是无版主回复的留言信息；第 2 种是带版主回复的留言信息；第 3 种是给版主悄悄话的留言信息（由于是私帖，对真实的留言信息进行屏蔽，以特殊方式进行显示），运行结果如图 7-17 所示。

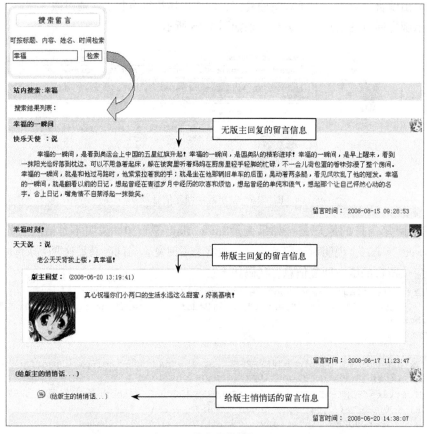

图 7-17 检索留言信息页面

7.7.2 查询留言的实现

本模块使用 LIKE 关键字对数据进行模糊查询。LIKE 关键字使用通配符在字符串内查找指定的模式，所以读者需要了解通配符及其含义。通配符的含义如表 7-2 所示。

表 7-2　　　　　　　　　　　　　　　LIKE 关键字中的通配符及说明

通　配　符	说　　明
%	由零个或更多字符组成的任意字符串
_	任意单个字符
[ ]	用于指定范围，例如[A ~ F]，表示 A 到 F 范围内的任何单个字符
[^]	表示指定范围之外，例如[^A ~ F]，表示范围以外的任何单个字符

　　如果欲查询包含"北京奥运会"的留言信息，可以使用 like 运算符配合通配符"%"完成，其 SQL 语句如下：

```
select * from tb_leaveword  where content like '%北京奥运会%';
```

　　如果欲查找留言主题为"北京奥运会"或者内容为"开幕式"的信息时配合 or 运算符来使用。其 SQL 语句如下：

```
select * from tb_leaveword  where title='北京奥运会' or content like'%开幕式%'
```

　　　　　　对于满足数据表中多个字段中的任一字段时，可以使用"or"运算符将多个条件连接。

　　查询留言实现过程如下。

　　（1）在 left.php 页面中添加留言信息检索模块的表单元素，代码如下：

```
<form target="_blank" method="post" action="search.php">
    <input name="key_words" type="text" class="btn1" value="搜索关键字" size='19' />
    <input name="submit" type="submit" class="btn1" value="检索" />
</form>
```

　　（2）提交表单信息到数据处理页 search.php，连接数据库文件，获取用户提交的查询条件。应用 left join 左外联接进行留言信息表和回复信息表多表联合查询，检索匹配条件的留言信息，代码如下：

```
<?php
require("global.php");                              //连接数据源
if($_POST){
    $key_words = $_POST['key_words'];               //获取用户提交的查询条件
    /********************通过多表联合检索留言信息及回复信息********************/
    $sql = "select note.*,noan.* from tb_note as note left join tb_note_answer as noan
on note.note_id = noan.noan_ note_id";
    $sql.=" where note.note_title like '%".$key_words."%' or note.note_content like
'%".$key_words."%' or note.note_ time like '%".$key_words."%' or note.note_user like
'%".$key_words."%'";
    $DB->query($sql);                               //向 MySQL 服务器发送 SQL 指令
    $note = $DB->get_rows_array($sql);              //以数组的形式存储符合条件的留言信息
    /************************************************************/
    $note_count = count($note);                     //统计记录数
}
?>
```

　　（3）应用 foreach 结构遍历数组，输出符合查询条件的留言信息及回复信息结果集，代码如下：

```
<?php
foreach($note as $v){                               //遍历数组元素
    /*************检索留言信息表中符合条件的结果集*************/
    $id = $v['note_id'];                            //留言信息 ID
```

```php
    $note_title = $v['note_title'];                        //留言信息主题
    $note_content = $v['note_content'];                    //留言信息内容
    $note_user = $v['note_user'];                          //用户昵称
    $note_time = $v['note_time'];                          //留言时间
    $note_user_pic = $v['note_user_pic'];                  //用户人物头像
    $note_answer=$v['note_answer'];                        //回复留言标记
    $note_flag=$v['note_flag'];                            //私帖标记
    /****************************************************/

    //回复信息表中的数据
    $noan_id = $v['noan_id'];                              //回复留言的 ID 号
    $noan_note_id =$v['noan_note_id '];                    //留言信息的 ID 号
    $noan_content = $v['noan_content'];                    //版主回复留言的内容
    $noan_user = $v['noan_user_name'];                     //版主昵称
    $noan_time = $v['noan_time'];                          //版主回复留言的时间
    if($note_count){                                       //输出符合条件的留言信息
?>
```

（4）输出留言信息的主题和用户头像，代码如下：

应用 if 条件语句进行判断，如果变量$note_flag 等于 1，说明用户提交给版主的是私帖，其他用户没有查看权限，需输出"给版主的悄悄话"字符串和用户头像，否则输出留言主题和用户头像。

```php
    <?php
    if($note_flag==1){                                     //如果是私帖，则输出指定字符串
        echo "(给版主的悄悄话...)";
    }
    else{                                                  //否则输出留言主题
        echo $note_title;
    }
    <!-----------------------------------输出用户头像-------------- ------------->
    <img src="images/face/pic/<?php echo $note_user_pic;?>" width="24" height="24">
    ?>
```

（5）输出留言信息的昵称。如果用户提交的并非私帖，则输出用户昵称，代码如下：

```php
    <?php if($note_flag!=1){ echo $note_user;?>: 说 <?php }?>
```

（6）对给版主的私帖进行特殊处理。如果变量$note_flag 等于 1，说明用户提交给版主的是私帖，输出图片标识和"给版主的悄悄话"提示字符串，否则输出留言内容。代码如下：

```php
    <?php
    if($note_flag==1){                                     //如果是私帖，则输出指定图标和字符串
        echo "<img src='images/whisper.gif'> (给版主的悄悄话...)";
    }
    else{                                                  //否则，输出留言内容
        echo $note_content;
    }
    ?>
```

（7）输出版主回复信息，如果变量$note_flag 等于 0，说明不是给版主的私帖。如果$note_answer 等于 1，说明对该留言信息版主给予了回复。当同时满足这两个条件时，输出留言信息和对应该留言的版主回复信息。代码如下：

```php
    <?php if($note_flag==0 and $note_answer==1){?>
    <TABLE  width="700" align="center" cellPadding=2 cellSpacing=1 bgcolor="#D9D2B6"
```

```
class=embedbox >
    <TBODY>
      <TR>
        <TD  width="700"  bgcolor="#FFFFFF"  style="padding-top:6px;  padding-left:10px;
padding-bottom:2px; padding- right:10px;line-height:18px">
        <SPAN style="FONT-WEIGHT: bold; COLOR: #000000"> 版主回复：</SPAN> <SPAN
style="COLOR: #000000">(<?php echo $noan_time;?>)</SPAN>
          <hr color=#D9D2B6 size=1 style="width:700px; " >
          <IMG   src="images/face/pic/01.gif"  width="90"  height="90"  class=face style=
"FLOAT: left; MARGIN: 2px 5px 5px 2px">
          <SPAN style="COLOR: #000000"><?php echo $noan_content;?></SPAN>
        </TD>
      </TR>
    </TBODY>
    </TABLE>
    <?php } ?>
```

（8）输出留言时间，代码如下：

```
<?php echo $note_time; ?>
<?php
      }                               //foreach 的结束标识
}                                     //应用 POST 方法提交表单的结束标识
?>
```

7.8　版主登录模块设计

7.8.1　版主登录概述

版主登录功能就是对用户输入的账号、密码进行验证。验证包括信息是否为空、验证用户名是否存在、验证用户名和密码是否输入正确，并使用 trim()函数去除用户名和密码左右的空白字符。版主登录页面如图 7-18 所示。

图 7-18　版主登录页面

7.8.2　登录功能实现

版主在登录窗口中输入登录信息，并单击"确定"按钮后，登录信息将被提交到数据处理页 manage/login.php 中，与数据库中保存的版主名称和登录密码相比较，如果相同则成功登录并跳转到后台主页，反之则弹出对话框，给出错误提示。manage/login.php 文件的关键代码如下：

```php
<?php
require("./user.php");
require("../common/function.php");
//创建 session
@session_start();
if($_POST){
    $user_name = trim($_POST['user_name']);
    $user_pwd = trim($_POST['user_pwd']);
    if(login_check($user_name,$user_pwd)){
        //向 session 中存储值
        $_SESSION['user_name']=$user_name;
        $url = './index.php';
```

```
        redirect_once($url);
    }
    else{
        warn("用户名或者密码错误,请重新输入","./login.php");
    }
}
else{
?>
<?php
}
?>
```

7.9 后台主页设计

7.9.1 后台主页概述

根据用户对各个功能模块的使用频率和重要程度，本系统的后台主页面中主要包括两部分。

（1）网站左侧导航栏：包括各个管理模块及分类。

● 文章版块：主要包括发表文章和文章管理两个部分。

● 留言版块：主要包括留言管理和版主单贴两个部分。

（2）网站主显示区：显示各个模块的操作及结果。

后台主页的运行效果如图 7-19 所示。

图 7-19 留言本后台主页

7.9.2 后台主页设计

后台主页的设计比较直观，左侧导航栏清楚、明白地显示了后台管理员所能使用到的功能。当单击任意功能按钮时，在主显示区显示对应的操作界面和该功能模块下的子功能。页面简练、结构清晰，版主能直观方便地进行管理。

在后台主页 index.php 中使用 include 语句包含主要功能模块，代码如下：

```
<table width="950" border="0" align="center" cellpadding="0" cellspacing="0">
  <tr>
```

```
      <td colspan="3">
<?php include("m_header.html");?>          //调用首页导航条
    </td>
    </tr>
    ......                                  //主显示区显示最新留言及回复
    <tr>
      <td width="190" height="631" valign="top" bgcolor="#FFFFFF">
<?php include("m_left.php");?>             //调用左侧导航条
    </td>
    <tr/>
    <tr>
      <td colspan="3">
<?php include("footer.html");?>           //调用尾部导航条
    </td>
    </tr>
</table>
```

7.10　文章管理

7.10.1　文章管理概述

文章管理模块包括发表文章和文章管理两个部分。

发表文章是版主发表文章所用的界面，包括文章主题、心情和文章内容的添加，其中心情是通过单选按钮选择不同的表情来实现的。版主发表文章界面如图 7-20 所示。

文章管理是版主对留言信息及版主的回复信息进行管理。单击"全选"复选框可以快速选择当前页的所有留言信息；单击"反选"复选框可以快速在原有留言选择的状态下进行反项选择，单击"删除"按钮，即可删除选中的留言信息及其对应的版主回复信息。批量删除留言及回复信息页面前后的对比效果如图 7-21 所示。

图 7-20　版主发表文章界面

图 7-21　批量删除留言及回复信息页面前后对比效果

7.10.2　发表文章实现过程

发布文章主要是通过两个文件完成，一个是文章发布信息的提交页 file_add.php，另一个是对提交的数据进行处理的 check_file.php。

（1）在发布文章的提交页中，显示提交的文章主题、心情和文章内容，表单设置请参见光盘中的源程序，这里不再累述。在发布留言的提交页中，用 JavaScript 脚本验证表单元素是否为空。如果为空，则返回 false，并将光标焦点定位到出问题的表单元素。程序代码如下：

```
<script language="JavaScript">
  /*************发表文章界面验证脚本*************/
function check(myform){
        if(myform.txt_title.value==""){              //判断文章标题是否为空
            alert("文章标题不能为空");myform.txt_title.focus();      return false;
        }
        if(myform.file.value==""){                   //判断文章内容是否为空
            alert("文章内容不能为空");myform.file.focus();return false;
        }
}
</script>
```

（2）在 check_file.php 文件中，获取表单提交的文章信息，并且将其添加到指定的数据表中，代码如下：

```php
<?php
require("../global_manage.php");                    //连接数据源
if($_POST["btn_tj"]!=""){
$title=$_POST[txt_title];
$face=$_POST[atc_iconid];
$content=$_POST[file];
$now=date("Y-m-d H:i:s");
$sql="insert  into  tb_file  (file_title,file_face,file_content,file_date)  Values
('$title','$face','$content','$now')";
$DB->query($sql);
echo "<script>alert('恭喜版主成功发表佳作!!!');</script>";
$url = './file_manage.php';
redirect_once($url);                                //页面跳转
}
?>
```

7.10.3　批量删除留言及回复信息的实现

在 index.php 文件中，创建 form 表单，添加复选框，完成留言信息的循环输出，并且将留言信息的 ID 值通过复选框传递到处理页 note_delete.php 文件中，关键代码如下：

```
<form action="./note_delete.php" method="post" name="note" id="note">
    <input type="checkbox" name="note_id[]"value="<?php echo $id;?>" />
    <input type="checkbox" name="select_all" onClick="check_all(this.form)" />
    <input type="checkbox" name="select_reverse" onClick="inverse(this.form)" />
    <input name="submit" type="submit" value = " 删除 " class="btn1" />
</form>
```

当单击 index.php 页中的"删除"按钮时，提交表单元素到数据处理页 note_delete.php，在该文件中完成留言删除操作。

首先，应用 POST 方法接收留言信息的 ID 号，代码如下：

```php
<?php
require("../global_manage.php");                    //连接数据源
if($_POST){                                         //如果提交数据
//获取传递来的 news_id 及查询条件
$note_id = $_POST['note_id'];                       //应用 POST 方法获取留言 ID
$note_id_str = "";                                  //初始化变量
```

巧妙地构造 SQL 语句，计算用户选择留言的个数，当变量$note_id 的值大于 1 时，表示选择多条留言，否则表示选择一条留言。当选择一条留言时，直接应用 where 条件语句指定数组的第 0 个元素来检索该条留言并执行删除操作即可；当选择多条留言时，应用 each 遍历数组，每个 ID 号之间用逗号进行分隔，对循环输出的 ID 串应用 substr()函数删除结尾多余的逗号，最后使用 in 关键字删除所有被选择的留言及该留言所对应的回复信息。其中，$sql 构造的 SQL 语句实现删除留言信息，而$sql1 构造的 SQL 语句实现删除指定留言 ID 所对应的回复信息。代码如下：

```php
$sql = "delete from tb_note";                              //删除留言信息表中的数据
$sql1="delete from tb_note_answer";                        //删除留言回复信息表中的数据
    if(count($note_id)>1){                                 //当选择多条留言时
        while(list($name,$value)=each($note_id)){          //遍历数组
            $a.="$value".",";
    }
    $a= substr($a,0,-1);                                   //删除结尾多余的逗号
/*****************使用 in 关键字删除所有被选择留言*****************/
    $sql .= " where note_id in(".$a.")";                   //指定多个条件值
    $sql1.= " where noan_note_id in(".$a.")";              //指定多个条件值
        }
    else{
/************************只删除一条留言************************/
        $sql .= " where note_id = ".$note_id[0];  //指定单个条件
        $sql1.=" where noan_note_id=".$note_id[0]; //指定单个条件
/*************************************************************/
}
/*****************************************************************/
$DB->query($sql);                                          //删除留言信息表中指定的留言信息
$DB->query($sql1);                                         //删除回复留言信息表中指定的留言信息
?>
```

留言信息及回复信息删除成功后，弹出提示信息，并返回到留言本后台主页。

```php
<script language="javascript">alert("留言信息删除成功! ");</script>
<?php
    $url = "./index.php";                                  //指定 url 地址
    redirect_once($url);                                   //跳转到上面指定的 url 地址
}
?>
```

7.11　留言本管理模块

7.11.1　留言本概述

留言本管理模块主要包括版主回复留言管理和版主单贴管理。版主回复留言功能是建立在后台留言信息管理的基础上，在后台留言管理界面，包括分页、单条、多条留言及回复删除、版主

回帖、查找、查看留言功能。通过选择相应的留言信息标题，跳转到版主回复留言页面。版主回复留言管理中回复留言和浏览留言的页面运行效果如图 7-22、图 7-23 所示。

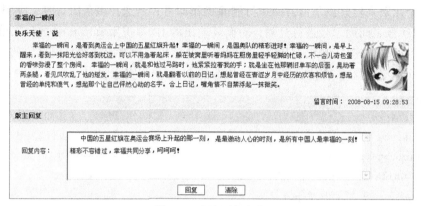

图 7-22　版主回复留言

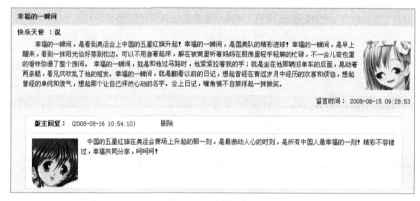

图 7-23　浏览版主回复

在留言本后台管理页面中，单击左侧导航菜单中的"版主单帖"超级链接，进入版主悄悄话管理页面，该页面主要实现查看给版主的悄悄话留言、分页浏览、删除悄悄话留言功能，其中给版主的悄悄话运行结果如图 7-24 所示。

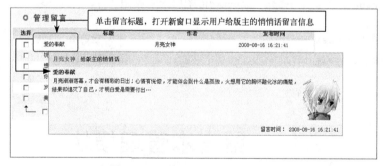

图 7-24　查看给版主的悄悄话页面

7.11.2　版主回复留言功能的实现

版主回复留言功能的实现过程如下。

（1）在留言本后台管理首页，以分页的形式显示留言的全部信息（不包含给版主的悄悄话留言），例如标题、作者、是否回复以及发布时间。在留言标题上添加如下超级链接。

```
<a href="note_read.php?note_id=<?php echo $id?>" target="_blank"> <?php echo $title;?></a>
```

（2）用户单击留言标题信息，将该留言的 id 号传递到数据处理页 note_read.php，在该页添加版主回复的表单元素。代码如下：

```
<form name="note" action="" method="post"  onsubmit="return(check_form())">
  <tr>
    <td width="111" height="24" align="center" bgcolor="F9F8EF">回复内容：<br></td>
    <td width="661" height="24" bgcolor="F9F8EF">
    <textarea name="content" rows="8" cols="80"></textarea>
  </td>
</tr>
<tr>
  <td height="35" colspan="2" align="center" bgcolor="F9F8EF">
  <input name="submit" type="submit" class="btn1" value=" 回复 " size="8">
  <input name="button" type="reset" class="btn1" onClick="clear_form('note')" value="
清除 "size="8">
    </td>
  </tr>
</form>
```

（3）提交表单信息到本页，应用 POST 方法接收版主回复的信息，应用 insert 语句将版主回复的留言信息添加到回复信息表，同时记录当前留言信息的 ID 号，再应用 update 语句更新留言信息表中的该 ID 号所对应的回复标记，将其设置为 1，从而完成版主回复留言的功能。代码如下：

```
<?php
require("user.php");
if($_POST){
    $content = $_POST['content'];
    $datetime=date("Y-m-d H:i:s");
    $sql = "insert tb_note_answer (noan_note_id,noan_content,noan_time,noan_user_name)";
    $sql.="values(".$note_id.",'".$content."','".$datetime."','".$default_user_name."')";
    $DB->query($sql);
    $sql1= "update tb_note set note_answer=1 where note_id='".$note_id."'";
    $DB->query($sql1);
?>
<script language="javascript">alert("留言信息回复成功！");</script>
<?php
    //跳转
    $url = "note_read.php?note_id=".$note_id;
    redirect_once($url);
}
?>
```

（4）构造 SQL 语句，根据当前传递过来的 ID 号通过多表联合（left join...on 外联接语句）检索出该 ID 号所对应的留言信息及回复信息。

```
<?php
require("../global_manage.php");
if($_GET){
    $note_id = $_GET['note_id'];              //得到超链接中的参数
}
```

```
else
        $note_id = -1;                                    //如果是非超链接方式进入,则$note_id为-1
//根据$note_id不同情况进行查询
$sql = "select note.*,noan.* from tb_note as note left join tb_note_answer as noan on
note.note_id = noan.noan_note_id ";
//如果查询指定留言,则加上where子句
if($note_id != -1){                                       //查询指定留言
        $sql.= " where note.note_id = ".$note_id;
}
//最后加上排序语句,按note_time降序,按noan_time降序
$sql.= " order by note.note_time desc,noan.noan_time desc";
$DB->query($sql);
$note = $DB->get_rows_array($sql);
?>
```

最后,应用 foreach 遍历数组的方法输出存储在数组$note 中的留言信息及版主回复信息, 这里不再赘述,请读者参见本书附赠的源码光盘。

7.11.3 版主单贴管理功能的实现

查看给版主的悄悄话功能的实现过程如下。

(1)在左侧导航栏中,添加"版主单帖"导航链接。

```
<a href="../manage/manage_note.php">版主单帖</a>
```

(2)单击"版主单帖"导航链接,打开管理悄悄话留言页面,在留言标题栏中添加如下语句。

```
<a href="m_note_read.php?note_id=<?php echo $id;?>" target="_blank"> <?php echo
$title;?> </a>
```

(3)将留言的 ID 号传递到数据处理页,构造 SQL 语句,查询留言 ID 和私帖字段标记为 1 的留言信息,应用 foreach 遍历数组,并将悄悄话留言信息循环输出到浏览器端。

```
<?php
require("../global_manage.php");
$note_id = $_GET['note_id'];                    //得到超链接中的参数
$sql = "select * from tb_note where note_id='".$note_id."' and  note_flag=1 ";
$DB->query($sql);                               //执行查询语句
$note = $DB->get_rows_array($sql);              //将结果集存储到数组中
foreach($note as $v){
        $id = $v['note_id'];                    //留言ID号
        $note_title = $v['note_title'];         //留言标题
        $note_content = $v['note_content'];     //留言内容
        $note_user = $v['note_user'];           //留言人
        $note_time = $v['note_time'];           //留言时间
        $note_user_pic=$v['note_user_pic'];     //留言人头像
?>
<table width="778px" align="center"    cellpadding="0" cellspacing="0" bgcolor=""
style="border:0;margin:10;align:center;">
  <tr height='32px' class='toptitle1' bgcolor='#ccddee'>
    <td width='11' bgcolor="#D9EBB9"></td>
    <td height="27" colspan="2" bgcolor="#D9EBB9">
      <!--------------------------回复相对留言的缩进距离---------- ------------------->
      <strong><font color="#559380"><?php echo $note_user; ?></font></strong> 
```

```
 <span class="style1 STYLE14">给版主的悄悄话</span> </td>
      <td width="23" bgcolor="#D9EBB9"> </td>
    </tr>
    <tr height='26px'>
      <!-- ------------------------------标题行 ------------------------------->
      <td bgcolor="#F9F8EF"></td>
      <td colspan="2" bgcolor="#F9F8EF"><span class="style1"><?php echo $note_title;?>
</span> </td>
      <td bgcolor="#F9F8EF"><span class="style2"> <a href="note_answer.php?note_id=
<?php echo $id;?>"></a> </span> </td>
    </tr>
    <tr height='26px'>
      <!-- ------------------------------内容行---- ------------------------- -->
      <td bgcolor="#F9F8EF"></td>
      <td width="683" valign="top" bgcolor="#F9F8EF"><?php echo $note_content; ?> </td>
      <td width="59" bgcolor="#F9F8EF" style="padding-bottom:10px"><img src="../images/
face/pic/<?php echo $note_ user_pic;?>"><br>
      </td>
      <td bgcolor="#F9F8EF"> </td>
    </tr>
    <tr class="bg_author">
      <td></td>
      <td colspan="2" align="right">留言时间:  <?php echo $note_time; ?></td>
      <td align="right"> </td>
    </tr>
  </table>
  <?php }?>
```

（4）管理员可以对版主回复的留言信息进行删除。

在输出的版主回复信息中添加"删除"超级链接。

```
<a href="answer_del.php?id=<?php echo $noan_id;?>&note_id=<?php echo $id;?>">删除</a>
```

单击"删除"超级链接，将版主回复的留言 ID 传递到处理页 answer_del.php，应用 delete 语句删除回复信息表中指定 ID 的数据，从而删除版主回复的留言信息。

```php
<?php
require("../global_manage.php");                    //连接数据源
//获取传递来的 Id 及查询条件
$id = $_GET['id'];                                  //应用 GET 方法获取 ID 号
$note_id=$_GET['note_id'];                          //应用 GET 方法获取回复的 ID 号
$sql = "delete from tb_note_answer where noan_id = ".$id;//构造删除回复留言的 SQL 语句
$DB->query($sql);                                   //执行删除操作
?>
<script language="javascript">alert("成功删除版主回复的留言信息! ");</script>
<?php
    //将原来的查询条件返回
    $url = "./note_read.php?note_id=$note_id";       //将留言 ID 指交到读取留言信息页面
    redirect_once($url);                             //跳转到指定的 url
?>
```

第8章

综合案例——投票管理系统

本章要点：

- 单选投票与多选投票的关系
- 通过柱形图与饼行图分析投票结果
- 通过 IP 限制重复投票
- Cookie 变量限制重复投票
- 动态生成投票主题及选项

投票系统是一个非常实用的功能，特别是在做一些网上调查时，通过投票来完成是一个非常不错的方法，并且能够真实地反映出投票的结果，做出正确的判断。在本章中将向广大读者介绍一些投票的实现方法和分析投票结果的方法，以及在投票中如何限制重复投票等技术。

8.1 投票系统概述

8.1.1 模块概述

投票系统的主要作用是了解广大用户对某个主题的意见及想法，根据一个主题，以提供的投票选项为条件，选出正确、合理的一项或者多项内容。为了使投票系统的功能更加完善合理，投票系统还开发了后台管理功能，对投票和网站进行管理。

8.1.2 功能结构

投票系统的功能结构如图 8-1 所示。

8.1.3 程序预览

投票系统由多个功能模块组成，下面仅列出几个典型功能模块的运行效果，让读者对本系统有一个初步的了解和认识。

投票主题浏览运行效果如图 8-2 所示，其主要功能是给浏览者提供一个投票的平台。

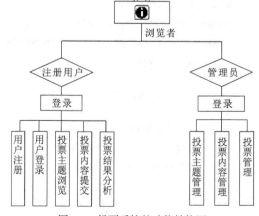

图 8-1 投票系统的功能结构图

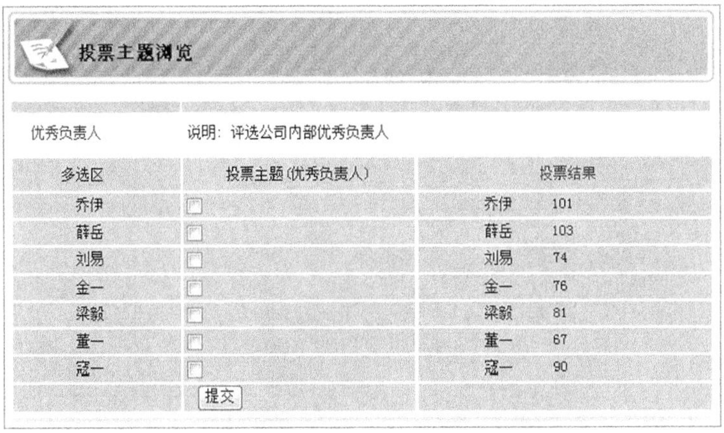

图 8-2 投票系统首页运行

通过柱形图分析投票结果，运行效果如图 8-3 所示。

通过 3D 饼形图分析投票结果，运行效果如图 8-4 所示。

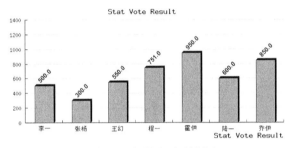

图 8-3 柱形图运行效果图

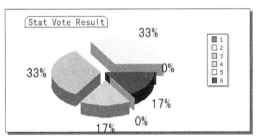

图 8-4 通过 3D 饼形图分析投票结果

后台管理首页的运行效果如图 8-5 所示，主要功能是对投票的内容进行管理。

图 8-5 后台首页运行效果

投票主题浏览页面的运行效果如图 8-6 所示，主要功能是给浏览者提供投票的主题，以及对已有投票主题进行删除。

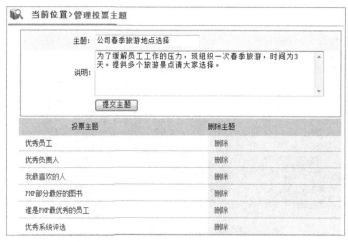

图 8-6　投票主题运行效果

8.2　数据库设计

8.2.1　数据库设计

投票系统模块使用的数据库是 db_vote，库中包含 6 个数据表，分别是 tb_voter(用户信息表)、tb_vote_more (多选投票表)、tb_vote_more_ip (参与多选投票者的 ip 表)、tb_vote_odd (单选投票表) tb_vote_odd_ip（参与单选投票者的 ip 表)、tb_vote_subject (投票主题表)。db_vote 数据库结构如图 8-7 所示。

服务器: localhost ▸ 数据库: db_vote

表	操作	记录数	类型	整理	说明
tb_voter		5	MyISAM	gb2312_chinese_ci	存储注册的用户信息
tb_vote_more		7	MyISAM	gb2312_chinese_ci	存储多选投票的内容
tb_vote_more_ip		0	MyISAM	gb2312_chinese_ci	通过IP控制多选投票中的重复投票
tb_vote_odd		13	MyISAM	gb2312_chinese_ci	存储单选投票内容
tb_vote_odd_ip		5	MyISAM	gb2312_chinese_ci	通过IP控制单选投票中的重复投票
tb_vote_subject		6	MyISAM	gb2312_chinese_ci	存储添加的投票主题
6个表	总计	48	MyISAM	gb2312_chinese_ci	

图 8-7　投票系统数据库设计

8.2.2　数据表设计

下面对投票系统的 db_vote 数据库中的数据表结构进行分析。

tb_vote_more (多选投票表)数据表字段结构如图 8-8 所示。

服务器: localhost ▸ 数据库: db_vote ▸ 表 : tb_vote_more

字段	类型	整理	属性	Null	默认	额外	说明
tb_vote_id	int(10)			否		auto_increment	自动编号
tb_vote_subject	varchar(80)	gb2312_chinese_ci		否			投票主题
tb_vote_content	mediumtext	gb2312_chinese_ci		否			投票内容
tb_vote_counts	varchar(50)	gb2312_chinese_ci		否			投票数
tb_vote_type	varchar(50)	gb2312_chinese_ci		否			投票方式
tb_vote_explain	mediumtext	gb2312_chinese_ci		否			投票说明
tb_vote_photo	varchar(80)	gb2312_chinese_ci		否			投票内容的图片

图 8-8　多选投票表

tb_vote_subject (投票主题表)数据表字段结构如图 8-9 所示。

服务器: localhost ▸ 数据库: db_vote ▸ 表 : tb_vote_subject

字段	类型	整理	属性	Null	默认	额外	说明
tb_vote_subject_id	int(10)			否		auto_increment	投票主题的ID
tb_vote_subject_name	varchar(80)	gb2312_chinese_ci		否			投票主题名称
tb_vote_subject_text	text	gb2312_chinese_ci		否			投票主题描述

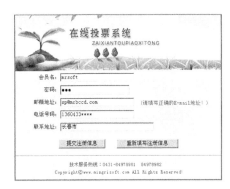

图 8-9　投票主题表

8.2.3　连接数据库

由于模块大部分页面都需要使用数据库，如果每页都编写相同的数据库连接代码，会显得十分繁琐,所以本模块将数据库连接代码单独存入一个 php 文件 conn.php 中,并将该文件存储于 conn 文件夹中，在需要与数据库连接的页面中，使用包含语句调用该文件即可，该模块实现与数据库连接的代码如下：

```
<?php
$conn=mysql_connect("localhost","root","111") or die('连接失败:' . mysql_error());
//连接服务器
mysql_select_db("db_vote",$conn) or die('数据库选择失败:' . mysql_error());//选择数据库
mysql_query("set names gb2312");              //设置数据库编码格式
?>
```

8.3　投　　票

在本模块中，浏览者想要对某个内容进行投票必须先进行注册。注册成功后，以指定的用户身份登录系统，然后才可以进行投票。在本节中将对用户的注册、登录、投票主题浏览和投票进行详细讲解。

8.3.1　用户注册

用户注册的功能是存储投票者的个人信息，同样也是为投票者提供一个登录本系统的钥匙。用户注册模块的运行结果如图 8-10 所示。

图 8-10　用户注册页面

首先，创建一个 register.php 文件，在该文件中添加用户的个人信息，并且应用 JavaScript 脚本对添加的信息进行判断，将数据提交到 register_ok.php 文件中，其中应用的 JavaScript 脚本语句如下：

```
<script>
function check_email(tb_voter_mail){
    var str=tb_voter_mail;
    var  Expression=/\w+([-+.']\w+)*@\w+([-.]
\w+)*\.\w+([-.]\w+)*/; //判断邮件地址的格式是否正确
    var objExp=new RegExp(Expression);
    if(objExp.test(str)==true){
        return true;
    }else{
```

```
            return false;
        }
    }
</script>
<script language="JavaScript" type="text/javascript">
function check_input(form){
    if(form.tb_voter_name.value==""){
        alert("请填写会员名称! ");
        form.tb_voter_name.select();
        return(false);
    }
    if(form.tb_voter_pass.value==""){
        alert("请输入密码! ");
        form.tb_voter_pass.focus();
        return(false);
    }
    if(form.tb_voter_mail.value==""){
        alert("请输入 E-mail 地址!");
        form.tb_voter_mail.select();
        return(false);
    }
    if(!check_email(form.tb_voter_mail.value)){
        alert("您输入的 E-mail 地址的格式不正确!");
        form.tb_voter_mail.focus();
        return(false);
    }
    if(form.tb_voter_tel.value==""){
        alert("请输入电话! ");
        form.tb_voter_tel.select();
        return(false);
    }
    if(form.tb_voter_address.value==""){
        alert("请填写地址! ");
        form.tb_voter_address.select();
        return(false);
    }
    return(true);
}
</script>
```

然后，创建 register_ok.php 文件，将表单提交的数据存储到指定的数据表中，代码如下。

```php
<?php
session_start();
include_once("conn/conn.php");
if (isset($_POST['submit'])){                      //处理注册用户提交的数据
    $tb_voter_name=trim($_POST['tb_voter_name']);
    $tb_voter_pass=md5($_POST['tb_voter_pass']);
    $tb_voter_mail=trim($_POST['tb_voter_mail']);
    $tb_voter_tel=trim($_POST['tb_voter_tel']);
    $tb_voter_address=trim($_POST['tb_voter_address']);
    $tb_voter_ip=getenv("REMOTE_ADDR");            //获取投票者的 ip
    $query=mysql_query("insert into tb_voter(tb_voter_name,tb_voter_pass,tb_voter_
mail,tb_voter_tel,tb_voter_address,tb_voter_ip)values('$tb_voter_name','$tb_voter_pass
','$tb_voter_mail','$tb_voter_tel','$tb_voter_address','$tb_voter_ip')",$conn);
```

```
if($query){
    $_SESSION['tb_voter_name']=$tb_voter_name; //通过seesion变量存储投票用户的姓名
    $_SESSION['tb_voter_mail']=$tb_voter_mail; //通过seesion变量存储投票用户的邮箱
    echo "<script>alert('注册成功!');window.location.href='main.php';</script>";
}else{
    echo "<script language='javascript'>alert('对不起,注册失败!');history.back();
</script>";
    }
}
?>
```

8.3.2 用户登录

用户登录实现投票系统注册用户的登录操作。主要由两个文件组成，一个是用户登录文件，包括用户名、密码；另一个是用户登录的处理文件。用户登录页面如图 8-11 所示。

在用户登录文件中，创建一个表单，其中包括用户名和密码两个文本框，将表单中的内容提交到 enter_ok.php 文件中。在 index.php 文件中，创建表单和表单元素的关键代码如下：

图 8-11 用户登录页面

```
<form action="enter_ok.php" method="post" name="form1" id="form1" onSubmit="return
check_user(this)">
    <tr>
        <td width="87" align="center">用户名: </td>
        <td width="139"><input type="text" name="tb_user" size="18"  /></td>
        <td width="69" align="center">密码: </td>
        <td width="148"><input type="password" name="tb_pass" size="18"/></td>
        <td width="63"><input type="submit" name="Submit" value="登录"></td>
        <td width="186">今天是: <?php echo date("Y-m-d");?></td>
        <td width="58"> </td>
    </tr>
</form>
```

在 enter_ok.php 文件中，对表单提交的数据进行处理。判断用户提交的用户名和密码是否正确，如果正确则可以进行登录，否则将不能登录。程序代码如下：

```
<?php
session_start();
include("conn/conn.php");           //连接数据库
$tb_user=$_POST['tb_user'];         //获取提交用户名
$tb_pass=md5($_POST['tb_pass']);    //获取提交密码
if(isset($_POST['tb_user']) && isset($_POST['tb_pass'])){
    $query=mysql_query("select * from tb_voter where tb_voter_name='$tb_user' and
tb_voter_pass='$tb_pass'");
    if(mysql_fetch_array($query)){
        $_SESSION["tb_user"]=$tb_user;
        echo "<script>alert('登录成功! ');window.location.href='main.php'; </script>";
    }else{
        echo "<script>alert('您输入的用户名或密码不正确! ');window.location.href=
'index.php';</script>";
```

```
    }
}else{
    echo "<script>alert('请您正确登录, 谢谢! ');window.location.href='index.php';
</script>";
}
?>
```

8.3.3 投票主题浏览

在投票主题浏览中，输出本系统中提供的投票主题的内容，并设置超级链接进入相应的投票内容提交页面中。投票主题浏览页面的运行结果如图 8-12 所示。

图 8-12　投票主题浏览页面

投票主题浏览通过 main.php 文件来完成。首先，判断用户是否正确登录，如果正确登录，则可以进入本系统中，否则将弹出提示信息"请您正确登录!"，返回到用户登录页面。

然后，应用 SELECT 查询语句，从投票主题数据表中读取出所有投票主题的数据，将数据进行循环输出，并且设置超级链接，链接到投票内容提交页面。main.php 的关键代码如下：

```php
<?php session_start();
include("conn/conn.php");
if(isset($_SESSION['tb_user'])) {
?>
…
<?php
    $result=mysql_query("select * from tb_vote_subject");
    while($myrow=mysql_fetch_array($result)){         //循环输出投票类别
?>
  <tr bgcolor="#ECF6FF">
    <td width="39"> </td>
    <td colspan="2" class="style1">
<a href="vote.php?vote_subject=<?php echo $myrow['tb_vote_subject_name'];?>">
<?php echo $myrow['tb_vote_subject_name'];?> </a></td>
    <td width="523" height="50"><span class="style2"> 
说明:  <?php echo $myrow['tb_vote_subject_text'];?> </span></td>
  </tr>
<?php }?>
…
<?php
}else{
    echo "<script>alert('请您正确登录! ');window.location.href='index.php';</script>";
}
?>
```

投票主题浏览功能创建完成后，接下来就是创建投票内容提交页面。本系统投票内容的创建是在后台完成的。

8.3.4　投票内容提交

投票内容提交的功能是：根据超级链接栏目标识中的变量值，从数据库中读取出对应标题中的数据，将投票的内容进行输出；然后创建表单，实现投票的提交；最后输出投票的结果，而且还设置"投票结果"超级链接，对投票结果进行分析。投票内容提交页面的运行结果如图8-13 所示。

图 8-13　投票内容提交页面

下面详细介绍投票内容提交的实现过程。在 vote.php 文件中，整体上分为如下 4 个部分。

（1）判断用户是否是正确登录，如果是则可以进行登录，否则将弹出提示信息"请您正确登录!"，并返回到用户登录页面。关键代码如下。

```php
<?php
session_start();                      //初始化 SESSION 变量
include("conn/conn.php");             //包含数据库链接文件
if(isset($_SESSION['tb_user'])){      //判断用户是否正常登录
?>
……
<?php
}else{
    echo "<script>alert('请您正确登录! ');window.location.href='index.php';</script>";
}?>
```

（2）根据超级链接中传递的变量值，输出对应的投票主题和说明的内容。代码如下。

```php
<?php
$result=mysql_query("select * from tb_vote_subject where tb_vote_subject_name='".
$_GET['vote_subject']."'");
    while($myrow=mysql_fetch_array($result)){                    //循环输出查询结果
        $tpzt=$myrow['tb_vote_subject_name'];
    ?>
<tr bgcolor="#ECF6FF">
    <td colspan="2" class="style1">
        <a href="main.php"><?php echo $myrow['tb_vote_subject_name'];?></a>
    </td>
```

```
        <td width="529" height="50"><span class="style1"> 说明: 
            <?php echo $myrow['tb_vote_subject_text'];?> </span>
        </td>
    </tr>
    <?php
    }
    ?>
```

（3）输出投票选项中属于单选类的投票内容。在单选类的投票中还分为图片类投票和无图片类投票两类。

首先，判断投票选项是否属于单选类别，如果属于单选类则继续执行，创建一个 form 表单，用于提交投票选项，将结果提交到 tb_vote_ok.php 文件中。代码如下。

```
<?php
$query1="select * from tb_vote_odd where tb_vote_subject='".$_GET['vote_subject']."'";
$result1=mysql_query($query1);                    //执行查询语句
$myrow1=mysql_fetch_array($result1);              //获取查询结果
$tb_vote_type=$myrow1['tb_vote_type'];            //获取类型
$tb_vote_photo=$myrow1['tb_vote_photo'];          //获取图片
if($tb_vote_type=="单选"){
?>
 <table cellpadding="0" cellspacing="0" bordercolor="#FFFFFF" background="images/bg3.
gif" bgcolor="#FFFFFF">
<form name="form1" method="post" action="tb_vote_ok.php" enctype="multipart/form-data">
    <tr>
        <td height="25" align="center">单选区</td>
        <td height="25" align="center"> 投票主题(<?php echo $_GET['vote_subject'];?>)
</td>
        <td align="center" ><a href="see_vote_result.php?vote_subject=<?php echo $_GET['vote_subject'] ;?>">
投票结果</a>
        </td>
    </tr>
```

然后，判断 tb_vote_photo 字段的值是否为空，如果为空则说明是无图片投票，则执行下面的内容。应用 while 循环语句，输出投票选项，并且设置单选按钮来提交投票。关键代码如下。

```
<?php
if ($tb_vote_photo==""){              //判断 tb_vote_photo 的值是否为空
    $query2="select * from tb_vote_odd where tb_vote_subject='".$_GET['vote_subject']."'";
    $result2=mysql_query($query2);         //循环输出数据
    while($myrow2=mysql_fetch_array($result2)){
?>
    <tr>
        <td width="163" align="center"><span class="style2">  
            <?php echo $myrow2['tb_vote_content'];?></span></td>
        <td width="194">
            <input name="tb_vote_id" type="radio" value="<?php echo $myrow2['tb_
vote_id'];?>">
            <input type="hidden" name="tb_vote_subject" value="<?php echo $myrow2
['tb_vote_subject'];?>">
        </td>
        <td align="center">
            <table width="224" cellpadding="0" cellspacing="0">
                <tr>
```

```
                               <td width="161" align="center" class="style2"><?php echo $myrow2
['tb_vote_content'];?></td>
                                  <td width="61" class="style2"> <?php echo $myrow2['tb_
vote_counts'];?></td>
                       </tr>
                </table>
            </td>
        </tr>
    <?php
        }
    ?>
        <tr>
            <td> </td>
            <td><input type="submit" name="Submit" value="提交"></td>
            <td> </td>
        </tr>
    </form>
    <?php
    }else{
    ?>
```

接着判断，如果 tb_vote_photo 字段的值不为空，则说明是图片投票。执行下面的内容，应用 while 循环语句，从数据库中循环读取投票选项的数据，并且对图片进行排列输出。这里又创建了一个 form 表单，用于提交投票选项，同样将投票结果提交到 tb_vote_ok.php 文件中。关键代码如下。

```
<?php
$query2="select * from tb_vote_odd where tb_vote_subject='".$_GET['vote_subject']."'";
$result2=mysql_query($query2);
$m=0;              //定义变量，用于图片的排列输出
while($myrow2=mysql_fetch_array($result2)){
    $m++;          //用于图片的排列输出
?>
<table width="150" border="0" align="left" cellpadding="0" cellspacing="0">
    <tr>
        <td height="25" align="center">
<table border="1" cellpadding="0" cellspacing="0" bordercolor="#FFFFFF" bgcolor=
"#FFFFFF">
<form name="form2" method="post" action="tb_vote_ok.php" enctype="multipart/form-
data">
    <tr>
        <td colspan="2" align="center" valign="bottom" bgcolor="#F3F3F3">
            <img src="<?php echo substr($myrow2['tb_vote_photo'],3,200);?>" width=
"100" height="80" ></td>
    </tr>
    <tr>
        <td height="20" colspan="2" align="center" bgcolor="#F3F3F3">
            <input name="tb_vote_id" type="hidden" value="<?php echo $myrow2 ['tb_
vote_id'];?>">
            <?php echo $myrow2['tb_vote_content'];?>
            <input type="hidden" name="tb_vote_subject" value="<?php echo $myrow2
['tb_vote_subject'];?>">
            <input type="hidden" name="Submit" value="提交">
        </td>
    </tr>
    <tr>
```

```
          <td height="30" align="center" bgcolor="#F3F3F3">
               <input name="imageField" type="image" id="imageField" src="images/ 1.gif"></td>
          <td height="24" align="center" bgcolor="#F3F3F3"><a href="#">
               <img src="images/2.gif" width="52" height="18" border="0"
 onClick="MM_openBrWindow('see_voter_information.php?odd_id=<?php echo $myrow2['tb_vote_id'];?>
','查看投票资料','width=300,height=300')"></a>
          </td>
     </tr>
     <tr>
          <td height="20" colspan="2" align="center" bgcolor="#F3F3F3">
               <?php echo $myrow2['tb_vote_counts'];?>
          </td>
     </tr>
 </form>
 </table>
          </td>
     </tr>
 </table>
 <?php
 if ($m%5==0)  //当变量$m%5 的值等于 0 时，执行下面的内容
     echo "<br /><br /><br /><br /><br /><br /><br /><br /><br /><br />";
 }
 ?>
          </td>
          <td width="1%"> </td>
               </tr>
          </table>
          </td>
     </tr>
 <?php  } ?>
 </table>
 <?php
 }
 ?>
```

到此第 3 部分输出单选类投票内容介绍完毕。第 4 部分是输出多选类投票的内容，应用的方法与第 3 部分相同，这里不再赘述。

无论是单选还是多选的投票内容，都将提交到 tb_vote_ok.php 文件中，将投票结果添加到指定的数据表中，并通过客户端的 IP 地址对重复投票进行限制。在 tb_vote_ok.php 中完成投票内容的提交可以分成如下几个步骤。

（1）初始化 Session 变量，连接数据库，获取系统的当前时间，获取客户端的 IP 地址。

```
<?php
session_start();
include("conn/conn.php");
$data=date("Y-m-d h:i:s");
$ip=getenv("REMOTE_ADDR");              //获取 ip
```

（2）执行单选投票内容提交的操作，判断是否有数据提交，通过 IP 判断是否是重复投票。代码如下。

```
if (isset($_POST['Submit'])){
     $tb_vote_id=$_POST['tb_vote_id'];
     if ($_POST['tb_vote_id']==""){
          echo "<script>alert('您没有选择投票的内容!');
```

```
window.location.href='vote.php?vote_subject=".$_POST['tb_vote_subject']."'";</script>";
    }else{
        $query="select  *  from  tb_vote_odd_ip  where  tb_vote_subject='".$_POST
['tb_vote_subject']."' and tb_vote_ip='$ip'";
        $result=mysql_query($query);
        $row=mysql_num_rows($result);
        if ($row>0){        //判断此 ip 是否重复
            echo "<script>alert('".$ip." 您不可以重复投票!');
    window.location.href='vote.php?vote_subject=".$_POST['tb_vote_subject']."'";</script>";
            }else{
```

（3）执行单选投票的数据更新操作，并将客户端的 IP 地址存储到指定的数据表中。代码如下。

```
$querys="update  tb_vote_odd  set  tb_vote_counts=tb_vote_counts+1  where  tb_vote_id=
'$tb_vote_id'";
    $result=mysql_query($querys);
    $query=mysql_query("select * from tb_vote_odd where tb_vote_id='$tb_vote_id'");
    $myrow=mysql_fetch_array($query);
    $tb_vote_subject=$myrow['tb_vote_subject'];
    $tb_vote_content=$myrow['tb_vote_content'];
    $querys="insert   into   tb_vote_odd_ip(tb_vote_subject,tb_vote_content,tb_vote_ip,
tb_vote_date,tb_vote_id)
    values('$tb_vote_subject','$tb_vote_content','$ip','$data','$tb_vote_id')";
    $result=mysql_query($querys);
    echo "<script>alert('投票提交成功!');
    window.location.href='vote.php?vote_subject=".$_POST['tb_vote_subject']."'";</script>";
            }
        }
    }
```

（4）执行多选投票内容的提交，并通过 Cookie 来限制重复投票。代码如下。

```
if (isset($_POST['Submit2'])){
    if(empty($_COOKIE['vote_cookie'])==false){              //通过 COOKIE 限制重复投票
        echo "<script>alert('您不可以重复投票，请在 1 小时后重新登录! ');
    window.location.href='vote.php?vote_subject=".$_GET['more_subject']."'";</script>";
        }else{
        setcookie("vote_cookie",'value',time()+3600);     //如果不存在,则创建 COOKIE
        $k=0;
        while (list($name,$value)=each($_POST)){
            $k+=$name;
            if (is_numeric($name)==true){
                mysql_query("update tb_vote_more set tb_vote_counts=tb_vote_counts+1
where tb_vote_id='".$name."'");
            }
        }
        if ($k==0){
            echo "<script>alert('您不能投票');history.back();</script>";
            exit;
        }
        mysql_query("insert    into    tb_vote_more_ip(tb_vote_subject,tb_vote_ip)
    values('".$_GET['more_subject']."','$ip')");
        echo "<script>alert('投票提交成功!');
    window.location.href='vote.php?vote_subject=".$_GET['more_subject']."'";</script>";
        }
    }
    ?>
```

在执行多选投票内容提交的过程中,使用的是批量添加技术,主要通过 while 循环语句和 list() 函数、each()函数来完成。

（1）each()函数,返回数组中当前指针位置的键名和对应的值,并向前移动数组指针。返回的键值对为 4 个单元的数组,键名为 0, 1, key 和 value。单元 0 和 key 包含数组单元的键名, 1 和 value 包含数据,如果内部指针越过了数组的末端,则函数返回 False。语法如下。

```
array each (array array)
```

参数 array 为输入的数组。

（2）list()函数,把数组中的值赋给一些变量。与 array()函数类似,不是真正的函数,而是语言结构。list()函数仅能用于数字索引的数组,且数字索引从 0 开始。语法如下。

```
void list (mixed ...)
```

参数 mixed 为被赋值的变量名称。

到此投票内容提交模块介绍完毕,至于投票结果分析的实现方法,可以参考本章"技术提炼"中通过柱形图和饼形图显示投票结果,这里不再赘述。

8.4 投票管理

8.4.1 投票管理概述

投票管理是后台主要的模块,控制着前台投票的主题和选项,以及投票结果。投票管理的功能包括投票主题、投票内容的添加、浏览和删除,以及投票结果的刷新。投票管理首页的运行效果如图 8-14 所示。

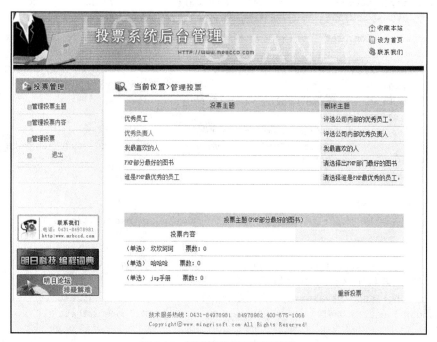

图 8-14 投票管理首页运行效果

8.4.2 动态生成投票主题及选项

投票系统的开发，第一步要做的就是添加投票主题和投票选项。因为只有具备了投票主题和投票选项才能够进行投票，否则一切都没有意义。投票主题和投票选项除了可以从数据库中直接添加以外，还可以创建一个动态添加投票主题和选项的程序，通过动态页实现主题和选项的添加。动态添加投票主题和选项的运行结果如图 8-15 所示。

图 8-15 动态生成投票主题及选项

在 admin\vote_content_manage.php 文件中，通过 form 表单将投票的主题和选项添加到对应的数据表中，完成投票主题和选项的动态创建。

（1）创建 form 表单，实现单选或者多选投票选项的动态添加，并且支持图片上传。关键代码如下：

```
<form  action="vote_content_manage_ok.php"  method="post"  enctype="multipart/form-
data" name="form2">
<tr bgcolor="#167BE3">
    <td height="25" valign="middle" class="style1"> 投票主题----
<!--从数据表中选择投票的主题-->
        <select name="tb_vote_subject" size="1" id="tb_vote_subject">
<?php
$query="select * from tb_vote_subject";
$result=mysql_query($query);
while($myrow=mysql_fetch_array($result)){
?>
<option value="<?php echo $myrow['tb_vote_subject_name'];?>"><?php echo $myrow['tb_
vote_subject_name'];?></option>
<?php }?>
    </select>
    </td>
</tr>
<tr bgcolor="#ECF6FF">
    <td height="30">    
    <input type="submit" name="Submit" value="单选">  
    <input type="submit" name="Submit2" value="多选"></td>
</tr>
</form>
```

（2）将表单中的数据提交到 vote_content_manage_ok.php 页，根据"提交"按钮的值进行判断，将数据添加到单选或者多选的数据表中；并且判断是否上传图片，如果有图片上传则将图片存储到服务器指定的文件夹下。vote_content_manage_ok.php 的关键代码如下。

```php
<?php
session_start();
include("../conn/conn.php");
if(isset($_SESSION['admin_user']) and isset($_SESSION['admin_pass'])){
    if (isset($_POST['Submit']) && $_POST['Submit']=="单选" and $_FILES['tb_vote_photo']['name']==""){
//判断是单选，并且没有图片上传
//执行将数据添加到单选数据表中
        $query="insert  into  tb_vote_odd(tb_vote_subject,tb_vote_content,tb_vote_counts,tb_vote_type,tb_vote_explain)values('".$_POST['tb_vote_subject']."','".$_POST['tb_vote_content']."','0','".$_POST['Submit']."','".$_POST['tb_vote_explain']."')";
        $result=mysql_query($query);
        if ($result){
            echo "<script>alert('投票内容提交成功!');window.location.href='index.php?admin_title=管理投票内容';</script>";
        }else{
            echo "失败!";
        }
    }
    if (isset($_POST['Submit']) && $_POST['Submit']=="单选" and $_FILES['tb_vote_photo']['name']!=""){ //判断是单选，并且有图片上传
        $tb_vote_photo=$_FILES['tb_vote_photo']['size'];      //获取图片大小
        $tb_vote_photo_name=$_FILES['tb_vote_photo']['name']; //获取客户端机器原文件的名称
        $tb_vote_photo_type=strtolower(strstr($tb_vote_photo_name,".")); // 获 取 从
"."到最后的字符,并将字符转换成小写
        if($tb_vote_photo>2000000){                //判断图片是否超过指定大小
            echo "<script>alert('对不起,您上传的图片超过2M!');history.back();</script>";
        }else{
//判断上传图片的后缀名是否符合
            if($tb_vote_photo_type!=".jpg" & $tb_vote_photo_type!=".gif" &
    $tb_vote_photo_type!=".bmp" & $tb_vote_photo_type!=".jpeg"){
                echo "<script>alert('对不起,您上传的图片的格式不正确!');history.back();
</script>";
            }else{
//定义图片在服务器中的存储路径
        $tb_vote_photo_path='../images/photo/'.date("YmdHis").mt_rand(1000000,9999999).
$_FILES['tb_vote_photo']['name'];
//应用 move_uploaded_file 函数，将图片存储到指定的文件夹下
        if(move_uploaded_file($_FILES['tb_vote_photo']['tmp_name'],$tb_vote_photo_path)){
//执行添加语句，将数据添加到单选表中
                    $query="insert   into   tb_vote_odd(tb_vote_subject,tb_vote_content,tb_vote_counts,tb_vote_type,tb_vote_explain,tb_vote_photo)values('".$_POST['tb_vote_subject']."','".$_POST['tb_vote_content']."','0','".$_POST['Submit']."','".$_POST['tb_vote_explain']."','$tb_vote_photo_path')";
                    $result=mysql_query($query);
                    if ($result){
```

```
                                echo "<script>alert('投票的内容提交成功!');window.location.
href='index.php?admin_title=管理投票内容';</script>";
                            }else{
                                echo "失败!";
                            }
                        }
                    }
                }
            }
        if (isset($_POST['Submit2']) && $_POST['Submit2']=="多选" and $_FILES['tb_vote_
photo']['name']==""){ //判断提交按钮的值是多选,并且无图片上传
            $query="insert into tb_vote_more(tb_vote_subject,tb_vote_content,tb_vote_
counts,tb_vote_type,tb_vote_explain)   values('".$_POST['tb_vote_subject']."','".$_POST
['tb_vote_content']."','0', '".$_POST['Submit2']."','".$_POST['tb_vote_explain']."')";
            $result=mysql_query($query);
            if ($result){
                echo "<script>alert('投票内容提交成功!');window.location.href='index.
php?admin_title=管理投票内容';</script>";
            }else{
                echo "失败!";
            }
        }
        if (isset($_POST['Submit2']) && $_POST['Submit2']=="多选" and $_FILES['tb_vote_
photo']['name']!=""){
            $tb_vote_photo=$_FILES['tb_vote_photo']['size'];
            $tb_vote_photo_name=$_FILES['tb_vote_photo']['name']; //获取客户端机器原文件的
名称
            $tb_vote_photo_type=strtolower(strstr($tb_vote_photo_name,".")); //获取从
"."到最后的字符,并将字符转换成小写
            if($tb_vote_photo>2000000){
                echo "<script>alert('对不起,您上传的图片超过2M!');history.back(); </script>";
            }else{
                if($tb_vote_photo_type!=".jpg" & $tb_vote_photo_type!=".gif" & $tb_
vote_photo_type!=".bmp"){
                    echo "<script>alert('对不起,您上传的图片的格式不正确!');history.back();
</script>";
                }else{
    $tb_vote_photo_path='../images/photo/'.date("YmdHis").mt_rand(1000000,9999999).$_F
ILES['tb_vote_photo']['name'];
    if(move_uploaded_file($_FILES['tb_vote_photo']['tmp_name'],$tb_vote_photo_path)){
                        $query="insert  into   tb_vote_more(tb_vote_subject,tb_vote_
content,tb_vote_counts,tb_vote_type,tb_vote_explain,tb_vote_photo)values('".$_POST['tb
_vote_subject']."','".$_POST['tb_vote_content']."','0','".$_POST['Submit2']."',
    '".$_POST['tb_vote_explain']."','$tb_vote_photo_path')";
                        $result=mysql_query($query);
                        if ($result){
                            echo "<script>alert('投票内容提交成功!');window.location.
href='index.php?admin_title=管理投票内容';</script>";
                        }else{
                            echo "失败!";
                        }
                    }
                }
```

```
        }
    }
}else{
    echo "<script>alert('您没有正确登录! ');window.location.href='admin_enter.php';
</script>";
}
?>
```

8.4.3　删除投票主题与投票内容

在图 8-15 中，用户单击"删除"按钮即可删除当前主题和选项。删除操作是根据指定投票主题的 ID，执行 delete 删除语句。删除投票主题的同时，也删除主题下的选项内容。操作在 delete_vote_subject.php 文件中执行，关键代码如下。

```php
<?php
session_start();
include("../conn/conn.php");
if(isset($_SESSION['admin_user']) && isset($_GET['vote_subject'])){
    $query1=mysql_query("delete from tb_vote_subject where tb_vote_subject_name=
'$_GET[vote_subject]'");
    $query2=mysql_query("delete from tb_vote_odd where tb_vote_subject='$_GET[vote_
subject]'");
    $query3=mysql_query("delete from tb_vote_odd_ip where tb_vote_subject='$_GET
[vote_subject]'");
    $query4=mysql_query("delete from tb_vote_more where tb_vote_subject='$_GET[vote_
subject]'");
    $query5=mysql_query("delete from tb_vote_more_ip where tb_vote_subject='$_GET
[vote_subject]'");
    echo "<script>alert('删除成功!'); window.location.href='index.php?admin_title=管
理投票主题';</script>";
}else{
    echo "<script>alert('请您正确登录!'); window.location.href='admin_enter.php';
</script>";
}
?>
```

如果用户只是想删除投票的某一项内容可以单击如图 8-15 所示的"管理投票主题"超级链接，即显示主题下对应的选项内容，单击其后的"删除"即可删除对应的选项内容。操作在 delete_vote_content.php 文件中执行，关键代码如下。

```php
<?php
session_start();
include("../conn/conn.php");
if(isset($_SESSION['admin_user'])){
    if(isset($_GET['vote_content'])){
        $query2=mysql_query("select * from tb_vote_odd where tb_vote_content= '".$_
GET['vote_content']."'");
        $myrow=mysql_fetch_array($query2);
        if($myrow['tb_vote_photo']==true){
            unlink($myrow['tb_vote_photo']);
        }
        $query="delete from tb_vote_odd where tb_vote_content='".$_GET['vote_
content']."'";
        $result=mysql_query($query);
    echo "<script>alert('删除成功!');window.location.href='index.php?admin_title=管
理投票内容';</script>";
```

```
        }
        if(isset($_GET['vote_contents'])){
            $query4=mysql_query("select * from tb_vote_more where tb_vote_content=
'".$_GET['vote_contents']."'");
            $myrow4=mysql_fetch_array($query4);
            if($myrow4['tb_vote_photo']==true){
                unlink($myrow4['tb_vote_photo']);
            }
            $querys="delete from tb_vote_more where tb_vote_content='".$_GET['vote_
contents']."'";
            $results=mysql_query($querys);
        echo "<script>alert('删除成功!');window.location.href='index.php?admin_title=管
理投票内容';</script>";
        }
    }else{
        echo "<script>alert('请您正确登录!'); window.location.href='admin_enter.php';
</script>";
    }
    ?>
```

8.4.4 刷新投票结果

刷新投票就是将当前的投票结果清零，重新开始投票。在图 8-16 所示的页面中，单击"重新投票"超级链接，跳转到 update_vote.php 文件中，根据超级链接传递的参数值，完成对指定投票选项内容的更新操作。

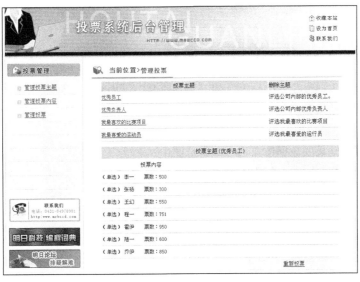

图 8-16 投票系统管理

下面讲解在投票管理中刷新投票结果的方法。其关键是在 update_vote.php 文件中，根据超级链接中传递的 ID 值，将指定数据表中的 tb_vote_counts 字段的值更新为 0，并删除指定数据表中对应的 IP 地址的记录。关键代码如下。

```
<?php
session_start();
include("../conn/conn.php");
if(isset($_SESSION['admin_user'])){
```

```
        if(isset($_GET['type_odd']) && $_GET['type_odd']=="单选"){
            $query=mysql_query("update tb_vote_odd set tb_vote_counts='0' where tb_vote_
subject='".$_GET['update_id']."'");
            $querys=mysql_query("delete from tb_vote_odd_ip where tb_vote_subject='".$_
GET['update_id']."'");
            echo "<script>alert('刷新成功! ');
            window.location.href='index.php?admin_title=管理投票&&vote_subjectes= ".$_
GET['update_id']."'";</script>";
        }
        if(isset($_GET['type_more']) && $_GET['type_more']=="多选" ){
            $query=mysql_query("update tb_vote_more set tb_vote_counts='0' where tb_
vote_subject='".$_GET['update_id']."'");
            $querys=mysql_query("delete from tb_vote_more_ip where tb_vote_subject='".
$_GET['update_id']."'");
            echo "<script>alert('刷新成功! ');
            window.location.href='index.php?admin_title=管理投票&&vote_subjectes=".$_GET
['update_id']."'";</script>";
        }
    }else{
        echo "<script>alert('请您正确登录!'); window.location.href='admin_enter.php';
</script>";
    }
    ?>
```

8.5 技术提炼

8.5.1 通过 3D 饼形图分析投票结果

为了更好地展示出在线投票的结果，使其更加直观，下面介绍一种通过 3D 饼形图来分析投票结果的方法，运行结果如图 8-17 所示。

通过 3D 饼形图分析投票结果，关键就是 3D 饼形图的创建和如何将投票结果的数据传递到 3D 饼形图中。3D 饼形图的创建使用的是 jpgraph 类库，在讲解饼形图的创建之前，先来了解一下 jpgraph 类库。

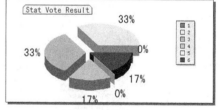

图 8-17　通过 3D 饼形图分析投票结果

jpgraph 是一个强大的绘图组件，能根据用户的需要绘制任意图形。只要提供数据，就能自动调用绘图函数把处理的数据填进去自动绘制。jpgraph 类库提供了多种方法创建各种统计图，包括折线图、柱形图和饼形图等。jpgraph 是一个完全使用 PHP 语言编写的类库，可以应用在任何 PHP 环境中。

jpgraph 需要 GD 库的支持。如果用户希望 jpgraph 类库仅对当前站点有效，只需将 jpgraph 压缩包下的 src 文件夹中的全部文件复制到网站所在目录的文件夹中即可，在使用时，调用 src 文件夹下的指定文件即可。

下面介绍在 see_vote_results.php 文件中，如何应用 jpgraph 创建 3D 饼形图，对投票系统多选投票的结果进行分析，操作步骤如下。

（1）连接数据库。

（2）应用 include_once 语句引用指定的文件，包括 jpgraph.php、jpgraph_pie.php 和 jpgraph_pie3d.php 文件。其中 jpgraph_pie.php 文件是饼形图对象所在的文件，jpgraph_pie3d.php 是 3D 饼形图 PiePlot3D 对象所在的类文件。

（3）编写 PHP 语句，从数据库中统计出投票数量。

（4）将获取的投票数据写入一个数组中。

（5）创建 Graph 对象，生成一个 540×260 像素大小的画布，设置统计图所在画布的位置以及画布的阴影。

（6）设置标题的字体以及图例的字体。

（7）设置饼形图所在画布的位置。

（8）将绘制的 3D 饼形图添加到图像中。

（9）最后输出图像。

关键代码如下。

```php
<?php
include("conn/conn.php");
include ("src/jpgraph.php");
include ("src/jpgraph_pie.php");
include ("src/jpgraph_pie3d.php");          //引用 3D 饼形图 PiePlot3D 对象所在的类文件
//统计投票的总量
$query=mysql_query("select sum(tb_vote_counts) as vote_gross from tb_vote_more
where tb_vote_subject='".$_GET['vote_subject']."'");
$vote_counts=mysql_result($query,0,"vote_gross");          //获取总的投票数量
if($vote_counts>0){
    $querys=mysql_query("select * from tb_vote_more where tb_vote_subject='".$_GET
['vote_subject']."' ");
    $vote_content=array();
    $resultes=array();
    while($myrow=mysql_fetch_array($querys)){
        $vote_content[]=$myrow['tb_vote_id'];
        $resultes[]=$myrow['tb_vote_counts'];          //将获取的值写入到数组中
    }
    $graph = new PieGraph(500,245,"auto");          //创建图像
    $graph->SetShadow();          //创建图像阴影
    $graph->tabtitle->Set('Stat Vote Result');          //输出标题
    $graph->tabtitle->SetFont(FF_SIMSUN, FS_BOLD,14);          //设置标题字体
    $graph->title->SetColor("darkblue");          //定义标题颜色
    $graph->legend->Pos(0.1,0.2);          //控制注释文字的位置
    $p1 = new PiePlot3d($resultes);          //创建图像
    $p1->SetTheme("sand");          //控制图像颜色
    $p1->SetCenter(0.4);          //设置图像位置
    $p1->SetSize(0.4);          //设置图像大小
    $p1->SetHeight(20);          //设置饼形图高度
    $p1->SetAngle(45);          //设置图像倾斜角度
    $p1->Explode(array(5,40,10,30,20));          //控制饼形图的分割
    $p1->value->SetFont(FF_SIMSUN, FS_BOLD,20);          //设置字体
    $p1->SetLegends($vote_content);
```

```
$graph->Add($p1);                                    //添加数据
$graph->Stroke();                                    //生成图像
}
?>
```

8.5.2　通过柱形图分析投票结果

对投票结果的分析，不但可以通过 3D 饼形图来完成，也可以使用柱形图来分析，下面介绍如何通过柱形图对投票系统单选投票的结果进行分析，运行结果如图 8-18 所示。

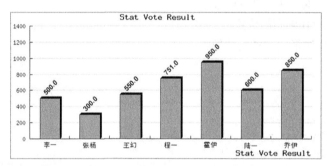

图 8-18　柱形图的运行结果

创建 see_vote_result.php 文件，载入数据库连接文件，载入 jpgraph 类库，完成柱形图的创建，步骤如下。

（1）首先，应用 include 语句引用 conn.php 和 jpgraph.php 文件。

（2）应用 inlcude 语句调用 jpgraph_bar.php 文件，用于创建 BarPlot 对象。

（3）从数据库中读取出投票总量的数据，计算每项投票在总的投票数量中的所占比例，并将计算结果写入一个数组中。

（4）创建 Graph 对象，生成一个 600×300 像素大小的画布，设置统计图所在画布的位置，以及画布的阴影、蓝色背景等。

（5）创建一个矩形的对象 BarPlot，设置其柱形图的颜色，在柱形图上方显示投票数据，并格式化数据为整型。

（6）将绘制的柱形图添加到画布中。

（7）添加标题名称和 x 轴坐标，并分别设置其字体。

（8）最后输出图像。

关键代码如下。

```
<?php
include("conn/conn.php");
include ("src/jpgraph.php");
include ("src/jpgraph_bar.php");
//统计投票的总量
$query=mysql_query("select sum(tb_vote_counts) as vote_gross from tb_vote_odd
where tb_vote_subject='".$_GET['vote_subject']."'");
$vote_counts=mysql_result($query,0,"vote_gross");        //获取总的投票数量
if($vote_counts>0){
    $querys=mysql_query("select * from tb_vote_odd where tb_vote_subject='".$_GET
['vote_subject']."' ");
    $vote_content=array();
```

```
$resultes=array();
while($myrow=mysql_fetch_array($querys)){
     $vote_content[]=$myrow['tb_vote_content'];
     $results=number_format($myrow['tb_vote_counts']/1,2);//计算每项投票数量占总投
票量的比例
     $resultes[]=$results;                           //将获取的值写入到数组中
}
$datay=$resultes;
$graph = new Graph(650,280,'auto');                  //创建图像
$graph->img->SetMargin(80,30,30,40);                 //定义图像边框间距
$graph->SetScale("textint");                         //定义刻度值的类型
$graph->SetShadow();                                 //设置图像阴影
$graph->SetFrame(false);                             //不设置图像的背景
$graph->yaxis->scale->SetGrace(35);                  //设置 Y 轴距离顶部的距离
$graph->xaxis->SetTickLabels($vote_content);         //添加数据
$graph->xaxis->SetFont(FF_SIMSUN, FS_BOLD);          //设置字体
$graph->title->Set('Stat Vote Result');              //定义标题
$graph->title->SetFont(FF_FONT2,FS_BOLD);            //设置标题字体
$graph->xaxis->title->Set("Stat Vote Result");       //设置 X 轴的角标
$graph->xaxis->title->SetFont(FF_FONT2,FS_BOLD);     //定义字体
$bplot = new BarPlot($datay);                        //创建图像
$bplot->SetFillColor("orange");                      //定义图像的填充颜色
$bplot->SetWidth(0.5);                               //设置图像的大小
$bplot->SetShadow();                                 //设置图像的阴影
$bplot->value->Show();                               //输出图像对应的数据值
$bplot->value->SetFont(FF_ARIAL,FS_BOLD);            //定义图像值的字体
$bplot->value->SetAngle(45);                         //定义图像值的输出角度
//$bplot->value->SetFormat('$ %0.0f');               //对输出值进行格式
$bplot->value->SetColor("black","darkred");          //定义值的颜色
$graph->Add($bplot);                                 //添加数据
$graph->Stroke();                                    //生成图像
}
?>
```

8.5.3　Cookie 投票限制

投票系统中一个很关键的问题是重复投票。应该通过什么方法来处理这个问题，投票系统是否允许重复投票。针对这个问题的解决方案很多，关键是根据系统的实际使用情况而定，是想要控制一个 IP 地址只进行一次投票，还是每间隔一段时间进行一次投票，或者是在重新登录时进行一次投票。

下面介绍一种通过 Cookie 来控制重复投票的方法，该方案实现每间隔一段时间进行一次投票的功能，即同一个 IP 地址可以进行多次投票，只是在多次投票之间有一个间隔的时间。运行结果如图 8-19 所示。

Cookie 控制重复投票的原理是：当用户登录到投

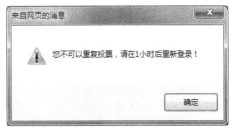

图 8-19　Cookie 限制重复投票

票系统时，系统将判断当前客户端的 Cookie 变量的值是否为空，如果 Cookie 变量不为空则不能进行投票；如果为空则可以进行投票，并且通过 setcookie()函数创建一个 Cookie 变量，指定 Cookie 的过期时间为 1 小时，以此来限制当前客户端在 1 小时之内不能重复投票。在投票系统的 tb_vote_ok.php 文件中，通过 Cookie 对多选投票进行限制，限制其在 1 小时之内不能进行重复投票，关键代码如下。

```php
if (isset($_POST['Submit2'])){
    if(empty($_COOKIE['vote_cookie'])==false){            //通过 COOKIE 限制重复投票
        echo "<script>alert('您不可以重复投票，请在 1 小时后重新登录！');
    window.location.href='vote.php?vote_subject=".$_GET['more_subject']."'";</script>";
    }else{
        setcookie("vote_cookie",'value',time()+3600);      //如果不存在,则创建 COOKIE
        $k=0;
        while (list($name,$value)=each($_POST)){
            $k+=$name;
            if (is_numeric($name)==true){
                mysql_query("update tb_vote_more set tb_vote_counts=tb_vote_counts+ 1
where tb_vote_id='".$name."'");
            }
        }
        if ($k==0){
            echo "<script>alert('您不能投票');history.back();</script>";
            exit;
        }
        mysql_query("insert into tb_vote_more_ip(tb_vote_subject,tb_vote_ip)values
('".$_GET['more_subject']."','$ip')");
        echo "<script>alert('投票提交成功！');
    window.location.href='vote.php?vote_subject=".$_GET['more_subject']."'";</script>";
    }
}
```

8.5.4　通过 IP 限制重复投票

Cookie 和 Session 都是对投票的时间间隔进行控制，确切地说没有完全对重复投票进行限制。这里介绍一种完全限制重复投票的方法，通过 IP 限制重复投票，运行结果如图 8-20 所示。

通过 IP 地址限制重复投票的原理是：当用户提交投票时，首先获取客户端计算机的 IP 地址，然后判断在指定的数据表中是否存在该 IP 地址，如果存在该 IP 地址，则说明该 IP 已经进行过投票，提示“您不可以重复投票！”；否则，可以进行投票，并且将 IP 地址记录到指定的数据表中。在投票系统的 tb_vote_ok.php 文件中，应用 IP 地址对单选投票进行限制，关键代码如下。

图 8-20　通过 IP 限制重复投票

```php
<?php
session_start();
include("conn/conn.php");
$data=date("Y-m-d h:i:s");
$ip=getenv("REMOTE_ADDR");              //获取 ip
if (isset($_POST['Submit'])){
```

```
$tb_vote_id=$_POST['tb_vote_id'];
if ($_POST['tb_vote_id']==""){
    echo "<script>alert('您没有选择投票的内容!');
window.location.href='vote.php?vote_subject=".$_POST['tb_vote_subject']."'";</script>";
}else{
    $query="select * from tb_vote_odd_ip where tb_vote_subject='".$_POST['tb_
vote_subject']."' and tb_vote_ip='$ip'";
    $result=mysql_query($query);
    $row=mysql_num_rows($result);
    if ($row>0){        //判断此ip是否重复
        echo "<script>alert('".$ip." 您不可以重复投票!');
window.location.href='vote.php?vote_subject=".$_POST['tb_vote_subject']."'";</script>";
    }else{
        $querys="update tb_vote_odd set tb_vote_counts=tb_vote_counts+1 where
tb_vote_id='$tb_vote_id'";
        $result=mysql_query($querys);
        $query=mysql_query("select * from tb_vote_odd where tb_vote_id='$tb_
vote_id'");
        $myrow=mysql_fetch_array($query);
        $tb_vote_subject=$myrow['tb_vote_subject'];
        $tb_vote_content=$myrow['tb_vote_content'];
        $querys="insert into tb_vote_odd_ip(tb_vote_subject,tb_vote_content,
tb_vote_ip,tb_vote_date,tb_vote_id) values('$tb_vote_subject','$tb_vote_content','$ip',
'$data','$tb_vote_id')";
        $result=mysql_query($querys);
        echo "<script>alert('投票提交成功!');
window.location.href='vote.php?vote_subject=".$_POST['tb_vote_subject']."'";</s
cript>";
    }
  }
}
```

在通过 IP 限制重复投票的过程中，客户端 IP 地址的获取使用的是 getenv()函数。getenv() 函数可以获取环境变量的值，即客户端的 IP 地址。同样也可以使用 $_SERVER['REMOTE_ADDR']来获取客户端的 IP 地址。

第9章
综合案例——论坛管理系统

本章要点：

- 小纸条信息无刷新输出
- 连接远程 MySQL 数据库
- 树状导航菜单
- 帖子的发布、回复
- 帖子置顶
- 帖子引用、收藏
- 屏蔽回帖
- 数据库备份与恢复

论坛已经成为时下一种比较普遍的网上交流手段，其表现形式多种多样，有个人论坛、企业论坛、图书论坛和软件论坛等等，虽说名目众多，但都围绕着一个"论"字在进行，其原理是相同的，对某个事物、事情或者人物发表自己的意见和看法。在本章中将详细讲解论坛的开发流程和在创建中使用的关键技术。

9.1 论坛概述

9.1.1 论坛概述

随着互联网的发展，网络信息资源也不断地丰富，而以动态性和交互性为特征的网络论坛是当中最丰富、最开放和最自由的网络信息资源，是最受欢迎的一种信息交流方式。目前实现论坛功能的开发语言有很多种，主要有 PHP、JSP、ASP 和 ASP.NET，其中 PHP 借助于开源的优势必将成为网络开发的必然趋势。

网络论坛和互联网上的其他信息一样，具有范围广、内容庞杂、动态变化性强等特点，但是两个最重要的特点是交互性和时效性。交互性是指论坛用户能够参加到论坛信息的交流过程中来，可以在论坛中发布自己的信息并且可以得到其他用户的反馈，这是网络论坛信息最基本和最重要的特征。一位用户发布信息，往往有很多人回应，可以开展多人讨论，这是一个多向交流信息的过程，它使人们能够便捷地进行交流。由于互联网信息传播的快捷与方便以及网络论坛的交互性，使得人们能够及时的从论坛中获取某一技术和行业的发展动态与最新的进展，专业技术论坛中信息的时效性更强，往往一些最新的技术信息都可以从论坛中获取。

9.1.2　系统功能结构

论坛是一个发布帖子和回复帖子的过程，根据论坛的基本功能，整理出论坛模块的功能结构图，如图 9-1 所示。

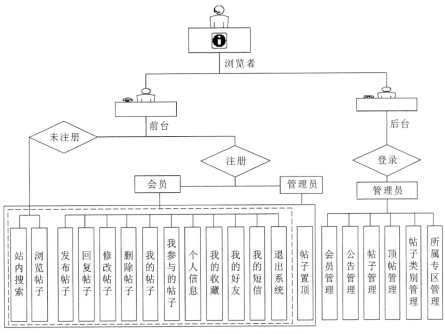

图 9-1　论坛模块的功能结构图

然后根据功能结构图中描述的功能，设计了一个完整的论坛模块的开发流程，如图 9-2 所示。

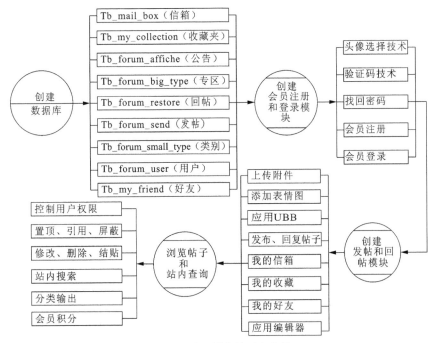

图 9-2　论坛模块的开发流程

9.1.3　程序预览

一个完整的论坛系统是由多个模块共同构建的，下面列出一些主要模块的运行结果，让读者对这个论坛模块有一个初步的了解和认识。

论坛首页运行效果如图 9-3 所示，其中包括树状导航菜单、用户登录、初始化信息等。

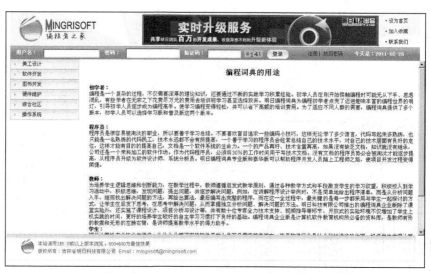

图 9-3　论坛运行效果图

"我的信箱"运行结果如图 9-4 所示，其主要功能是收发站内邮件、接收系统信息、发送好友验证请求等，并可以在该模块对个人收发的站内邮件进行管理。

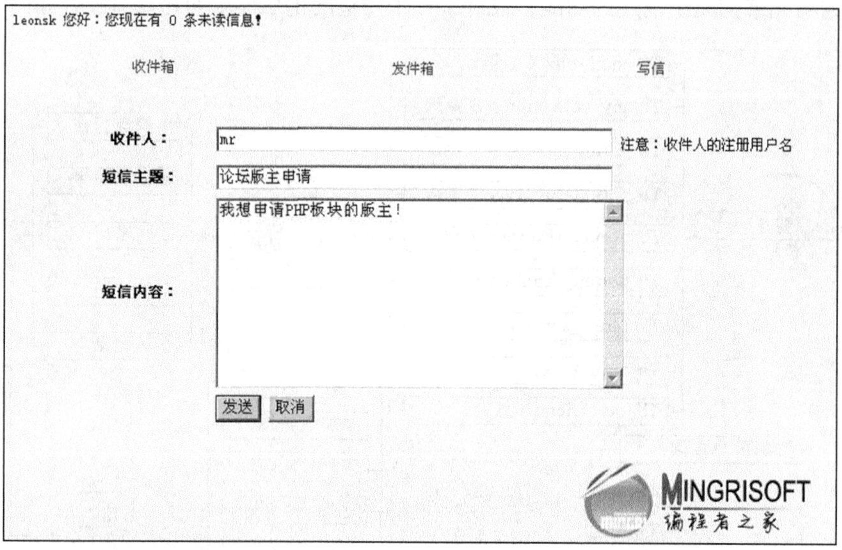

图 9-4　"我的信箱"运行结果

用户登录论坛程序后，可以单击相关分类中的"我要提问"超级链接发表新帖。在发表新帖的同时，该模块也支持个人附件的上传。发表新帖的运行结果如图 9-5 所示。

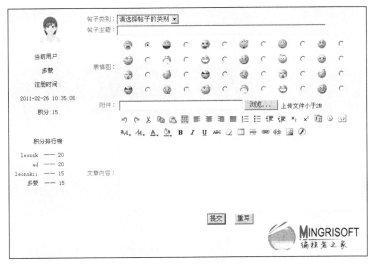

图 9-5　发表新帖运行结果

在成功发表新帖后，新帖会被放置到该类帖子浏览页面的首位，这样其他用户可以在第一时间浏览到最新的帖子内容，运行结果如图 9-6 所示。

标题	创建时间	发帖人/最后回复	回复/浏览
在关闭全局变量之后应用date()函数警告问题	2011-02-26 10:36:32	多婴/ 多婴	0/2
帖子统计：2 条	分页：1 2		我要提问

图 9-6　最新帖子发布运行结果

查看用户发表的帖子，可以对该帖子进行回复，为了使论坛功能更加合理、完美，本模块增加了帖子置顶、帖子引用、帖子收藏和屏蔽帖子等特殊功能，其中对于发表新帖的浏览和回复如图 9-7 所示。

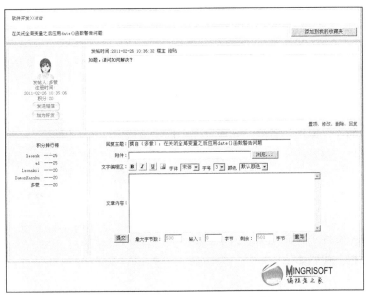

图 9-7　帖子的浏览和回复运行结果

论坛后台作为论坛的管理平台，在整个管理体系中占据着很重要的位置，该模块主要用于管理用户的个人资料以及帖子的相关信息，并可以备份和恢复论坛系统的相关数据内容，论坛后台管理运行效果如图 9-8 所示。

图 9-8 论坛后台管理运行结果

另外，该论坛模块还包括一些辅助的功能，包括"我发布的帖子"和"我参与的帖子"等。为了便于论坛管理，增加了管理员管理论坛的功能，包括发布帖子、回复帖子、帖子类别和置顶帖子以及数据的备份和恢复等内容，由于篇幅有限，这里不能一一列举。

9.2　热点关键技术

在论坛模块的开发过程中，有些关键的技术是不可缺少的，下面就对论坛中用到的关键技术进行详细介绍。

9.2.1　树状导航菜单

通过树状导航菜单能够对网站中的内容进行合理的分类处理，进而使网站的布局更加合理。将树状导航菜单的技术应用到论坛中帖子类别的处理上，改变了以往以整页篇幅输出帖子类别的设计思路，使论坛中帖子类别的输出更加合理、规范，运行结果如图 9-9 所示。

图 9-9 通过树状菜单输出帖子类别

树状导航菜单的设计原理：首先，从数据库中读取论坛中所属专区的数据并进行输出。然后，通过 JavaScript 脚本语句控制单元格中内容的隐藏和显示；最后，根据所属的专区读取对应帖子类别的数据，其关键就是单元格属性的设置和 JavaScript 脚本语句的应用。

（1）在 left.php 文件中，首先从数据库的专区表中读取论坛中所属专区的数据。代码如下。

```php
<?php
    $query=mysql_query("select * from tb_forum_big_type");
    while($myrow=mysql_fetch_array($query)){ //循环输出数据库中数据
        $querys=mysql_query("select * from tb_forum_small_type where tb_big_type_
```

```
content='$myrow [tb_big_type_content]' ");        //以所属专区为条件，读取对应专区中帖子的类别的数据
            $myrows=mysql_fetch_array($querys);
    ?>
```

（2）创建表格，输出所属专区的数据，应用 onClick 事件调用 JavaScript 语句 open_close()控制单元格中内容的隐藏和显示，其中还为单元格中的内容设置了超级链接，链接到指定的文件。代码如下。

```
<td width="84%" height="24" onClick="javascript:open_close(id_a<?php echo
$myrow[tb_big_type_id];?>);" >      <!--控制单元格的属性-->
    <!--设置超级链接-->
    <a href="content.php?content=<?php echo $myrow["tb_big_type_content"];?>&&content_
1=<?php echo $myrows["tb_small_type_content"];?>" target="contentFrame"><?php echo
$myrow["tb_big_type_content"];?>"
    </a>
    </td>
```

（3）创建表格，设置表格 ID 的值和 style 的值。以帖子的所属专区为查询条件，从类别数据表中读取符合条件的数据，将读取到的数据循环输出到单元格中。同样也为单元格中的内容设置了超级链接，链接到指定的文件。代码如下。

```
<table  width="170"  border="0"  cellpadding="0"  cellspacing="0"  bgcolor="#8394BF"
id="id_a<?php echo $myrow["tb_big_type_id"];?>" style="display:none"><!--设置表格的 ID 和样式-->
    <?php
        $query_1=mysql_query("select * from tb_forum_small_type where tb_big_type_
content='$myrow[tb_big_type_content]' ");
            while($myrow_1=mysql_fetch_array($query_1)){
    ?>
    <tr>
    <td align="right"> </td>
        <td height="23">   
            <a href="content.php?content=<?php echo $myrow["tb_big_type_content"];?>
&&content_1=<?php echo $myrow_1["tb_small_type_content"];?>" target="contentFrame">
            <?php echo $myrow_1["tb_small_type_content"];?></a></td>
    </tr>
        <?php }?></table>
<?php }?>
</td></tr></table>
```

其中调用 JavaScript 脚本的代码如下。

```
<script language="javascript">
function open_close(x){                    //创建自定义函数
    if(x.style.display==""){                //判断当 x 的值为空时，将 x 的值更改为 none
        x.style.display="none";
    }else if(x.style.display=="none"){    //否则当 x 的值等于 none 时，将 x 的值改为空
        x.style.display="";
    }
}
</script>
```

主要功能是实现单元格的隐藏和显示，即当单元格处于显示状态时，单击单元格则执行隐藏的操作；当单元格处于隐藏状态时，单击单元格则执行显示的操作。

　　　　在第 2 步的程序代码中，content.php 为指定链接的文件，其中栏目标识 content 为帖子的所属专区；而标识 content_1 则是帖子的类别。通过超级链接的 target 属性指定链接文件的名称为 contentFrame。

到此树状导航菜单技术介绍完毕。有关树状导航菜单的具体应用可以参考本章程序中的 left.php 文件。

9.2.2 帖子置顶

帖子置顶就是将指定的帖子在所有帖子的顶端显示，用于突出帖子的特殊性。只有管理员拥有帖子置顶的权限，其他任何人都不具备这个权限。帖子置顶操作过程如图 9-10 所示。

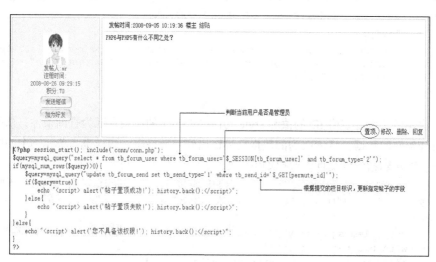

图 9-10 帖子置顶的操作过程

帖子置顶的操作原理：根据帖子的 ID 设置一个超级链接，在链接的 permute_send.php 文件中实现帖子置顶的操作。

（1）在 send_forum_content.php 文件中，创建一个"置顶"超级链接，链接的标识为对应帖子的 ID，链接到文件 permute_send.php 中，在该文件中实现帖子置顶的操作。关键代码如下。

```
<!--设置执行帖子置顶的超级链接-->
<a href="permute_send.php?permute_id=<?php echo $myrow_3["tb_send_id"];?>">置顶</a>
```

（2）创建 permute_send.php 文件，实现帖子置顶的操作。首先，判断当前的用户是否是管理员，这里用户权限的设置是通过用户信息表（tb_forum_user）中 tb_forum_type 字段的值来控制的，如果 tb_forum_type 字段的值是 1 则代表注册的会员，如果值是 2 则代表是管理员。

如果当前用户是管理员，将指定帖子的 tb_send_type 字段的值更新为 1；否则不执行更新数据的操作，并且弹出提示信息"您不具备该权限！"，返回到上一页。相关代码如下所示。

```
<?php
session_start();
include("conn/conn.php");
$query=mysql_query("select * from tb_forum_user where tb_forum_user='$_SESSION[tb_
forum_user]' and tb_forum_type='2'");          //判断当前用户是否是管理员
    if(mysql_num_rows($query)>0){              //当前用户是管理员，执行更新语句实现帖子置顶
        $query=mysql_query("update tb_forum_send set tb_send_type='1' where tb_send_id=
'$_GET[permute_id]'");
        if($query==true){
            echo "<script> alert('帖子置顶成功!'); history.back();</script>";
        }else{
            echo "<script> alert('帖子置顶失败!'); history.back();</script>";
```

```
    }
}else{
    echo "<script> alert('您不具备该权限!'); history.back();</script>";
}
?>
```

帖子置顶技术讲解完毕，有关该技术的完整应用可以参考后面小节中的程序。

9.2.3　帖子引用

帖子引用是指在浏览帖子时，针对某个回复的帖子或者自己的看法与楼上的看法相同，此时就可以单击"引用"超级链接，直接将楼上回复的帖子进行引用，作为自己的回复帖子进行提交。帖子引用的操作流程如图 9-11 所示。

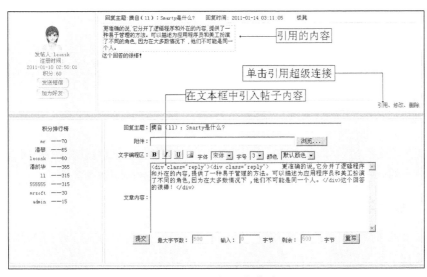

图 9-11　帖子引用的操作流程

帖子引用的实现原理：首先，在帖子浏览的页面中针对每个回复的帖子设置一个"引用"超级链接，这里将其链接到本页 send_forum_content.php 文件中，设置链接标识 cite 为回复帖子的 ID，添加锚点 bottom；然后，在指定输出回帖内容的表格中添加一个命名锚记，实现同一页面的引用跳转；最后，在输出引用内容的文本域中，根据超级链接中传递的栏目标识，从数据库中读取指定的回帖数据，将引用的内容进行输出。

（1）在 send_forum_content.php 文件中通过创建引用的超级链接，并且设置链接的栏目标识 cite 和锚点 bottom 来实现引用的操作。关键代码如下。

```
<a href="send_forum_content.php?send_big_type=<?php echo
$_GET["send_big_type"];?>&&send_small_type=<?php echo $_GET["send_small_type"];?>
&&send_id=<?php echo $_GET["send_id"];?>&&cite=<?php echo $myrow_4["tb_restore_id"];?>
#bottom">引用</a>
```

（2）在指定的位置设置一个命名锚记，实现同一页面的跳转。代码如下。

```
<a name="bottom" id="bottom"></a>
```

（3）在要输出引用内容的文本域中进行编辑，根据超级链接栏目标识 cite 的值，从数据库中读取对应的回复帖子的标题和内容，并且将读取的数据放入 div 标签后输出到文本域中，用于分隔引用和回复的内容。代码如下。

```
<td width="641"><input name="restore_subject" type="text" id="restore_subject" value="
```

```php
<?php
if($_GET["cite"]==true){
    $query=mysql_query("select * from tb_forum_send where tb_send_id='$_GET[send_id]'");
    $result=mysql_fetch_array($query);
    echo "摘自 (".$result["tb_send_user"]."): ".$result["tb_send_subject"];
}
?>" size="80">
</td>
<!--通过文本框输出引用内容-->
<td width="641"><textarea name="file" cols="80" rows="10" id="file" onKeyDown=
"countstrbyte (this.form.file,this. form.total,this.form.used,this.form.remain);" onKeyUp="
countstrbyte (this.form. file,this.form.total, this.form.used, this.form.remain);">
<?php
if($_GET["cite"]==true){
    $query=mysql_query("select * from tb_forum_restore where tb_restore_id='$_GET [cite]'");
    $result=mysql_fetch_array($query); //根据 ID 从数据库中获取到引用的内容
    //输出引用内容放入类为 reply 的 div 内，用于分隔引用和回复的内容
    echo "<div class=\"reply\">".$result["tb_restore_content"]."</div>";
}
?>
    </textarea>
    </td>
```

通过上述方法实现帖子引用，然后，就可以将引用的内容直接进行提交，作为自己的回复帖子。有关该技术的完整应用可以参考本模块中的 send_forum_content.php 文件。

9.2.4　帖子收藏

帖子收藏就是将当前帖子的地址完整地保存到指定位置，为以后访问该帖子提供方便。帖子收藏的操作流程如图 9-12 和图 9-13 所示。

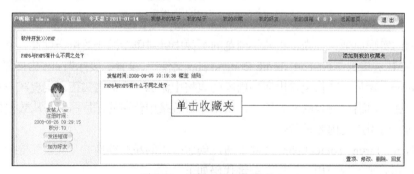

图 9-12　添加到我的收藏夹

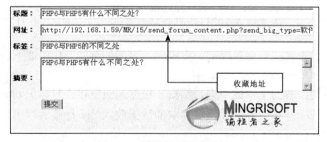

图 9-13　获取帖子收藏地址

帖子收藏实现的关键是如何获取当前页面的完整地址。获取当前页面的完整地址主要是通过服务器变量$_SERVER 来获取收藏帖子的 URL 地址来实现。

帖子收藏是在 send_forum_content.php 文件中实现的，关键代码如下。

```php
$self=$_SERVER['HTTP_REFERER'];        //获取链接到当前页面的前一页面的 url 地址
$u=$_SERVER['HTTP_HOST'];              //获取当前请求的 Host 头信息的内容
$r=$_SERVER['PHP_SELF'];              //获取当前正在执行脚本的文件名
$l=$_SERVER['QUERY_STRING'];          //获取查询（query）的字符串（url 中第一个问号之后的内容）
$url="http://"."$u"."$r"."?"."$l";    //将获取的变量组成一个字符串，即完整的路径
```

在获取到完整的地址之后，接下来将帖子的标题、当前页面的完整路径和当前用户数据提交到 my_collection.php 页中，生成一个表单，最后将数据提交到 my_collection_ok.php 文件中，完成帖子的收藏。提交帖子完整地址和帖子标题的程序代码如下。

```php
<?php if( !empty($_SESSION["tb_forum_user"])){  ?>
<form name="form1" method="post" action="my_collection.php?forum_subject=<?php echo
$myrow_3["tb_send_subject"];?>&&collection_user=<?php echo $_SESSION["tb_forum_user"];?>">
    <td width="173" height="22" align="center" valign="bottom">
    <input type="hidden" name="my_collection" value="<?php echo $url;?>">
    <input type="submit" name="Submit" value=" 添加到我的收藏夹 ">
</td>
</form>
<?php }  ?>
```

然后创建 my_collection.php 文件，生成一个表单，为收藏的帖子添加标签和说明，最后将数据提交到 my_collection_ok.php 文件中，将帖子收藏的数据添加到指定的数据表中。到此帖子收藏技术讲解完毕，相关的程序代码请参考本书附带光盘中的内容，这里不再赘述。

9.2.5 屏蔽回贴

屏蔽回帖是管理员的权限，在论坛的后台管理中进行操作。帖子是否被屏蔽是根据回复帖子数据表中 tb_restore_tag 字段的值来判断的。如果帖子 tb_restore_tag 字段的值为 1，则说明该帖子被屏蔽；否则帖子没有被屏蔽。因此屏蔽回帖就是将指定帖子的 tb_restore_tag 字段的值更新为 1。

屏蔽回帖主要通过两个文件来完成，一个是 message_restore.php，输出回复帖子的内容，创建执行屏蔽帖子的 form 表单；另一个是 message_restore_ok.php，根据提交的数据，实现屏蔽帖子的操作。这里只给出屏蔽回帖的处理文件 message_restore_ok.php 的相关程序，关键代码如下。

```php
<?php session_start(); include("conn/conn.php");
$Submit=$_POST["Submit"];                         //获取按钮值
if($Submit=="屏蔽"){                              //判断当提交的值等于屏蔽时
    while(list($name,$value)=each($_POST)){       //获取表单提交值并循环输出
        $result=mysql_query("update tb_forum_restore set tb_restore_tag='1' where
tb_restore_id='".$name."'");                      //根据 ID 的值，执行循环操作
        if($result==true){
            echo "<script>alert('屏蔽成功!'); window.location.href='index.php?title= 回
帖管理';</script>";
        }
    }
}
if($Submit2=="取消"){                              //判断当表单提交的值等于取消时
    while(list($name,$value)=each($_POST)){       //获取表单提交的值
```

```
        $result=mysql_query("update tb_forum_restore set tb_restore_tag='0' where
tb_restore_id='".$name."'");                           //执行更新操作
        if($result==true){
            echo "<script>alert('取消屏蔽!');window.location.href='index.php?title= 回
帖管理';</script>";
        }
    }
}
?>
```

9.2.6　连接远程 MySQL 数据库

在本模块中使用的是 MySQL 数据库,因此实现 PHP 与 MySQL 数据库的连接是一个非常关键的步骤,它是执行其他操作的先决条件。在开发程序的过程中,多数情况下使用的都是本地 MySQL 数据库,下面介绍一种连接远程 MySQL 数据库服务器的方法。

首先,在远程数据库服务器的机器中,通过 MySQL 数据库的图形化管理工具 phpMyAdmin,在权限中创建一个新用户,设置用户名为 ROOT,密码为 111,主机为程序运行计算机的 IP 地址。操作步骤如图 9-14、图 9-15 和图 9-16 所示。

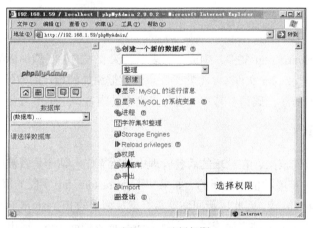

图 9-14　选择权限

图 9-15　选择添加新用户

图 9-16　添加新用户

 远程 MySQL 数据库服务器所在计算机的 IP 地址是 192.168.1.59。这里添加新用户的用户名是 root，密码是 111，主机是 192.168.1.149，192.168.1.149 是程序运行所在计算机的 IP 地址。

新用户创建完成之后连接远程的 MySQL 数据库服务器，使用的函数与连接本地服务器相同。程序代码如下。

```php
<?php
    $conn=mysql_connect('192.168.1.59','root','111');//连接数据库服务器 192.168.1.59
    mysql_select_db('db_forum',$conn);                        //连接 db_forum 数据库
    mysql_query("set names gb2312");                          //指定数据库中字符的编码格式
?>
```

 这里指定的服务器是远程 MySQL 数据库服务器的 IP 地址，用户名是 root，密码是 111。

9.2.7　小纸条信息的无刷新输出

小纸条信息的无刷新输出主要应用的是 Ajax 技术。通过 Ajax 技术调用指定的文件查询是否存在新的消息，并且将结果返回，通过 div 输出 Ajax 中返回的查询结果，运行结果如图 9-17 所示。

关键的 Ajax 代码如下。

图 9-17　小纸条信息无刷新输出

```javascript
<script type="text/javascript" src="js/xmlHttpRequest.js"></script>
<script language="javascript">
function show_counts(sender){          //通过 show_counts()函数调用指定的文件统计最新信息
    url='show_counts.php?sender='+sender;         //设置要执行的文件，并设置栏目标识
    xmlHttp.open("get",url, true);               //执行操作
    xmlHttp.onreadystatechange = function(){
        if(xmlHttp.readyState == 4){
            tet = xmlHttp.responseText;
            show_counts11.innerhtml=tet;         //返回统计结果
        }
    }
    xmlHttp.send(null);
}
</script>
```

```
<!-间隔 1000 毫秒执行一次 show_counts 函数-->
<script language="javascript">
setInterval("show_counts('<?php echo $_SESSION["tb_forum_user"];?>')",1000);
</script>
```

输出最新消息使用的是 div 标签。

```
<td width="15" align="center" class="STYLE2"><div id="show_counts11"></div></td>
```

9.2.8　清除个人站内邮件

一个完善的论坛系统离不开站内邮件的应用，会员在浏览信件后，可能产生大量过期邮件，这些过期数据既给用户查找邮件带来麻烦，又给数据库增添了额外负担。这时用户可以通过筛选，对站内邮件进行有选择的删除。站内邮件的删除过程如图 9-18 所示。

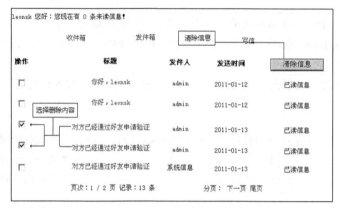

图 9-18　选择删除个人站内邮件

获取要删除的站内邮件 id 后，将选定的 id 值提交到 delete_mail.php 文件中，完成个人站内邮件删除操作。选择删除站内邮件的文件 browse_mail.php 的关键代码如下。

```
<form    name="form1"    method="post"    action="delete_mail.php?sender=<?php    echo
$_GET["sender"];?>&&mails=<?php echo $_GET["mails"];?>">
    <tr>
        <td width="77" height="35" align="center"><strong><span class="STYLE_mail">操作
</span></strong></td>
        <td width="266" align="center"><strong><span class="STYLE_mail">标题</span></strong>
</td>
        <td width="178" align="center"><strong><span class="STYLE_mail">发件人</span>
</strong></td>
        <td width="206" align="center"><strong><span class="STYLE_mail">发送时间</span>
</strong></td>
        <td width="189" height="35" align="center" class="STYLE_mail"><input name="Submit"
type="submit" id="Submit" value=" 清除信息 "></td>
    </tr>
<?php
if($page){
    $page_size=10;                                     //每页显示 10 条记录
    //从数据库中读取数据
    $query="select count(*) as total from tb_mail_box where tb_receiving_person=
'$_GET[sender]' ";
    $result=mysql_query($query);
    $message_count=mysql_result($result,0,"total"); //获取总的记录数
```

```
        $page_count=ceil($message_count/$page_size);    //获取总的页数
        $offset=($page-1)*$page_size;
        $query=mysql_query("select * from tb_mail_box where tb_receiving_person='$_GET
[sender]' order by tb_mail_type='1' limit $offset, $page_size");
        while($myrow=mysql_fetch_array($query)){
    ?>
    <tr>
        <td height="35" align="center"><input name="<?php echo $myrow["tb_mail_id"];?>"
type="checkbox" value="<?php echo $myrow["tb_mail_id"];?>">  </td>
        <td align="center"><a href="browse_mail_content.php?mail_id=<?php echo $myrow
["tb_mail_id"];?>"  target="_blank"  class="STYLE3_mail"><?php  echo  $myrow["tb_mail_
subject"];?></a></td>
        <td align="center"><span class="STYLE3_mail"><?php echo $myrow["tb_mail_sender"];?>
</span></td>
        <td align="center"><span class="STYLE3_mail"><?php echo $myrow["tb_mail_date"];?>
</span></td>
        <td align="center"><span class="STYLE3_mail">
        <?php if($myrow["tb_mail_type"]=='1'){echo "已读信息";}else{echo "未读信息";}?>
        </span></td>
    </tr>
<?php }}?>
</form>
```

在获取要删除邮件的 id 后，将 id 提交到 delete_mail.php 页中，完成选中邮件的删除操作。删除站内邮件的程序代码如下。

```
<?php session_start(); include("conn/conn.php");
$Submit=$_POST['Submit'];                    //获取提交的 Submit 值
$mails=$_GET['mails'];
if($Submit==" 清除信息 "){
    while(list($name,$value)=each($_POST)){
        $array[]=$name;                      //将获得的 id 元素添加到数组中
    }
    if(count($array)-1>0){                    //如果获得的总数-1 大于 0 则说明有选中的删除元素
        for($i=1;$i<count($array);$i++){    //循环删除选中的信息
            $result=mysql_query("delete from tb_mail_box where tb_mail_id='".$array
[$i]."'");
        }
        echo  "<script>alert(' 删 除 成 功 !'); window.location.href='send_mail.php?
sender=$_GET[sender]&&mails=$mails';</script>";
    }else{
        echo "<script>alert('请先选择要删除的信件!');history.back();</script>";   //如
果没有选择删除的文件则给出一个提示
    }
}
?>
```

首先获取从 browse_mail.php 中得到的 Submit 传递值和选中邮件的 id 值，如果该页面获得的 Submit 传递值为 "清除信息" 则继续判断选中邮件 id 的数量。

利用 POST 方式传递相关参数，其中前台表单域的 Sumbit 也是利用该方式进行传递，所以 Submit 也会在后台处理页作为一个元素被添加到数组中，在判断选定 id 值的个数时，需要执行减 1 操作，在执行循环操作的过程中也需要跳过此数组中的值，以免得到不必要的结果。

然后，判断选择邮件 id 的数量，如果选择邮件 id 的数量为 0，则给当前会员以警告提示，告之其不能进行删除操作；如果判断选择的邮件 id 数量不为 0，则继续向下执行其他操作。

最后，通过选择的 id 来删除数据库中的邮件内容从而实现邮件删除操作。

站内邮件清除技术讲解完毕，此技术同样应用于好友删除技术中。

9.3　数据库设计

9.3.1　数据库分析

论坛的功能完善与否，数据库的运用是一个决定性的因素。只有拥有一个强大的数据库的支持，论坛的功能才能够展现，否则它将和留言簿没什么区别。

本论坛中使用的是一个名称为 db_forum 的数据库，在该数据库中有 9 个数据表。有关数据表名称及表功能的介绍如图 9-19 所示。

图 9-19　db_forum 数据库中的数据表

9.3.2　创建数据库中的数据表

下面对数据库中几个相对比较复杂的数据表的功能和结构进行介绍。

tb_forum_user 数据表，用于存储用户的注册信息。其中包括 13 个字段，字段属性的说明如图 9-20 所示。

tb_forum_send 数据表，用于存储论坛中发布帖子的数据。其中包括 11 个字段，字段属性的说明如图 9-21 所示。

图 9-20　tb_forum_user 数据表

图 9-21　tb_forum_send 数据表

tb_forum_restore 数据表，用于存储论坛中回复帖子的数据。其中包括 7 个字段，字段属性的说明如图 9-22 所示。

tb_my_collection 数据表，用于存储用户收藏的帖子。其中包括 7 个字段，字段属性的说明如图 9-23 所示。

字段	类型	整理	说明
tb_restore_id	int(10)		设置数据表的主键
tb_restore_subject	varchar(50)	gb2312_chinese_ci	回复帖子的主题
tb_restore_content	mediumtext	gb2312_chinese_ci	回复帖子的内容
tb_restore_user	varchar(50)	gb2312_chinese_ci	回复者
tb_send_id	int(10)		发布帖子的ID
tb_restore_date	datetime		回复时间
tb_forum_counts	varchar(50)	gb2312_chinese_ci	帖子回复的次数

图 9-22 tb_forum_restore 数据表

字段	类型	整理	说明
tb_collection_id	int(10)		设置数据表的ID
tb_collection_subject	varchar(50)	gb2312_chinese_ci	收藏帖子的标题
tb_collection_address	varchar(150)	gb2312_chinese_ci	收藏帖子的地址
tb_collection_label	varchar(50)	gb2312_chinese_ci	收藏帖子的标签
tb_collection_summary	mediumtext	gb2312_chinese_ci	收藏帖子的说明
tb_collection_user	varchar(50)	gb2312_chinese_ci	收藏者
tb_collection_date	datetime		收藏时间

图 9-23 tb_my_collection 数据表

在本模块中包括 9 个数据表,由于篇幅所限,这里只介绍了其中 4 个相对比较复杂的数据表,有关其他数据表的内容和属性可以参考本书附带光盘。

9.4 帖子的发布、浏览和回复

9.4.1 帖子的发布、浏览和回复概述

本论坛模块帖子功能包括帖子的发布、帖子的浏览以及帖子的回复等。其中,帖子发布为登录的会员提供一个发布帖子的操作平台。在该平台中,登录用户可以选择发布帖子的类别,自定义帖子的主题,选择表情图,选择上传附件以及通过文本编辑器对发布帖子的内容进行编辑。帖子发布的运行结果如图 9-24 所示。

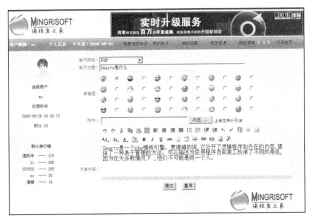

图 9-24 帖子发布模块

帖子回复实现对指定的帖子进行回复的操作,帖子回复的运行结果如图 9-25 所示。

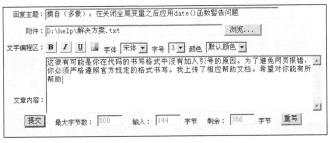

图 9-25 帖子回复的运行结果

帖子浏览包括帖子类别和帖子内容的浏览。首先可以浏览到根据不同类别进行划分的帖子主题，然后可以在相应的帖子主题中浏览帖子的具体内容。帖子主题和帖子内容浏览的运行结果如图 9-26 和图 9-27 所示。

图 9-26　帖子主题浏览

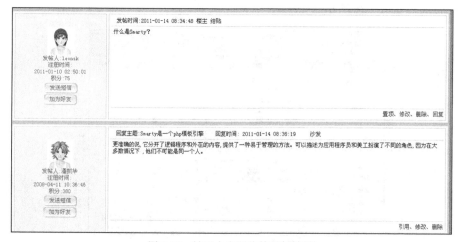

图 9-27　帖子内容浏览的运行结果

9.4.2　帖子发布功能实现

帖子发布主要由两个文件构成，一个是帖子发布内容的填写文件 send_forum.php，另一个是提交数据的处理文件 send_forum_ok.php。

在 send_forum.php 文件中，可以将该文件中的内容分成 3 个部分：第 1 部分初始化 Session 变量，连接数据库以及调用 js 文件；第 2 部分输出当前登录会员的个人信息；第 3 部分构建 from 表单，实现发布帖子数据的提交。

（1）初始化 Session 变量，连接数据库以及调用指定的包含文件，并且判断当前用户是否是会员，如果不是会员将不能进行帖子发布的操作。

帖子发布文件 send_forum.php 的关键代码如下：

```php
<?php session_start(); include("conn/conn.php");
if($_SESSION["tb_forum_user"]==true){          //判断当以会员登录时执行下面的内容
?>
<script type="text/javascript" src="js/editor.js"></script>
```

（2）从数据库中读取出当前会员的个人信息，并且将个人信息输出。代码如下。

```php
<?php
$query_1=mysql_query("select * from tb_forum_user where tb_forum_user='$_SESSION["tb_forum_user"]'",$conn);
$myrow_1=mysql_fetch_array($query_1);    //执行查询语句，获取当前登录用户的个人信息
echo "<img src='$myrow_1["tb_forum_picture"]'>";
echo "<br>";
echo "当前用户:";
echo "<br>";
echo $myrow_1 ["tb_forum_user"];
echo "<br>";
echo "注册时间:";
echo "<br>";
echo $myrow_1["tb_forum_date"];
echo "<br>";
echo "积分:";
echo $myrow_1["tb_forum_grade"];
?>
```

（3）创建 form 表单，提交发布帖子的数据，包括帖子的类别、主题、表情图、文本内容和发布人。在对帖子内容进行填写时，应用的是一个文本编辑器，通过文本编辑器可以对提交的内容进行编辑。程序关键代码如下。

```html
<!--将帖子类别输出到下拉列表框中-->
<td align="center">帖子类别:</td>
<td><select name="send_sort" id="send_sort">
    <option selected="selected">请选择帖子的类别</option>
    <?php      //输出帖子的类别
        $query_2=mysql_query("select * from tb_forum_small_type");
        while($myrow_2=mysql_fetch_array($query_2)){
    ?>
        <option value="<?php echo $myrow_2["tb_small_type_content"];?>">
            <?php echo $myrow_2["tb_small_type_content"];?>
        </option>
    <?php }?>
</select>
</td>
<!--表情图的排列输出-->
<td align="right" class="STYLE11">表情图: </td>
    <td><table>
    <tr>
        <td height="80" colspan="2"><div align="center">
            <table height="30" border="0" align="center" cellpadding="0" cellspacing="0">
                <tr>
                    <?php
                    for($i=1;$i<=24;$i++){          //根据文件夹中表情图的个数创建循环语句
```

```
                              if($i%6==0){                      //判断变量的值是否等于 0
                           ?>
                           <td width="40" height="30"><div align="center"><!--输出表情图-->
                              <img src=<?php echo("images/inchoative/face".($i-1).".gif");?>
width="20" height="20"></div></td>
                           <td width="40" height="30"><div align="center"><!--创建单选按钮-->
                              <input type="radio" name="face" value="<?php echo " ("images/
inchoative/
    face.($i-1).".gif");?>">
                           </div></td>
                     </tr>
                        <?php }else{ ?>
                        <td width="40" height="30"><div align="center">
                              <img src=<?php echo("images/inchoative/face".($i-1).".gif");?>
width="20" height= "20"></div></td>
                        <td width="40" height="30"><div align="center">
                              <input type="radio" name="face" value="<?php echo("images/
inchoative/face". ($i-1).".gif");?>" <?php if($i==1) { echo "checked";}?>>
                           </div></td>
                        <?php } }      ?>
                  </table>
               </div></td>
         </tr>
      </table></td>
      <!--通过文本编辑器，对帖子的内容进行编辑-->
      <tr>
         <td width="107" align="right" class="STYLE11">文章内容: </td>
         <td width="569">
      <textarea name="menu" cols="1" rows="1" id="menu" style="position:absolute;left:0;
visibility:hidden;"></textarea>
      <script type="text/javascript">
      var editor = new FtEditor("editor");
      editor.hiddenName = "menu";
      editor.editorWidth = "100%";
      editor.editorHeight = "300px";
      editor.show();
      </script>
      <input type="hidden" name="tb_forum_user" value="<?php echo $_SESSION["tb_forum_
user"];?>"></td>
      </tr>
```

有关 send_forum.php 文件的讲解到此结束，完整代码请参考本书附带光盘中的内容。

下面介绍表单处理页 send_forum_ok.php 文件。在该文件中将表单中提交的数据存储到数据库中，完成发布帖子信息的存储。关键程序代码如下。

```
<?php session_start(); include_once("conn/conn.php");
$tb_send_type=0;                              //设置帖子是否置顶
$tb_send_types=0;                             //判断帖子是否有回复
$tb_send_small_type=$_POST["send_sort"];      //获取表单中提交的数据
$tb_send_subject=$_POST["send_subject"];      //获取表单中提交的数据
$tb_send_picture=$_POST["face"];              //获取表单中提交的数据
$tb_send_content=trim($_POST["menu"]);        //获取表单中提交的数据
$tb_send_user=$_POST["tb_forum_user"];
$tb_send_date=date("Y-m-d H:i:s");
```

```
        if($_FILES[send_accessories][size]==0){        //判断是否有附件上传
            //执行添加语句
            if(mysql_query("insert into tb_forum_send(tb_send_subject,tb_send_content,tb_
send_user,tb_send_date,tb_send_picture,tb_send_type,tb_send_types,tb_send_small_type,t
b_send_author,tb_send_ltime) values ('".$tb_send_subject."','".$tb_send_content."','".
$tb_send_user."','".$tb_send_date."','".$tb_send_picture."','".$tb_send_type."','".$tb
_send_types."','".$tb_send_small_type."','".$tb_send_user."','".$tb_send_date."')",
$conn)){
                mysql_query("update    tb_forum_user   set   tb_forum_grade=tb_forum_grade+
5",$conn);
                echo "<script>alert('新帖发表成功!');history.back();</script>";
                mysql_close($conn);
            }else{
                echo "<script>alert('新帖发表失败!');history.back();</script>";
                mysql_close($conn);
            }
        }
        if($_FILES["send_accessories"][size"] > 20000000){     //判断上传附件是否超过指定的大小
            echo "<script>alert('上传文件超过指定大小! ');history.go(-1);</script>";
            exit();
        }else{
            $path = './file/'.time().$_FILES['send_accessories']['name'];//定义上传文件的路径
和名称
            if (move_uploaded_file($_FILES['send_accessories']['tmp_name'],$path)) {//将附
件存储到指定位置
                if(mysql_query("insert into tb_forum_send(tb_send_subject,tb_send_content,
tb_send_user,tb_send_date,tb_send_picture,tb_send_type,tb_send_types,tb_send_small_type,
tb_send_accessories,tb_send_author,tb_send_ltime)  values  ('".$tb_send_subject."','".
$tb_send_content."','".$tb_send_user."','".$tb_send_date."','".$tb_send_picture."','".
$tb_send_type."','".$tb_send_types."','".$tb_send_small_type."','".$path."','".$tb_
send_user."','".$tb_send_date."')",$conn)){
                    //执行更新操作，为会员添加积分
                    mysql_query("update tb_forum_user set tb_forum_grade=tb_forum_grade+5",
$conn);
                    echo "<script>alert('新帖发表成功!');history.back();</script>";
                    mysql_close($conn);
                }else{
                    echo "<script>alert('新帖发表失败!');history.back();</script>";
                    mysql_close($conn);
                }
            }
        }
    }
    ?>
```

其中需要重点说明的是，发新贴的同时，会向最后回复者 tb_send_author 和最后回复时间 tb_send_ltime 两个字段中加入发帖者的名称和发帖时间。

到此帖子发布功能的实现过程介绍完毕，完整代码可以参考本书附带光盘中的内容。

9.4.3 帖子浏览功能实现

帖子浏览是从帖子类别的输出开始的，首先在网站的左侧框架中应用树状导航菜单输出帖子的类别，根据树状导航菜单中输出帖子的类别，设置超级链接，将指定类别的帖子在右侧的框架中输出，即在 content.php 文件中输出帖子的内容。其中 left.php 中的相关程序关键代码如下。

```
    <td width="84%" height="24" onClick="javascript:open_close(id_a<?php echo $myrow
["tb_big_type_id"];?>);" >
        <!--设置超级链接,并指定 target 的值-->
        <a href="content.php?content=<?php echo $myrow["tb_big_type_content"];?>&&content_1
=<?php echo $myrows ["tb_small_type_content"];?>" target="contentFrame"><?php echo $myrow
["tb_big_type_content"];?></a>
    </td>
```

这里的 content.php 文件是在右侧的框架中输出的内容。超级链接中的 target 属性获取的是右侧框架中的链接文件的名称。设置栏目标识变量 content,代表帖子的所属专区,content_1 代表帖子的类别。

```
    <td height="23">
        <a href="content.php?content=<?php echo $myrow["tb_big_type_content"];?>&&content_1
=<?php echo $myrow_ 1["tb_small_type_content"];?>" target="contentFrame"><?php echo
$myrow_1["tb_small_type_content"];?></a>
    </td>
```

这是根据帖子的具体类别设置超级链接。有关树状导航菜单的技术可以参考本章第 9.2.1 小节中的内容,这里不再复述。

然后,在 content.php 文件中输出对应类别的帖子的内容。其中应用 switch 语句,根据获取的栏目标识变量 $class 的不同值,分别调用不同的文件,输出不同类别中帖子的内容。content.php 文件的关键代码如下。

(1)判断论坛的所属专区和类别是否为空,如果为空则输出默认的内容,否则将输出对应专区和类别中帖子的内容。

```
    <!--判断当论坛的所属专区和类别为空时,执行下面的内容-->
    <?php if($_GET["content"]=="" and $_GET["content_1"]==""){ ?>
    <table><tr><td height="10"> </td></tr>
    <tr>
      <td><?php include_once("bccd.php");?></td> <!--执行包含文件-->
    </tr>
    </table>
    <?php }else{?>
```

(2)创建一个搜索引擎的表单,为不同的类别和专区设置超级链接,设置超级链接的栏目标识变量。关键代码如下。

```
    <form name="form1" method="post" action="search.php?class=搜索引擎&&content=<?php echo
$_GET[content];?>&&content_1=<?php echo $_GET[content_1];?>" onSubmit="return check_
submit();">
    <tr><td width="10%" height="40" rowspan="2" valign="middle">
        <a href="content.php?class=最新帖子&&content=<?php echo $_GET[content];?>
&&content_1=<?php echo $_GET[content_1];?>"><img src="images/index_7 (1).jpg" width="65"
height="23" border="0"></a></td>
    <td width="10%" rowspan="2" valign="middle">
        <a href="content.php?class=精华区&&content=<?php echo $_GET[content];?>
&&content_1=<?php echo $_GET[content_1];?>"><img src="images/index_7 (2).jpg" width="55"
height="23" border="0"></a></td>
    <td width="10%" rowspan="2" valign="middle">
        <a href="content.php?class=热点区&&content=<?php echo $_GET[content];?>
&&content_1=<?php echo $_GET[content_1];?>"><img src="images/index_7 (3).jpg" width="52"
height="23" border="0"></a></td>
    <td width="10%" rowspan="2" valign="middle">
        <a href="content.php?class=待回复&&content=<?php echo $_GET[content];?>
```

```
&&content_1=<?php echo $_GET[content_1];?>"><img src="images/index_7 (4).jpg" width="55"
height="23" border="0"></a></td>
          <td width="25%" height="38" align="right" valign="bottom">
              <input name="tb_send_subject_content" type="text" size="20" />  </td>
      <td width="25%" rowspan="2">
          <input type="image" name="imageField" src="images/index_71.jpg" /></td>
  </tr>
  </form>
```

（3）编写 switch 语句，根据栏目标识变量$class 的不同值，调用不同的文件。代码如下。

```
<?php
if(empty($_GET["class"]))
      $class="";                              //如果 class 没有传递值则赋值为空
else
      $class=$_GET["class"];                  //如果 class 有传递值则将获得的 class 值赋给$class
switch($class){
    case "最新帖子":
        include("new_forum.php");
    break;
    case "精华区":
        include("distillate.php");
    break;
    case "热点区":
        include("hotspot.php");
    break;
    case "待回复":
        include("pending.php");
    break;
    case "":
        include("new_forum.php");
    break;
  }
  }
  ?>
```

根据$class 变量的不同值调用不同的文件，在被调用的这些文件中，读取数据库中数据的方法都是相同的，都是根据所属的类别从数据库中读取出符合条件的数据，进行分页显示。

这里以 "最新帖子" 中调用的 new_forum.php 文件为例，对被调用文件的创建方法进行讲解。

在 new_forum.php 文件中，主要就是以超级链接栏目标识中传递的变量$_GET["content"]和$_GET["content_1"]为条件，从数据库中读取出符合条件的数据。

（1）首先输出的是所属专区中公告和置顶帖子的标题信息，并且设置超级链接，链接到 send_affiche.php 和 send_forum_content.php 文件，在对应的文件中输出公告和置顶帖子的详细内容。其中 new_forum.php 文件的关键代码如下。

```
<?php
$query=mysql_query("select * from tb_forum_affiche where tb_affiche_type='$_GET[content] '");
while($myrow=mysql_fetch_array($query)){          //输出公告内容
?>
  <tr>
    <td width="90%" colspan="4"><a href="send_affiche.php?tb_affiche_type=<?php echo
$myrow [tb_affiche_ type];?>&&tb_affiche_id=<?php echo $myrow["tb_affiche_id"];?>"
target="_blank"><?php echo $myrow[tb_affiche_ subject];?></a></td>
  </tr>
```

```php
<?php }
    $query_1=mysql_query("select * from tb_forum_send where tb_send_type='1' and tb_send_
small _type='".$_ GET[content_1]."'");
    while($myrow_1=mysql_fetch_array($query_1)){          //输出置顶内容
?>
    <tr>
      <td colspan="4" width="90%"><a href="send_forum_content.php?send_big_type=<?php
echo $_GET ["content"];?>&&send_small_type=<?php echo $myrow_1["tb_send_small_type"];?>
&&send_id=<?php echo $myrow_1 ["tb_send_id"];?>" target="_blank"><?php echo $myrow_1["tb_
send_subject"];?></a></td>
    </tr>
    <?php }?>
```

（2）根据栏目标识传递的变量，从数据库中读取出对应的专区和类别中帖子的数据，将读出的帖子按照最后发布的时间进行倒序排列，这样即可实现最后发布的帖子可以在会员浏览相关类别文章时优先被读取，之后定义变量，实现数据的分页显示；在输出帖子的标题时，设置超级链接，链接到 send_forum_content.php，在该文件中输出帖子的详细信息。程序关键代码如下。

```php
<?php
if($page){
    $page_size=1;                                        //定义每页显示的条数
    $query="select count(*) as total from tb_forum_send where tb_send_small_type=
'$_GET[content_1]'";
    $result=mysql_query($query);                         //执行查询语句
    $message_count=mysql_result($result,0,"total"); //获取总的记录数
    $page_count=ceil($message_count/$page_size);         //计算总的页数
    $offset=($page-1)*$page_size;                        //计算上一页的最后一条记录
    //从数据库中读取帖子的数据，按照帖子发布的时间进行降幂排列输出
    $query_2=mysql_query("select * from tb_forum_send where tb_send_small_type='$_
GET[content_1]' order by tb_send_ltime desc limit $offset, $page_size");
    while($myrow_2=mysql_fetch_array($query_2)){    //循环输出查询结果
?>
<tr>
    <td align="center"><img src="<?php echo $myrow_2["tb_send_picture"];?>"></td>
    <td><a href="send_forum_content.php?send_big_type=<?php echo $_GET["content"];?>
&&send_small_type=<?php echo $myrow_2["tb_send_small_type"];?>&&send_id=<?php echo
$myrow_2["tb_send_id"];?>" target="_blank"><?php echo $myrow_2["tb_send_subject"];?>
</a></td>
    <td><?php echo $myrow_2["tb_send_date"];?></td>
    <td><?php echo $myrow_2["tb_send_user"]."/";?>
    <?php
    $query_ta=mysql_query("select * from tb_forum_send where tb_send_id=$myrow_2
[tb_send_id]");
    $myrow_ta=mysql_fetch_array($query_ta);
    if($myrow_ta["tb_send_types"]==1)                //输出最后回复帖子的用户
        echo $myrow_ta["tb_send_author"];
    else
        echo $myrow_ta["tb_send_user"];
    ?> </td>
     <td><?php
    $query_s=mysql_query("select * from tb_forum_restore where tb_send_id='$myrow_2
[tb_send_id]'");                                       //输出回复数以及帖子访问量
    echo mysql_num_rows($query_s);
```

```
        echo "/";
        $query_tn=mysql_query("select * from tb_forum_send where tb_send_id=$myrow_2[tb_
send_id]");
        $myrow_tn=mysql_fetch_array($query_tn);
        echo $myrow_tn["tb_send_count"];
    ?></td>
    </tr>
    <?php }}?>
```

上面讲解的是帖子主题浏览的实现方法，下面介绍帖子内容浏览功能的实现。

帖子内容的输出是通过上面提到的 send_forum_content.php 文件来完成的。在该文件中输出帖子的详细内容、发帖人的信息、回复帖子的内容和回复人的信息，并且还对登录用户进行了权限设置。普通用户只能浏览帖子的详细信息，不能进行其他任何操作。

会员登录后，不但可以浏览帖子的详细信息，而且可以对帖子进行回复和引用、收藏帖子、发送短信以及加对方为好友；如果浏览的是当前会员自己发布或者回复的帖子，还可以对帖子进行修改、删除和结帖的操作。

管理员登录后，可以执行上述会员具有的所有操作，并且还可以对帖子进行置顶的操作，这是会员所不具备的。

下面对 send_forum_content.php 文件进行分步讲解，看看各个部分的功能都是如何实现的。

（1）初始化 Session 变量，连接数据库，通过 include 语句调用包含文件，通过 $_SERVER 预定义变量获取当前页面的完整连接地址，用于实现帖子收藏的功能，有关帖子收藏技术的讲解请参考第 9.2.4 小节中的内容。

（2）输出发帖人的信息和发布的帖子信息，并且为发送短信、加为好友、结帖、置顶、修改、删除和回复的操作设置超级链接。发帖信息文件是 send_forum_content.php，其关键代码如下。

```
<!--从数据库中读取出指定帖子的发布人的信息-->
<?php
$query_1=mysql_query("select * from tb_forum_send where tb_send_id='$_GET[send_id]'",
$conn);
    $myrow_1=mysql_fetch_array($query_1);                    //读取指定帖子
    $query_2=mysql_query("select * from tb_forum_user where tb_forum_user='$myrow_1[tb_
send_user]'",$conn);
    $myrow_2=mysql_fetch_array($query_2);                    //从会员信息表中读取指定的会员信息
    echo "<img src='$myrow_2[tb_forum_picture]'>"."<br>";    //输出图片
    echo "发帖人:";
    echo $myrow_2["tb_forum_user"]."<br>";                   //输出会员名
    echo "注册时间:"."<br>";
    echo $myrow_2["tb_forum_date"]."<br>";                   //输出注册时间
    echo "积分:";
    echo $myrow_2["tb_forum_grade"]."<br>";                  //输出积分
    if($_SESSION["tb_forum_user"]==true){
        echo    "<a    href='send_mail.php?receiving_person=$myrow_2["tb_forum_user"]
&&sender=$_SESSION["tb_forum_user"]'   target='_blank'><img   src='images/index_8.jpg'
width='76' height='24' border='0'></a>"."<br>";
        echo   "<a   href='my_friend.php?friend=$myrow_2["tb_forum_user"]&&my=$_SESSION
["tb_forum_user"]' target='_blank'><img src='images/index_8 (1).jpg' width='82' height=
'24' border='0'></a>";
    }
```

```
?>
<!--从数据库中读取出指定帖子的信息-->
<?php
if($myrow_1["tb_forum_end"]!=1){                    //判断帖子是否已经结帖
?>
<a href="end_forum.php?send_id=<?php echo $_GET[send_id];?>&send_user=<?php echo
$myrow_3 ["tb_send_ user"];?>">结帖</a>
<?php
}else{
    echo "已结帖";
}
?>
</td></tr>
<tr><td height="21"><?php echo $myrow_3["tb_send_content"];  ?></td></tr>
<!-为不同功能的实现设置超级链接-->
<tr><td align="right">
<?php
if($myrow_3["tb_send_accessories"]==true){   //判断是否存在附件
    echo "<a href='download.php?accessories=$myrow_3["tb_send_accessories"]'>附件
</a>";}?>       
    <a href="permute_send.php?permute_id=<?php echo $myrow_3["tb_send_id"];?>">置顶</a>、
    <a href="recompose_send.php?recompose_id=<?php echo $myrow_3["tb_send_id"];?>
&&recompose_user=<?php echo $myrow_3["tb_send_user"];?>">修改</a>、
    <a href="delete_send.php?delete_id=<?php echo $myrow_3["tb_send_id"];?> &&delete_
user=<?php echo $myrow_3["tb_send_user"];?>">删除</a>、
    <a href="send_forum_content.php?send_big_type=<?php echo $_GET ["send_big
_type"];?>&&send_ small_type=<?php echo $_GET["send_small_type"];?>&&send_id=<?php echo
$_GET["send_id"];?>#bottom">回复</a></td>
</tr>
```

（3）输出与该帖子相关的回复帖子的信息，以及回复人的信息，同样也为发送短信、加为好友、引用、修改和删除操作设置了超级链接。其中在输出回复帖子的内容时，还对回帖内容进行判断，判断该帖子是否被管理员屏蔽。

实现的方法与第（2）步相同，这里不再赘述，完整代码请参考本书附带光盘中的内容。

（4）积分排行，该功能主要就是从会员信息表中读取会员的积分数据，并且按照降幂排列，输出积分最高的前 10 名用户。程序代码如下。

```
<?php
$sql=mysql_query("select tb_forum_user,tb_forum_grade from tb_forum_user order by
tb_forum_grade desc limit 10");                    //从数据库中读取出积分最高的10个用户
while($myrow=mysql_fetch_array($sql)){ //循环输出用户姓名和积分
?>
<tr><td width="45%" height="19" align="right">
    <a href="person_data.php?person_id=<?php echo $myrow[tb_forum_user];?>"><?php
echo $myrow [tb_forum_user];?></a> </td>
    <td width="55%" align="left">—<?php echo $myrow[tb_forum_grade];?></td>
</tr>
<?php }?>
```

（5）send_forum_content.php 文件的第 5 部分是一个 form 表单，用于提交回复帖子的信息。有关回复帖子的操作将在第 9.4.4 小节中做详细介绍。

9.4.4　帖子回复功能实现

帖子回复中提交的 form 表单存储在上一节中介绍的 send_forum_content.php 文件中。

在这个 form 表单中，将回复主题、附件、回复内容、发布帖子 ID 和回复人信息都提交到 send_forum_content_ok.php 文件中进行处理，完成帖子的回复。

在对回复内容进行编辑时还应用了 UBB 技术，对回复的内容进行编辑，并且还对回复内容的字节数进行了控制。

UBB 技术的实现是通过 UBBCode.js 文件来完成的，该文件存储于根目录下的 js 文件夹中；限制和统计回复内容字节数的方法是通过 text.js 文件来完成的，该文件同样存储于根目录下的 js 文件夹中。form 表单存在于 send_forum_content.php 文件中，关键代码如下。

```
<form action="send_forum_content_ok.php" method="post" enctype="multipart/form-data"
name="myform">
<tr><a name="bottom" id="bottom"></a><!--定义命名锚记-->
<!--输出引用的回帖的标题-->
    <td width="641"><input name="restore_subject" type="text" id="restore_subject"
value="
    <?php
    if($_GET["cite"]==true){
        //从数据库中获取回复帖子的标题
        $query=mysql_query("select * from tb_forum_restore where tb_restore_id='$_GET
[cite]'");
        $result=mysql_fetch_array($query);
        echo "摘自（".$result["tb_restore_user"]."）: ".$result[tb_restore_subject]; //输
出引用标题
    }
    ?>" size="80">
    <input type="hidden" name="tag" value="<?php echo $myrow_3["tb_forum_end"];?>"></td>
</tr>
<tr><td height="30" align="right">文字编程区: </td>
    <td width="641">
        <img src="images/UBB/B.gif" width="21" height="20" onClick="bold()"> 
        <img src="images/UBB/I.gif" width="21" height="20" onClick="italicize()">字体
        <select name="font" class="wenbenkuang" id="font" onChange=" showfont(this.
options [this.selectedIndex].value)">
            <option value="宋体" selected>宋体</option>
            <option value="黑体">黑体</option>
        </select></td>
</tr>
<tr>
    <td align="right">文章内容: </td>
    <td width="641"><!--统计回复内容，输出引用的回复内容-->
        <textarea name="file" cols="80" rows="10" id="file" onKeyDown="countstrbyte
(this.form.file,this.form.total,this.form.used,this.form.remain);" onKeyUp="countstrbyte
(this.form.file,this.form.total,this.form.used,this.form.remain);">
    <?php
    if($_GET["cite"]==true){
        //输出回复帖子的内容
        $query=mysql_query("select * from tb_forum_restore where tb_restore_id='$_GET
[cite]'");
```

```
        $result=mysql_fetch_array($query);
        echo $result[tb_restore_content];              //输出引用的回复内容
    }
    ?>
        </textarea>
        <input type="hidden" name="tb_send_id" value="<?php echo $_GET["send_id"];?>">
        <input     type="hidden"     name="tb_restore_user"     value="<?php     echo
$_SESSION["tb_forum_user"];?>"></td>
    </tr>
    <tr>
      <td height="25" colspan="2">        
        <input name="submit" type="submit" id="submit" value="提交" onClick="return
check();">
      最大字节数：<input type="text" name="total" disabled="disabled" class="textbox"
id="total" value="500" size="5">
      输入：<input type="text" name="used" disabled="disabled" class="textbox" id="used"
value="0" size="5">
        <input name="reset" type="reset" id="reset" value="重写"></td>
    </tr>
    </form>
```

到此回复帖子的提交文件的内容讲解完毕，接下来介绍回复帖子的处理页 send_forum_content_ok.php 文件。

在该文件中对回复帖子中提交的数据进行存储，并且更新帖子的回复次数，将最后回复的会员名和回复时间更新到 tb_forum_send 表中 tb_send_author 和 tb_send_ltime 字段下，在论坛浏览页面显示最后回复该帖子会员名，并在浏览页面将最新回复的帖子移置所有帖子最顶端，同时将发布帖子数据表中的 tb_send_types 字段更新为 1，表明该帖子已经有回帖。

在 send_forum_content_ok.php 文件中，首先获取到 form 表单中提交的数据，然后判断回复的内容中是否包含附件，如果不存在附件，则直接将获取的数据添加到指定的数据表中，并且更新帖子的回复次数和发布帖子数据表中 tb_send_types 字段的值为 1。

如果存在附件，而附件的大小超过上传文件大小的限制，则将给出提示信息"上传文件超过指定大小！"。

如果存在附件，并且在指定的范围之内，则先将该附件存储到服务器中指定的文件夹下，然后再将附件在服务器中的存储路径和其他数据一起存储到指定的数据表中，同样也更新帖子的回复次数和发布帖子数据表中 tb_send_types 字段的值为 1。该过程是在 send_forum_content_ok.php 文件中实现的，相关程序代码如下。

```php
<?php
SESSION_start();
include_once("conn/conn.php");
if($_SESSION["tb_forum_user"]==true){                    //判断是否正确登录
    $tb_restore_subject=$_POST["restore_subject"];       //获取回复帖子的主题
    $tb_restore_content=$_POST["file"];                  //获取上传的附件
    $tb_restore_user=$_POST["tb_restore_user"];          //获取回复人
    $tb_send_id=$_POST["tb_send_id"];                    //获取要回复帖子的 ID
    $tb_restore_date=date("Y-m-d H:i:s");                //定义回复时间
    $tb_send_date=date("Y-m-d H:i:s");                   //定义最后回复时间
    $cite=$_POST["cite"];                                //定义引用值
```

```php
        if($_FILES["restore_accessories"]["size"]==0){          //判断是否有附件上传
            if(mysql_query("insert   into   tb_forum_restore   (tb_restore_subject,tb_
restore_content,tb_restore_ user,tb_ send_id,tb_restore_date) values ('".$tb_restore_
subject."','".$tb_restore_content."','".$tb_restore_user."','".$tb_send_id."','".$tb_r
estore_date."')",$conn)){
                //更新最后发布者和最后回复时间的操作
                mysql_query("update tb_forum_send  set  tb_forum_send.tb_send_author=
'$tb_restore_user' where tb_send_id = $tb_send_id");
                mysql_query("update  tb_forum_send  set  tb_forum_send.tb_send_ltime=
'$tb_send_date' where tb_send_id = $tb_send_id");
                //执行更新回复次数的操作
                mysql_query("update tb_forum_restore set tb_forum_counts=tb_forum_counts+
1",$conn);
                mysql_query("update tb_forum_send set tb_send_types=1 where tb_send_id=
'$tb_send_id'",$conn);
                echo "<script>alert('回复成功!');history.back();</script>";
                mysql_close($conn);
            }else{
                echo "<script>alert('回复失败!');history.back();</script>";
                mysql_close($conn);
            }
        }
        if($_FILES["restore_accessories"]["size"] > 20000000){ //判断上传附件是否超过规定文
件的大小
            echo "<script>alert('上传文件超过指定大小! ');history.go(-1);</script>";
            exit();
        }else{
            $path = './file/'.time().$_FILES['restore_accessories']['name']; //定义上
传文件的名称和存储的路径
            //将附件存储到服务器指定的文件夹下
            if (move_uploaded_file($_FILES['restore_accessories']['tmp_name'],$path))
{ //执行存储操作
                if(mysql_query("insert   into   tb_forum_restore   (tb_restore_subject,
tb_restore_content,tb_restore_ user,tb_ send_id,tb_restore_date,tb_restore_accessories)
values    ('".$tb_restore_    subject."','".$tb_restore_    content."','".$tb_restore_
user."','".$tb_send_id."','".$tb_restore_date."','".$path."')", $conn)){
                    //执行添加操作
                    mysql_query("update  tb_forum_send  set  tb_forum_send.tb_send_author=
'$tb_restore_user' where tb_send_id = $tb_send_id");
                    mysql_query("update  tb_forum_send  set  tb_forum_send.tb_send_ltime=
'$tb_send_date' where tb_send_id = $tb_send_id");
                    mysql_query("update  tb_forum_restore  set  tb_forum_counts=tb_forum_
counts+1",$conn);
                    mysql_query("update tb_forum_send set tb_send_types=1 where tb_send_
id='$tb_send_id'",$conn);
                    echo "<script>alert('回复成功!');history.back();</script>";
                    mysql_close($conn);
                }else{
                    echo "<script>alert('回复失败!');history.back();</script>";
                    mysql_close($conn);
                }
            }
        }
```

```
    }else{
        echo "<script>alert('对不起，您不可以回复帖子，请先登录到本站');history. back();
</script>";
    }
    ?>
```

在论坛显示页面中，显示的各个主题内容是按照最后回复的次序倒序排序的，这样可以使用户最后回复的帖子始终处于最上方，让其他用户能够第一时间浏览到这个帖子以及回复内容。这一设定本来是为了方便用户能够及时发现最新的帖子，但是同时也会导致一些问题，会有一些会员回复很久以前的帖子。这样老主题就会显示在页面最上方，这种恶意回复帖子的行为被称为"掘墓"。解决该问题的办法在该提交处理页添加一段代码来防止这种"掘墓"行为，相关代码如下。

```
$query_k=mysql_query("select * from tb_forum_send where tb_send_id='$tb_send_id'");
//从数据库中提出发帖时间
$myrow_k=mysql_fetch_array($query_k);
$newtime=substr($myrow_k["tb_send_date"],0,10);          //把发帖的时间截取"年-月-日"的形式
$array=explode("-",$newtime);                            //用"-"做分隔符截取时间
$year=date("Y");                                         //获取当前时间
$month=date("m");
$day=date("d");
$sendtime=($year-$array[0]-1)*365+abs(($day-$array[1]))*30+abs($day-$array[2]);//计
算已发帖时间
if($sendtime>180)                                        //如果发帖时间已经超过180天
    echo "<script>alert('该帖发布时间距今已超过半年，不能回复!');history.back(); </script>";
                                                        //则不能进行回复
else{
    //执行回复代码
}
```

到此帖子回复功能讲解完毕，详细的程序代码可以参看本书附带光盘中的内容。

9.5　帖子搜索

9.5.1　帖子搜索概述

帖子搜索是指在论坛中按照指定的关键字，从论坛发布的帖子和回复的帖子中查询出符合条件的数据。

由于论坛较高的时效性，一些大中型热门论坛每天会被大量的用户访问、发帖和回复。这给浏览者在帖子查找上带来诸多不便，为了查找相关内容而浏览每一页上的所有帖子是不现实的，而帖子搜索功能可以满足浏览者的要求，迅速的找到与浏览者提交的关键字有关的内容。

在论坛模块中，帖子搜索从 content.php 文件中设置的帖子搜索文本框开始（见图 9-28），将要搜索的关键字提交到 search.php 文件中，在 search.php 文件中执行模糊查询，并将查询的结果输出，如图 9-29 所示。

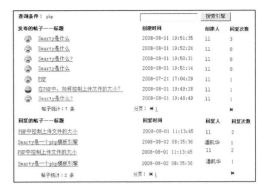

图 9-28 提交搜索关键字　　　　　　　　　图 9-29 帖子搜索的结果

9.5.2 帖子搜索功能实现

帖子搜索通过论坛首页的搜索文本框，提交关键字，对站内的所有帖子执行搜索操作，将搜索得到的帖子标题名称、发帖人、回复次数等信息以超级链接的形式在搜索显示页中输出。另外，一些与关键字有关的帖子，也会以超级链接形式在发布的帖子下方输出。帖子搜索的实现过程如下。

（1）在 content.php 文件中，首先创建一个 form 表单，提交帖子搜索的关键字，将关键字提交到 search.php 文件中。content.php 文件中的关键代码如下。

```
<form name="form1" method="post" action="search.php?class=搜索引擎&&content=<?php echo
$_GET["content"];?> &&content_1=<?php echo $_GET["content_1"];?>" onSubmit="return
check_submit();">
    <tr>
     <td><input name="tb_send_subject_content" type="text" size="20" />  
</td>
        <td width="25%" rowspan="2"><input type="image" name="imageField" src="images/
index_71.jpg" /></td>
    </tr>
</form>
```

（2）创建 search.php 文件，根据表单中提交的关键字，分别在发布帖子和回复帖子中执行模糊查询，将查询的结果以分页的形式输出到页面中。其中模糊查询的关键代码如下。

```
<?php session_start(); include("conn/conn.php");    //初始化 Session 变量，连接数据库

if($page==""){ $page=1; }                           //判断变量的值是否为空，用于分页显示

if($pages==""){ $pages=1; }                         //判断变量的值是否为空，用于分页显示

if($link_type==""){ $link_type=0; }

if($link_types==""){ $link_types=0; }

$content=$_GET["content"];                           //获取帖子的类型

$content_1=$_GET["content_1"];                       //获取帖子的类别

//从发布的帖子中查询

$query_6=mysql_query("select * from tb_forum_send where tb_send_subject like
'%$tb_send_subject_content%' or tb_send_content like '%$tb_send_subject_content%'");

//从回复的帖子中搜索

$query_7=mysql_query("select * from tb_forum_restore where tb_restore_subject like
'%$tb_send_subject_content%' or tb_restore_content like '%$tb_send_subject_content%'");

//统计查询的结果

if(mysql_num_rows($query_6)>0 or mysql_num_rows($query_7)>0 ){
```

```
    if($page){                                            //定义分页的变量
        $page_size=10;                                    //定义每页显示的数量
        $query="select count(*) as total from tb_forum_send where tb_send_subject like
'%$tb_send_subject_ content%' or tb_send_content like '%$tb_send_subject_content%'";
        $result=mysql_query($query);                      //执行查询语句
        $message_count=mysql_result($result,0,"total");   //获取查询结果
        $page_count=ceil($message_count/$page_size);      //计算共有几页
        $offset=($page-1)*$page_size;                     //获取上一页的最后一条记录
        $query_2=mysql_query("select * from tb_forum_send where tb_send_subject like
'%$tb_send_subject_ content%' or tb_send_content like '%$tb_send_subject_content%' limit
$offset, $page_size");
    ?>
```

到此，帖子搜索功能讲解完毕，有关查询结果的分页输出，这里不做介绍，完整代码可以参考本书附带光盘中的内容。

9.6 帖子管理

9.6.1 帖子管理概述

对论坛帖子的管理，已成为论坛维护必不可少的一部分，帖子管理甚至可以直接影响到用户的访问和回帖数量。帖子管理包括帖子的结贴功能、优秀帖子的置顶操作、设置帖子的类别以及顶贴管理的实现等。

结帖功能是对会员自己发布的帖子进行操作，当获取到满意的答案之后，就可以对帖子进行结帖操作，一旦结帖之后就不可以再对该帖进行回复，运行结果如图 9-30 所示。

图 9-30 结帖功能的运行结果

结帖功能避免了在论坛中对一个帖子无休止的回复，浪费系统资源，同时也确保了论坛中帖子的规范性。

帖子管理的另一功能是帖子的分类输出。在论坛中，根据帖子的发布时间、帖子内容的特殊性以及受关注的程度，还有帖子是否有人回复等，对帖子进行了分类处理，分为最新帖子、精华区、热点区和待回复等几个类别。运行结果如图 9-31 所示。

图 9-31　帖子的分类输出

顶帖管理是针对管理员的帖子置顶权限而设置的，因为不可能将某个帖子永远置顶，所以创建了顶帖管理这个功能。该功能存在于论坛的后台管理中，实现帖子置顶和取消置顶的操作。运行结果如图 9-32 所示。

图 9-32　顶帖管理功能的运行结果

9.6.2　结帖功能实现

论坛的管理员也具备这个权限，可以根据帖子的回复情况，在确定已经有满意答案的情况下，而帖子发布人又没有进行结帖操作的，可以由管理员来执行这项操作。管理员的结帖操作是在论坛后台管理的帖子管理中完成的。

帖子是否已经结帖是根据帖子在数据表中 tb_forum_end 字段的值来判断的，如果字段的值为 1，则说明帖子已经结帖，否则没有结帖。所以结帖操作就是将指定帖子在数据表中的 tb_forum_end 字段的值更新为 1。

在论坛模块中，结帖操作是通过在 send_forum_content.php 文件中设置的一个“结帖”的超级链接来执行的。通过“结帖”这个超级链接，链接到 end_forum.php 文件，在这个文件中根据传递的 ID 值，执行更新指定帖子 tb_forum_end 字段值的操作。

在 send_forum_content.php 文件中设置“结帖”超级链接，并且根据 tb_forum_end 字段的值来判断输出的内容。关键代码如下：

```php
<?php
if($myrow_1["tb_forum_end"]!=1){                  //判断如果字段的值不为 1，则输出下面的链接
?>
<a href="end_forum.php?send_id=<?php echo $_GET[send_id];?>&send_user=<?php echo
$myrow_3[tb_send_user];?>">结贴</a> <!--设置结贴操作的超级链接-->
<?php
}else{
    echo "已结帖";
}
?>
```

在 end_forum.php 文件中，执行结帖的操作，以$send_id 变量传递的帖子 ID 值为依据，程序代码如下。

```php
<?php
session_start();
include("conn/conn.php");
if($_GET["send_id"]==true and $_GET["send_user"]==$_SESSION["tb_forum_user"]){
    $result=mysql_query("update tb_forum_send set tb_forum_end='1' where tb_send_
id='".$_GET[send_id]."'");
    if($result==true){
        echo "<script>alert('结帖激活!'); history.back();</script>";
    }
}else{
    echo "<script>alert('您不具备该权限!'); history.back();</script>";
}
?>
```

9.6.3　设置帖子类别

精华区、热点区和待回复：这 3 个类别的实现方法相同，都是根据数据库中帖子指定的字段值进行判断，精华区根据字段 tb_send_type_distillate 的值判断；热点区根据字段 tb_send_type_hotspot 的值判断；而待回复则根据字段 tb_send_types 的值判断。这里以精华区帖子的输出为例，其输出文件 distillate.php 的关键代码如下。

```php
<?php
if($page){                                        //实现精华区帖子的分页输出
    $page_size=10;                                //每页显示 10 条记录
    // 以 tb_send_type_distillate 字段的值是否为 1 为条件，如果为 1 则是精华帖子，否则不是
    $query="select count(*) as total from tb_forum_send where tb_send_small_type=
'$_GET[content_1]' and tb_send_type_distillate=1";
    $result=mysql_query($query);
    $message_count=mysql_result($result,0,"total");
    $page_count=ceil($message_count/$page_size);
    $offset=($page-1)*$page_size;
    $query_2=mysql_query("select * from tb_forum_send where tb_send_small_type=
'$content_1' and tb_send_type_ distillate='1' limit $offset, $page_size");
    while($myrow_2=mysql_fetch_array($query_2)){
?>
```

上述介绍的是如何从数据库中获取到指定类别的帖子，下面讲解这些帖子的类别是如何设置的。

最新帖子不需要任何设置，只要帖子发布之后，就会自动生成一个 ID 值，根据 ID 值自动可以读取到最新的帖子。

而精华区、热点区和待回复则都需要设置。其中设置精华区和热点区帖子的方法相同，都是在论坛的后台管理中进行操作，通过 form 表单，创建复选框，将指定帖子的 tb_send_type_distillate 或者 tb_send_type_hotspot 字段的值设置为 1，运行结果如图 9-33 所示。

图 9-33　设置帖子的类别

帖子类别的设置操作通过两个文件完成，一个是 update_forum.php，用于提交要设置类别帖子的 ID；另一个是 update_forum_ok.php，根据提交的 ID 值执行设置帖子类别的操作。

在 update_forum.php 文件中，首先创建一个 form 表单，从数据库中读取帖子的数据，并且为每个帖子设置一个复选框，复选框的值是帖子的 ID；再分别创建精华帖和热点帖子的"提交"按钮，同时也创建取消帖子类别的按钮；最后将数据提交到 update_forum_ok.php 文件中。其中 update_forum.php 文件的关键代码如下。

```
<form name="form1" method="post" action="update_forum_ok.php">
  <tr>
    <td   height="25"   align="center"   class="STYLE1"><input   name="<?php   echo
$myrow["tb_send_id"];?>" type=" checkbox" value="<?php echo $myrow["tb_send_id"];?>">
</td>
    <td align="center" class="STYLE1"><?php echo $myrow["tb_send_type_distillate"];?>
</td>
    <td align="center" class="STYLE1"><?php echo $myrow["tb_send_type_hotspot"];?>
</td>
  </tr>
  <tr>
    <td align="center"><input type="submit" name="Submit" value="精华帖">
      <input type="submit" name="Submit3" value="取消"></td>
    <td align="center"><input type="submit" name="Submit2" value="热门帖">
      <input type="submit" name="Submit4" value="取消"></td>
    <td colspan="3" align="center"><input type="submit" name="Submit5" value="结帖">
      <input type="submit" name="Submit6" value="取消"></td>
  </tr>
 </form>
```

在 update_forum_ok.php 文件中，根据表单中提交的帖子的 ID 值，通过 while 语句和 list()函数，循环读取表单中提交的帖子的 ID 值，执行设置帖子类别和取消帖子类别的操作，关键代码如下。

```
<?php session_start(); include("conn/conn.php");
if(!empty($_POST["Submit"]))            //判断从表单获取的 Submit 是否为空
    $Submit=$_POST["Submit"];           //如果不为空则将值赋给变量$Sumbit
if(!empty($_POST["Submit2"]))
```

```
        $Submit2=$_POST["Submit2"];
    if(!empty($_POST["Submit3"]))
        $Submit3=$_POST["Submit3"];
    if(!empty($_POST["Submit4"]))
        $Submit4=$_POST["Submit4"];
    if(!empty($_POST["Submit5"]))
        $Submit5=$_POST["Submit5"];
    if(!empty($_POST["Submit6"]))
        $Submit6=$_POST["Submit6"];
    if($Submit=="精华帖"){                      //判断当表单提交的值等于精华帖时执行下面的操作
        while(list($name,$value)=each($_POST)){//通过 list()函数获取表单提交的值，并循环输出
内容
            $result=mysql_query("update tb_forum_send set tb_send_type_distillate='1'
where tb_send_id='".$name."'");                 //执行设置精华帖的操作
            if($result==true){
                echo "<script>alert('精华帖激活成功!'); window.location.href='index.
php?title=帖子管理';</script>";}
            }
        }
    if($Submit3=="取消"){                       //执行取消精华帖的设置
        while(list($name,$value)=each($_POST)){
            $result=mysql_query("update tb_forum_send set tb_send_type_distillate='0'
where tb_send_id='".$name."'");
            if($result==true){
                echo "<script>alert('精华帖取消!'); window.location.href='index.php?
title=帖子管理';</script>";
            }
        }
    }
?>
```

在设置帖子类别的过程中，使用的是批量更新技术，主要通过 while 循环语句和 list()、each()函数来完成。

（1）each()函数，返回数组中当前指针位置的键名和对应的值，并向前移动数组指针。返回的键值对为 4 个单元的数组，键名为 0，1，key 和 value。单元 0 和 key 包含数组单元的键名，1 和 value 包含数据，如果内部指针越过了数组的末端，则函数返回 False。语法为：

```
array each (array array)
```

参数 array 为输入的数组。

（2）list()函数，把数组中的值赋给一些变量。与 array()函数类似，不是真正的函数，而是语言结构。list()函数仅能用于数字索引的数组，并且数字索引从 0 开始。语法如下：

```
void list (mixed ...)
```

参数 mixed 为被赋值的变量名称。

（3）值得一提的是 while(list($name,$value)=each($_POST))这条语句不能在同一文件中被重复利用，即在执行完该操作循环体内容后，不能通过另一条与该语句并行且相同的循环语句再次执行，这样可能会导致一个非预期的效果，说明代码如下：

```
<?php
while(list($name,$value)=each($_POST)){
    echo "这条语句会被输出";                         //该语句会被执行
```

```
}
while(list($name,$value)=each($_POST)){
    echo "这条语句不会被输出";                //该语句不会被执行
}
?>
```

而待回复则是在回复帖子的操作中完成的,当回复帖子提交成功后,执行更新回复帖子中字段 tb_send_types 的值为 1,表明该帖子已经有回复,有关程序代码可以参考第 9.4.4 小节中的内容,这里不再赘述。

9.6.4 顶帖管理功能的实现

顶帖管理是针对管理员的帖子置顶权限而设置的,因为不可能将某个帖子永远置顶,所以创建了顶帖管理这个功能。该功能存在于论坛的后台管理中,实现帖子置顶和取消置顶的操作,运行结果如图 9-34 所示。

图 9-34 顶帖管理功能的运行结果

顶帖管理功能的实现应用了两个文件,一个是 permute_admin.php,用于从数据库中读取出置顶帖子的数据,进行分页输出,并且创建 foum 表单,为每个帖子设置一个下拉列表框,实现帖子置顶和取消置顶的操作。

其中 permute_admin.php 文件的关键代码如下。

```
<?php
if($page){
    $page_size=5;                                //每页显示 5 条记录
    $query="select count(*) as total from tb_forum_send where tb_send_type=1";
    $result=mysql_query($query);                 //执行查询操作
    $message_count=mysql_result($result,0,"total"); //获取总的记录数
    $page_count=ceil($message_count/$page_size);  //获取总的页数
    $offset=($page-1)*$page_size;
    $query=mysql_query("select * from tb_forum_send where tb_send_type=1 order by
tb_send_id desc limit $offset, $page_size");
    while($myrow=mysql_fetch_array($query)){      //循环输出查询结果
?>
  <tr>
    <td align="center">
     <form action="update_permute.php?update_id=<?php echo $myrow["tb_send_id"];?>"
```

```
method="post" name=" form1" class="STYLE1">
        <select name="tb_send_type" id="tb_send_type">
         <option value="1">置顶</option>
         <option value="0">取消</option>
        </select>
        <input type="submit" name="Submit" value="执行">
      </form></td>
  </tr>
<?php }}?>
```

在 update_permute.php 文件中，根据表单中提交的值和帖子 ID 的值，将数据库中 tb_send_type 字段的值改为提交的相关数值，来实现帖子置顶和取消置顶的操作。关键代码如下。

```
<?php
include("../conn/conn.php");
$update_id=$_GET["update_id"];        //获取帖子的 ID 值
//执行帖子置顶或者取消置顶的操作
$query=mysql_query("update  tb_forum_send  set  tb_send_type='$_POST[tb_send_type]'
where tb_send_id=' $update_id'");
if($query==true){
    echo "<script>alert('更新成功!');history.back();</script>";
}else{
    echo "<script>alert('更新失败!');history.back();</script>";}
?>
```

9.7 个人信息管理

9.7.1 个人信息管理概述

作为论坛模块，登录用户个人信息的显示也是必不可少的元素之一。在整个系统中，用户不但可以通过个人邮箱收发站内邮件，也可以对个人的站内邮件进行管理。此外，登录用户还可以通过帖子上所显示的个人信息添加站内其他会员为好友，并通过个人信息管理模块管理个人好友名单。

用户的个人信息管理主要通过用户个人显示信息模块实现，如图 9-35 所示。

图 9-35　用户个人信息显示

用户登录成功后，可以看到登录用户的个人信息，单击"我的好友"或"我的信箱"即可跳转至相应的管理页面。另外，该模块还包含了个人信息更改、我参与的帖子、我的收藏等管理超级链接，由于篇幅限制，这里只对"我的信箱"和"我的好友"作详细讲解，其他相关程序请查看光盘中的内容。

9.7.2 我的信息管理

创建"我的信息"从第 9.4.3 小节 send_forum_content.php 文件中设置的超级链接开始。"我的信息"模块链接的是 send_mail.php 文件，在该文件中完成"我的信息"模块的操作，运行结果如图 9-36 所示。

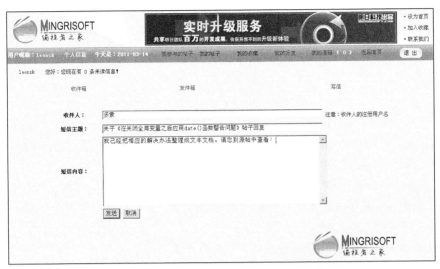

图 9-36 "我的信息"模块的运行结果

"我的信息"模块中主要包括写信、收件箱和发件箱 3 个功能。这 3 个功能都在 send_mail.php 文件中完成。

在 send_mail.php 文件中，应用 switch 语句，根据栏目标识的变量值，实现不同功能之间的切换输出。该实现过程的关键代码如下。

```
<table width="812" height="65" border="0" cellpadding="0" cellspacing="0">
    <tr>
        <td><?php echo $_GET[sender];?>您好：您现在有
<?php
    $query=mysql_query("select * from tb_mail_box where tb_receiving_person='$_GET
[sender]' and tb_mail_ type=''");
    $myrow=mysql_num_rows($query);
    echo $myrow;
?>条未读信息! </td>
    </tr>
    <tr>
        <td><a href="send_mail.php?sender=<?php echo $_GET[sender];?>&&mails=收件箱">
收件箱</a></td>
        <td><a href="send_mail.php?sender=<?php echo $_GET[sender];?>&&mails=发件箱">
发件箱</a></td>
        <td><a href="send_mail.php?sender=<?php echo $_GET[sender];?>&&mails=写信">写
信</a></td>
    </tr>
</table>
<?php
    switch($mails){
        case "":
            include("write_mail.php");
        break;
        case "写信":
```

```
            include("write_mail.php");
            break;
        case "收件箱":
            include("browse_mail.php");
            break;
        case "发件箱":
            include("browse_send_mail.php");
            break;
    }
?>
```

（1）写信通过 write_mail.php 和 write_mail_ok.php 文件完成。通过 write_mail.php 文件来创建 form 表单，提交发送信息的内容。通过 write_mail_ok.php 文件对表单中提交的内容进行处理，并且将发送信息存储到指定的数据表中作为发送记录。

（2）收信通过 browse_mail.php、browse_mail_content.php 和 delete_mail.php 三个文件来完成。通过 browse_mail.php 文件从数据库中读取出收到信息的内容，将信息内容进行分页输出，并且设置超级链接，链接到 browse_mail_content.php 文件。在 browse_mail_content.php 文件中查看信息的详细内容。通过 delete_mail.php 文件，实现对收信箱中的信息进行管理，按照不同类别的信件可以执行不同的操作，如系统邮件只能进行删除和查看操作；普通邮件则可以进行查看、回复、删除操作；好友验证邮件可以执行将发送验证的会员加为好友操作。运行结果如图 9-37、图 9-38、图 9-39 所示。

图 9-37　系统邮件查看

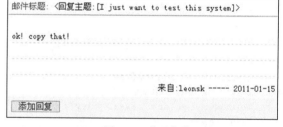

图 9-38　验证邮件查看　　　　　　　　　图 9-39　普通邮件查看

判别邮件类型是通过 tb_mail_box 表中的 yanzheng 字段来决定的，通过相关参数更新数据库的相关类别，然后通过返回的相关字段名称来判断站内邮件的性质，最后通过判断的结果输出对应的邮件类别，该过程通过 browse_mail.php 文件实现的，相关程序代码如下。

```
<?php session_start();include("conn/conn.php");
if(!empty($_GET["mail_id"])){
    $query=mysql_query("update tb_mail_box set tb_mail_type=1 where tb_mail_id=
'$_GET[mail_id]'");
}
?>
//省略部分代码
<table  width="950"  height="185"  border="0"  align="center"  cellpadding="0"
cellspacing="0" bgcolor="#F7F7FF">
<?php
$query=mysql_query("select * from tb_mail_box where tb_mail_id='$_GET[mail_id]'");
$myrow=mysql_fetch_array($query);
```

```
?>
  <tr>
    <td width="129"> </td>
    <td height="35" colspan="2" bgcolor="#FFFFFF"><div class="ttstyle">
     <div class="title">
     <span class="fontcolor">
     <?php
     if($myrow["yanzheng"]==1)              //当该字段值为 1 时为验证信息
         echo "验证信息:";
     if($myrow["yanzheng"]==2)              //当该字段值为 2 时为普通邮件
         echo "邮件标题:";
     if($myrow["yanzheng"]==3)              //当该字段值为 3 时为已验证邮件
         echo "已验证邮件";
     if($myrow["yanzheng"]==0)              //当该字段值为 0 时为系统邮件
         echo "系统邮件:";
     ?>
```

根据获取数据库中相应的字段内容判断邮件类型后，执行输出操作，当判断邮件类型为普通邮件时，输出"回复"按钮，并添加隐藏域将邮件的发送者和标题等信息作为隐藏域传递到写信操作页面；当判断邮件的类型为好友验证邮件时，输出"加为好友"按钮，将自己的名称和发送请求者的会员名称作为隐藏域传递给 add_friend.php 页进行处理；如果判断邮件类型为系统邮件或者已验证邮件时，则没有执行选项输出。程序相关代码如下。

```
<?php
if($myrow["yanzheng"]==1) {                      //如果信件为好友验证信件
    $tb_mail_id=$_GET["mail_id"];
    $tb_friend=$myrow["tb_mail_sender"];         //发送请求者
    $tb_my=$myrow["tb_receiving_person"];        //被请求认证者
    echo "<form action=\"add_friend.php\" method=\"post\" >";
    echo "<input type=\"hidden\" name=\"tb_friend\" value=\"".$tb_friend."\" >";
    echo "<input type=\"hidden\" name=\"tb_my\" value=\"".$tb_my."\" >";
    echo "<input type=\"hidden\" name=\"tb_mail_id\" value=\"".$tb_mail_id."\" >";
    echo "<input input class=\"inputsty\" type=\"submit\" value=\"加为好友\">";
    echo "</form>";
}
if($myrow["yanzheng"]==2) {                      //信件为普通邮件，否则信件为系统邮件
    $receiver=$myrow["tb_mail_sender"];          //转换发信者作为收信人
    $sender=$myrow["tb_receiving_person"];       //转换收信者作为发信人
    $include=$myrow["tb_mail_content"];          //信件内容
    $subject=$myrow["tb_mail_subject"];
    echo "<form  action=\"send_mail.php?sender=".$sender."&&mails=写信\"  method=
\"post\" >";
    echo "<input type=\"hidden\" name=\"receiver\" value=\"".$receiver."\" >";      //
添加隐藏域
    echo "<input type=\"hidden\" name=\"sender\" value=\"".$sender."\" >";
    echo "<input type=\"hidden\" name=\"include\" value=\"".$include."\" >";
    echo "<input type=\"hidden\" name=\"subject\" value=\"".$subject."\" >";
    echo "<input class=\"inputsty\"type=\"submit\" value=\"添加回复\">";
    echo "</form>";
}
?>
```

当判断邮件为验证邮件后，单击"加好友"按钮，将当前登录的会员名称和发送请求的会员名称作为传递值传递到 add_friend.php 页面进行处理，添加成功后，自动向申请好友的会员发送系统邮件，告之对方已经将其加为好友。同时也将验证信件字段更改为"已验证"状态。其中添加好友处理页 add_friend.php 的程序代码如下。

```php
<?php
include("conn/conn.php");
$tb_friend=$_POST["tb_friend"];
$tb_my=$_POST["tb_my"];
$tb_mail_id=$_POST["tb_mail_id"];
$tb_date=date("Y-m-d");
$querys=mysql_query("select * from tb_forum_user where tb_forum_user.tb_forum_user=
'$tb_friend'");
if(mysql_num_rows($querys)>0) {
//通过验证后字段改为3
    $queryss=mysql_query("update tb_mail_box set yanzheng = 3 where tb_mail_id
=$tb_mail_id");
//向发送请求的用户发送系统通知
    $tb_mail_subject=$tb_my."已经通过好友申请验证";
    $tb_mail_content=$tb_my."已经通过了您的好友申请!";
    $querys=mysql_query("insert  into  tb_my_friend(tb_my,tb_friend,tb_date)values
('$tb_my','$tb_friend','$tb_date')");
    $query=mysql_query("insert into tb_mail_box(tb_receiving_person,tb_mail_subject,
tb_mail_content,tb_mail_sender,tb_mail_date,yanzheng )values('$tb_friend','$tb_mail_
subject','$tb_mail_content','系统信息','$tb_ date',0)");
    if($query==true){
        echo "<script>alert('验证通过!已将对方加为好友');history.back();</script>";
    }
}else{
    echo "<script>alert('对不起,不存在该用户!');history.back();</script>";
}
?>
```

删除指定信息的操作可以参考第 9.2.8 小节中的内容，这里不再赘述。

（3）发信通过 browse_send_mail.php 和 browse_send_mail_content.php 两个文件来完成。通过 browse_send_mail.php 文件输出数据库中存储的发送记录，并且根据信息的标题进行分页输出，设置超级链接，链接到 browse_send_mail_content.php 文件，在该文件中输出发送信息的详细内容。

由于篇幅所限，其他两个功能的程序代码这里没有给出，完整代码请参看本书附带光盘中的内容。

9.7.3　我的好友管理

"我的好友"功能也是从第 9.4.3 小节 send_forum_content.php 文件中设置的超级链接开始。"我的好友"链接指向 my_friend.php 文件。在该文件中完成添加好友的操作，并且向好友发送一条验证信息，运行结果如图 9-40 所示。

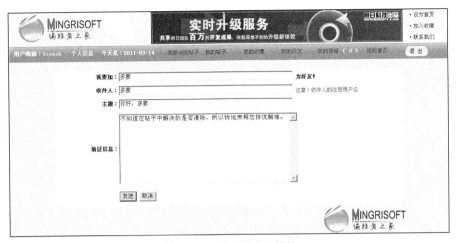

图 9-40 "我的好友"模块

在 my_friend.php 文件中，创建 form 表单，实现好友的提交，将数据提交到 my_friend_ok.php 文件中进行处理。在提交到处理页 my_friend_ok.php 后，首先需要判断申请的好友对象是否为自己，如果添加对象是自己则给出警告提示。然后通过查询语句查询双方好友列表，判断申请者和被申请者是否至少有一方已存在对方名称，如至少有一方存在对方名称，则同样不能执行添加操作，并返回警告提示；如果双方好友列表中都不存在对方会员名，则执行提交，并向被申请者发送一条验证信息。在得到对方验证之前，申请者不能重复进行好友添加操作，直到对方验证并同意添加好友，则完成添加好友操作过程。其中 my_friend_ok.php 文件的程序代码如下。

```php
<?php session_start(); include("conn/conn.php");          //连接数据库
$tb_my=$_POST["my"];                                      //获取表单中提交的数据
$tb_friend=$_POST["friend"];                              //获取表单中提交的数据
$tb_date=date("Y-m-d");                                   //获取当前时间
$tb_receiving_person=$_POST["receiving_person"];          //获取接收人
$tb_mail_subject=$_POST["mail_subject"];                  //获取信息主题
$tb_mail_content=$_POST["mail_content"];                  //获取信息内容
$tb_mail_sender=$_POST["mail_sender"];                    //获取发送人
$tb_mail_date=date("Y-m-d");
$tb_friend_tmp=$tb_my;                                    //对接收人和发送人重新赋值
$tb_my_tmp=$tb_friend;
if($tb_my==$tb_friend){                                   //判断添加的对象是否为自己
    echo "<script>alert('你想自己加自己吗？');history.back();</script>";
}else{
    $querychkk=mysql_query("select tb_friend from tb_my_friend where tb_my='$tb_my_tmp'");
    $jcount=0;                                            //判断对方好友列表中是否存在自己名称
    while($myrow=mysql_fetch_array($querychkk)){
        if($myrow['tb_friend']==$tb_my)
            $jcount++;
    }
    $kcount=0;                                            //判断自己好友列表中是否存在对方名称
    $querychk=mysql_query("select tb_friend from tb_my_friend where tb_my='$tb_my'");
    while($myrow2=mysql_fetch_array($querychk)){
        if($myrow2['tb_friend']==$tb_friend)
            $kcount++;
```

```
            }
        if($kcount>0) {
            if($jcount>0)                              //如果双方好友列表中存在对方名称
                echo "<script>alert('你们已经是好友了，不必再进行添加了');history.back();
</script>";
            else if($jcount==0)                         //如果对方好友列表不存在自己名称
                echo "<script>alert('好友验证已发送，请耐心等待对方确认');history. back();
</script>";
        }else{                                  //如果双方好友列表中都不存在对方名称则进行添加好友操作。
            $querys=mysql_query("select * from tb_forum_user where tb_forum_user='$tb_
receiving_person'");
            if(mysql_num_rows($querys)>0){
                $querys=mysql_query("insert into tb_my_friend(tb_my,tb_friend,tb_date)
values('$tb_my','$tb_friend','$tb_date')");
                $query=mysql_query("insert  into  tb_mail_  box(tb_receiving_person,
tb_mail_subject,tb_mail_content,tb_mail_sender,tb_mail_date,yanzheng )values('$tb_
receiving_person','$tb_mail_subject','$tb_mail_content','$tb_mail_sender','$tb_mail_da
te',1)");
                if($query==true){
                    echo "<script>alert('短消息发送成功!');history.back();</script>";
                }
            }else{
                echo "<script>alert('对不起，不存在该用户!');history.back();</script>";
            }
        }
    }
?>
```

在完成好友的添加之后，在会员登录成功的页面中有一个"我的好友"的超级链接，单击该链接进入 browse_friend.php 文件中，在该文件中可以查看所有的好友。当单击好友的名称时将链接到 person_data.php 文件，通过该文件可以查看好友的详细信息。在 browse_friend.php 文件中，还创建了一个 form 表单，将数据提交到 delete_friend.php 文件中，实现对指定好友进行删除的操作。删除过程同样可以参考第 9.2.8 小节中的内容，虽然整体思路相同，但是代码有细微变动，其运行结果如图 9-41 所示。

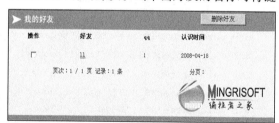

图 9-41　我的好友管理

9.8　后台管理

9.8.1　后台管理概述

论坛后台管理作为整个论坛模块中不可缺少的因素之一，不但可以实现各种帖子的删除、置顶、结贴等管理操作，还可以对论坛会员的账号执行权限设置、账号删除等操作。后台管理主要包括会员管理、回帖管理、顶贴管理等多个管理模块，运行结果如图 9-42 所示。

图 9-42　后台管理功能展示

 9.8 小节与 9.9 小节中所涉及的相关程序都存放于根目录下的 admin 文件目录下。

9.8.2　后台登录

和前台登录一样，管理员要想对论坛进行管理，首先必须执行登录操作，在管理员登录成功后，页面才能跳转到论坛管理后台主页。管理员与普通用户的身份判别是根据数据表 tb_forum_user 中的 tb_forum_type 字段来决定的，当该字段值为 1 时，用户身份为普通会员；当值为 2 时，表明该用户身份为管理员。

后台管理员登录由 enter_manage.php 与 enter_manage_ok.php 两个文件组成。

（1）enter_manage.php　用于显示后台登录界面，该文件由两个部分组成，第一个部分为 JavaScript 内容，用于判断输入的管理员账号、密码以及验证码是否为空，关键代码如下：

```
<script language="JavaScript" type="text/javascript">
function check_user(form){
    if(form.tb_user.value==""){              //判断用户名是否为空
        alert("请输入管理名");
        form.tb_user.select();
        return(false);
    }
    if(form.tb_pass.value==""){              //判断输入的密码是否为空
        alert("请输入登录密码！");
        form.tb_pass.select();
        return(false);
    }
    if(form.tb_validate.value==""){          //判断输入的验证码是否为空
        alert("请输入验证码！");
        form.tb_validate.select();
        return(false);
    }
    return(true);
}
</script>
```

第二部分为表单设计部分，用于获取管理员登录的用户名、密码、验证码等登录信息，关键代码如下。

```
<table    align="center"    width="750"    height="24"    border="0"    cellpadding="0"
cellspacing="0" background="images/bg_13(1).JPG">
<form    action="enter_manage_ok.php"    method="post"    name="form1"    id="form1"
onSubmit="return check_user(this)">
  <tr>
    <td width="71" align="right"><span class="STYLE1">用户名: </span></td>
    <td width="138"><input type="text" name="tb_user" size="18" /></td>
    <td width="68" align="right" class="STYLE1">密码: </td>
    <td width="145"><input type="password" name="tb_pass" size="18" /></td>
    <td width="80" align="right" class="STYLE1">验证码: </td>
    <td width="94"><input type="text" name="tb_validate" size="10" /></td>
    <td width="50" align="center"><img src="../tb_validate.php"></td>
    <td width="87" align="center"><input type="submit" name="Submit" value=" 登 录
"></td>
    <td width="17"> </td>
  </tr>
</form>
</table>
```

（2）enter_manage_ok.php 用于封装一个 check_user 类，定义 check_input()方法对表单中提交的用户名和密码进行验证，关键代码如下。

```
<?php    session_start();
$tb_validate=trim($_POST[tb_validate]);
class check_user{
    var $tb_user;                                        //定义用户名变量
    var $tb_pass;                                        //定义用户密码变量
    var $tb_validate;                                    //定义验证码变量
    function check_user($x,$y,$m){                        //创建构造函数
        $this->tb_user=$x;
        $this->tb_pass=$y;
        $this->tb_validate=$m;
    }
    function check_input(){
        if(strval($this->tb_validate)!=$_SESSION["validate1"]){ //判断用户输入的验证
码是否正确

            echo "<script>alert('验证码输入错误!');history.go(-1);</script>";
            exit;
        }
        include_once("conn/conn.php");                   //加载数据库相关配置
        $sql=mysql_query("select tb_forum_user from tb_forum_user where tb_forum_
type=2 and tb_forum_user='".$this->tb_user."'",$conn);   //执行数据库查询
        $info=mysql_fetch_array($sql);
        if($info==false){                                //判断用户名是否存在
            echo "<script>alert('对不起, 不存在该用户!');history.back();</script>";
            exit;
        }else{
            $sql=mysql_query("select  tb_forum_user  from  tb_forum_user  where
tb_forum_type=2 and  tb_forum_user='".$this->tb_user."'  and  tb_forum_pass='".$this->
tb_pass."'",$conn);
            $info=mysql_fetch_array($sql);
            if($info==false){                            //判断输入的密码是否正确
```

```
                echo "<script>alert('对不起, 密码输入错误!');history.back();</script>";
                exit;
            }else{
                if($_SESSION["admin_user"]!=""){              //判断 SESSION 变量是否为空
                    session_unregister("admin_user");   //销毁 SESSION 变量
                }
                $_SESSION["admin_user"]=$this->tb_user;//重新注册 SESSION 变量
                echo "<script>alert('登录成功!');window.location.href='index.php';
</script>";
            }
        }
        mysql_close($conn);                                  //关闭数据库连接
    }
}
$chk=new check_user($_POST[tb_user],md5($_POST[tb_pass]),$tb_validate); //初始化该类
$chk->check_input();                                          //调用类的函数
?>
```

9.8.3　后台管理主页设计

后台管理主页的页面设计其实没有太多实质性的技术可言, 主要是为不同的管理栏目设置超级链接, 然后应用 switch() 语句根据超级链接传递的参数值进行判断, 进而完成不同栏目的加载功能。

在 index.php 文件中, 首先判断当前访问管理页的用户权限, 关键代码如下。

```
<?php
session_start();                                  //开启 session 设置
include("../conn/conn.php");                      //加载数据库配置文件
if ($page=="") {                                  //判断当前页码是否为空
    $page=1;
}
if($_SESSION["admin_user"]==""){                  //判断当前用户权限
    echo "<script>alert('禁止非法登录!');window.location.href='enter_manage.php';
</script>";
    exit;
}else{
?>
```

然后, 为不同的栏目创建超级链接, 并且定义超级链接的参数值。关键代码如下。

```
<table width="100%" height="275" border="0" cellpadding="0" cellspacing="0">
  <tr>
    <td   height="80"   colspan="3"><img   src="images/index_2.jpg"   width="1003"
height="80"></td>
  </tr>
  <tr>
    <td height="24" colspan="3" ><img src="../images/index_4.jpg" width="1003"></td>
  </tr>
  <tr>
    <td width="153" valign="top" background="images/index_5.jpg"><table width="150"
height="193" border="0" cellpadding="0" cellspacing="0" background="images/index_5.jpg">
      <tr>
        <td height="24" align="center"><a href="index.php?title=会员管理" class="STYLE3"> 会
```

```
员管理</a></td>
        </tr>
        <tr>
         <td height="24" align="center"><a href="index.php?title=公告管理" class="STYLE3">公
告管理</a></td>
        </tr>
        <tr>
         <td height="25" align="center"><a href="index.php?title=帖子类别管理" class="STYLE3">
帖子类别管理</a></td>
        </tr>
    <!--省略部分代码-->
</table></td>
    <td width="7" height="400" bgcolor="#EFF3F7"> </td>
    <td width="1075" align="left" valign="top">
```

最后，应用 switch()语句，根据 URL 地址中的 title 参数进行判断，加载不同的栏目页面，并
将加载的内容输出到指定的层中，关键代码如下。

```
<td width="1075" align="left" valign="top">
<div style=" width:840px;">
<?php
if(empty($_GET["title"]))                //获取相关 URL 参数
$title="";
else
$title=$_GET["title"];
switch($title){                          //通过 GET 方法获取 URL 中参数 title 的值
    case "会员管理":
    include("leaguer_admin.php");        //加载相应的页面
    break;
    case "公告管理":
    include("send_affiche.php");
    break;
    case "帖子类别管理":
    include("append_small_type.php");
    break;
    //省略部分代码
case "":
    include("send_affiche.php");
    break;
}
?>
</div>
</td>
```

9.9　数据备份和恢复

9.9.1　数据备份和恢复概述

在某些时候，数据库中的数据可能在人为或非人为的情况下损坏，为了避免整个数据库崩溃，

本模块应用数据备份和数据恢复技术来避免这一情况的发生。数据备份和恢复的运行结果如图 9-43 所示。

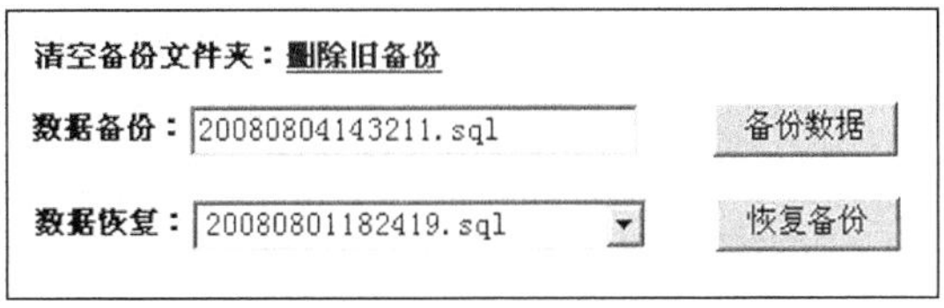

图 9-43　数据备份和恢复的运行结果

9.9.2　数据备份和恢复

论坛中数据的备份和恢复主要应用的是 exec()函数，通过该函数执行服务器里的外部程序，实现备份数据和恢复数据的操作。

exec()函数执行服务器里的外部程序，语法如下：

```
string exec (string command [, array &output [, int &return_var]])
```

参数说明如表 9-1 所示。

表 9-1　　　　　　　　　　　　　　　　exec ()函数的参数说明

参　　数	说　　明
command	必选参数。字符串命令
output	可选参数。数组输出
return_var	可选参数。执行命令返回来的状态变量

在执行数据的备份和恢复操作之前，首先要确立与数据库的连接，并且要定义服务器的目录，以及 mysql 命令执行文件的路径。数据库连接文件 config.php 的代码如下。

```php
<?php
    $len=strlen($_SERVER['PHP_SELF']);                      //自动判断路径
    $filepath=__FILE__;
    $doclen=strlen($_SERVER['PHP_SELF']);
    $tmp="\\";
    $array=explode($tmp,$filepath);
    $num=count($array);
    $namelen=strlen($array[$num-1]);
    $newlen=$doclen-$namelen;
    $newpath=substr($_SERVER['PHP_SELF'],0,$newlen);
    define('PATH',$_SERVER['DOCUMENT_ROOT']);               //服务器目录
    define('ROOT', $newpath);                               //论坛根目录
    define('ADMIN','admin/');                               //后台目录
    define('BAK','sqlbak/');                                //备份目录
    define('MYSQLPATH','F:\\webpage\\AppServ\\MySQL\\bin\\');//MySQL 执行文件路径
    define('MYSQLDATA','db_forum');                         //MySQL 数据库
    define('MYSQLHOST','localhost');                        //MySQL 服务器 ip
    define('MYSQLUSER','root');                             //MySQL 账号
    define('MYSQLPWD','111');                               //MySQL 密码
?>
```

其中加粗部分代码为 MySQL 执行文件路径，请读者根据个人主机中 MySQL 数据库的实际位置定义路径。

在确定了与 MySQL 数据库的连接和执行文件的路径之后，接下来就可以进行备份和恢复数据的操作。

备份数据库主要应用的是 MySQL 中的 mysqldump 命令，输入 MySQL 数据库的用户名(root)、

服务器（localhost）和密码（111），指定要备份的数据库（db_forum），确定数据库备份文件的名称和存储的位置（sqlbak/），最后通过 exec()函数来执行这个命令。备份数据库文件存在于 bak_chk.php 文件中，其相关的程序代码如下。

```php
<?php
    session_start();                    //初始化 Session 变量
    include "config.php";               //连接数据库
    //编写备份数据库的命令
    $mysqlstr = MYSQLPATH.'mysqldump -u'.MYSQLUSER.' -h'.MYSQLHOST.' -p'.MYSQLPWD. '
--opt -B '.MYSQLDATA.' > '.PATH.ROOT.ADMIN.BAK.$_POST['b_name'];
    exec($mysqlstr);                    //执行备份数据库的命令
    echo "<script>alert('备份成功');location='index.php?title=备份和恢复'</script>";
?>
```

恢复数据的操作使用的是 MySQL 命令，输入 MySQL 数据库的用户名（root）、服务器（localhost）和密码（111），指定要恢复的数据库（db_forum），确定数据库备份文件的名称和存储的位置（sqlbak/），通过 exec()函数来执行命令，恢复数据主要通过 rebak_chk.php 文件实现的，其关键代码如下。

```php
<?php
    session_start();                    //初始化 Session 变量
    include "config.php";               //连接数据库，指定数据库文件存储的位置
    //编写恢复数据库的命令
    $mysqlstr = MYSQLPATH.'mysql -u'.MYSQLUSER.' -h'.MYSQLHOST.' -p'.MYSQLPWD.'
'.MYSQLDATA.' < '.PATH.ROOT.ADMIN.BAK.$_POST['r_name'];
    exec($mysqlstr);                    //执行恢复数据库操作的命令
    echo "<script>alert('恢复成功');location='index.php?title=备份和恢复'</script>";
?>
```

到此论坛模块的设计介绍完毕，由于篇幅所限，论坛模块中部分功能的实现方法以及完整的程序代码，请参考本书附带光盘中的内容，这里不再讲解。

第10章
课程设计——学校图书馆管理系统

本章要点：

- 图书馆管理系统开发的基本过程
- 系统设计的方法
- 如何分析并设计数据库、数据表
- 多表查询的方法
- 面向对象的编程方法
- 主要功能模块的实现方法
- 如何自动计算图书归还日期
- 内连接和外连接语句的使用方法

随着网络技术的高速发展和计算机应用的普及，利用计算机对图书馆的日常工作进行管理势在必行。虽然目前很多大型的图书馆已经有一整套比较完善的管理系统，但是在一些中小型的图书馆中，大部分工作仍需由手工完成，工作起来效率比较低，管理员不能及时了解图书馆内各类图书的借阅情况，读者需要的图书难以在短时间内找到，不便于动态及时地调整图书结构。为了更好地适应当前读者的借阅需求，解决手工管理中存在的许多弊端，越来越多的中小型图书馆正在逐步向计算机信息化管理转变。本章通过开发一个流行的图书馆管理系统，为读者讲解详细的项目开发流程。

10.1　课程设计目的

本章提供了"学校图书馆管理系统"作为这一学期的课程设计之一，本次课程设计旨在提升学生的动手能力，加强大家对专业理论知识的理解和实际应用。本次课程设计的主要目的如下：

- 掌握 PHP 网站的基本开发流程。
- 掌握 PHP 技术在实际开发中的应用。
- 掌握图书馆管理系统各个功能模块的设计。
- 掌握比较复杂的多表查询语句的应用。
- 提高网站的开发能力，能够运用合理的流程控制语句编写高效的代码。
- 培养分析问题、解决实际问题的能力。

10.2　需求分析

通过计算机对图书进行管理，不仅为图书馆的管理注入了新的生机，而且在运营过程中节省了大量的人力、物力、财力和时间，可以提高图书馆的效率，还为图书馆在读者群中树立了一个全新的形象，为图书馆日后发展奠定一个良好的基础。通过对一些大型图书馆的实际考察、分析，并结合图书馆的要求及实际的市场调查，要求本系统具有以下功能：

- 网站设计页面要求美观大方、个性化，功能全面，操作简单。
- 要求实现基础信息的管理平台。
- 要求对所有读者进行管理。
- 要求实现图书借阅排行、了解当前的畅销书。
- 商品分类详尽，可按不同类别查看图书信息。
- 提供快速的图书信息、图书借阅检索功能，保证数据查询的灵活性。
- 实现图书借阅、图书续借、图书归还的功能。
- 实现综合条件查询，如按用户指定条件查询、按日期时间段查询、综合条件查询等。
- 要求图书借阅、续借、归还时记下每一笔记录的操作员。
- 实现对图书借阅、续借和归还过程的全程数据信息跟踪。
- 提供借阅到期提醒功能，使管理者可以及时了解已经到达归还日期的图书借阅信息。
- 提供灵活、方便的权限设置功能，使整个系统的管理分工明确。
- 具有易维护性和易操作性。

10.3　系统设计

10.3.1　系统目标

根据前面所做的需求分析及用户的需求可以得出，学校图书馆管理系统实施后，应达到以下目标：

- 网站设计页面要求美观大方、功能全面，操作简单。
- 网站整体结构和操作流程合理顺畅，实现人性化设计。
- 规范、完善的基础信息设置。
- 对操作员设置不同的操作权限，为管理员提供修改权限功能。
- 对所有读者进行集中管理。
- 对图书信息进行集中管理。
- 实现图书借阅排行，以便了解当前的畅销书。
- 提供快速的图书信息、图书借阅检索功能。
- 实现图书借阅、图书续借、图书归还功能。
- 实现综合条件查询，如按用户指定条件查询、按日期时间段查询、综合条件查询等。
- 实现图书借阅、续借、归还时记下每一笔记录的操作员。
- 支持图书到期提醒功能。

- 为操作员提供密码修改功能。
- 系统运行稳定、安全可靠。

10.3.2　系统功能结构

根据学校图书馆管理系统的特点，可以将其分为系统设置、读者管理、图书档案管理、图书借还、系统查询等 5 个部分，各个部分及其包括的具体功能模块如图 10-1 所示。

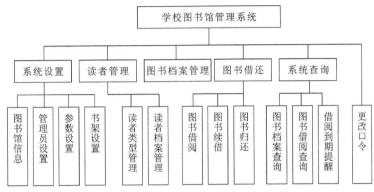

图 10-1　学校图书馆管理系统功能结构图

10.3.3　系统流程图

学校图书馆管理系统的流程如图 10-2 所示。

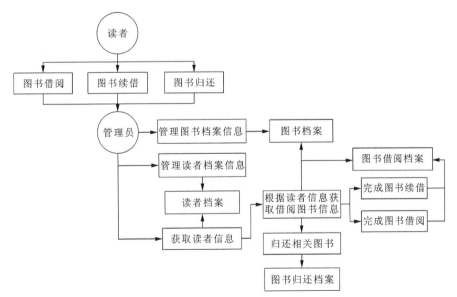

图 10-2　学校图书馆管理系统流程图

10.3.4　系统预览

学校图书馆管理系统由多个程序页面组成，下面仅列出几个典型页面，其他页面参见光盘中的源程序。

系统登录页面如图 10-3 所示，该页面用于实现管理员登录。系统首页如图 10-4 所示，该页面用于显示系统导航、图书借阅排行和版权信息等功能。

图 10-3　系统登录页面　　　　　　　　　　　图 10-4　系统首页

图书借阅页面如图 10-5 所示，该页面用于实现图书借阅功能。图书借阅查询页面如图 10-6 所示，该页面用于实现按照复合条件查询图书借阅信息的功能。

图 10-5　图书借阅页面　　　　　　　　　　　图 10-6　图书借阅查询页面

10.3.5　文件夹组织结构

在编写代码之前，可以把系统中可能用到的文件夹先创建出来（例如，创建一个名为 Images 的文件夹，用于保存网站中所使用的图片），这样不但可以方便以后的开发工作，也可以规范网站的整体架构。笔者在开发学校图书馆管理系统时，设计了如图 10-7 所示的文件夹组织结构图。在开发时，只需要将所创建的文件保存在相应的文件夹中就可以了。

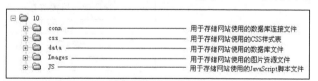

图 10-7　文件夹组织结构

10.4　数据库设计

学校图书馆管理系统是一个数据库开发的 Web 网站。下面对学校图书馆使用的数据库进行分析和介绍。

10.4.1　数据库分析

由于本系统是为中小型图书馆开发的程序，因此需要充分考虑到成本问题及使用需求（如跨平台）等问题，而 MySQL 是世界上最为流行的开放源码的数据库，是完全网络化的跨平台的关系型数据库系统，这正好满足了中小型企业的需求，所以本系统采用 MySQL 数据库。

10.4.2　数据库概念设计

根据以上各节对系统所做的需求分析、系统设计，规划出本系统中使用的数据库实体分别为图书档案实体、读者档案信息实体、借阅档案信息实体、归还档案信息实体和管理员信息实体。下面将介绍几个关键实体的 E-R 图。

1. 图书档案实体

图书档案实体包括编号、条形码、书名、类型、作者、译者、出版社、价格、页码、书架、录入时间和操作员等属性。图书档案实体的 E-R 图如图 10-8 所示。

2. 读者档案实体

读者档案实体包括编号、姓名、性别、条形码、职业、出生日期、有效证件、证件号码、电话、电子邮件、登记日期、操作员、类型和备注等属性。读者档案实体的 E-R 图如图 10-9 所示。

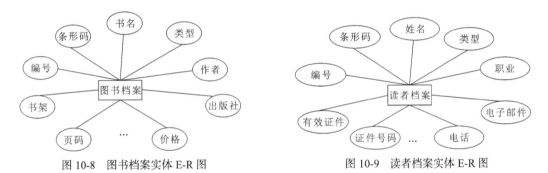

图 10-8　图书档案实体 E-R 图　　　　　图 10-9　读者档案实体 E-R 图

3. 借阅档案实体

借阅档案实体包括编号、读者编号、图书编号、借书时间、应还时间、操作员和是否归还等属性。借阅档案实体的 E-R 图如图 10-10 所示。

4. 归还档案实体

归还档案实体包括编号、读者编号、图书编号、归还时间和操作员等属性。归还档案实体的 E-R 图如图 10-11 所示。

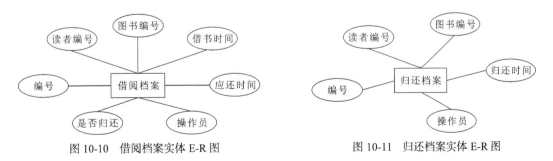

图 10-10　借阅档案实体 E-R 图　　　　　图 10-11　归还档案实体 E-R 图

10.4.3　创建数据库及数据表

结合实际情况及对用户需求的分析，学校图书馆管理系统 db_library 数据库主要包含如下几个数据表，如图 10-12 所示。

结合数据表的创建方法，读者可以自行创建以下数据表。数据表的设计结构如图 10-13～图 10-15 所示。

1. tb_bookinfo（图书信息表）

图书信息表主要用于存储图书的基础信息。该数据表的结构如图 10-13 所示。

图 10-12　学校图书馆管理系统数据表　　　　图 10-13　图书信息表结构

2. tb_borrow（图书借阅信息表）

图书借阅信息表主要用于存储图书的借阅信息。该数据表的结构如图 10-14 所示。

3. tb_reader（读者信息表）

读者信息表主要用于存储读者的基础信息。该数据表的结构如图 10-15 所示。

图 10-14　图书借阅信息表结构　　　　　　　图 10-15　读者信息表结构

限于篇幅，笔者在此只给出较重要的数据表，其他数据表参见本书附带的光盘。

10.5　首页设计

10.5.1　首页概述

管理员通过"系统登录"模块的验证后，可以登录到图书馆管理系统的首页。系统首页主要包括导航栏、排行榜和版权信息三部分。其中，导航栏中的功能菜单将根据登录管理员的权限进行显示。例如，系统管理员 MR 登录后，将拥有整个系统的全部功能，因为它是超级管理员。

下面看一下本设计中提供的系统首页，如图 10-16 所示。

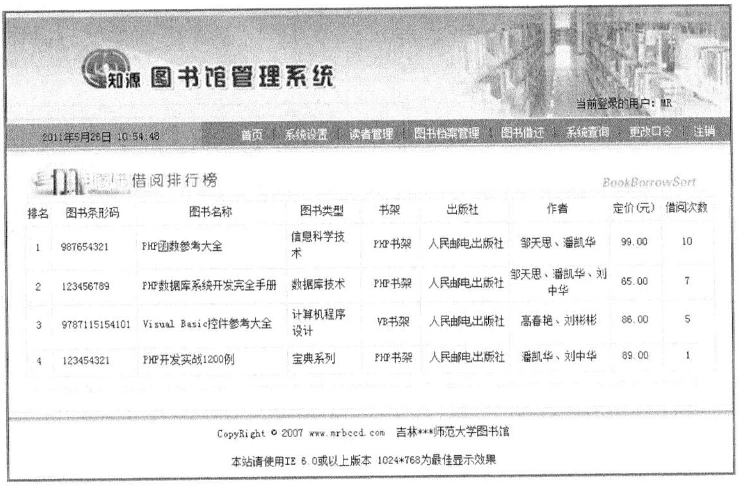

图 10-16　学校图书馆管理系统首页

10.5.2　权限设置技术

学校图书馆管理系统是一个功能全面、大型的 Web 网站，出于对网站的安全性考虑，本网站对该系统进行权限的分配，只有管理员级别的超级用户可以对普通用户的权限进行管理和设置。系统首页主要通过判断管理员的权限来显示该用户所操作的功能模块，关键代码如下。

```php
<?php
session_start();                                              //初始化 SESSION 变量
include("conn/conn.php");                                     //连接数据库文件
$query=mysql_query("select m.id,m.name,p.id,p.sysset,p.readerset,p.bookset,
p.borrowback,p.sysquery from tb_manager as m left join (select * from tb_purview )
as p on m.id=p.id where name='$_SESSION[admin_name]'");
$info=mysql_fetch_array($query);                              //检索用户权限
?>
<!--检索用户所对应的权限,如果权限值为1,则说明该功能可用,并输出到浏览器,否则不显示-->
<td width="170%" align="right">
<a href="index.php" class="a1">首页</a>
 <?php if($info[sysset]==1){ ?><a onmouseover=showmenu(event,sysmenu)
onmouseout=delayhidemenu() style="CURSOR:hand" class="a1">系统设置</a>
<?php } ?>
  <?php if($info[readerset]==1){?><a onmouseover=showmenu(event,readermenu)
onmouseout=delayhidemenu() style="CURSOR:hand" class="a1">读者管理</a>
<?php } ?>
  <?php if($info[bookset]==1){ ?><a href="book.php" class="a1">图书档案管理</a>
<?php }?>
  <?php if($info[borrowback]==1){?><a  onmouseover=showmenu(event,borrowmenu)
onmouseout=delayhidemenu() style="CURSOR:hand"class="a1" >图书借还</a>
<?php }?>
  <?php if($info[sysquery]==1){ ?><a onmouseover=showmenu(event,querymenu)
onmouseout=delayhidemenu() style="CURSOR:hand" class="a1">系统查询</a>
```

```
<?php } ?>
<a href="pwd_Modify.php" class="a1">更改口令</a>
<a href="safequit.php" class="a1">注销</a>
</td>
```

 在权限信息表 tb_purview 中，权限值为 1，代表具备该模块的操作权限；权限值为 0，代表不具备该模块的操作权限。

在实现系统导航菜单时，引用了 JavaScript 文件 menu.js，该文件中包含全部实现半透明背景菜单的 JavaScript 代码。

10.5.3 首页的实现过程

系统首页的内容显示区用于显示图书的排行信息，并将排行结果按借阅数量降序排列。该页的关键代码如下。

```php
<?php
include("conn/conn.php");                        //连接数据源文件
$sql=mysql_query("select * from (select bookid,count(bookid) as degree from
tb_borrow group by bookid) as borr join (select b.*,c.name as bookcasename,
p.pubname,t.typename from tb_bookinfo b left join tb_bookcase c on b.bookcase
=c.id join tb_publishing p on b.ISBN=p.ISBN join tb_booktype t on b.typeid=t.id
where b.del=0) as book on borr.bookid=book.id order by borr.degree desc limit 10");
    $info=mysql_fetch_array($sql);             //检索图书借阅信息
    $i=1;
    do{                                        //应用 do…while 循环语句显示图书信息
?>
<tr>
    <td height="25" align="center"><?php echo $i;?></td>
    <td style="padding:5px;"> <?php echo $info[barcode];?></td>
    <td style="padding:5px;"><?php echo $info[bookname];?></td>
    <td style="padding:5px;"><?php echo $info[typename];?></td>
    <td align="center"> <?php echo $info[bookcasename];?></td>
    <td align="center"> <?php echo $info[pubname];?></td>
    <td align="center"><?php echo $info[author];?></td>
    <td align="center"><?php echo $info[price];?></td>
    <td align="center"><?php echo $info[degree];?></td>
</tr>
<?php
 $i=$i+1;                                       //变量自加 1 操作
 }while($info=mysql_fetch_array($sql));         //do…while 循环语句结束
?>
```

10.6 管理员模块设计

10.6.1 管理员模块概述

管理员模块主要包括管理员登录、查看管理员列表、添加管理员信息、管理员权限设置、删除管理员和更改口令 6 个功能。管理员模块的框架如图 10-17 所示。

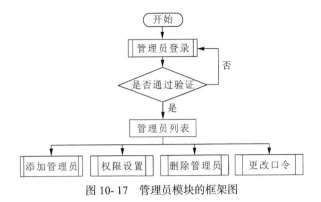

图 10-17　管理员模块的框架图

10.6.2　控制文件的访问权限

在管理员模块中，涉及的数据表是 tb_manager（管理员信息表）和 tb_purview（权限表）。其中，管理员信息表中保存的是管理员名称和密码等信息，权限表中保存的是各管理员的权限信息，这两个表通过各自的 id 字段相关联。通过这两个表可以获得完整的管理员信息。

```
#添加管理员信息
insert into tb_manager (name,pwd) values('MR','mrsoft');
#添加权限信息
insert into tb_purview values(1,1,1,1,1,1);
```

在实现系统登录前，需要在 MySQL 数据库中，手动添加一条系统管理员的数据（管理员名为 MR、密码为 mrsoft，拥有所有权限），即在 MySQL 的客户端命令行中应用下面的语句分别向管理员信息表 tb_manager 和权限表 tb_purview 中各添加一条数据：

从网站安全的角度考虑，仅仅有上面介绍的系统登录页面并不能有效地保存系统的安全，一旦系统首页面的地址被他人获得，就可以通过在地址栏中输入系统的首页面地址而直接进入到系统中。为了便于网站的维护，将验证用户是否登录的代码封装在独立的 PHP 文件中，即 check_login.php 文件。验证用户是否登录的具体代码如下。

```php
<?php
session_start();
if(!isset($_SESSION['admin_name'])){
    echo "<script>window.location.href='login.php';</script>";
}
?>
```

当系统调用首页时，会判断 SESSION 变量 admin_name 是否存在，如果不存在，则将页面重定向到系统登录（login.php）页面。

10.6.3　系统登录的实现过程

系统登录是进入学校图书馆管理系统的入口，主要用于验证管理员的身份。运行本系统，首先进入的是系统登录页面，在该页面中，系统管理员可以通过输入正确的管理员名称和密码登录到系统首页。当用户没有输入管理员名称或密码时，系统会通过 JavaScript 进行判断，并给予信息提示。系统

图 10-18　系统登录页面的运行结果

登录页面的运行结果如图 10-18 所示。

系统登录页面主要用于收集管理员的输入信息及通过自定义的 JavaScript 函数验证输入信息是否为空，该页面中所涉及的表单元素如表 10-1 所示。

表 10-1　　　　　　　　　　　　　系统登录页面所涉及的表单元素

名　　称	元 素 类 型	重 要 属 性	含　　义
form1	form	method="post" action="chklogin.php"	管理员登录表单
name	text	size="25"	管理员名称
pwd	password	size="25"	管理员密码
submit	submit	value="确定" onclick="return check(form1)"	"确定" 按钮
submit3	reset	value="重置"	"重置" 按钮
submit2	button	value="关闭" onClick="window.close();"	"关闭" 按钮

编写自定义的 JavaScript 函数，用于判断管理员名称和密码是否为空，代码如下。

```javascript
<script language="javascript">
function check(form){                //自定义一个JavaScript函数check()
    if (form.name.value==""){  //如果管理员名称为空，则弹出提示信息，并重新返回焦点
        alert("请输入管理员名称!");form.name.focus();return false;
    }
    if (form.pwd.value==""){   //如果管理员密码为空，则弹出提示信息，并重新返回焦点
        alert("请输入密码!");form.pwd.focus();return false;
    }
}
</script>
```

提交表单到数据处理页，为了防止非法用户进入学校图书馆管理系统首页，页面中通过调用类 chkinput()方法实现判断用户名和密码是否正确。如果为合法用户，则可以登录学校图书馆管理系统的首页；否则，弹出相应的错误提示。关键代码如下。

```php
<?php
session_start();                        //初始化SESSION变量
$A_name=$_POST[name];                   //接收表单提交的用户名
$A_pwd=$_POST[pwd];                     //接收表单提交的密码
class chkinput{                         //定义类
    var $name;
    var $pwd;
    function chkinput($x,$y){           //定义一个方法
        $this->name=$x;                 //将管理员名称传给类对象$this->name
        $this->pwd=$y;                  //将管理员密码传给类对象$this->pwd
    }
    function checkinput(){
        include("conn/conn.php");       //连接数据库文件
        $sql=mysql_query("select * from tb_manager where name='".$this->name."' and
pwd='".$this->pwd."'",$conn);
        $info=mysql_fetch_array($sql);  //检索管理员名称和密码是否正确
        //如果管理员名称或密码不正确，则弹出相关提示信息
        if($info==false){
            echo "<script language='javascript'>alert('您输入的管理员名称错误，请重新输
```

```
入!');history.back();</script>";
                exit;
        }else{                              //如果管理员名称和密码正确，则弹出相关提示信息
                echo "<script>alert('管理员登录成功!');window.location='index.php'; </script>";
                $_SESSION[admin_name]=$info[name];//将管理员名称存到$_SESSION[admin_name]
变量中
                $_SESSION[pwd]=$info[pwd];       //将管理员密码存到$_SESSION[pwd]变量中
        }
    }
}
$obj=new chkinput(trim($name),trim($pwd)); //创建对象
$obj->checkinput();                          //调用类
?>
```

10.6.4　查看管理员的实现过程

管理员登录后，选择"系统设置" / "管理员设置"菜单项，进入到查看管理员列表页面。在该页面中，将以表格的形式显示全部管理员及其权限信息，并提供添加管理员信息、删除管理员信息和设置管理员权限的超链接。查看管理员列表页面的运行结果如图 10-19 所示。

图 10-19　查看管理员列表页面的运行结果

首先使用左外连接语句（left join...on）从数据表 tb_manager 和 tb_purview 中查询出符合条件的数据，然后将查询结果应用 do...while 循环语句输出到浏览器。关键代码如下。

```
<?php
include("conn/conn.php");                     //连接数据库文件
$sql=mysql_query("select
m.id,m.name,p.sysset,p.readerset,p.bookset,p.borrowback,p.sysquery from tb_manager as m
left join (select * from tb_purview) as p on m.id=p.id");
$info=mysql_fetch_array($sql);                //检索数据信息
do{                                           //应用 do...while 循环语句输出查询结果
?>
/* ********************输出符合查询条件的记录************************ */
<tr>
    <td style="padding:5px;"><?php echo $info[name];?></td>
    <td align="center"><input name="checkbox" type="checkbox" class=
    "noborder" value="checkbox" disabled="disabled" <?php if($info[sysset]==1)
    {echo ("checked");}?>></td>
```

```
<td align="center"><input name="checkbox" type="checkbox" class="noborder"
value="checkbox" disabled="disabled" <?php if($info[readerset]==1){echo
("checked");}?>></td>
<td align="center"><input name="checkbox" type="checkbox" class="noborder"
value="checkbox" disabled <?php if($info[bookset]==1){echo("checked");}?
>></td>
<td align="center"><input name="checkbox" type="checkbox" class="noborder"
value="checkbox" disabled <?php if($info[borrowback]==1){echo("checked");
}?>></td>
<td align="center"><input name="checkbox" type="checkbox" class="noborder"
value="checkbox" disabled <?php if($info[sysquery]==1){echo("checked");
}?>></td>
<td align="center"><a href="#" onClick="window.open('manager_modify.php?
id=<?php echo $info[id]; ?>','','width=292,height=1175')">权限设置</a>
</td>
<td align="center"><a href="manager_del.php?id=<?php echo $info[id];?>">
删除</a></td>
</tr>
/* ****************************************************** */
<?php
}while($info=mysql_fetch_array($sql));                 //do...while 循环语句结束
?>
```

10.6.5　添加管理员的实现过程

管理员登录后，选择"系统设置"/"管理员设置"菜单项，进入到查看管理员列表页面，在该页面中单击"添加管理信息"超链接，打开添加管理员信息页面。添加管理员信息页面的运行结果如图 10-20 所示。

图 10-20　添加管理员页面的运行结果

 新添加的管理员信息没有权限，必须通过设置管理员权限为其指定可操作的功能模块。

在查看管理员列表页面，单击"添加管理信息"超链接，文字的 HTML 代码如下。

```
<a href="#" onClick="window.open('manager_add.php','','width=292,height=
1175')">添加管理员信息</a>
```

添加管理员页面主要用于收集输入的管理员信息，以及通过自定义的 JavaScript 函数验证输入信息是否合法。该页面中所涉及的表单元素如表 10-2 所示。

表 10-2　　　　　　　　　　添加管理员页面所涉及的表单元素

名　　称	元 素 类 型	重 要 属 性	含　　义
form1	form	method="post" action="manager_ok.php"	表单
name	text	name="name" type="text"	管理员名称
pwd	password	name="pwd" type="password" id="pwd"	管理员密码
pwd1	password	name="pwd1" type="password" id="pwd1"	确认密码
submit	submit	value="保存" onClick="check(form1)"	"保存"按钮
Submit2	button	value="关闭" onClick="window.close();"	"关闭"按钮

在添加管理员页面中，输入合法的管理员名称及密码后，单击"保存"按钮，提交表单信息到数据处理页，将添加的管理员信息保存到数据表中。如果添加成功，则弹出成功的提示信息；

否则，弹出错误提示。代码如下。

```php
<?php
include("conn/conn.php");                    //连接数据库文件
if($_POST[submit]!=""){                      //如果单击了"保存"按钮，则执行下面的操作
    $name=$_POST[name];                      //获取管理员名称
    $pwd=$_POST[pwd];                        //获取管理员密码
    $sql=mysql_query("insert into tb_manager (name,pwd) values('$name','$pwd')");
    if($sql==true){                          //向数据表中添加管理员信息成功，则给出提示信息
        echo "<script language=javascript>alert('管理员添加成功! ');window.close();
window.opener.location.reload();</script>";
    }else{                                   //向数据表中添加管理员信息失败，则给出提示信息
        echo "<script language=javascript>alert('管理员添加失败! ');window.close();
        window.opener.location.reload();</script>";
    }
}
?>
```

10.6.6　设置管理员权限的实现过程

图 10-21　权限设置页面的运行结果

在查看管理员列表页面单击指定管理员后面的"权限设置"超链接，即可进入到"权限设置"页面，设置该管理员的操作权限。权限设置页面的运行结果如图 10-21 所示。

权限设置页面中所涉及的表单元素如表 10-3 所示。

表 10-3　　　　　　　　　　　　　权限设置页面所涉及的表单元素

名　　　称	元 素 类 型	重 要 属 性	含　　　义
form1	form	method="post" action="manager_modifyok.php"	表单
id	hidden	value="<?php echo $info[id];?>"	管理员编号
name	text	value="<?php echo $info[name];?>"	管理员名称
sysset	checkbox	<?php if($info[sysset]==1){ echo("checked");}?>	系统设置
readerset	checkbox	<?php if($info[readerset]==1){ echo("checked");}?>	读者管理
bookset	checkbox	<?php if($info[bookset]==1){echo("checked");}?>	图书管理
borrowback	checkbox	<?php if($info[borrowback]==1){echo("checked");}?>	图书借还
sysquery	checkbox	<?php if($info[sysquery]==1){echo("checked");}?>	系统查询
submit	submit	class="btn_grey"	"保存"按钮
Submit2	button	value="关闭" onClick="window.close();"	"关闭"按钮

在查看管理员列表页面中，添加"权限设置"列，并在该列中添加以下用于打开"权限设置"页面的超链接代码：

```
<a href="#" onClick="window.open('manager_modify.php?id=<?php echo $info[id];
?>','','width=292,height=1175')">权限设置</a>
```

从上面的 URL 地址中可以获取设置管理员权限页所涉及的 ID 号，将 ID 号提交给处理页 manager_modifyok.php，修改 ID 号所对应的管理员信息。具体代码如下。

```php
<?php
include("conn/conn.php");                    //连接数据库文件
```

```php
if($_POST[submit]!=""){                              //如果提交表单，则执行以下操作
    $id=$_POST[id];                                  //获取 ID 信息
    $sysset=$_POST[sysset]==""?0:1;                  //应用三目运算符求出"系统设置"复选框的值
    $readerset=$_POST[readerset]==""?0:1;            //应用三目运算符求出"读者管理"复选框的值
    $bookset=$_POST[bookset]==""?0:1;                //应用三目运算符求出"图书管理"复选框的值
    $borrowback=$_POST[borrowback]==""?0:1;          //应用三目运算符求出"图书借还"复选框的值
    $sysquery=$_POST[sysquery]==""?0:1;              //应用三目运算符求出"系统查询"复选框的值
    $query=mysql_query("select * from tb_purview where id=$id");
    $info=mysql_fetch_array($query);                 //检索权限信息表中是否存在该管理员
    if($info==false){                                //如果不存在，向权限表中添加管理员权限信息
        mysql_query("insert into tb_purview(id,sysset,readerset,bookset,
borrowback,sysquery) values($id,$sysset,$readerset,$bookset,$borrowback,$sysquery)");
    }else{                                           //否则，更新管理员的权限信息
        mysql_query("update tb_purview set sysset=$sysset,readerset=$readerset,
bookset=$bookset,borrowback=$borrowback,sysquery=$sysquery  where id='$id'");
    }
    echo"<script language=javascript>alert('权限设置修改成功！');window.close();
window.opener.location.reload();</script>";          //更新成功，弹出提示信息，并更新父窗口
}
?>
```

10.6.7 删除管理员的实现过程

在查看管理员列表页面，单击指定管理员信息后面的"删除"超链接，该管理员及其权限信息将被删除。

在查看管理员列表页面中添加以下用于删除管理员信息的超链接代码：

```php
<a href="manager_del.php?id=<?php echo $info[id];?>">删除</a>
```

从上面的 URL 地址中，可以获取删除管理员所涉及的 ID 号，将 ID 号提交给 manager_del.php 处理页删除 ID 号所对应的管理员信息。具体代码如下。

```php
<?php
include("conn/conn.php");                           //连接数据库文件
$id=$_GET[id];                                      //获取管理员的 ID 号
//删除管理员表中 ID 号所对应的管理员信息
$sql=mysql_query("delete from tb_manager where id='$id'");
//删除权限表中 ID 号所对应的管理员权限
$query=mysql_query("delete from tb_purview where id='$id'");
//如果删除操作成功，则弹出提示信息
if($sql==true and $query==true ){
    echo "<script language=javascript>alert('管理员删除成功！');history.back();
</script>";
}
else{                                               //如果删除操作失败，则弹出提示信息
    echo "<script language=javascript>alert('管理员删除失败！');history.
back();</script>";
}
?>
```

10.7　图书档案管理模块设计

10.7.1　图书档案管理模块概述

图书档案管理模块主要包括查看图书列表、添加图书信息、修改图书信息、删除图书信息和查看图书详细信息 5 个功能。图书档案模块的框架如图 10-22 所示。

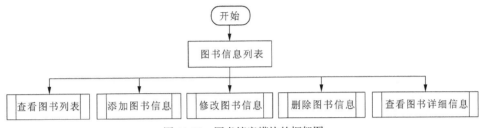

图 10-22　图书档案模块的框架图

10.7.2　图书档案管理中的多表查询技术

在图书档案管理模块中，涉及的数据表是 tb_bookinfo（图书信息表）、tb_bookcase（书架设置表）、tb_booktype（图书类型表）和 tb_publishing（出版社信息表），这 4 个数据表间通过相应的字段进行关联，如图 10-23 所示，通过以上 4 个表可以获得完整的图书档案信息。

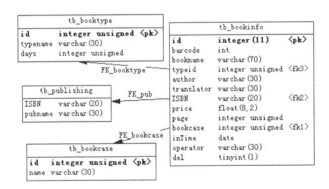

图 10-23　图书档案管理模块各表间关系图

本模块主要应用连接语句实现多表查询，关于连接语句的详细讲解参见 10.10 节。

10.7.3　查看图书信息列表的实现过程

管理员登录后，选择"图书管理"/"图书档案管理"菜单项，进入查看图书列表页面，在该页面中将显示全部图书信息列表，同时提供添加图书信息、删除图书信息、修改图书信息的超链接。查看图书信息列表页面的运行结果如图 10-24 所示。

图 10-24　查看图书信息列表的运行结果

打开功能导航 navigation.php 文件，设置"图书档案管理"菜单项的超链接的代码如下。

```
<a href="book.php" class="a1">图书档案管理</a>
```

首先应用 join…on 内连接语句将 tb_bookinfo、tb_bookcase、tb_booktype 和 tb_publishing 这 4 个数据表连接起来检索指定条件的图书信息，然后应用 do…while 循环语句输出查询结果到浏览器。查看图书信息页面的代码如下。

```php
<?php
include("conn/conn.php");                          //连接数据库文件
$query=mysql_query("select book.barcode,book.id as bookid,book.bookname,bt.
typename,pb.pubname,bc.name from tb_bookinfo book join tb_booktype bt on
book.typeid=bt.id join tb_publishing pb on book.ISBN=pb.ISBN join tb_bookcase
bc on book.bookcase=bc.id");
$result=mysql_fetch_array($query);                 //应用外联接检索图书信息
?>
…                                                  //省略图书信息标题 HTML 标记部分
<?php
 do{                                               //应用 do…while 循环语句输出查询结果
?>
  <tr>
    <td style="padding:5px;"> <?php echo $result[barcode];?></td>
    <td style="padding:5px;"><a href="book_look.php?id=<?php echo $result
    [bookid];?>"><?php echo $result[bookname];?></a></td>
    <td style="padding:5px;"> <?php echo $result[typename];?></td>
    <td style="padding:5px;"> <?php echo $result[pubname];?></td>
    <td style="padding:5px;"> <?php echo $result[name];?></td>
    <td align="center"><a href="book_Modify.php?id=<?php echo $result[bookid];
    ?>">修改</a></td>
    <td align="center"><a href="book_del.php?id=<?php echo $result[bookid];?>">
    删除</a></td>
  </tr>
<?
  }while($result=mysql_fetch_array($query));        //do…while 循环语句结束
?>
```

注意　　关于 join…on 内联接语句的使用方法参见 10.10.1 节。

10.7.4　添加图书信息的实现过程

管理员登录系统后，在导航栏中单击"图书档案管理"超链接，进入查看图书列表页面。在该页面中单击"添加图书信息"超链接，进入添加图书信息页面。添加图书信息页面的运行结果如图 10-25 所示。

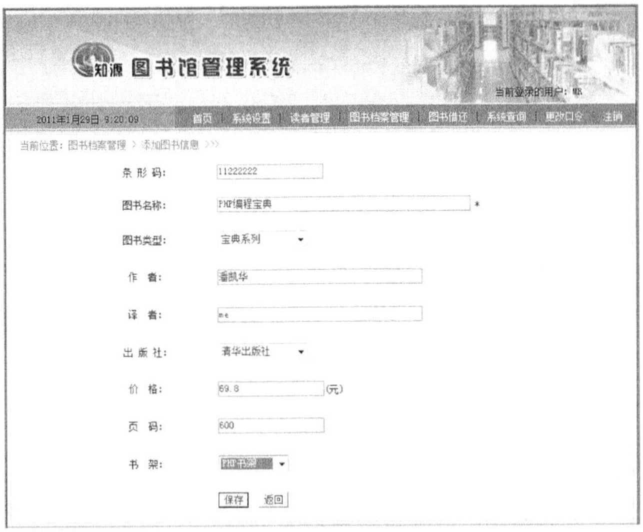

图 10-25　添加图书信息页面的运行结果

在查看图书列表页面中，设置"添加图书信息"超链接的代码如下。

```
<a href="book_add.php">添加图书信息</a>
```

添加图书信息页面主要用于收集输入的图书信息，以及通过自定义的 JavaScript 函数验证输入信息是否合法。该页面中所涉及的重要表单元素如表 10-4 所示。

表 10-4　　　　　　　　　　　添加图书信息页面所涉及的重要表单元素

名　　称	元素类型	重 要 属 性	含　　义
form1	form	method="post" action="book_ok.php"	表单

typeId	select	`<?php include("Conn/conn.php");`
		`$sql=mysql_query("select * from tb_booktype");`
		`$info=mysql_fetch_array($sql);`
		`do{`
		`?>`
		`<option value="<?php echo $info[id];?>">`
		`<?php echo $info[typename];?></option>`
		`<?php }while($info=mysql_fetch_array($sql));?>`
			图书类型

isbn	select	`<?php`
		`$sql2=mysql_query("select * from tb_publishing");`
		`    $info2=mysql_fetch_array($sql2);`
		`        do{`
		`?>`
		`<option value="<?php echo $info2[ISBN];?>">`
		`<?php echo $info2[pubname];?></option>`
		`<?php }while($info2=mysql_fetch_array($sql2));?>`
			出版社

续表

名　　称	元 素 类 型	重 要 属 性	含　　义

bookcaseid	select	`<?php`
		`$sql3=mysql_query("select * from tb_bookcase");`
		`$info3=mysql_fetch_array($sql3);`
		`do{`
		`?>`
		`<option value="<?php echo $info3[id];?>">`
		`<?php echo $info3[name];?></option>`
		`<?php }while($info3=mysql_fetch_array($sql3));?>`
			书架名称

operator	hidden	`value="<?php echo $info3[name];?>"`	操作员
Submit	submit	`onClick="return check(form1)"`	"保存"按钮
Submit2	button	`onClick="history.back();"`	"返回"按钮

由于添加图书信息的方法同添加管理员信息的方法类似,所以此处只给出向图书信息表中插入数据的 SQL 语句,详细代码参见光盘。向图书信息表中插入数据的 SQL 语句如下:

```
mysql_query("insert into tb_bookinfo(barcode,bookName,typeid,author, translator,ISBN,
price,page,bookcase,inTime,operator  )values('$barcode','$bookName','$typeid','$author'
,'$translator','$isbn','$price','$page','$bookcaseid','$inTime','$operator')");
```

10.7.5　修改图书信息的实现过程

管理员登录系统后,在导航栏中单击"图书档案管理"超链接,进入查看图书列表页面。单击想要修改的图书信息后面的"修改"超链接,进入修改图书信息页面。修改图书信息页面的运行结果如图 10-26 所示。

图 10-26　修改图书信息页面的运行结果

在图书信息列表页面中,添加"修改"超链接的代码如下。

```
<a href="book_Modify.php?id=<?php echo $result[bookid];?>">修改</a>
```

在修改图书信息页面中修改图书信息后,单击"保存"按钮,提交表单信息到数据处理页 book_Modify_ok.php,应用 update 语句将修改的图书信息保存到数据表 tb_bookinfo 中,并弹出"图书信息修改成功!"提示信息,将页面重定向到修改图书信息页。数据处理页的代码如下。

```
<?php
```

```
session_start();                                      //初始化 SESSION 变量
include("conn/conn.php");                             //连接数据库文件
$bid=$_POST[bid];                                     //获取图书 ID 号
$operator=$_SESSION[admin_name];                      //获取管理员名称
$barcode=$_POST[barcode];                             //获取图书条形码
$bookName=$_POST[bookName];                           //获取图书名称
$typeid=$_POST[typeId];                               //获取图书类型 ID 号
$author=$_POST[author];                               //获取图书作者
$translator=$_POST[translator];                       //获取图书译者
$isbn=$_POST[isbn];                                   //获取出版社 ISBN
$price=$_POST[price];                                 //获取图书单价
$page=$_POST[page];                                   //获取图书页码
$bookcase=$_POST[bookcaseid];                         //获取图书书架 ID 号
$inTime=date("Y-m-d");                                //设置图书更新日期为当前日期
$query=mysql_query("update tb_bookinfo set barcode='$barcode', bookName=
'$bookName' , typeid='$typeid', author='$author', translator='$translator',
ISBN='$isbn' , price='$price' , page='$page' , bookcase='$bookcaseid', inTime=
'$inTime', operator='$operator' where id=$bid");      //更新数据表
echo "<script language='javascript'>alert('图书信息修改成功!');history.back();
</script>";
?>
```

10.7.6 删除图书信息的实现过程

在查看图书列表页面中，设置"删除"超链接的代码如下：

```
<a href="book_del.php?id=<?php echo $result[bookid];?>">删除</a>
```

单击想要删除的图书信息后面的"删除"超链接，提交表单信息到数据处理页 book_del.php，应用 Delete 语句将指定的图书信息从数据表 tb_bookinfo 中删除，如果删除操作执行成功，则弹出"图书信息删除成功！"提示信息，并将页面重定向到图书信息列表页面。数据处理页的代码如下。

```
<?php
include("conn/conn.php");                             //连接数据库文件
//删除指定的图书信息
$info_del=mysql_query("delete from tb_bookinfo where id=$_GET[id]");
if($info_del){                                        //如果信息删除成功，则弹出提示
    echo "<script language='javascript'>alert('图书信息删除成功!');history.
    back();</script> ";
}
?>
```

10.8　图书借还模块设计

10.8.1　图书借还模块概述

图书借还模块主要包括图书借阅、图书续借、图书归还、图书档案查询、图书借阅查询、借阅到期提醒 6 个功能。在图书借阅模块中的用户只有一种身份，那就是操作员，通过该身份可以

进行图书借还等相关操作。图书借还模块的用例图如图 10-27 所示。

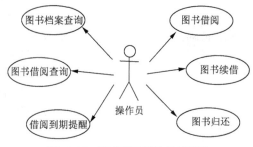

图 10-27　图书借还模块的用例图

10.8.2　图书借还模块中的多表查询技术

在图书借还模块中涉及的数据表是 tb_borrow（图书借阅信息表）、tb_bookinfo（图书信息表）和 tb_reader（读者信息表），这 3 个数据表间通过相应的字段进行关联，如图 10-28 所示。

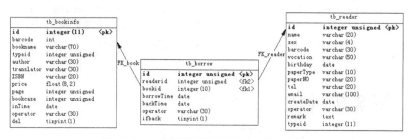

图 10-28　图书借还管理模块各表间关系图

10.8.3　图书借阅的实现过程

管理员登录后，选择"图书借还"/"图书借阅"菜单项，进入图书借阅页面，在该页面中的"读者条形码"文本框中输入读者的条形码（如 123456789）后，单击"确定"按钮，系统会自动检索出该读者的基本信息和未归还的借阅图书信息。如果检索到对应的读者信息，将其显示在页面中，此时输入图书的条形码或图书名称后，单击"确定"按钮，借阅指定的图书，运行结果如图 10-29 所示。

图 10-29　图书借阅页面的运行结果

当读者借阅图书完毕后，操作员通过单击"完成借阅"按钮，将重新载入图书借阅页面，当前页处于空信息状态，从而方便操作员进行下一个读者借阅图书操作。

图书借阅页面总体上可以分为两个部分：一部分用于查询并显示读者信息；另一部分用于显示读者的借阅信息和添加读者借阅信息。图书借阅页面在 Dreamweaver 中的设计效果如图 10-30 所示。

图 10-30　图书借阅页面的设计效果

在进行图书借阅时，系统要求每个读者只能同时借阅一定数量的图书，并且该数量由读者类型表 tb_readerType 中的可借数量 number 决定，所以笔者编写了自定义的 checkbook() 函数，用于判断当前选择的读者是否还可以借阅新的图书，同时该函数还具有判断输入读者条形码或图书名称文本框是否为空的功能。代码如下。

```
<script language="javascript">
function checkbook(form){                    //自定义一个 JavaScript 函数 checkbook()
    if(form.barcode.value==""){              //如果读者条形码为空
        //弹出提示，焦点返回到条形码文本框
        alert("请输入读者条形码!");form.barcode.focus();return;
    }
    if(form.inputkey.value==""){             //如果图书查询文本框的值为空
        //弹出提示，焦点返回到图书查询文本框
        alert("请输入查询关键字!");form.inputkey.focus();return;
    }
    //如果图书的借阅数量超过了可借数量
    if(form.number.value-form.borrowNumber.value<=0){
        alert("您不能再借阅其他图书了!");return;    //弹出提示信息
    }
    form.submit();                           //提交表单
}
</script>
```

检索读者的基本信息和未归还的借阅图书信息的 SQL 语句如下。

```
$sql=mysql_query("select r.*,t.name as typename,t.number from tb_reader r left join
tb_readerType t on r.typeid=t.id where r.barcode='$barcode'");
    $info=mysql_fetch_array($sql);                //检索读者信息
```

获取读者借阅信息的 SQL 语句如下。

```
$sql1=mysql_query("select r.*,borr.borrowTime,borr.backTime,book.bookname,
book.price,pub.pubname,bc.name as bookcase from tb_borrow as borr join tb_bookinfo as book
on book.id=borr.bookid join tb_publishing as pub on book.ISBN=pub.ISBN  join tb_bookcase
as  bc  on  book.bookcase=bc.id  join  tb_reader  as  r  on  borr.readerid=r.id   where
borr.readerid='$readerid' and borr.ifback=0");
    $info1=mysql_fetch_array($sql1);              //检索读者的借阅信息
    $borrowNumber=mysql_num_rows($sql1);          //获取结果集中行的数目
```

在"图书条形码"/"图书名称"文本框中输入图书条形码或图书名称后，单击"确定"按钮，检索图书信息是否存在，如果不存在，则向图书借阅信息表中添加该读者的图书的借阅记录，完成图书借阅操作；否则，弹出该书不能被同一读者重复借阅的提示信息。图书借阅的具体代码如下。

```php
<?php
//如果"图书条形码"/"图书名称"后的文本框不为空
if($_POST[inputkey]!=""){
    $f=$_POST[f];                          //获取用户选择的条件值
    $inputkey=trim($_POST[inputkey]);      //获取用户输入的查询关键字
    $barcode=$_POST[barcode];              //获取读者的条形码
    $readerid=$_POST[readerid];            //获取读者ID号
    $borrowTime=date('Y-m-d');             //图书的借阅时间为系统当前时间
    //归还图书日期为当前期日期+30天期限
    $backTime=date("Y-m-d",(time()+3600*24*30));
    $query=mysql_query("select * from tb_bookinfo where $f='$inputkey'");
    $result=mysql_fetch_array($query);     //检索图书信息是否存在
    if($result==false){                    //如果读者借阅的图书不存在，那么弹出提示信息
        echo "<script language='javascript'>alert('该图书不存在! ');window.location.
href='bookBorrow.php?barcode=$barcode'; </script>";
        }else{                             //检索该读者所借阅的图书是否与再借图书重复
    $query1=mysql_query("select r.*,borr.borrowTime,borr.backTime,book.bookname,
book.price,pub.pubname,bc.name as bookcase from tb_borrow as borr join tb_reader as r on
borr.readerid=r.id join tb_bookinfo as book on book.id=borr.bookid join tb_publishing as
pub on book.ISBN=pub.ISBN join tb_bookcase as bc on book.bookcase=bc.id where borr.bookid=
$result[id] and borr.readerid=$readerid and ifback=0");
        $result1=mysql_fetch_array($query1);
        if($result1==true){               //如果所借图书已被该读者借阅，那么提示不能重复借阅
            echo "<script language='javascript'>alert('该图书已经借阅!
');window.location.href='bookBorrow.php?barcode=$barcode';</script>";
        }else{                            //否则，完成图书借阅操作，并弹出借阅成功提示信息
        $bookid=$result[id];              //将读者ID号赋给一变量
        mysql_query("insert into tb_borrow(readerid,bookid,borrowTime,backTime,
operator,ifback)values('$readerid','$bookid','$borrowTime','$backTime','$_SESSION[admin_
name]',0)"); //向借阅信息表中添加一条借阅信息
            echo "<script language='javascript'>alert('图书借阅操作成功! ');window.
            location.href='bookBorrow.php?barcode=$barcode';</script>";
        }
        }
    }
?>
```

10.8.4 图书续借的实现过程

管理员登录后，选择"图书借还"/"图书续借"菜单项，进入图书续借页面。在该页面中的"读者条形码"文本框中输入读者的条形码（如123456789）后，单击"确定"按钮，系统会自动检索出该读者的基本信息和未归还的借阅图书信息。如果检索到对应的读者信息，则将其显示在页面中，此时单击"续借"超链接，即可续借指定图书（即将该图书的归还时间加上该书的可借天

数 30 天计算得出)。图书续借页面的运行结果如图 10-31 所示。

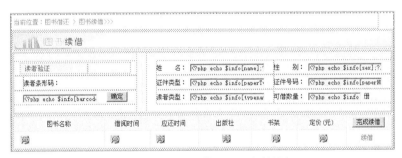

图 10-31　图书续借页面的运行结果

　　　　当读者续借完图书后，操作员通过单击"完成续借"按钮，将重新载入图书续借页面，当前页处于空信息状态，从而方便操作员进行下一个读者续借图书操作。

图书续借页面的设计方法同图书借阅类似，所不同的是，在图书续借页面中没有添加借阅图书的功能，而是添加了"续借"超链接。图书续借页面在 Dreamweaver 中的设计效果如图 10-32 所示。

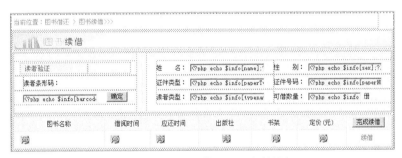

图 10-32　图书续借页面的设计效果

单击"续借"超链接时，还需要将读者条形码、借阅 ID 号和图书归还时间一同传递到图书续借的处理页 borrow_oncemore.php 中。代码如下。

```
<a href="borrow_oncemore.php?barcode=<?php echo $info[barcode];?>&borrid=
<?php echo $info[borrid];?>&backTime=<?php echo $info[backTime];?>">续借</a>
```

检索读者信息和读者借阅信息的 SQL 语句如下。

```
$sql=mysql_query("select borr.id as borrid,borr.borrowTime,borr.backTime,borr.
ifback,r.*,t.name as typename,t.number,book.bookname,book.price,pub.pubname,
bc.name as bookcase from tb_borrow as borr join tb_reader r on borr.readerid=r.id
join tb_readerType t on r.typeid=t.id join tb_bookinfo as book on book.id=
borr.bookid join tb_publishing as pub on book.ISBN=pub.ISBN  join tb_bookcase
as bc on book.bookcase=bc.id where r.barcode='$barcode' and borr.ifback=0");

    $info=mysql_fetch_array($sql);                    //检索读者信息和借阅信息
```

单击"续借"超链接，提交到数据处理页 borrow_oncemore.php，主要用于完成图书的续借功能，主要通过更改图书的归还日期（即将该图书的归还时间加上该书的可借天数 30 天计算得出，续借日期的具体算法，参见 10.9.1 节的详细讲解）实现。数据处理页的代码如下。

```php
<?php
session_start();                                    //初始化 SESSION 变量
include("conn/conn.php");                           //连接数据库文件
$barcode=$_GET[barcode];                            //获取图书条形码
$new=$_GET[backTime];                               //获取图书归还时间
//更新续借期，将动态获取的还书期日转化为时间截，然后再求出续借后的还书日期
$newbackTime=date("Y-m-d",(mktime(0, 0, 0, substr($new,5,2), substr($new,8,2),
substr($new,0,4))+3600*24*30));
$borrid=$_GET[borrid];                              //获取续借图书的 ID 号
mysql_query("update tb_borrow set backTime='$newbackTime',ifback=0,operator=
'$_SESSION[admin_name]' where id=$borrid");
echo "<script language='javascript'>alert('图书续借操作成功！');window.location.
href='bookRenew.php?barcode=$barcode';</script>"; //弹出图书续借成功的提示信息
?>
```

10.8.5 图书归还的实现过程

管理员登录后，选择"图书借还"/"图书归还"菜单项，进入图书归还页面。在该页面中的"读者条形码"文本框中输入读者的条形码（如 1234561789）后，单击"确定"按钮，系统会自动检索出该读者的基本信息和未归还的借阅图书信息。如果检索到对应的读者信息，则将其输出到浏览器，此时单击"归还"超链接，即可将指定图书归还。图书归还页面的运行结果如图 10-33 所示。

图 10-33 图书归还页面的运行结果

图书归还页面的设计方法同图书续借类似，所不同的是，将图书续借页面中的"续借"超链接转化为"归还"超链接。在单击"归还"超链接时，也需要将读者条形码和借阅 ID 号一同传递到图书归还处理页。代码如下。

```php
<a href="bookBack_ok.php?borrid=<?php echo $info[borrid];?>&barcode=<?php echo
$info[barcode];?>">归还</a>
```

检索读者信息及读者借阅信息的 SQL 语句如下。

```php
$sql=mysql_query("select borr.id as borrid,borr.borrowTime,borr.backTime,borr.
```

```
ifback,r.*,t.name as typename,t.number,book.bookname,book.price,pub.pubname,
bc.name as bookcase from tb_borrow as borr join tb_reader r on borr.readerid=r.id
join tb_readerType t on r.typeid=t.id join tb_bookinfo as book on book.id=
borr.bookid join tb_publishing as pub on book.ISBN=pub.ISBN join tb_bookcase
as bc on book.bookcase=bc.id where r.barcode='$barcode' and borr.ifback=0");
    $info=mysql_fetch_array($sql);                      //检索读者信息及该读者的借阅信息
```

单击"归还"超链接，即可将指定图书归还。数据处理页的代码如下。

```php
<?php
session_start();                                        //初始化 SESSION 变量
include("conn/conn.php");                               //连接数据库文件
$backTime=date("Y-m-d");                                //归还图书日期
$borrid=$_GET[borrid];                                  //获取读者的 ID 号
mysql_query("update tb_borrow set backTime='$backTime',ifback=1,operator=
'$_SESSION[admin_name]' where id=$borrid");             //更新读者的借阅信息
echo "<script language='javascript'>alert('图书归还操作成功！');window.location.
href='bookBack.php?barcode=$barcode';</script>";        ///弹出图书归还成功的提示信息
?>
```

10.8.6　图书借阅查询的实现过程

管理员登录后，选择"系统查询"/"图书借阅查询"菜单项，进入图书借阅查询页面。图书借阅查询页面的运行结果如图 10-34 所示。在该页面中可以按指定的字段或某一时间段进行查询，同时还可以实现按指定字段及时间段进行综合条件查询。

图 10-34　图书借阅查询页面的运行结果

图书借阅查询页面主要用于收集查询条件和显示查询结果，并通过自定义的 JavaScript 函数验证输入的查询条件是否合法。该页面中所涉及的表单元素如表 10-5 所示。

表 10-5　　　　　　　　　　　　　图书借阅查询页面所涉及的表单元素

名　　称	元 素 类 型	重 要 属 性	含　　义
myform	form	method="post" action=""	表单
flag1	checkbox	value="a"	请选择查询依据
flag2	checkbox	value="b"	借阅时间

名　　称	元素类型	重要属性	含　　义
F	select	\<option value="k.barcode" >图书条形码\</option> \<option value="k.bookname">图书名称\</option> \<option value="r.barcode">读者条形码\</option> \<option value="r.name">读者名称\</option>	查询字段
key	text	size="50"	关键字
sdate	text	id="sdate"	开始日期
edate	text	id="edate"	结束日期
Submit	submit	onClick="return check(myform);"	"查询"按钮

在图书借阅查询页面中，指定查询条件后，提交表单信息到当前页。首先获取表单元素复选框 flag 的值，然后根据 flag 的值组合查询字符串。

如果 flag1 的值等于 a，那么按指定的字段检索图书借阅信息；如果 flag2 的值等于 b，那么按指定的时间段检索图书借阅信息；如果 flag1 的值等于 a，并且 flag2 的值等于 b，那么按以上两个条件的综合条件检索图书借阅信息，并将查询结果输出到浏览器。具体代码如下。

```php
<?php
include("conn/conn.php");                              //连接数据库文件
$sql=mysql_query("select b.borrowTime,b.backTime,b.ifback,r.barcode as readerbarcode,
r.name,k.id,k.barcode,k.bookname from tb_borrow b join tb_reader r on b.readerid=r.id join
tb_bookinfo k on
b.bookid=k.id");                                       //查询图书借阅信息
    if($_POST[Submit]!=""){                            //如果提交了表单，则执行以下操作
        $f=$_POST[f];                                  //获取操作员选择的查询条件
        $key1=$_POST[key1];                            //获取查询关键字
        $sdate=$_POST[sdate];                          //获取借阅的起始日期
        $edate=$_POST[edate];                          //获取借阅的结束日期
        $flag1=$_POST[flag1];                          //获取按指定条件查询的复选框值
        $flag2=$_POST[flag2];                          //获取按日期查询的复选框值
        if($flag1=="a"){                               //如果按指定条件查询，则执行以下语句
        $sql=mysql_query("select b.borrowTime,b.backTime,b.ifback,r.barcode as reader
barcode,r.name,k.id,k.barcode,k.bookname from tb_borrow b join tb_reader r on
b.readerid=r.id join tb_bookinfo k on b.bookid=k.id where $f like '%$key1%'");
        }
        if($flag2=="b"){                               //如果按时间段查询，则执行以下语句
        $sql=mysql_query("select b.borrowTime,b.backTime,b.ifback,r.barcode as reader
barcode,r.name,k.id,k.barcode,k.bookname from tb_borrow b join tb_reader r on
b.readerid=r.id join tb_bookinfo k on b.bookid=k.id where borrowTime between
'$sdate' and '$edate'");
        }
        if($flag1=="a" && $flag2=="b"){                //如果按综合条件查询，则执行以下语句
        $sql=mysql_query("select b.borrowTime,b.backTime,b.ifback,r.barcode as
readerbarcode,r.name,k.id,k.barcode,k.bookname from tb_borrow b join tb_reader
r on b.readerid=r.id join tb_bookinfo k on b.bookid=k.id where borrowTime between
'$sdate' and '$edate' and $f like '%$key1%'");
        }
    }
    $result=mysql_fetch_array($sql);                   //检索查询结果
```

```php
if($result==false){                                    //如果查询结果不存在，则弹出提示信息
?>
<table width="100%" height="30"  border="0" cellpadding="0" cellspacing="0">
  <tr>
    <td height="36" align="center">暂无图书借阅信息！</td>
  </tr>
</table>
<?php
}else{                                                  //否则，输出图书借阅信息
?>
<table width="1723"  border="1" cellpadding="0" cellspacing="0" bordercolor=
"#FFFFFF" bordercolordark="#D2E3E6" bordercolorlight="#FFFFFF">
  <tr align="center" bgcolor="#D0E9F8">
    <td width="13%">图书条形码</td>
    <td width="217%">图书名称</td>
    <td width="15%">读者条形码</td>
    <td width="11%">读者名称</td>
    <td width="13%">借阅时间</td>
    <td width="11%">归还时间</td>
    <td width="10%">是否归还</td>
  </tr>
<?php
do{
if($result[ifback]=="0"){                              //如果"是否归还"等于 0，则输出"未归还"
    $ifbackstr="未归还";
}else{                                                  //如果"是否归还"等于 1，则输出"已归还"
    $ifbackstr="已归还";
}
?>
/* ***********************输出符合查询条件的记录*********************** */
<tr>
  <td style="padding:5px;"> <?php echo $result[barcode];?></td>
  <td style="padding:5px;"><a href="book_look.php?id=<?php echo $result[id];
    ?>"><?php echo $result[bookname];?></a></td>
  <td style="padding:5px;"> <?php echo $result[readerbarcode];?></td>
  <td style="padding:5px;"> <?php echo $result[name];?></td>
  <td style="padding:5px;"> <?php echo $result[borrowTime];?></td>
  <td style="padding:5px;"> <?php echo $result[backTime];?></td>
  <td style="padding:5px;"> <?php echo $ifbackstr;?></td>
</tr>
<?php
    }while($result=mysql_fetch_array($sql));
}
?>
```

10.9　开发技巧与难点分析

10.9.1　如何自动计算图书归还日期

在图书馆管理系统中会遇到这样的问题：在借阅图书时，需要自动计算图书的归还日期。

1. 图书归还日期

根据图书馆还书的规律一般都以 30 天为一个期限，因此在图书归还时，可以设置一个固定的值，即 30 天。计算归还日期的方法如下：

图书归还日期=系统当前日期+借阅天数固定值 30 天

自动计算图书归还日期的具体代码如下。

```
date("Y-m-d",(time()+3600*24*30))                          //图书归还日期
```

2. 续借图书归还日期

续借图书归还日期是在原来数据库保存该图书归还日期（这个日期是不固定的）的基础上而再次借阅所计算的时间，它是需要根据数据表中保存的归还日期来计算的。计算图书续借归还日期的方法如下：

续借图书归还日期=所借图书在数据表中的归还日期+借阅天数固定值 30 天

首先应用 substr()函数分别取出所借图书在数据表中原定的归还日期"月"、"日"、"年"，然后应用 mktime() 函数计算出归还日期的时间戳，最后应用 date() 函数格式化日期为"YYYY-MM-DD"格式。自动计算续借图书归还日期的代码如下。

```
$new=$_GET[backTime];                    //获取传递过来的该图书在数据表中的归还日期
//更新续借期，将动态获取的还书期日转化为时间戳，然后再求出续借后的还书日期
date("Y-m-d",(mktime(0, 0, 0, substr($new,5,2), substr($new,8,2), substr($new,0,
4))+3600*24*30));
```

10.9.2　如何对图书借阅信息进行统计排行

在图书馆管理系统的首页中，提供了显示图书借阅排行榜功能。要实现该功能，最重要的是如何获取统计排行信息，这可以通过一条 SQL 语句实现。本系统中实现对图书借阅信息进行统计排行的 SQL 语句如下：

```
select * from (select bookid,count(bookid) as degree from tb_borrow group by bookid)
as borr join (select b.*,c.name as bookcasename,p.pubname,t.typename from tb_bookinfo b
left join tb_bookcase c on b.bookcase=c.id join tb_publishing p on b.ISBN=p.ISBN join
tb_booktype t on b.typeid=t.id where b.del=0) as book on borr.bookid=book.id order by
borr.degree desc limit 10
```

下面将对该 SQL 语句进行分析。

（1）对图书借阅信息表进行分组并统计每本图书的借阅次数，然后使用 as 为其指定别名为 borr。代码如下。

```
(select bookid,count(bookid) as degree from tb_borrow group by bookid) as borr
```

（2）使用左连接查询出图书的完整信息，然后使用 as 为其指定别名为 book。代码如下。

```
(select b.*,c.name as bookcasename,p.pubname,t.typename from tb_bookinfo b left join
tb_bookcase c on b.bookcase=c.id join tb_publishing p on b.ISBN=p.ISBN join tb_booktype
t on b.typeid=t.id where b.del=0) as book
```

（3）使用 join on 语句将 borr 和 book 连接起来，再对其按统计的借阅次数 degree 进行降序排序，并使用 limit 子句限制返回的行数。

10.10　连接语句技术专题

在实际网站开发过程中，经常需要从多个表中查询信息，在 MySQL 数据库中可以通过连接的方式实现多表查询，连接方式分为内连接和外连接两种。下面对这两种连接方式进行详细的讲解。

10.10.1　内连接语句

inner join 即内连接查询方式，是程序开发中常用的连接方式。内连接称为相等连接。它返回两个表中的所有列，但只返回在连接列中具有相等值的行。内连接查询的语法格式如下。

```
select fieldlist
from  table1 [inner] join table2
on table1.column=table2.column
```

参数说明如下。

（1）fieldlist：要查询的字段列表。

（2）table1、table2：为要连接的表名。

（3）inner：可选项，表示表之间的连接方式为内连接。

（4）on table1.column1=table2.column2：用于指明表 table1 和表 table2 之间的连接条件。

下面通过内连接方式实现员工信息表和员工工资表的连接，并显示查询结果。代码如下。

```
$sql=mysql_query("select tb_yg.userid,tb_yg.name,tb_yg.sex,tb_yg.age,tb_yg.tel,tb_yg.bm,
tb_yg_info.gz from tb_yg inner join tb_yg_info on tb_yg.userid=tb_yg_info.ygid");
$info=mysql_fetch_array($sql);
```

10.10.2　外连接语句

内连接返回的是两个表中符合条件的数据，而外连接返回部分或全部匹配行，这主要取决于所建立的外连接的类型。外连接分为左外连接和右外连接，下面对两个外连接的使用方法进行详细讲解。

1. 左外连接（left outer join）

左连接返回的查询结果包含左表中的所有符合查询条件及右表中所有满足连接条件的行。MySQL 数据库中使用左连接的语法格式如下。

```
select field 1[field2…]
from table1 left [outer] join table2
    on join_condition
[where search_condition]
```

参数说明如下。

（1）left outer join：表示表之间通过左外连接方式相互连接，也可以简写成 left join。

（2）on join_condition：指多表建立连接所使用的连接条件。

（3）where search_condition：可选项，用于设置查询条件。

下面通过左外连接的方式建立员工信息表和员工工资表的连接，并显示查询结果。代码如下。

```
$sql=mysql_query("select * from tb_yg left outer join tb_yg_info on tb_yg.userid=
tb_yg_info.ygid ",$conn);
$info=mysql_fetch_array($sql);
```

2. 右外连接（right outer join）

右连接返回的查询结果包含左表中的所有符合连接条件及右表中所有满足查询条件的行。MySQL 数据库中使用右连接的语法格式如下。

```
select field 1[field2…] from table1 right [outer] join table2 on join_condition
[where search_condition]
```

参数说明如下。

（1）right outer join：表示表之间通过左外连接方式相互连接，也可以简写成 right join。

（2）outer：可选项，表示表之间的连接方式为完全连接。

（3）on join_condition：指多表建立连接所使用的连接条件。

（4）where search_condition：可选项，用于设置查询条件。

下面通过右外连接建立员工信息表和员工工资表的连接，并显示查询结果。代码如下。

```
$sql=mysql_query("select * from tb_yg right outer join tb_yg_info on tb_yg.
userid=tb_yg_info.ygid ");
    $info=mysql_fetch_array($sql);
```

10.11　课程设计总结

课程设计是一件很累人很伤脑筋的事情，在课程设计周期中，大家每天几乎都要面对着电脑十个小时以上，上课时去机房写程序，回到宿舍还要继续奋斗。虽然课程设计很苦很累，有时候还很令人抓狂，不过它带给大家的并不只是痛苦的回忆，它不仅拉近了同学之间的距离，而且对大家学习计算机语言是非常有意义的。

在没有进行课程设计实训之前，大家对 PHP 知识的掌握只能说是很肤浅，只知道分开来使用那些语句和语法，对它们根本没有整体概念，所以在学习时经常会感觉很盲目，甚至不知道自己学这些东西是为了什么。但是通过课程设计实训，不仅能让大家对 PHP 有更深入的了解，同时还可以学到很多课本上学不到的东西，最重要的是，它让我们能够知道学习 PHP 的最终目的和将来发展的方向。